液压与气压传动

于治明　初丽微　王志坚　主　编

尚晓峰　郭建烨　刘国军　张云鹏　副主编

北京理工大学出版社
BEIJING INSTITUTE OF TECHNOLOGY PRESS

内 容 简 介

全书分三篇，第1篇为液压气动技术基础，第2篇为液压传动，第3篇为气压传动。全书共13章，第1章概述液压与气压传动系统的工作原理、组成和特点等；第2章介绍液压与气压传动介质；第3章介绍流体静力学和动力学、孔口流动及缝隙流动、气体动力学等；第4～8章介绍液压传动系统所用的动力元件、执行元件、控制调节元件、液压辅助元件和高性能液压元件；第9章介绍液压基本回路；第10章介绍典型液压系统；第11章介绍液压系统的设计与计算；第12章介绍气源装置、气动辅助元件、气动执行元件、气动控制元件等；第13章介绍气动基本回路和常用回路、气动行程程序控制系统的设计等。每章附有习题。在附录中列出了常用液压与气压传动图形符号（摘自GB/T 786.1—2009）及液压常用英语专业词汇，给出了部分习题参考答案，以便学生学习相关的英文文献资料。

本书可作为普通高等院校机械类专业液压与气压传动课程教材，也可供相关工程技术人员参考。

图书在版编目（CIP）数据

液压与气压传动/于治明，初丽微，王志坚主编. —北京：北京理工大学出版社，2017.8
ISBN 978-7-5682-4603-3

Ⅰ．①液…　Ⅱ．①于…　②初…　③王…　Ⅲ．①液压传动－高等学校－教材　②气压传动－高等学校－教材　Ⅳ．①TH137②TH138

中国版本图书馆 CIP 数据核字（2017）第 194642 号

出版发行 / 北京理工大学出版社有限责任公司

社　　　址 / 北京市海淀区中关村南大街 5 号

邮　　　编 / 100081

电　　　话 /（010）68914775（总编室）
　　　　　　（010）82562903（教材售后服务热线）
　　　　　　（010）68948351（其他图书服务热线）

网　　　址 / http://www.bitpress.com.cn

经　　　销 / 全国各地新华书店

印　　　刷 / 三河市天利华印刷装订有限公司

开　　　本 / 787 毫米×1092 毫米　1/16

印　　　张 / 25

字　　　数 / 624 千字

版　　　次 / 2017 年 8 月第 1 版　2017 年 8 月第 1 次印刷

定　　　价 / 85.00 元

责任编辑 / 陆世立

文案编辑 / 赵　轩

责任校对 / 周瑞红

责任印制 / 施胜娟

液压气动技术是机械类专业人才必备的知识之一。"液压与气压传动"课程的任务是使学生掌握液压与气压传动的基础知识，掌握各种液压、气动元件的工作原理、特点、应用和选用方法，熟悉各类液压与气动基本回路的功用、组成和应用场合，了解国内外先进技术成果在机械设备中的应用。

编者在编写本书过程中，遵循理论联系实际的原则，针对机械类专业的需要组织内容。本书具有以下几方面的特点。

（1）以液压为主，将现代液压技术作为有机组成部分，气动部分则强调其特点。

（2）在讲透元件工作原理的基础上，着重讲解其在系统中的作用，介绍高性能液压与气动元件（如阀岛等），引入先进的回路（如负载敏感技术）和系统，使元件与系统有机结合。

（3）遵循理论联系实际的原则，除讲清一般的基础理论知识外，还列举了大量实例，如在介绍液压气动元件时，列举了其在航空、汽车等领域的应用。学生可以借助技术手册等资料进行所需系统的设计及元件的正确选用。

（4）语言简练、文笔流畅，有利于学生自学。书中编排了一定量的例题，每章都附有经过精选的习题，有利于学生加深对基本概念的理解，加强基本计算、分析能力的训练等。

（5）书中的名词术语、物理符号、单位及液压气动图形符号等都统一采用最新国家标准。

具体编写分工如下：于治明编写第 1、3、6、8、9、13 章，第 12 章 12.5、12.6 节，附录 C；初丽微编写第 4、5、7、10 章，第 11 章 11.1、11.2 节；王志坚编写第 12 章 12.1 至 12.4 节；尚晓峰编写第 2 章 2.2 节和附录 A；郭建烨编写第 2 章 2.1 节和附录 B；刘国军编写第 11 章 11.3 节。

本书由于治明、初丽微、王志坚任主编；尚晓峰、郭建烨、刘国军和张云鹏任副主编。全书由于治明统稿。

编者在编写本书的过程中借鉴了大量的相关材料和文献，在此向这些作者表示诚挚的谢意，同时还要对本书的审阅者和编辑表示衷心的感谢。

限于编者水平，书中难免存在疏漏之处，恳请广大读者批评指正。

编 者

目 录

第1篇 液压气动技术基础

第2篇　液压传动

第3篇　气 压 传 动

第1篇
液压气动技术基础

　　液压气动技术是实现工业自动化的有效手段，是机械设备中发展速度极快的技术之一。液压气动技术是液压与气压传动及控制的简称，指以流体（液压油液、压缩气体）为工作介质，进行能量和信号的传递，来控制各种机械设备，故又称为流体传动及控制。根据传递能量的工作介质不同，传动可分为机械传动、电气传动、流体传动及电力电子传动。机械传动、电气传动、流体传动及电力电子传动并列为四大传动形式。

第 1 章

绪　论

1.1　液压与气压传动系统的工作原理

　　流体传动以流体为工作介质，进行能量转换、传递和控制的传动，包括液压传动、液力传动和气压传动。液压传动是以液体（通常为油液）作为工作介质，利用液体压力能来传递动力和进行控制的一种传动方式。液力传动也是以液体作为工作介质，但它是以液体的动能来传递功率并完成对外做功。气压传动是以气体作为工作介质，利用气体压力能来传递动力和进行控制的一种传动方式。液压与气压传动的工作原理及其特征是相似的。现以液压千斤顶为例，简述其工作原理。

　　如图 1-1 所示，当向上抬起杠杆时，与杠杆铰接的小活塞向上运动，小液压缸 1 下腔容积增大，形成局部真空，压油阀 2 关闭，油箱 4 的油液在大气压作用下顶开吸油阀 3 进入小液压缸 1。当向下压杠杆时，小液压缸 1 下腔容积减小，油液受挤压，压力升高关闭吸油阀 3、顶开压油阀 2，油液经油管进入大液压缸 6 的下腔，推动大活塞上移顶起重物。因此吸油阀 3 称为吸油单向阀，压油阀 2 称为排油单向阀。不断扳动杠杆，就不断有油液进入大液压缸 6 下腔，以举升重物。杠杆停止动作，大液压缸 6 下腔油液压力会使压油阀 2 关闭，从而使大活塞连同重物一起自锁不动。当重物被举升时，截止阀 5 关闭；当需要放下大活塞时，打开此阀，大液压缸 6 下腔油液将在重力作用下排回油箱。小液压缸 1 在杠杆的作用下，将机械能转换为油

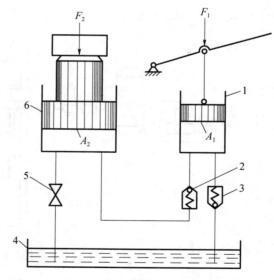

图 1-1　液压千斤顶工作原理图

1—小液压缸；2—压油阀；3—吸油阀；4—油箱；
5—截止阀；6—大液压缸；A_1—小活塞的面积；A_2—大活塞的面积；
F_1—作用在小活塞上的作用力；F_2—作用在大活塞的负载

液的压力能，大液压缸 6 又将油液的压力能转换为机械能以举升重物，从而实现了能量、力和运动的传递。其中力的传递遵循帕斯卡原理，运动（速度和位移）的传递遵循密闭工作容积变化相等的原则。由此得出，液压传动的两个特征：系统工作压力取决于外负载，负载越

大，产生的压力就越高；活塞的运动速度取决于单位时间内输入的液体体积（流量）。液体的压力 p 和流量 q 是液压系统中两个最基本的性能参数。

1.2 液压与气压传动系统的组成及图形符号

1.2.1 液压与气压传动系统的组成

由液压千斤顶的工作原理图，可以看出液压系统由以下五个部分组成：

（1）能源装置。它是供给液压系统压力油，把机械能转换成液压能的装置。最常见的形式是液压泵。

（2）执行装置。它是把液压能转换成机械能的装置。其形式有做直线运动的液压缸，有做回转运动的液压马达，它们又称为液压系统的执行元件。

（3）控制调节装置。它是对系统中流体的压力、流量或流动方向进行控制或调节的装置，如溢流阀、节流阀、换向阀、开停阀等。

（4）辅助装置。上述三部分之外的其他装置，如油箱、滤油器、油管等。它们对保证系统正常工作是必不可少的。

（5）工作介质。工作介质是指传递能量的流体，即液压油等。

气压传动系统一般由以下部分组成，如图 1-2 所示。

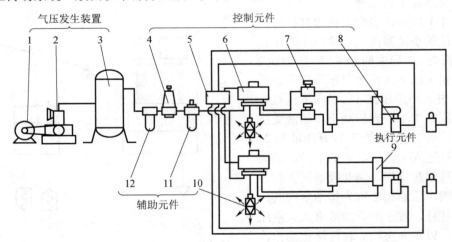

图 1-2　气压传动系统的组成示意图

1—电动机；2—空气压缩机；3—气罐；4—压力阀；5—逻辑元件；6—方向阀；
7—流量阀；8—行程阀；9—气缸；10—消声器；11—油雾器；12—过滤器

（1）气压发生装置。它将原动机输出的机械能转变为气体的压力能。其主要设备是空气压缩机。

（2）控制元件。控制元件用来控制压缩空气的压力、流量和流动方向，以保证执行元件具有一定的输出力和速度，并按设计的程序正常工作，如压力阀、流量阀、方向阀和逻辑阀等。

（3）执行元件。执行元件是将空气的压力能转变为机械能的能量转换装置，如气缸和气动马达。

（4）辅助元件。辅助元件是用于辅助气动系统正常工作的一些装置，如过滤器、干燥器、消声器和油雾器等。

1.2.2 液压与气压传动系统的图形符号

图 1-3 所示的液压系统是一种半结构式的工作原理图，它有直观性强、容易理解的优点。当液压系统发生故障时，根据原理图检查十分方便，但图形比较复杂，绘制比较麻烦。我国已经制定了一种用规定的图形符号来表示液压原理图中各元件和连接管路的国家标准，即 GB/T 786.1—2009《流体传动系统及元件图形符号和回路图 第 1 部分：用于常规用途和数据处理的图形符号》。

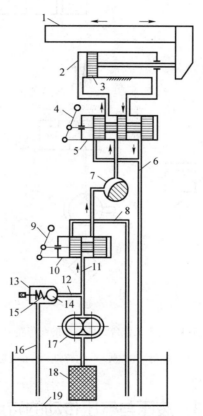

图 1-3 机床工作台液压系统工作原理图

1—工作台；2—液压缸；3—活塞；4—换向手柄；5—换向阀；6,8,16—回油管；7—节流阀；9—开停手柄；10—开停阀；11—压力管；12—压力支管；13—溢流阀；14—钢球；15—弹簧；17—液压泵；18—滤油器；19—油箱

关于图形符号，有以下几条基本规定。

（1）符号只表示元件的职能，连接系统的通路，不表示元件的具体结构和参数，也不表示元件在机器中的实际安装位置。

（2）元件符号内的油液流动方向用箭头表示，线段两端都有箭头的，表示流动方向可逆。

（3）符号均以元件的静止位置或中间零位置表示，当系统的动作另有说明时，可作例外。

图 1-4 所示为图 1-3 系统用国家标准 GB/T 786.1—2009 中液压系统图形符号绘制的工作

原理图。使用这些图形符号可使液压系统图简单明了，且便于绘图。

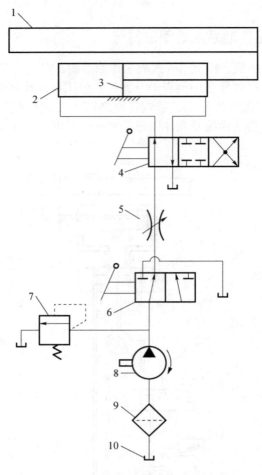

图 1-4　机床工作台液压系统的图形符号图

1—工作台；2—液压缸；3—活塞；4—换向阀；5—节流阀；6—开停阀；7—溢流阀；8—液压泵；9—滤油器；10—油箱

1.3　液压与气压传动的特点

1. 液压传动的优点

液压传动的主要优点如下：

（1）由于液压传动系统采用油管连接，所以可以方便灵活地布置传动机构，这是比机械传动优越的地方。例如，在井下抽取石油的泵可采用液压传动来驱动，以克服长驱动轴效率低的缺点。由于液压缸的推力很大，加之极易布置，在挖掘机等重型工程机械上，已基本取代老式的机械传动。采用液压传动的机械不仅操作方便，而且外形美观大方。

（2）液压传动装置质量小、结构紧凑、惯性小。例如，相同功率液压马达的体积为电动机的 12%～13%。液压泵和液压马达单位功率的重量指标可小至 0.0025 N/W（牛/瓦），目前是发电机和电动机单位功率的重量指标（约为 0.03 N/W）的 1/10。

（3）可在大范围内实现无级调速。借助阀或变量泵、变量马达，可以实现无级调速，调速范围大，并可在液压装置运行的过程中进行调速。

（4）传递运动均匀、平稳，负载变化时速度较稳定。因此，金属切削机床中的磨床传动现在几乎采用液压传动。

（5）液压装置易于实现过载保护。借助于溢流阀可实现安全过载保护，同时液压件能自行润滑，因此使用寿命长。

（6）液压传动容易实现自动化。借助于各种控制阀，特别是采用液压控制和电气控制结合使用时，能很容易地实现复杂的自动工作循环，而且可以实现遥控。

（7）液压元件已实现标准化、系列化和通用化，便于设计、制造和推广使用。

2. 气压传动的优点

气压传动的主要优点如下：

（1）空气作为介质可从大气中获得，用后可以直接排到大气中，对环境无污染，处理方便，不必设置回收管路，因而也不存在变质等问题。

（2）因空气的黏度小，故在管道中流动的压力损失小，便于集中供气和远距离输送。

（3）气动反应快，动作迅速，设备维护简单，管路不易堵塞。

（4）使用安全，不易爆炸，并且便于实现过载自动保护。

（5）排气时气体因膨胀而温度降低，因而气动设备可以自动降温，长期运行也不会发生过热现象。

（6）气动元件结构简单，制造容易，易于标准化、系列化、通用化。

3. 液压与气压传动的缺点

液压与气压传动的缺点如下：

（1）液压与气压传动在工作过程中能量损失较多（摩擦损失、泄漏损失等），长距离传动时更是如此，不能保证严格的传动比。

（2）为了减少泄漏，对元件的制造精度要求较高，因此它的造价较高，对使用和维护的要求提高。

（3）系统出现故障时不易查找原因。

除以上缺点外，由于气动装置中信号传递速度较慢，仅限于声速的范围内，所以气动技术不宜用于信号传递速度要求十分高的复杂路线中；同时，气动系统的工作压力较低，结构尺寸又不宜过大，因而气压传动装置的总推力一般不可能很大。

总的来说，液压与气压传动的优点很突出，它的缺点可以通过技术进步得到克服或改善。

1.4　液压与气压传动技术的应用与发展

液压与气压传动相对于机械传动来说是一门新兴技术。随着石油工业的蓬勃发展，微电子技术、计算机控制和自动化技术的紧密结合，液压与气动技术得到了广泛的应用与发展。

1.4.1　液压与气压传动技术的应用

液压传动与控制技术最早应用于军事方面，如飞机的助力器、舰艇及火炮的炮塔转位瞄准器等。随着科技的不断进步，液压传动开始应用于民用设备中，并取得快速发展，如各种机械加工设备（如车床、磨床、加工中心、油压机等）、工程机械（如挖掘机、推土机、压路机等）、矿山机械（如开掘机、破碎机等）、建筑机械（如打桩机、平地机等）、起重机械（如叉车、吊车、龙门吊等）、农业机械（如收割机、拖拉机等）、汽车工业机械（如转向器、减振器、自卸式汽车等）、智能机械（如工业机器人、模拟设备等）等。

液压传动在国民经济的各个领域都有极为广泛的应用。特别是近十几年来，随着科学技术的深入发展，出现了许多新型的液压元器件及控制方法，使液压技术的应用和发展前景更加广阔。

1.4.2　液压与气压传动技术的发展

第二次世界大战（1939～1945 年）期间，由于战争需要，出现了由响应迅速、精度高的液压控制机构装备的各种军事武器。第二次世界大战结束后，液压技术迅速转向民用工业，液压技术不断应用于各种自动机及自动生产线。应该指出，日本液压传动的发展较欧美等国家晚了 20 多年，但在 1955 年前后，日本迅速发展液压传动技术，1956 年成立了"液压工业会"。近二三十年，日本液压传动技术已居世界领先地位。20 世纪 60 年代以后，液压技术随着原子能、空间技术、计算机技术的发展而迅速发展。因此，液压传动真正的发展只是近四五十年的事。

我国的液压工业起步于 20 世纪 50 年代，液压产品最初只应用于机床和锻压设备，后来才逐渐应用到拖拉机和工程机械上。1964 年从国外引进一些液压元件生产技术，以及通过自行设计，我国的液压元件已在各种机械设备上得到广泛的使用。20 世纪 80 年代，我国加速对国外先进液压产品和技术的有计划引进、消化、吸收和国产化工作，确保我国的液压技术在产品质量、经济效益、研究开发等各个方面全方位地赶上世界先进水平。

当前液压技术正向高速、高压、大功率、高效、低噪声、经久耐用、高度集成化、微型化、智能化的方向发展。同时，新型高性能液压气动元件和液压气动系统的计算机辅助设计、计算机辅助测试、计算机直接控制、机电液气一体化技术、可靠性技术等也是当前液压气动控制技术研究和发展的方向。

本 章 小 结

本章介绍了液压与气压传动的基本概念、工作原理、系统组成、图形符号，液压传动的国内外发展状况、水平和发展趋势，以及液压传动的特点和应用等。

液压与气压传动是利用液体或气体作为工作介质，并利用工作介质的压力来传动动力的。液压传动系统由动力元件、执行元件、控制元件、辅助元件和油液介质五部分组成，而气压系统在此基础上增加了部分逻辑元件。液压与气压传动技术正向快速、高效、高压、大功率、低噪声、经久耐用、高度集成化等方向发展，同时计算机辅助设计、计算机辅助测试、计算机直接控制、机电液一体化技术、可靠性技术等也是液压控制技术的主要研究内容和发展方向。

与其他传动比较，液压与气压传动具有显著特点，在国民经济的各个领域都得到了广泛应用，如建筑机械、矿山机械、工程机械及机械制造、航空航天、石油化工等。

习　　题

1-1　举例说明液压传动的工作原理和液压系统的组成。

1-2　什么是气压传动？其工作原理是什么？

第 2 章

工 作 介 质

流体包括液体和气体，它们的共同点是质点间的凝聚力很小，没有一定的形状，容易流动。因而它们可以通过管道系统传递能量和运动。

2.1 液压传动的工作介质

液压传动系统通过液压工作介质传递能量和动力，来实现对机械设备各种动作的控制。因此液压传动工作介质的物理化学性能对机械设备的性能、使用寿命和工作可靠性有非常重要的影响。

2.1.1 液压油的物理性质

1. 密度

单位体积流体的质量称为该流体的密度，即

$$\rho = \frac{m}{V} \tag{2-1}$$

式中　　V——流体的体积；

　　　　m——流体的质量；

　　　　ρ——流体的密度。

随着温度或压力的变化，流体的密度也会发生变化，但变化量一般很小，可以忽略不计。

2. 黏性

1）黏性的意义

流体在外力作用下流动时，由于流体分子与固体壁面之间的附着力和分子之间内聚力的作用，流体分子间产生相对运动，从而在流体中产生内摩擦力。流体在流动时产生内摩擦力的特性称为黏性。

实验结果表明，流体流动时，相邻流层之间的内摩擦力 F_f 与流层接触面积 A、流层间的速度梯度 $\mathrm{d}u/\mathrm{d}y$ 成正比，即

$$F_f = \mu A \frac{\mathrm{d}u}{\mathrm{d}y} \tag{2-2}$$

式中　μ——黏度系数，又称动力黏度。

若以 τ 表示流层间单位面积上的内摩擦力，则式（2-2）可写成

$$\tau = \frac{F_f}{A} = \mu \frac{\mathrm{d}u}{\mathrm{d}y} \tag{2-3}$$

式（2-3）为牛顿流体内摩擦定律。理想气体、液压油及水均属于牛顿流体。静止流体因速度梯度 $\mathrm{d}u/\mathrm{d}y = 0$，故内摩擦力为零，此时流体不呈现黏性。黏性是液压油液最重要的性质。

2）黏度

流体黏性的大小用黏度表示。常用的黏度有三种，即动力黏度、运动黏度和相对黏度。

（1）动力黏度 μ。由式（2-3）知

$$\mu = \tau / \frac{\mathrm{d}u}{\mathrm{d}y} \tag{2-4}$$

由此可知动力黏度的物理意义，即当速度梯度等于 1 时，接触流层间单位面积上的内摩擦力。动力黏度的法定计量单位为 Pa·s（帕·秒）。

（2）运动黏度 ν。动力黏度 μ 和该流体密度 ρ 的比值 ν 称为运动黏度，即

$$\nu = \frac{\mu}{\rho} \tag{2-5}$$

运动黏度 ν 没有明确的物理意义，但它在工程实际中经常用到。运动黏度的法定计量单位是 $\mathrm{m^2/s}$。国际标准化组织（International Organization for Standardization，ISO）规定，统一采用运动黏度来表示油的黏度等级。

（3）相对黏度。动力黏度与运动黏度一般仅用于理论分析和计算，液压油黏性的测量通常采用相对黏度。相对黏度（又称条件黏度）是采用特定的黏度计在规定的条件下测得的液体黏度。根据测量条件的不同，各国采用的相对黏度的单位也不同，我国采用的是恩氏黏度，用符号 $^\circ\mathrm{E}_t$ 表示。

$$^\circ\mathrm{E}_t = t_1 / t_2 \tag{2-6}$$

式中　t_1——在某一特定温度 t 时，$200\,\mathrm{cm^3}$ 被测液体流过恩氏黏度计容器中的小孔所需的时间；

t_2——$200\,\mathrm{cm^3}$ 的蒸馏水在 20℃时流过同一小孔所需的时间。

一般以 20℃、50℃、100℃作为测量恩氏黏度的标准温度，其恩氏黏度分别用 $^\circ\mathrm{E}_{20}$、$^\circ\mathrm{E}_{50}$ 和 $^\circ\mathrm{E}_{100}$ 表示。

恩氏黏度和运动黏度的换算公式为

$$\nu = \left(7.31\,^\circ\mathrm{E}_t - \frac{6.31}{^\circ\mathrm{E}_t} \right) \times 10^{-6} \tag{2-7}$$

3）黏度和温度的关系

温度对流体黏性的影响显著，这种影响对液体和气体是截然不同的。温度升高，油液黏度降低。液压油黏度随温度变化的性质称为黏温特性。不同种类的液压油有不同的黏温特性，液压油黏度的变化将直接影响液压系统的性能和泄漏量，因此液压油的黏度随温度的变化越小越好，液压油的黏度与温度的关系可以用下式表示：

$$\mu_t = \mu_0 e^{-\lambda(t-t_0)} \approx \mu_0(1-\lambda\Delta t) \qquad (2-8)$$

式中　　λ ——随液压油而异的常数；

　　　　μ_0 ——1 个标准大气压力下液压油的动力黏度。

图 2-1 所示为几种常用的国产液压油的黏温曲线。

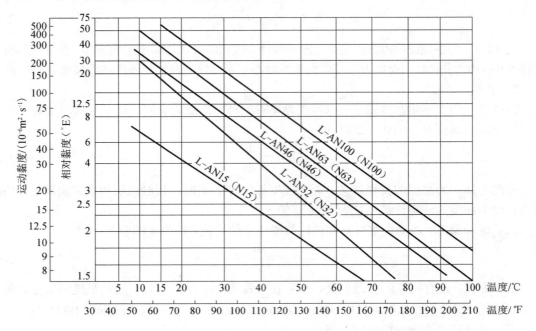

图 2-1　常用的国产液压油的黏温曲线

　　液压油的黏温特征可以用黏度指数 VI（Viscosity Index）来表示，VI 值越大，表示液压油黏度随温度的变化率越小，即黏温特性越好。一般液压油要求 VI 值在 90 以上，精制的液压油及加入添加剂的液压油，其 VI 值可大于 100。

　　在实际工程中，当流体的黏性较小，且运动的相对速度也不大时，所产生黏性应力与其他类型的力相比可忽略不计，此时可以把它称为无黏性流体；而对于有黏性的流体，则称为黏性流体。

　　4）黏度和压力的关系

　　压力对流体的黏度一般影响很小，可以忽略不计。但在液压系统中，当压力较高或压力变化较大时，应考虑其对黏度的影响，压力越高，分子间的距离越小，黏度变大。

　　液压油的动力黏度 μ 与压力 p 的关系为

$$\mu = \mu_0 e^{kp} \qquad (2-9)$$

式中　　μ_0 ——1 个标准大气压力下液压油的动力黏度（Pa·s）；

　　　　k ——随液压油而异的指数，对矿物型液压油 $k = 0.015\sim0.03$。

3. 压缩性

流体受压力作用而体积减小的性质称为流体的压缩性。

流体的压缩性通常用压缩系数 κ 来表示。体积为 V 的流体，当压力增大 Δp 时，体积减小

ΔV，则流体在单位压力变化下的体积相对变化量为

$$\kappa = -\frac{1}{\Delta p} \frac{\Delta V}{V} \tag{2-10}$$

由于压力增大时流体的体积减小，故上式右边加一个负号，以使 κ 为正值。κ 的倒数称为流体的体积弹性模量，以 K 表示，$K = 1/\kappa$。K 表示产生单位体积相对变化量所需要的压力增量，它说明流体抵抗压缩能力的大小。

在常温下，液压油的体积弹性模量为 $K = (1.2 \sim 2) \times 10^3 \, \mathrm{MPa}$，数值很大，故一般认为液压油是不可压缩的。但在液压油中若混有空气，则其压缩性将显著增加，并将严重影响液压系统的工作性能，故在液压系统中应尽量减少油液中空气的含量。由于油液中的气体难以完全排除，实际计算中常取液压油的体积弹性模量 $K = 0.7 \times 10^3 \, \mathrm{MPa}$。

4. 其他性质

液压油还有其他一些物理性质，如抗凝性、抗泡沫性、抗乳化性、防锈性、润滑性、导热性、相容性（主要指对密封材料不侵蚀、不溶胀的性质）以及纯净性等，它们都对液压系统的工作性能有重要影响。对于不同品种的液压油，这些性质的指标是不同的，使用时可参考油类产品手册。

2.1.2 工作介质的类型及选用

1. 液压系统对工作介质的基本要求

液压油是液压传动系统中十分重要的组成部分，它在液压系统中起着传递能量和信号、润滑元件和轴承、减少摩擦和磨损、散热等一系列重要作用。液压油的质量及各种性能直接影响液压系统能否可靠、有效、安全地运行。液压传动工作介质应具备如下性能。

（1）适宜的黏度和较好的黏温特性。

（2）润滑性能好。在采用液压传动的设备中，除液压元件外，其他一些有相对滑动的零件也要用液压油来润滑，因此液压油应具有良好的润滑性能。

（3）良好的化学稳定性，即对热、氧化、水解、相容都具有良好的稳定性。

（4）对金属材料具有防锈性和防腐性。

（5）比热容和热传导率大，热膨胀系数小。

（6）抗泡沫性好，抗乳化性好。

（7）油液纯净，含杂质量少。

（8）流动点和凝固点低，闪点（可燃性液体挥发出的蒸气在与空气混合形成可燃性混合物并达到一定浓度之后，能够闪烁起火的最低温度）和燃点高（可燃性混合物能够持续燃烧的最低温度，高于闪点）。

此外，对油液的无毒性、价格等，应根据不同的情况有所要求。

2. 工作介质的类型

工作介质的分类与应用见表 2-1，主要有矿物油型液压油和难燃液压液。现在有 **90%** 以上的液压设备采用矿物油型液压油，为了改善液压油液的性能往往要加入各种添加剂。添加

剂主要分为两类：一类是改善油液化学性能的，如抗氧化剂、防腐剂、防锈剂；另一类是改善油液物理性能的，如增黏剂、抗磨剂、防爬剂。

表 2-1　液压传动工作介质的分类与应用

分类		名称	产品符号	组成和特性	典型应用
矿物油型液压油		精制矿物油	L-HH	无添加剂	一般循环润滑系统及低压液压系统
		普通液压油	L-HL	HH 油，改善其防锈性和抗氧化性	低压液压系统
		抗磨液压油	L-HM	HL 油，改善其抗磨性	低、中、高压液压系统，特别适合于带叶片泵的液压系统
		低温液压油	L-HV	HM 油，改善其黏温特性	能在-40℃～+20℃的低温环境中工作的工程机械和船用设备的液压系统
		高黏度指数液压油	L-HR	HL 油，改善其黏温特性	黏温特性优于 HV 油，用于数控机床液压系统和伺服系统
		液压导轨油	L-HG	HM 油，具有黏滑特性	导轨和液压传动共用一个系统的精密机床
		其他液压油	—	加入多种添加剂	高品质的专用液压系统
难燃液压液	乳化液	水包油乳化液	L-HFAE	含水量大于 80%	液压支架及用液量非常大的液压系统
		油包水乳化液	L-HFB	含 60%精制矿物油	要求抗燃且润滑性、防锈性好的中压液压系统
	合成液	水-乙二醇液	L-HFC	水和乙二醇相溶，加添加剂	飞机液压系统
		磷酸酯液	L-HFDR	无水磷酸酯加添加剂	冶金设备、汽轮机等高温高压系统，常用于大型民航客机的液压系统

3．工作介质的选用

工作介质的选择要考虑两个方面：品种和黏度。具体选用时，应从以下三个方面着手。

（1）根据工作环境和工况条件选择液压油。不同类型液压油有不同的工作温度范围。另外，当液压系统的工作压力不同时，对工作介质的抗磨性能的要求也不同，表 2-2 所列为根据工作环境和工况条件选择液压油的示例。

表 2-2　根据工作环境和工况条件选择液压油

工况环境	压力 7MPa 以下、温度 50℃以下	压力 7～14MPa、温度 50℃以下	压力 7～14MPa、温度 50℃～80℃	压力 14MPa 以上、温度 80℃～100℃
室内固定液压设备	L-HL 或 L-HM	L-HM 或 L-HL	L-HM	L-HM
寒冷地区或严寒区	L-HV 或 L-HR	L-HV 或 L-HS	L-HV 或 L-HS	L-HV 或 L-HS
地下、水上	L-HL 或 L-HM	L-HM 或 L-HL	L-HM	L-HM
高温热源或明火附近	HFAS 或 HFAM	HFB、HFC 或 HFAM	HFDR	HFDR

（2）根据液压泵的类型选择液压油。液压泵对油液抗磨性能要求按从高到低的顺序是叶片泵、柱塞泵、齿轮泵。对于以叶片泵为主泵的液压系统，不管压力高低，均应选用 L-HM 油。液压泵是液压系统中对工作介质黏度最敏感的元件，每种液压泵的最佳黏度范围，是使液压泵的容积效率和机械效率这两个相互矛盾的因素达到最佳统一，使液压泵发挥最大效率的黏度。一般根据制造厂家推荐，按液压泵的要求确定工作介质的黏度，根据液压泵的要求所选择的黏度一般也适用于液压阀（伺服阀除外）。根据工作温度范围及液压泵的类型选用液

压油的黏度等级，见表 2-3。

表 2-3　根据工作温度范围及液压泵的类型选用液压油的黏度等级

液压泵类型	压力	运动黏度（40℃）$\nu/(\text{mm}^2 \cdot \text{s}^{-1})$		适用品种和黏度等级
		5℃～40℃	40℃～80℃	
叶片泵	7MPa 以下	30～50	40～75	L-HM 油，32、46、68
	7MPa 以上	50～70	55～90	L-HM 油，46、68、100
螺杆泵	10.5MPa 以上	30～50	40～80	L-HL 油，32、46、68
齿轮泵		30～70	95～165	L-HL 油（中、高压用 L-HM），32、46、68、100、150
径向柱塞泵	14～35MPa	30～50	65～240	L-HL 油（高压用 L-HM），32、46、68、100、150
轴向柱塞泵	35MPa 以上	40	70～150	L-HL 油（高压用 L-HM），32、46、68、100、150

注：表中 5℃～40℃、40℃～80℃均为液压系统工作温度。

（3）检查液压油与材料的相容性。初选液压油后，应仔细检查所选液压油及其中的添加剂与液压元件及系统中所有金属材料、非金属材料、密封材料、过滤材料及涂料等是否相容。

4. 液压油的污染及其控制

液压油用过一段时间后，常常会受到污染。液压系统的故障，70%以上来自液压油的污染。因此，了解油液污染的原因，并采取措施加以控制，是十分必要的。

空气、水分和固体杂质混入油液中，就会造成污染；此外，油液在使用过程中，还会因为变质或与密封件等发生理化作用而生成胶状物质。空气和水分会使油液氧化变质，降低油液的润滑性能和防锈蚀性能；固体杂质和胶状物质会划伤零件表面和密封件，堵塞节流孔，卡住阀类元件，使液压泵运转困难。这些都会导致液压元件的寿命缩短、液压系统的工作性能降低，以致最终丧失工作能力。控制油液污染的主要措施如下：

（1）尽可能减少外来污染。液压装置组装前后必须严格清洗，油箱通大气处要加装空气过滤器，通过过滤器向油箱灌油，及时更换不良密封件，维修、拆卸元件要在无尘区进行。

（2）滤除系统产生的杂质。应在液压系统的有关部位设置适当精度的过滤器，并定期清洗或更换滤芯。

（3）定期检查、更换液压油。对于要求不高的液压系统，可根据经验对液压油的污染程度做出判断，从而决定是否更换液压油；对于工作条件和工作环境变化不大的中、小型液压系统，可根据液压油本身的使用寿命进行更换；对于大型的或耗油量较大的液压系统，可对液压油定期取样化验，当被测油液的理化性能超出规定的使用范围时，就应更换。换油时，应将油箱清洗干净，防止变质油的残液混入新油中加速油液变质。

2.2　气压传动的工作介质

气压传动与液压传动的工作原理和系统组成相同，但因工作介质不同，气压传动与液压传动又有着显著差异。气压传动的工作介质是取之不尽的空气，流动损失小，可集中供气，适于远距离输送，废气处理方便、无污染、成本低。由于空气具有可压缩性，因此气动执行元件的动作稳定性差。为了更好地掌握气动技术，了解空气的性质、气体的状态变化规律和气体流动的规律是十分必要的。

2.2.1　空气的物理性质

1. 空气的组成

自然界的空气是由若干气体混合而成的，是一种混合气体。其主要成分是氮气（N_2）、氧气（O_2），其他气体（惰性气体和二氧化碳等）所占的比例极小。此外，空气中常含有一定量的水蒸气。含有水蒸气的空气称为湿空气，不含水蒸气的空气称为干空气。

混合气体的压力为全压，即各组成气体的压力总和。各组成气体的压力称为分压，它表示这种气体在与混合气体同样温度下，单独占据混合气体的总容积时所具有的压力。

2. 气体（空气）的基本状态参数

气体的状态参数有六个：温度、体积、压力、内能、焓、熵。其中前三个参数可以测量，称为基本状态参数。由三个基本状态参数可以算出其他三个状态参数。根据三个基本状态参数规定空气的两种状态：基准状态和标准状态，这两种状态是计算空气其他状态的出发点。

基准状态：温度为 0℃，压力为 $1.013 \times 10^5 Pa$ 的干空气的状态。基准状态下空气的密度 $\rho_0 = 1.293 \text{kg} / \text{m}^3$。

标准状态：温度为 20℃，相对湿度为 65%，压力为 0.1MPa 的空气状态。标准状态下空气的密度 $\rho = 1.185 \text{kg} / \text{m}^3$。

3. 空气的密度

空气具有一定的质量，质量常用 m 表示。空气的密度是单位体积内的空气质量，用 ρ 表示，即

$$\rho = \frac{m}{V} \tag{2-11}$$

对于干空气，密度又可写成

$$\rho = \rho_0 \frac{273}{273 + t} \times \frac{p}{0.1013} \tag{2-12}$$

式中　m、V——气体的质量和体积；

$\quad\quad \rho_0$——基准状态下干空气密度，$\rho_0 = 1.293 \text{kg} / \text{m}^3$；

$\quad\quad p$——绝对压力（MPa）；

$\quad\quad 273+t$——热力学温度（K），t 为气体的摄氏温度。

4. 空气的黏性

空气的黏性是指空气质点相对运动时产生阻力的性质。黏性的大小用动力黏度和运动黏度来描述。

空气的黏性受压力变化的影响极小，可忽略不计。它主要受温度变化的影响，随着温度的升高，空气的黏性增大。空气黏度随温度的变化见表2-4。

表 2-4　空气的运动黏度与温度的关系（环境压力为 0.101325MPa）

$t/℃$	0	5	10	20	30	40	60	80	100
$\upsilon/(10^{-4}\text{m}^2\cdot\text{s}^{-1})$	0.133	0.142	0.147	0.157	0.166	0.176	0.196	0.21	0.238

5. 气体（空气）的易变特性

气体的体积受压力和温度变化的影响极大，与液体和固体相比较，气体的体积是易变的，称为气体的易变特性。例如，液压油在一定温度下，工作压力为 0.2MPa，若压力增加 0.1 MPa，体积将减少 1/20000；而空气压力增加 0.1MPa 时，体积减小 1/2。两者体积随压力的变化相差 10000 倍。又如水温每升高 1℃，水的体积增大 1/20000；而气体温度每升高 1℃，气体体积增大 1/273。两者体积随温度的变化相差 73 倍。气体与液体的体积变化相差悬殊，主要原因是气体分子间的距离大，分子间的内聚力小，分子间的平均自由路径大。

6. 空气的湿度

空气中含有水分的多少对气动系统的工作稳定性有直接影响，因此不仅各种气动元件对压缩空气的含水量有明确的规定，而且需采取相应的措施除去压缩空气中的水分。

含有水分的空气称为湿空气，其含有水分的程度用湿度和含湿量来表示。湿度又分为绝对湿度和相对湿度。

1）绝对湿度 x

每立方米湿空气中所含的水蒸气的质量称为绝对湿度，即

$$x = \frac{m_s}{V} \tag{2-13}$$

式中　x——绝对湿度（kg/m³）；

m_s——湿空气中水蒸气的质量（kg）；

V——湿空气的体积（m³）。

2）饱和绝对湿度 x_b

湿空气中水蒸气的分压力达到该温度下水蒸气的饱和压力时的绝对湿度称为饱和绝对湿度，即

$$x_b = p_b/R_s T \tag{2-14}$$

式中　x_b——饱和绝对湿度（kg/m³）；

p_b——饱和湿空气中水蒸气的分压力（Pa）；

R_s——水蒸气的气体常数，$R_s = 462.05\text{N}\cdot\text{m}/(\text{kg}\cdot\text{K})$；

T——热力学温度（K）。

绝对湿度只能说明湿空气中含有水蒸气的多少。湿空气所具有吸收水蒸气的能力（水蒸气从空气中析出的可能性），用相对湿度来表示。

3）相对湿度 φ

在相同温度和压力下，绝对湿度和饱和绝对湿度的比值称为相对湿度，即

$$\varphi = \frac{x}{x_b} \times 100\% = \frac{p_s}{p_b} \times 100\% \tag{2-15}$$

式中　　x、x_b——绝对湿度和饱和绝对湿度；

　　　　p_s、p_b——水蒸气的分压和饱和水蒸气的分压。

φ 值在 0～100%范围内。干空气的相对湿度为 0，饱和湿空气的相对湿度为 100%。φ 值越大，表示湿空气吸收水蒸气的能力越弱，离水蒸气达到饱和而析出的极限越近。因此，在气压传动系统中相对湿度 φ 值越小越好。气压传动系统要求压缩空气的相对湿度小于 90%。通常情况下，φ 在 60%～70%范围内时，人体感觉舒适。

4）含湿量

含湿量分为质量含湿量和容积含湿量两种。

（1）质量含湿量 d。每千克质量的干空气中所混合的水蒸气的质量称为质量含湿量，即

$$d = m_s / m_g \tag{2-16}$$

式中　　d——质量含湿量（g/kg）；

　　　　m_s——水蒸气的质量（g）；

　　　　m_g——干空气的质量（kg）。

（2）容积含湿量 d'。单位体积的干空气中所混合的水蒸气的质量称为容积含湿量，即

$$d' = \frac{m_s}{V_g} = \frac{dm_g}{V_g} = d\rho \tag{2-17}$$

式中　　d'——容积含湿量（g/m³）；

　　　　V_g——干空气的体积（m³）；

　　　　ρ——干空气的密度（kg/m³）。

当湿空气的温度和压力发生变化时，其中的水分可能由气态变为液态或由液态变为气态。气动系统中应考虑湿空气中水分物相变化的影响。空气温度对饱和空气湿度的影响，见表 2-5。从表 2-5 中可以看出，降低空气温度可以减少进入气动设备的空气中所含的水分。

表 2-5　绝对压力为 0.1013MPa 时饱和空气中水蒸气的分压、含湿量与温度的关系

温度 $t/℃$	饱和水蒸气分压 $p_b / (\times 10^5 \text{MPa})$	容积含湿量 $d_b' / (\text{g} \cdot \text{m}^{-3})$	温度 $t/℃$	饱和水蒸气分压 $p_b / (\times 10^5 \text{MPa})$	容积含湿量 $d_b' / (\text{g} \cdot \text{m}^{-3})$
100	1.013	597.0	30	0.042	30.4
80	0.473	292.9	25	0.032	23.0
70	0.312	197.9	20	0.023	17.3
60	0.199	130.1	15	0.017	12.8
50	0.123	83.2	10	0.012	9.4
40	0.074	51.2	0	0.006	4.8
35	0.056	39.6	-10	0.0026	2.2

2.2.2 气体状态方程

1. 理想气体状态方程

没有黏性的气体称为理想气体。理想气体处于某一平衡状态时其压力、温度、质量和体积（或密度）之间的关系称为理想气体状态方程，即

$$pV = mRT$$

或

$$\frac{pV}{T} = 常数$$

或

$$p = \rho RT \tag{2-18}$$

式中 p——气体的绝对压力（Pa）；

V——气体的体积（m³）；

m——气体的质量（kg）；

R——气体常数，干空气 $R = 287.1 N \cdot m/ (kg \cdot K)$、水蒸气 $R = 462.05 N \cdot m/ (kg \cdot K)$；

T——气体的热力学温度（K）；

ρ——气体的密度（kg/m³）。

由于实际气体具有黏性，因此严格地讲它并不完全服从理想气体状态方程，即 $pV/mRT \neq 1$。但是压力在 $0 \sim 10MPa$，温度在 $0 \sim 200℃$ 范围内变化时 $pV/mRT \approx 1$，其误差小于 4%。气压传动系统中压缩空气的压力一般在 2MPa 以下，可看作理想气体。

2. 气体状态变化过程及其规律

1）等压过程

一定质量的（理想）气体，当压力保持不变时，从某一状态变化到另一状态的过程称为等压过程。对等压过程，有

$$\frac{V}{T} = 常数$$

或

$$\frac{V_1}{T_1} = \frac{V_2}{T_2} \tag{2-19}$$

式（2-19）表明：当压力恒定时，比容与热力学温度成正比，气体吸收或释放热量而发生状态变化。单位质量的气体获得或释放的热量 Q_p 为

$$Q_p = C_p(T_2 - T_1) \tag{2-20}$$

式中 C_p——质量定压热容 [J/(kg·K)]，对于空气，$C_p = 1005 J/(kg \cdot K)$。等压过程中，单位质量气体膨胀所做的功为

$$W = \int_{V_1}^{V_2} p dV = p(V_2 - V_1) = R(T_2 - T_1) \tag{2-21}$$

2）等容过程

一定质量的气体，在体积保持不变的情况下，从某一状态变化到另一状态的过程称为等容过程。对等容过程，有

$$\frac{p}{T} = 常数$$

或

$$\frac{p_1}{T_1} = \frac{p_2}{T_2} \qquad (2\text{-}22)$$

式（2-22）表明：当体积不变时，压力的变化与温度的变化成正比。气体的温度上升，压力随之增大。

等容过程中气体不做功，但绝对温度随压力增加而增加，提高了气体的内能。单位质量的气体所增加的内能为

$$E_v = C_v(T_2 - T_1) \qquad (2\text{-}23)$$

式中　C_v——质量定容热容［J／（kg·K）］，对于空气，$C_v = 718 \text{J}／(\text{kg·K})$。

3）等温过程

一定质量的气体，当温度不变时，从某一状态变化到另一状态的过程称为等温过程。对等温过程，有

$$p_1V_1 = p_2V_2 = 常数 \qquad (2\text{-}24)$$

式（2-24）表明：在温度不变的条件下，当压力上升时，气体被压缩，比体积减小；当压力下降时，气体膨胀，比体积增大。

单位质量的气体所需压缩功为

$$W = \int_{V_1}^{V_2} p(-\mathrm{d}V) = RT\ln\left(\frac{V_1}{V_2}\right) = p_1V_1\ln\frac{p_1}{p_2} = p_2V_2\ln\frac{p_1}{p_2} \qquad (2\text{-}25)$$

在等温过程中，气体的内能没有发生变化，气体和外界所交换的热量全部用于气体对外做功。在气动系统中有不少工作过程，其中气缸工作、管道输送空气等均可视为等温过程。

4）绝热过程

一定质量的气体，在状态变化过程中，系统与外界完全无热量交换，此过程称为绝热过程。对绝热过程，有

$$pV^k = 常数$$

或

$$p／\rho^k = 常数 \qquad (2\text{-}26)$$

式中　k——绝热指数（又称等熵指数），对于干空气，$k=1.4$；对于饱和蒸汽，$k=1.3$。

单位质量气体绝热过程所做的功为

$$W = \frac{p_1V_1}{k-1}\left[\left(\frac{p_2}{p_1}\right)^{\frac{k-1}{k}} - 1\right] = \frac{R}{k-1}(T_1 - T_2) \qquad (2\text{-}27)$$

在气压传动过程中，把气体快速变化或快速动作看作绝热过程。例如，空气压缩机的活塞在气缸中的运动是极快的，以致缸中气体的热量来不及与外界进行热交换，这个过程就被

认为是绝热过程。应该指出，在绝热过程中，气体温度的变化很大。例如，压缩机压缩空气时，温度可高达 250℃；而储气罐快速排气时，温度降低至-100℃以下。

5）多变过程

实际上，气体的变化过程不能简单地归为上述几个过程中的任何一个，不加任何条件限制的变化过程称为多变过程，此时可用下式表示：

$$pV^n = 常数 \qquad\qquad (2\text{-}28)$$

式中　n——多变指数，在有的多变过程中，多变指数 n 保持不变；而对于不同的多变过程，n 有不同的值。

当 $n=0$ 时，$p_1 = p_2$，为等压过程；

当 $n=1$ 时，$pV =$ 常数，为等温过程；

当 $n = \infty$ 时，$\dfrac{V_1}{V_2} = \left(\dfrac{p_2}{p_1}\right)^{1/n} =$ 常数，为等容过程；

当 $n = k = 1.4$ 时，$pV^k =$ 常数，为绝热过程。

由此可见，前述四种典型的状态变化过程均为多变过程的特例。

本 章 小 结

液压传动系统是通过液压工作介质传递能量和动力，实现对机械设备各种动作的控制的。因此液压工作介质的物理化学性能对机械设备的性能、使用寿命和工作可靠性有非常重要的影响。

气压传动的工作介质是取之不尽的空气，流动损失小，可集中供气，适于远距离输送，废气处理方便、无污染、成本低。由于空气具有可压缩性，因此气动执行元件的动作稳定性差。为了更好地掌握气动技术，了解空气的性质、气体的状态变化规律和气体流动的规律是十分必要的。

习　　题

2-1 说明工作介质在液压传动系统中的作用。

2-2 温度和压力对液压油的黏度有什么影响？

2-3 在温度 $t = 20$℃时，将空气从 0.1MPa（绝对压力）压缩到 0.7MPa（绝对压力），温升 Δt 为多少？

2-4 求标准状态下空气的密度。

2-5 空气压缩机向容积为 40L 的气罐充气，直至 $p_1 = 0.8$MPa 时停止，此时气罐内温度 $t_1 = 40$℃，又经过若干小时罐内温度降到室温 $t = 10$℃，问：（1）此时罐内表压力为多少？（2）此时罐内压缩了多少室温为 10℃的自由空气（设大气绝对压力近似为 0.1MPa）？

第 3 章

流体力学基础

流体力学是研究流体平衡和运动规律以及流体与固体间相互作用规律的科学。本章主要阐述与液压气动技术有关的流体力学基本内容，为后面的学习打下必要的理论基础。

3.1 流体静力学

流体静力学主要研究流体静止（平衡）的规律和这些规律的实际应用。由于对于静止空气，重力的作用甚微，因此本节主要介绍液体静力学。

平衡是指液体质点间的相对位置不变，整个液体是相对静止的，也就是说液体内质点之间没有产生相对运动。液体静力学的所有结论对实际流体和理想流体都是适用的。

3.1.1 流体静压力及其特性

1. 静压力的定义

作用于液体上的力有两种，即质量力和表面力。质量力作用于液体的所有质点上，如惯性力和重力等；表面力作用于液体的表面，如切向力和法向力等。液体在相对平衡状态下不会呈现黏性，所以，静止液体内部不存在切应力，只存在法向的压应力，即静压力。

液体内某点的静压力是指当液体相对静止时，该点单位面积上受到的法向力，也称为静压强，用 p 表示静压力。当有法向力 ΔF 作用于液体面积 ΔA 上时，液体某点的静压力为

$$p = \lim_{\Delta A \to 0} \frac{\Delta F}{\Delta A} \tag{3-1}$$

静压力是作用点的空间位置的连续函数，即 $p=p(x,y,z)$。

2. 静压力的特性

因为液体质点之间的凝聚力非常小，只能受压，不能受拉，所以液体静压力有两个重要特性：

（1）液体静压力的方向总是和作用面的内法线方向一致；

（2）静止液体内任一点的静压力在各个方向上都是相等的。

3.1.2　流体静力学方程

1. 静压力基本方程

图 3-1（a）说明在重力作用下静止液体的受力情况，除了液面上的压力、液体重力之外，还有容器壁作用于液体的压力。如果要得出液体内离液面深度为 h 的某一点处的压力值，可以从液体内部取出一个底面通过该点的垂直液柱，如图 3-1（b）所示。液柱的高为 h，底面积为 ΔA。因为液柱处于平衡状态，所以在垂直方向上，就有 $p\Delta A = p_0\Delta A + \rho g h\Delta A$，这里的 $\rho g h\Delta A$ 是液柱的重力。因此

$$p = p_0 + \rho g h \tag{3-2}$$

式（3-2）为静压力基本方程。它说明液体静压力分布有如下特征：

（1）静止液体内任一点的压力由两部分组成：一部分是液面上的压力 p_0，另一部分是该点以上液体重力所形成的压力 $\rho g h$。当液面上只受大气压力 p_a 作用时，该点的压力为

$$p = p_a + \rho g h \tag{3-3}$$

（2）静止液体内的压力随液体深度呈线性规律递增。

（3）同一液体中，离液面深度相等的各点压力相等。由压力相等的点组成的面称为等压面。在重力作用下静止液体中的等压面是一个水平面。

2. 静压力基本方程的物理意义

将图 3-1 所示的盛有液体的密闭容器放在基准水平面（O–x）上加以考察，如图 3-2 所示，则静压力基本方程可改写成

$$p = p_0 + \rho g h = p_0 + \rho g(z_0 - z)$$

式中　z_0——液面与基准水平面之间的距离；

z——深度为 h 的点与基准水平面之间的距离。

整理后得

$$\frac{p}{\rho g} + z = \frac{p_0}{\rho g} + z_0 = 常数 \tag{3-4}$$

式（3-4）是静力学基本方程的另一种形式。其中 z 实质上表示 A 点的单位质量液体的位能。设 A 点液体质点的质量为 m，重力为 mg，如果质点从 A 点下降到基准水平面，它的重力所做的功为 mgz。因此 A 点的液体质点具有位置势能 mgz，单位质量液体的位能就是 $mgz/mg = z$，z 又常称作位置水头。而 $p/\rho g$ 表示 A 点单位质量液体的压力能，常称为压力水头。由以上分析及式（3-4）可知，静止液体中任一点都有单位质量液体的位能和压力能，即具有两部分能量，而且各点的总能量之和为一常量，即能量守恒。但两种形式能量可以互相转换。

3. 压力的表示方法

根据度量基准的不同，压力有两种表示方法：以绝对零压力为基准表示的压力，称为绝对压力；以当地大气压力为基准表示的压力，称为相对压力。绝对压力与相对压力的关系如图 3-3 所示。绝大多数测压仪表因其外部均受大气压力作用，所以以仪表指示的压力是相对压力。今后，如不特别指明，液压传动中所提到的压力均为相对压力。

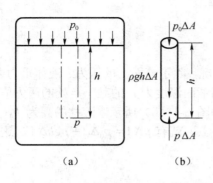

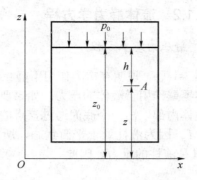

图 3-1　重力作用下的静止液体　　　　　图 3-2　静压力基本方程的物理意义

如果液体中某点处的绝对压力小于大气压力，这时该点的绝对压力比大气压力小的那部分压力值，称为真空度。所以

$$真空度=大气压力-绝对压力 \tag{3-5}$$

例 3-1 图 3-4 所示为一充满油液的容器，如作用在活塞上的力为 $F=1000\text{N}$，活塞面积 $A=1\times10^{-3}\text{m}^2$，忽略活塞的质量。试求活塞下方深度为 0.5m 处的压力。（油液的密度 $\rho=900\text{kg}/\text{m}^3$）

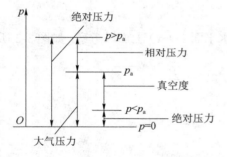

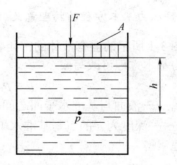

图 3-3　绝对压力、相对压力和真空度　　　　图 3-4　液体内压力计算图

解：依据式（3-2），$p=p_0+\rho gh$，活塞和液面接触处的压力 $p_0=F/A=[1000/(1\times10^{-3})]$ $\text{N/m}^2=10^6\text{N/m}^2$，因此，深度为 0.5m 处的液体压力为

$$p=p_0+\rho gh=(10^6+900\times9.8\times0.5)\text{N/m}^2=1.044\times10^6\text{N}/\text{m}^2\approx10^6\text{MPa}=1\text{MPa}$$

由这个例子可以看到，液体在受压情况下，其液柱高度所引起的那部分压力 ρgh 相当小，可以忽略不计，并认为整个静止液体内部的压力是近乎相等的。下面在分析液压系统时，就采用了这种假定。

3.1.3　帕斯卡原理

按式（3-2），盛放在密闭容器内的液体，其外加压力 p_0 发生变化时，只要液体仍保持其原来的静止状态不变，液体中任一点的压力均将发生同样大小的变化。也就是说，在密闭容器内，施加于静止液体上的压力将以等值传递液体中各点。这就是帕斯卡原理，或称静压传递原理。

3.1.4　流体对壁面的作用力

在液压传动过程中，忽略液体自重产生的压力，液体中各点的静压力是均匀分布的，且垂直作用于受压表面。因此，当承受压力的表面为平面时，液体对该平面的总作用力 F 等于液体的压力 P 与受压面积 A 的乘积，其方向与该平面相垂直。如压力油作用在直径为 D 的柱塞上，则当承受压力的表面为曲面时，由于压力总是垂直于承受压力的表面，所以作用在曲面上各点的力不平行但相等。要计算曲面上的总作用力，必须明确要计算哪个方向上的力。

图 3-5 所示为液压缸筒受力分析图。设缸筒半径为 r，长度为 l，求液压力作用在右半壁内表面 x 方向上的力 F_x。在缸筒上取一微小窄条，其面积为 $\mathrm{d}A = l\mathrm{d}s = lr\mathrm{d}\theta$，液压油作用在这个微小面积上的力 $\mathrm{d}F$ 在 x 方向上的投影为 $\mathrm{d}F_x = \mathrm{d}F\cos\theta = p\mathrm{d}A\cos\theta = plr\cos\theta\mathrm{d}\theta$。

在液压缸筒右半壁上 x 方向的总作用力为

$$F_x = \int_{-\frac{\pi}{2}}^{\frac{\pi}{2}} \mathrm{d}F_x = \int_{-\frac{\pi}{2}}^{\frac{\pi}{2}} plr\cos\theta\mathrm{d}\theta = 2lrp = pA_x \tag{3-6}$$

式中　$2lr$——曲面在 x 方向的投影面积。由此可得出结论，作用在曲面上的液压力在某一方向上的分力等于静压力与曲面在该方向上的投影面积的乘积。这一结论对任意曲面都适用。

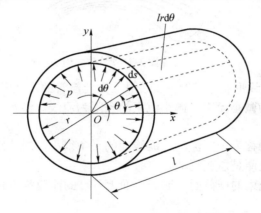

图 3-5　静压力作用在液压缸内壁面上的力

3.2　流体动力学

流体动力学是研究流体运动规律及其在工程中的应用的。

3.2.1　基本概念

1. 理想流体、一维流动及恒定流动

理想流体是指没有黏性的流体。

一般的流动都是指在二维空间内的流动，流动参数是三个坐标的函数。二元流动（或二维流动）是指流动参量是两个坐标的函数的流动；一元流动（或一维流动）是指流动参量是一个坐标的函数的流动。恒定流动是指流体运动参数不随时间变化，仅是空间坐标的函数的流动，因此又叫定常流动或稳定流动。流体的任何一个运动参数是随时间而变化的流动，就称为非恒定流动或非定常流动。

2. 迹线、流线

迹线是指流体质点在空间的运动轨迹；而流线是指某一瞬时，在流体流场内所作的一条空间几何曲线（图3-6）。非恒定流动时，由于各质点速度随时间改变，所以流线形状也随时间变化。恒定流动时，流线形状不随时间变化，液体质点的迹线与流线重合，即流线上质点沿着流线运动。由于空间每一点只能有一个速度，所以流线之间不能相交，也不能转折。

3. 流管、流束与通流截面

在流场中作一封闭曲线，通过这样的封闭曲线上各点的流线所构成的管状表面称为流管（图3-7）。流管内的流线群称为流束（图3-8）。由流线定义，液体是不能穿过流管流进或流出的。

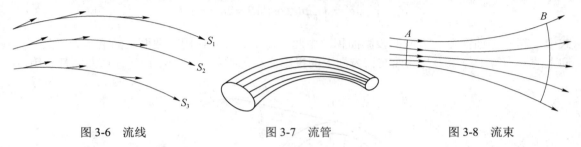

图 3-6　流线　　　　　　　　图 3-7　流管　　　　　　　　图 3-8　流束

恒定流动情况下，流线形状不随时间而变化，因此流管的形状及位置也不随时间而变化。截面为无限小的流束称为微小流束，微小流束的极限为流线。无数微小流束叠加起来就是运动液体的整体或称总流。

流线彼此平行的流动称为平行流动；流线间的夹角很小，或流线的曲率半径很大的流动称为缓变流动，相反情况便是急变流动。

通流截面指垂直于流束的横截面。通流截面上各点的流速都垂直于这个面。

4. 有效断面、湿周和水力半径

（1）有效断面：和断面上各点速度相垂直的横断面称为有效断面，以 A 表示。

（2）湿周：有效断面上流体与固体边界接触的周长称为湿周，以 χ 表示，如图3-9所示。

（3）水力半径：有效断面与湿周之比称为水力半径，以 R 表示。

（a）　　　　　　　　（b）　　　　　　　　（c）

图 3-9　湿周

（a）$\chi = \pi D$；（b）$\chi = AB + BC + CD$；（c）$\chi = \overset{\frown}{ABC}$

5. 流量与平均速度

流体在管道中流动时，垂直于其流动方向的截面称为通流截面（或过流断面）。单位时间内流过某一通流截面的流体量称为流量。流量以体积度量的，称为体积流量，以 q_v 表示，常用单位为 m³/s 或 L/min；流量以质量度量的，称为质量流量，以 q_m 表示，常用单位为 kg/s。

如图 3-10 所示，对微小流束，通过其通流截面的流量为

$$dq = \frac{dV}{t} = \frac{LdA}{t} = udA \tag{3-7}$$

式中　L——流体流过的距离；

　　　dV——微小流束的体积。

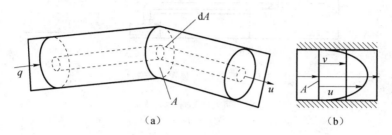

图 3-10　流量与平均速度

（a）流量；（b）平均速度

由于流动流体黏性的作用，在通流截面上各点的流速 u 一般是不相等的，在计算流过整个通流截面 A 的流量时，可在通流截面 A 上取一微小截面 dA，假设通流截面上各点的流速均匀分布，液体以此均匀分布流速 v 流过通流截面的流量等于以实际流速流过的流量，即

$$q = \int_A udA = vA \tag{3-8}$$

由此得出通流截面上的平均流速为

$$v = \frac{q}{A} \tag{3-9}$$

在工程实际中，平均流速 v 才具有应用价值。液压缸工作时，活塞的运动速度就等于缸内液体的平均流速，当液压缸有效面积一定时，活塞运动速度由输入液压缸的流量决定。

6. 层流、紊流、雷诺数

液体的流动有两种状态，即层流和紊流。这两种流动状态的物理现象可以通过雷诺实验观察到。

实验装置如图 3-11（a）所示。水箱 6 由进水管 2 不断供水，并由溢流管 1 保持水箱的水面高度恒定，容器 3 盛有红色水，打开阀门 8 后，水就从管 7 中流出，这时再打开阀门 4，红色水即从容器 3 流入管 5 中。根据红色水在管 7 中的流动状态，即可观察到管中水的流动状态。当管中水的流速较低时，红色水在管中呈明显的直线，如图 3-11（b）所示。这时可以看到红线与管轴线平行，红色线条与周围液体没有任何混杂现象，表明管中的水流是分层的，层与层之间互不干扰，液体的这种流动状态称为层流。

将阀门 8 逐渐开大，当管中水的流速逐渐增大到某一值时，可看到红线开始呈波纹状，

如图 3-11（c）所示，表明液体质点在流动时不仅沿轴向运动还沿径向运动；若管中流速继续增大，则可看到红线呈紊乱状态，完全与水混合，如图 3-11（d）所示，这种无规律的流动状态称为紊流。如果将阀门逐渐关小，会看到相反的过程。

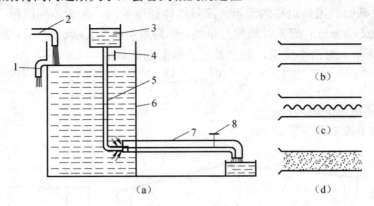

图 3-11　雷诺实验装置及流动状态

（a）雷诺实验装置；（b）紊流

1—溢流管；2—进水管；3—容器；4、8—阀门；5、7—管；6—水箱

一般在层流与紊流之间的中间过渡状态是一种不稳定的流态，通常按紊流处理。

实验证明，液体在管中的流动状态是层流还是紊流，不仅与管内液体的平均流速 v 有关，还和管径 d、液体的运动黏度 v 有关。决定液体流动状态的三个参数组成一个无因次量纲数——雷诺数 Re，即

$$Re = \frac{vd}{v} \tag{3-10}$$

液体的流动状态由临界雷诺数 Re_{cr} 决定。当 $Re < Re_{cr}$ 时，为层流；当 $Re > Re_{cr}$ 时，为紊流。临界雷诺数一般可由实验求得，常见管道的临界雷诺数见表 3-1。

表 3-1　常见管道的临界雷诺数

管道的形状	临界雷诺数 Re_{cr}	管道的形状	临界雷诺数 Re_{cr}
光滑的金属圆管	2320	带沉割槽的同心环状缝隙	700
橡胶软管	1600～2000	带沉割槽的偏心环状缝隙	400
光滑的同心环状缝隙	1100	圆柱形滑阀阀口	260
光滑的偏心环状缝隙	1000	锥阀阀口	20～100

雷诺数的物理意义：雷诺数是液流的惯性力与黏性力之比，当雷诺数大时惯性力起主导作用，这时液体流态为紊流；当雷诺数小时黏性力起主导作用，这时液体流态为层流。

对于非圆截面的管道，液流的雷诺数可按下式计算：

$$Re = \frac{4vR}{v} \tag{3-11}$$

式中　R——通流截面的水力半径。

水力半径 R 是指有效通流截面积 A 和其湿周长度（通流截面上与液体相接触的管壁周长）χ 之比，即

$$R = \frac{A}{\chi} \tag{3-12}$$

水力半径的大小对管道的通流能力影响很大。水力半径大意味着液流和管壁的接触周长短，管壁对液流的阻力小，因而通流能力大；水力半径小，通流能力就小，管路容易堵塞。

3.2.2　连续性方程

连续性方程是质量守恒定律在流体力学中的一种具体表现形式。假定液体不可压缩且做恒定流动。图 3-12 所示为一流管，流体在管道内做恒定流动。任取 1、2 两个通流截面，设其面积分别为 A_1 和 A_2，在流管中取一微小流束，两端截面积为 $\mathrm{d}A_1$ 和 $\mathrm{d}A_2$，液体流经这两个微小截面的流速和密度分别为 u_1、ρ_1 和 u_2、ρ_2。根据质量守恒定律，在单位时间内经截面 $\mathrm{d}A_1$ 流入微小流束的液体质量应与从截面 $\mathrm{d}A_2$ 流出的液体质量相等，即

$$\rho_1 u_1 \mathrm{d}A_1 = \rho_2 u_2 \mathrm{d}A_2 \tag{3-13}$$

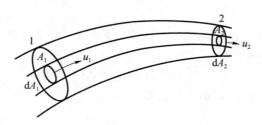

图 3-12　流体的连续性原理

若不考虑流体的可压缩性，有 $\rho_1 = \rho_2$，则得

$$u_1 \mathrm{d}A_1 = u_2 \mathrm{d}A_2 \tag{3-14}$$

对式（3-14）积分，得经过截面 A_1、A_2 流入、流出整个流管的流量为

$$\int_{A_1} u_1 \mathrm{d}A_1 = \int_{A_2} u_2 \mathrm{d}A_2 \tag{3-15}$$

由式（3-13）和式（3-14），式（3-15）可写成

$$q_1 = q_2 \text{ 或 } v_1 A_1 = v_2 A_2 \tag{3-16}$$

式中　q_1、q_2——流经通流截面 A_1、A_2 的流量；

v_1、v_2——流体在通流截面 A_1、A_2 上的平均流速。

由于两通流截面是任取的，有

$$q = vA = \text{常数} \tag{3-17}$$

这就是流体的连续性方程，它说明在恒定流动中，不可压缩流体在管道中流动时，流过各个截面的流量是相等的，因而流速和通流截面面积成反比。

3.2.3　伯努利方程

伯努利方程是能量守恒定律在流体力学中的一种具体表现形式。

1. 理想流体的伯努利方程

假设液体为不可压缩的理想流体，在图 3-13 所示的管道内做恒定流动，在管道内取一段

微小流束 ab，a 处截面积为 $\mathrm{d}A_1$，所受压力为 p_1，流速为 u_1；b 处截面积为 $\mathrm{d}A_2$，所受压力为 p_2，流速为 u_2。设在时间 $\mathrm{d}t$ 内，a 截面处的液体质点到达 a' 处，b 截面处的液体质点到达 b' 处。

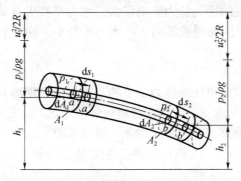

图 3-13　伯努利方程示意图

表面力所做的功为

$$p_1\mathrm{d}A_1\mathrm{d}s_1 - p_2\mathrm{d}A_2\mathrm{d}s_2 = p_1\mathrm{d}A_1u_1\mathrm{d}t - p_2\mathrm{d}A_2u_2\mathrm{d}t = \mathrm{d}q\mathrm{d}t(p_1 - p_2)$$

根据液体的连续性原理，有

$$\mathrm{d}A_1u_1 = \mathrm{d}A_2u_2 = \mathrm{d}q$$

式中　$\mathrm{d}q$——流过微小流束 a、b 截面的流量。

重力所做的功为

$$\rho g\mathrm{d}A_1\mathrm{d}s_1h_1 - \rho g\mathrm{d}A_2\mathrm{d}s_2h_2 = \rho g\mathrm{d}q\mathrm{d}t(h_1 - h_2)$$

动能的变化：时间 $\mathrm{d}t$ 内，$a'b$ 段流束的液体由于各点运动参数（p、u）都没有发生变化，故动能的变化应等于 aa' 段和 bb' 段两段微小流束的动能差。即

$$m\frac{u_2^2}{2} - m\frac{u_1^1}{2} = \rho\mathrm{d}q\mathrm{d}t\left(\frac{u_2^2}{2} - \frac{u_1^1}{2}\right)$$

根据力学中的动能定律，外力对液体所做的功应等于这段流束的动能的增量，于是

$$\rho\mathrm{d}q\mathrm{d}t\left(\frac{u_2^2}{2} - \frac{u_1^1}{2}\right) = \mathrm{d}q\mathrm{d}t(p_1 - p_2) + \rho g\mathrm{d}q\mathrm{d}t(h_1 - h_2)$$

以 $\rho g\mathrm{d}q\mathrm{d}t$ 除以上式并整理，得到微小流束的伯努利方程：

$$\frac{p_1}{\rho g} + \frac{u_1^2}{2g} + h_1 = \frac{p_2}{\rho g} + \frac{u_2^2}{2g} + h_2 \qquad (3\text{-}18)$$

因为 a、b 截面是任取的，所以伯努利方程说明在同一流束上，所有各点的数值之和为常数。

理想液体伯努利方程的物理意义：$p/\rho g$ 为单位质量液体的压力能，称为比压能；$u^2/2g$ 为单位质量液体的动能，称为比动能；h 为单位质量液体的位能，又称比位能。由于上述三种能量都具有长度单位，所以分别称为压力水头、速度水头和位置水头。

式（3-18）说明，在密封管道内做恒定流动的理想液体具有三种形式的能量，即压力能、动能和位能。它们之间可以互相转换，但是液体在管道内任意一处，三种能量的总和是一定的。

实际液体在运动中，会呈现出黏性（即产生内摩擦力），故存在能量损失。设 h_{w}' 表示

单位质量液体微小流束的能量损失（称为阻力水头），于是可得实际液体微小流束的伯努利方程为

$$\frac{p_1}{\rho g} + \frac{u_1^2}{2g} + h_1 = \frac{p_2}{\rho g} + \frac{u_2^2}{2g} + h_2 + h_w'$$ （3-19）

2. 实际液体总流的伯努利方程

为了将微小流束的伯努利方程推广到总流，可将液体在通流截面上的流动局限于缓变流动的范畴，这时将微小流束扩大，由流束外层的流线所组成的流管可认为是真实圆管。由于实际流速 u 在通流截面上是个变量，若用平均流速 v 来代替实际流速 u，则动能就会出现偏差，所以需要引入动能修正系数。于是得到实际液体总流的伯努利方程为

$$\frac{p_1}{\rho g} + \frac{\alpha_1 v_1^2}{2g} + h_1 = \frac{p_2}{\rho g} + \frac{\alpha_2 v_2^2}{2g} + h_2 + h_w$$ （3-20）

式中　　h_w ——能量损失；

α_1、α_2 ——动能修正系数，一般在紊流时取 $\alpha = 1$，层流时取 $\alpha = 2$。

在应用式（3-20）时，注意要满足下列条件：①稳定流动；②不可压缩黏性流体；③质量力仅有重力；④沿流程的流量不变（即 $q_1 = q_2 = q$）；⑤选取的有效截面符合缓变流动的条件。但总流的其他部分不一定都处于缓变流动状态。

伯努利方程是流体力学中极为重要的方程，它被广泛地应用于流体工程技术中，下面举几个应用实例。

例 3-2 皮托管（空速管）。

皮托管是一个用来测定流速的组合式的弯曲管，它将流体的动能转化为压强能，然后通过测量总压强和静压强之差来间接地测量流速。图 3-14 所示为皮托管的示意图，它由一根弯成 90°，顶端开有一个小孔的管 1 和套管 2 组成，管 1 插入管 2 的腔内，且互不相通，将管 1 前端的孔口正对来流方向，在管 2 与来流方向平行的一端侧表面四周开有若干小孔和管 2 内腔相通，管 1 和管 2 的另一端与 U 形测压计相接，皮托管所测定的流体速度，可由 U 形测压计内两液柱的高度差求得。现利用伯努利方程推导出它们之间的关系。

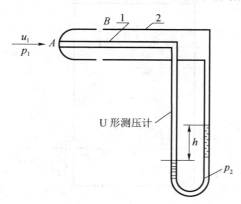

图 3-14　皮托管示意图

因管 1 前端孔口 A 点正对来流，当流体流过皮托管时，前端孔口 A 点处流速 $u_1 = 0$，压

强为 $p_1 = p_0$（该点称为驻点，其压强称为驻点压强）。管 2 小孔 B 处流体的速度为 u_2，压强为 p_2，它们可近似认为与来流的速度 u 和压强 P 相同。因为 A、B 两点位于同一条流线上，在忽略流体黏性的条件下，应用伯努利方程可得

$$z_1 + \frac{p_0}{\rho g} = z_2 + \frac{p}{\rho g} + \frac{u^2}{2g}$$

由于 $(z_2 - z_1)$ 很小，可略去不计，故有 $p_0 = p + \frac{\rho u^2}{2}$，则

$$u = \sqrt{\frac{2}{\rho}(p_0 - p)}$$

如果用 U 形测压计中液柱高度差 h 来表示，有

$$p_1 - p_2 = p_0 - p = hg(\rho_1 - \rho)$$

代入上述关系式可得

$$u = \sqrt{\frac{2}{\rho}hg(\rho_1 - \rho)}$$

式中　ρ ——被测流体的密度；

　　　ρ_1 ——U 形测压计内液柱的密度。

由于实际流体有黏性，且皮托管的构造各有差异，因此用测量的 h 值来计算流速时必须加以修正，设修正系数为 ξ，则

$$u = \xi\sqrt{\frac{2}{\rho}hg(\rho_1 - \rho)}$$

式中　ξ ——测速管系数，一般要通过校正求得。

例 3-3 小孔出流。

图 3-15 所示的水箱侧面开一个小孔，小孔中心到水箱自由液面的距离为 h，水箱自由液面 1—1 与孔口截面 2—2 处的压强分别为 p_1 和 p_2，水箱截面面积远远大于小孔的截面面积，若水箱自由液面高度保持不变，且不计损失，求小孔出流速度。

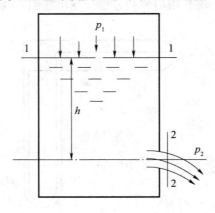

图 3-15　小孔出流

取水箱自由液面 1—1 与孔口截面 2—2（它们均符合缓变流动条件），并以小孔中心线为

基准线，列出伯努利方程式为

$$z_1 + \frac{p_1}{\rho g} + \frac{\alpha_1 v_1^2}{2g} = z_2 + \frac{p_2}{\rho g} + \frac{\alpha_2 v_2^2}{2g} + h_w$$

由题意可知，$z_1 = h$，$z_2 = 0$，因水箱截面面积远远大于小孔截面面积，水箱自由液面上的流速 v_1 远远小于小孔截面上的流速 v_2，即可认为 $v_1 \approx 0$，又因不计损失，$h_w \approx 0$，$\alpha_1 = \alpha_2 = 1$，则上式可简化为

$$h + \frac{p_1}{\rho g} = \frac{p_2}{\rho g} + \frac{v_2^2}{2g} \tag{3-21}$$

$$v_2 = \sqrt{2gh - \frac{2(p_1 - p_2)}{\rho}}$$

当水箱自由液面及小孔出口处均与大气相通时，有 $p_1 = p_2 = p_0$，则 $v_2 = \sqrt{2gh}$。

由此可见，从小孔出流的速度，与高度为 h 的质点自由降落时能达到的速度相同。

在液压工程中遇到的是另一种情况。液压工程中压强是很高的，而高度差相比之下就可忽略，即在简化的伯努利方程式（3-18）中，h 可以忽略，于是有

$$v_2 = \sqrt{\frac{2}{\rho}(p_1 - p_2)} = \sqrt{\frac{2}{\rho}\Delta p}$$

式中　Δp——小孔前后的压差，$\Delta p = p_1 - p_2$。

3.2.4　动量方程

动量方程是动量定理在流体力学中的具体应用。刚体力学动量定理指出，作用在物体上的外力等于该物体在力的作用方向上的动量变化率，即

$$\sum F = \frac{m\Delta V}{\Delta t} = \frac{mv_2}{\Delta t} - \frac{mv_1}{\Delta t} \tag{3-22}$$

在图 3-16 所示的管流中，任取被通流截面 1、2 限制的液体体积，称为控制体积，截面 1、2 称为控制表面。在控制体内任取一微小流束，该微小流束在截面 1、2 上的流速分别为 u_1、u_2，设该微小流束段液体在 t 时刻的动量为 $(mu)_{1-2}$。经 Δt 时间后，该段液体移动到 1′—2′ 位置，在新位置上，微小流束段的动量为 $(mu)_{1'-2'}$。

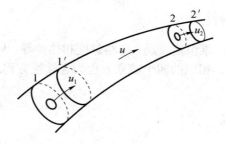

图 3-16　动量方程示意图

如果液体做稳定流动，则 1′—2 之间液体的各点流速经 Δt 时间后没有变化，1′—2 之间液体的动量也没有变化，故

$$\Delta(mu) = (mu)_{1'-2'} - (mu)_{1-2} = (mu)_{2-2'} - (mu)_{1-1'} = \rho_2 \Delta q_2 \Delta t u_2 - \rho_1 \Delta q_1 \Delta t u_1$$

对不可压缩液体，有

$$\Delta q_2 = \Delta q_1 = \Delta q , \ \rho_2 = \rho_1 = \rho$$

考虑以平均流速代替实际流速会产生误差，因而引入动量修正系数 β，于是得出流动液体的动量方程为

$$\sum F = \frac{\Delta(mu)}{\Delta t} = \rho q(\beta_2 v_2 - \beta_1 v_1) \tag{3-23}$$

式中 ΣF ——作用在流体上所有外力的和；

v_1、v_2 ——流体在前后两个通流截面上的平均流速；

β_1、β_2 ——动量修正系数，紊流时 $\beta = 1$，层流时 $\beta = 1.33$；

ρ、q ——流体的密度和流量。

式（3-23）为矢量方程，使用时应根据具体情况，将矢量分解为指定方向的投影分量，列出动量方程。根据作用力与反作用力大小相等的原理，流体也以同样大小的力作用在使其流速发生变化的物体上，因此，用动量方程可求得流动流体作用在固体壁面上的力。

例3-4 图3-17 所示为一滑阀示意图，试求当液流通过滑阀时，液流对阀芯的轴向力。

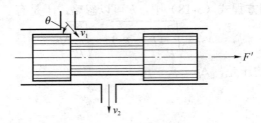

图3-17 滑阀上的轴向力

解：取进、出油口之间的液体为控制体积，根据式（3-23），有

$$\sum F = \rho q(\beta_2 v_2 - \beta_1 v_1)$$

作用在液体上的轴向力为

$$F = \rho q(v_2 \cos 90° - v_1 \cos\theta) = -\rho q v_1 \cos\theta$$

液体对阀芯的轴向力 $F' = -F = \rho q v_1 \cos\theta$，方向向右，即液流有一个企图使阀口关闭的力。当液流反方向通过该阀时，同理可得相同的结果，液流的作用力仍企图使阀口关闭。

3.2.5 气体的流动特性

对于气压传动系统中的一维恒定流动，忽略黏度和热传导，只要四个参数就能确定流场，即速度、压力、密度和温度。相应的四个独立方程为连续性方程、动量方程、能量方程和状态方程。

1. 气体流动的基本方程

1）连续性方程

连续性方程实质上是质量守恒定律在流体力学中的一种表现形式。气体在管道中做恒定流动时，流过管道每一通流截面的质量流量为一定值。即

$$\rho v A = 常数$$

或

$$\rho_1 v_1 A_1 = \rho_2 v_2 A_2 \tag{3-24}$$

式中　ρ ——截面气体密度（kg/m^3）；

　　　v ——截面气体的流动速度（m/s）；

　　　A ——截面的管道截面积（m^2）。

2）动量方程

动量方程的实质是动量守恒定律在流体力学中的一种表现形式。即

$$\frac{v^2}{2} + \int \frac{dp}{\rho} = 常数 \ 或 \ vdv + \frac{dp}{\rho} = 0 \tag{3-25}$$

式中　p ——气体的压力（Pa）。

3）能量方程（伯努利方程）

在流管的任意截面上，推导出的伯努利方程为

$$\frac{v^2}{2} + gz + \int \frac{dp}{d\rho} + gh_w = 常数 \tag{3-26}$$

式中　g ——重力加速度（m/s^2）；

　　　z ——位置高度（m）；

　　　h_w ——摩擦阻力损失系数（m）。

2. 声速和马赫数

1）声速

声音所引起的波称为声波。声波在介质中的传播速度称为声速，用 c 表示。声波就是一种微弱扰动波，因此微弱扰动的传播速度通常称为声速。对于气体，比值 $dp/d\rho$ 取决于微弱扰动所引起的热力学过程。最早对此进行研究的是牛顿，他认为，微弱扰动引起的温度变化很小，可以忽略不计，按等温过程处理。因而得出

$$c = \sqrt{\frac{dp}{d\rho}} \tag{3-27}$$

按式（3-27）计算的 0℃情况下声音在空气中传播速度为 280 m/s，但当时实际测量的声音传播速度为 330 m/s。两者相差超过 17%。牛顿曾解释为空气中的灰尘和水分阻碍了声音的传播。后来拉普拉斯纠正了这一理论错误，认为声波的传播过程是绝热的，又因为是微弱扰动，可视为等熵过程，即

$$c = \sqrt{\frac{dp}{d\rho}} = \sqrt{k \frac{p}{\rho}} = \sqrt{kRT} \tag{3-28}$$

声速反映了流体的可压缩性，声速的大小与流体种类和所处状态有关。对于某种气体来说，它仅是温度的函数，因此，声速也是气体的状态参数之一。在同一流场中，由于各点的温度随气体的速度而变化，故各点的声速也不同，所以有当地声速之称。

2）马赫数

在气体动力学中，常用气体流速与当地声速之比作为气体流动的一个重要参数，称为马赫数（Ma），即

$$Ma = \frac{v}{c} \tag{3-29}$$

$Ma<1$ 为亚声速流动； $Ma=1$ 为声速流动； $Ma>1$ 为超声速流动。

3. 动元件和管道的有效截面积

气动元件和管道的流通能力可以用流量公式表示，还可以用有效截面积值来描述。

对于图 3-18，节流孔的有效截面积 A 与孔口实际截面积 A_0 之比，称为收缩系数，以 α 表示，即

$$\alpha = \frac{A}{A_0} \tag{3-30}$$

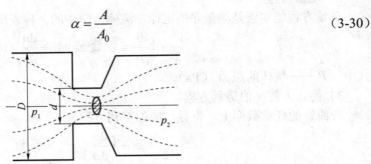

图 3-18 节流孔的有效截面积图

p_1—节流孔上游的压力；p_2—节流孔下游的压力；D—节流孔上游管道直径；d—节流孔直径

（1）对于圆形节流孔，设节流孔直径为 d，节流孔上游管道直径为 D。节流孔口面积 $A_0 = \pi d^2/4$。

令 $\beta = (d/D)^2$，根据 β 值可从图 3-19 中查收缩系数 α 值，便可计算有效截面积 A。

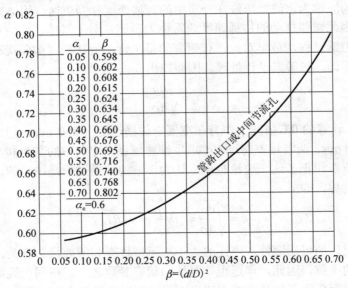

图 3-19 节流孔的收缩系数

（2）对于气流通过内径为 d、长为 l 的管道，其有效截面积为

$$A = \alpha' A_0$$

式中 α'——收缩系数，可从图 3-20 中查取。

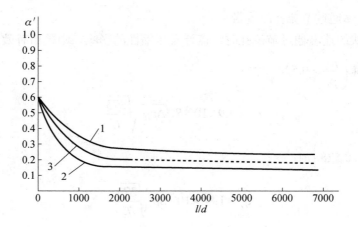

图 3-20　管路的收缩系数

1—d=11.6mm 的具有涤纶编织物的乙烯软管；2—d=2.52mm 的尼龙管；3—d=0.25～1in（1in=2.54cm）的瓦斯管

系统中有若干元件串联时，合成有效截面积 A_R 用式（3-31）计算：

$$\frac{1}{A_R^2} = \frac{1}{A_1^2} + \frac{1}{A_2^2} + \cdots + \frac{1}{A_n^2} = \sum_{i=1}^{n} \frac{1}{A_i^2} \tag{3-31}$$

式中　$A_1, A_2, \cdots, A_n$ ——各元件的有效截面积。

系统中有若干元件并联时，合成有效截面积为

$$A_R = A_1 + A_2 + \cdots + A_n = \sum_{i=1}^{n} A_i \tag{3-32}$$

4. 气体通过收缩喷嘴（小孔）的流动

在气压传动中，空气的流量有体积流量和质量流量之分。体积流量是指单位时间内流过某通流截面的空气体积，单位为 m^3/s；质量流量是指单位时间内流过某通流截面的空气质量，单位为 kg/s。

由于空气的压缩性和膨胀性，体积流量又可分为自由空气流量和有压空气流量。自由空气流量是指在绝对压力为 0.1013MPa 和温度为 200℃条件下的体积流量；有压空气流量则是指在某一压力和温度下的体积流量。

在温度相同的条件下，自由空气流量 q_z 与有压空气流量 q 之间的关系为

$$q_z = q \frac{p + 0.1013}{0.1013} \tag{3-33}$$

式中　p——有压空气的相对压力（MPa）。

1）不可压缩气体通过节流孔的流量

当气体流速较低（v<5m/s）时，可不计压缩性的影响，通过节流孔的流量仍可按式（3-53）计算，即

$$q = C_d A_0 \sqrt{\frac{2}{\rho} \Delta p} \tag{3-34}$$

式中符号意义同式（3-53）。

2）可压缩气体通过节流孔的流量

当气体以较快的速度通过节流孔时，需计及压缩性的影响，则采用有效截面积 S 计算的流量公式为亚声速 $\left(\dfrac{p_2}{p_1} > 0.528\right)$ 时

$$q_z = 3.9 \times 10^{-3} S \sqrt{\Delta p p_1} \sqrt{\frac{273}{T_1}} \tag{3-35}$$

超声速 $\left(\dfrac{p_2}{p_1} < 0.528\right)$ 时

$$q_z = 1.88 \times 10^{-3} S p_1 \sqrt{\frac{273}{T_1}} \tag{3-36}$$

式中　q_z——自由空气流量（m^3/s）；

S——有效截面积（mm^2）；

p_1——节流孔口上游绝对压力（MPa）；

p_2——节流孔口下游绝对压力（MPa）；

Δp——压差（$\Delta p = p_1 - p_2$，MPa）；

T_1——节流孔口上游的热力学温度（K）。

例 3-5 已知某气动阀在环境温度为 20℃、气源压力为 0.5MPa（表压）的条件下进行实验，测得气动阀进、出口压差 $\Delta p =0.02$MPa，额定流量 $q=2.5m^3/h$。试求该阀有效截面积 S 的值。

解：由式（3-33）求出自由空气流量

$$q_z = q \frac{p + 0.1013}{0.1013}$$

$$= \frac{2.5}{3600} \times \frac{0.5 + 0.1013}{0.1013} \approx 4.12 \times 10^{-3} (m^3/s)$$

$$p_2 = p_1 - \Delta p = (0.5 + 0.1013) - 0.02 = 0.5813 (MPa)$$

由于

$$\frac{p_2}{p_1} = \frac{0.5813}{0.5 + 0.1013} = 0.967 > 0.528$$

所以属于亚声速出流，应用式（3-35），有

$$S = \frac{q_z}{3.9 \times 10^{-3} \sqrt{\Delta p p_1}} \sqrt{\frac{T_1}{273}}$$

$$= \frac{4.12 \times 10^{-3}}{3.9 \times 10^{-3} \times \sqrt{0.02 \times (0.5 + 0.1013)}} \times \sqrt{\frac{273 + 20}{273}} \approx 10 (mm^2)$$

3.3　管道中液流的特性

由于实际液体具有黏性，所以液体在流动时会遇到阻力，为了克服阻力，液体会损失一

部分能量，这部分能量损失称为压力损失。

压力损失分为两种，一种是液体在等径直管内流动时因摩擦而产生的压力损失，称为沿程压力损失；另一种是液体流经管道的弯头、接头、阀口以及突然变化的截面等处时，因流速或流向发生急剧变化而在局部区域产生流动阻力所造成的压力损失，称为局部压力损失。

3.3.1　沿程压力损失

沿程压力损失除与导管长度、内径和液体的流速、黏度等有关外，还与液体的流动状态有关。

1. 层流时的沿程压力损失

在液压传动中，液体的流动状态多数是层流，在这种状态下液体流经直管的压力损失可以通过理论计算求得。

1）液体在通流截面上的速度分布规律

如图 3-21 所示，液体在直径为 d 的圆管中做层流运动，圆管水平放置，在管内取一段与管轴线重合的小圆柱体，设其半径为 r，长度为 l。在这个小圆柱体上沿管轴方向的作用力有左端压力 p_1、右端压力 p_2、圆柱面上的摩擦力 F_f，则其受力平衡方程式为

$$(p_1 - p_2)\pi r^2 - F_f = 0 \tag{3-37}$$

由式（2-2）可知，

$$F_f = 2\pi r l \tau = 2\pi r l \left(-\mu \frac{\mathrm{d}u}{\mathrm{d}r}\right) \tag{3-38}$$

式中　μ——动力黏度。

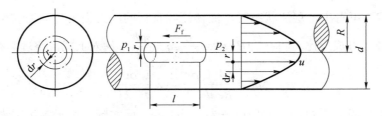

图 3-21　圆管中的层流

因为速度增量 $\mathrm{d}u$ 与半径增量 $\mathrm{d}r$ 符号相反，所以在式中加一负号。

令 $\Delta p = p_1 - p_2$，把 Δp、式（3-38）代入式（3-37），得

$$\frac{\mathrm{d}u}{\mathrm{d}r} = -\frac{\Delta p r}{2\mu l} \tag{3-39}$$

积分得

$$u = -\frac{\Delta p r^2}{4\mu l} + C \tag{3-40}$$

当 $r = R$ 时，$u = 0$，代入式（3-40）得

$$u = \frac{\Delta p}{4\mu l}(R^2 - r^2) \tag{3-41}$$

由式（3-41）可知管内流速 u 沿半径方向按抛物线规律分布，最大流速在轴线上，其值为

$$u_{max} = \frac{\Delta p}{4\mu l}R^2 \tag{3-42}$$

2）管路中的流量

在半径为 r 处取一层厚度为 dr 的微小圆环面，面积 $dA = 2\pi r dr$，通过此环形面积的流量为

$$dq = udA = 2\pi u r dr \tag{3-43}$$

积分得流量

$$q = \int_0^R dq = \int_0^R 2\pi u r dr = \int_0^R 2\pi \frac{\Delta p}{4\mu l}(R^2 - r^2) r dr = \frac{\pi R^4}{8\mu l}\Delta p = \frac{\pi d^4}{128\mu l}\Delta p \tag{3-44}$$

3）平均流速

设管内平均流速为 v，有

$$v = \frac{q}{A} = \frac{1}{\pi R^2}\frac{\pi R^4}{8\mu l}\Delta p = \frac{R^2}{8\mu l}\Delta p = \frac{\pi d^2}{32\mu l}\Delta p \tag{3-45}$$

把式（3-45）与式（3-42）对比，可得平均流速与最大流速的关系

$$v = \frac{u_{max}}{2} \tag{3-46}$$

层流状态时，液体流经直管的沿程压力损失 Δp_λ 可由式（3-45）求得

$$\Delta p_\lambda = \frac{32\mu l v}{\pi d^2} \tag{3-47}$$

由式（3-47）可看出，层流状态时，液体流经直管的压力损失与动力黏度、管长、流速成正比，与管径平方成反比。将 $\mu = v\rho$，$Re = \frac{vd}{v}$，$q = \frac{\pi d^2}{4}v$ 代入上式，整理后得

$$\Delta p_\lambda = \frac{64}{Re}\frac{1}{d}\frac{\rho v^2}{2} = \lambda \frac{1}{d}\frac{\rho v^2}{2} \tag{3-48}$$

式中 λ ——沿程阻力系数。它的理论值为 $\lambda = 64/Re$，而实际中由于各种因素的影响，对光滑金属管，取 $\lambda = 75/Re$；对橡胶管，取 $\lambda = 80/Re$。

2. 紊流时的沿程压力损失

层流流动中各质点有沿轴向的规则运动，而无横向运动。紊流的重要特性之一是液体各质点不再做有规则的轴向运动，而是在运动过程中互相渗混和脉动。这种极不规则的运动，引起质点间的碰撞，并形成旋涡，使紊流能量损失比层流能量损失大得多。

由于紊流流动现象的复杂性，完全用理论方法进行研究，至今尚未获得令人满意的成果，故仍用实验的方法加以研究，再辅以理论解释。因而紊流状态下液体流动的压力损失仍用式（3-48）来计算，式中的 λ 值不仅与雷诺数 Re 有关，而且与管壁表面粗糙度 Δ 有关，具体的 λ 值见表3-2。

表 3-2 圆管沿程阻力系数 λ 的计算公式

流动区域		雷诺数范围		λ 计算公式
层流		$Re<2320$		$\lambda=\dfrac{75}{Re}$（油），$\lambda=\dfrac{64}{Re}$（水）
紊流	水力光滑管	$Re<22\left(\dfrac{d}{\Delta}\right)^{\frac{8}{7}}$	$3000<Re<10^5$	$\lambda=0.3164Re^{-0.25}$
			$10^5 \le Re \le 10^8$	$\lambda=0.308\times(0.842-\lg Re)^{-2}$
	水力粗糙管	$22\left(\dfrac{d}{\Delta}\right)^{\frac{8}{7}}<Re\le 597\left(\dfrac{d}{\Delta}\right)^{\frac{9}{8}}$		$\lambda=\left[1.14-2\lg\left(\dfrac{\Delta}{d}+\dfrac{21.25}{Re^{0.9}}\right)\right]^{-2}$
	阻力平方区	$Re>597\times\left(\dfrac{d}{\Delta}\right)^{\frac{9}{8}}$		$\lambda=0.11\times\left(\dfrac{\Delta}{d}\right)^{0.25}$

3.3.2 局部压力损失

流体流经管道的弯头、突变截面及阀口等处时，流速的大小和方向会发生急剧变化，因而产生漩涡，并发生强烈的湍动现象，由此造成的压力损失称为局部压力损失。

局部压力损失 Δp_ξ 的计算公式为

$$\Delta p_\xi=\xi\frac{\rho v^2}{2} \tag{3-49}$$

式中 ξ——局部阻力系数，由实验测得，具体数值可查阅有关手册。

因阀芯结构较复杂，液体流过各种阀的局部压力损失按式（3-49）计算较困难，故常用下式计算：

$$\Delta p_\xi=\Delta p_s\left(\frac{q}{q_s}\right)^2 \tag{3-50}$$

式中 Δp_s——阀在额定流量下的压力损失；

q_s——阀的额定流量；

q——通过阀的实际流量。

3.3.3 液压系统管路的总压力损失

实际液压系统管路的总压力损失由 m 段沿程压力损失和 n 段局部压力损失组成。作为估算，总压力损失 $\Sigma\Delta p$ 就是这些压力损失的叠加，即

$$\sum \Delta p=\sum_{i=1}^{m}\Delta p_{\lambda i}+\sum_{i=1}^{n}\Delta p_{\xi i} \tag{3-51}$$

必须指出，式（3-51）仅在两相邻局部压力损失之间的距离大于管道内径 10 倍时才是正确的。因为液流经过局部阻力区域后受到很大的干扰，要经过一段距离才能稳定下来。如果距离太短，液流还未稳定就又要经历下一个局部阻力，它所受到的扰动将更为严重，这时的阻力系数可能比正常值大好几倍。

通常情况下，液压系统的管路并不长，所以沿程压力损失比较小，而阀等元件的局部压力损失却较大。因此管路总的压力损失一般以局部损失为主。

3.4 孔口及缝隙流动

在液压传动系统中经常遇到油液流经小孔或间隙的情况，如节流调速中的节流小孔、液压元件相对运动表面间的各种间隙。研究液体流经这些小孔和间隙的流量压力特性，对于研究节流调速性能和计算泄漏都是很重要的。

3.4.1 孔口流动

液体流经小孔可以根据孔长 l 与孔径 d 的比值分为三种情况：$l/d \leqslant 0.5$ 时，称为薄壁小孔；$0.5 < l/d \leqslant 4$ 时，称为短孔；$l/d > 4$ 时，称为细长孔。

1. 薄壁小孔

液体流经薄壁小孔的情况如图 3-22 所示。液流在小孔上游大约 $d/2$ 处开始加速并从四周流向小孔。由于流线不能突然转折到与管轴线平行，所以在液体惯性的作用下，外层流线逐渐向管轴方向收缩，逐渐过渡到与管轴线方向平行，从而形成收缩截面 A_c。对于圆孔，约在小孔下游 $d/2$ 处完成收缩。通常把最小收缩面积 A_c 与孔口截面积之比称为收缩系数 C_c，即 $C_c = A_c/A$。其中 A 为小孔的通流截面积。液流收缩的程度取决于 Re、孔口及边缘形状、孔口离管道内壁的距离等因素。对于圆形小孔，当管道直径 D 与小孔直径 d 之比 $D/d \geqslant 7$ 时，流速的收缩作用不受管壁的影响，称为完全收缩。反之，管壁对收缩程度有影响时，称为不完全收缩。

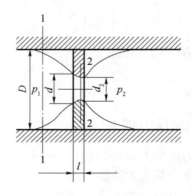

图 3-22 流经薄壁小孔的液流

对于图 3-22 所示的通过薄壁小孔的液流，取截面 1—1 和 2—2 为计算截面，设截面 1—1 处的压力和平均速度分别为 p_1、v_1，截面 2—2 处的压力和平均速度分别为 p_2、v_2。由于选轴线为参考基准，则 $z_1 = z_2$，列伯努利方程为

$$\frac{p_1}{\rho g} + \frac{\alpha_1 v_1^2}{2g} = \frac{p_2}{\rho g} + \frac{\alpha_2 v_2^2}{2g} + h_w$$

由于小孔前管道的通流截面积 A_1 比小孔的通流截面积 A 大得多，故 v_1 可忽略不计。此外，式中的 h_w 部分主要是局部压力损失，由于 2—2 通流截面取在最小收缩截面处，所以，只有

管道突然收缩而引起的压力损失，即

$$h_w = \xi \frac{\rho v^2}{2}$$

将上式代入伯努利方程中，并令 $\Delta p = p_1 - p_2$，求得液体流经薄壁小孔的平均速度 v_2 为

$$v_2 = \frac{1}{\alpha_2 + \xi} \sqrt{\frac{2\Delta p}{\rho}} = C_v \sqrt{\frac{2\Delta p}{\rho}} \tag{3-52}$$

式中 C_v——小孔流速系数，$C_v = 1/(\alpha_2 + \xi)$，由于 v_2 是最小收缩截面上的平均速度，设最小通流截面的面积为 A_c，与小孔通流截面积 A 的比值为 $A_c/A = C_c$，则流经小孔的流量为

$$q = A_c v_2 = C_c C_v A \sqrt{\frac{2\Delta p}{\rho}} = C_d A \sqrt{\frac{2\Delta p}{\rho}} \tag{3-53}$$

式中 C_d——流量系数 $C_d = C_c C_v$；

Δp——小孔前后压差。

流量系数一般由实验确定。在液流完全收缩的情况下，当 $Re = 800 \sim 5000$ 时，C_d 可按下式计算：

$$C_d = 0.964 Re^{-0.05} \tag{3-54}$$

当 $Re > 10^5$ 时，C_d 可以认为是不变的常数，计算时取平均值 $C_d = 0.60 \sim 0.61$。

当液流为不完全收缩时，其流量系数为 $C_d \approx 0.7 \sim 0.8$，具体数值见表 3-3。

表 3-3 不完全收缩时液体流量系数 C_d 的值

$\dfrac{A_c}{A}$	0.1	0.2	0.3	0.4	0.5	0.6	0.7
C_d	0.602	0.615	0.634	0.661	0.696	0.742	0.804

2. 细长孔和短孔

液体流经细长小孔时，一般都处于层流状态，所以可直接应用前面已导出的直管流量公式（3-44）来计算，当孔口直径为 d，截面积为 $A = \pi d^2/4$ 时，可写成

$$q = \frac{\pi d^4}{128 \mu l} \Delta p \tag{3-55}$$

比较式（3-55）和式（3-53）不难发现，通过孔口的流量与孔口的面积、孔口前后的压力差及由孔口形式决定的特性系数有关。由式（3-53）可知，通过薄壁小孔的流量与油液的黏度无关，因此流量受油温变化的影响较小，但流量与孔口前后的压力差呈非线性关系；由式（3-55）可知，油液流经细长孔的流量与小孔前后的压差 Δp 成正比，同时由于公式中包含油液的黏度 μ，因此流量受油温变化的影响较大。为了分析问题方便起见，将式（3-55）和式（3-53）一并用下式表示，即

$$q = KA\Delta p^m \tag{3-56}$$

式中 m——指数，当孔口为薄壁小孔时，$m = 0.5$，当孔口为细长孔时，$m = 1$；

K——孔口的通流系数，当孔口为薄壁孔时，$K = C_d (2/\rho)^{0.5}$，当孔口为细长孔时，$K = d^2/32\mu l$。

液流流经短孔的流量仍可用薄壁小孔的流量计算式 $q = C_d A(2\Delta p/\rho)^{0.5}$ 计算，其中的流量

系数可在有关液压设计手册中查得。由于短孔介于细长孔和薄壁小孔之间，故有 $q = C_\mathrm{d} A (2 \Delta p / \rho)^m$ ，$0.5 < m < 1$。短孔加工比薄壁小孔容易，故常用作固定的节流器。

3.4.2 缝隙流动

由于液压元件内各零件间有相对运动，所以必须要有适当间隙。间隙过大，会造成泄漏；间隙过小，会使零件卡死。

泄漏是由压差和间隙造成的，如图 3-23 所示。内泄漏的损失转换为热能，使油温升高，外泄漏污染环境，两者均影响系统的性能与效率。因此，研究液体流经间隙的泄漏量、压差与间隙量之间的关系，对提高元件性能及保证系统正常工作是必要的。

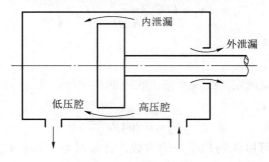

图 3-23 内泄漏与外泄漏

间隙中的流动一般为层流，可分为以下三种：一种是压差造成的流动，称压差流动，另一种是相对运动造成的流动，称剪切流动，还有一种是在压差与剪切同时作用下的流动。

1. 平行平板缝隙

液体流经平行平板缝隙的一般情况是既受压差的作用，同时又受到平行平板间相对运动的作用，如图 3-24 所示。

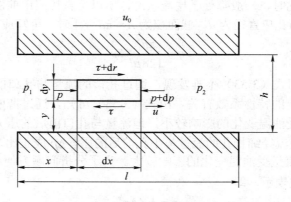

图 3-24 平行平板缝隙流动

设平板长为 l，宽为 b（图中未画出），两平行平板间的间隙为 h，且 $l \gg h$，$b \gg h$，液体不可压缩，质量力忽略不计，黏度不变。在液体中取一个微元体 $\mathrm{d}x\mathrm{d}y$（宽度取单位长），作用在它与液流相垂直的两个表面上的压力为 p 和 $p + \mathrm{d}p$，作用在它与液流相平行的上、下两个表面上的切应力为 τ 和 $\tau + \mathrm{d}\tau$，因此它的受力平衡方程为

$$pdy + (\tau + d\tau)dx = (p + dp)dy + \tau dx$$

经过整理并将式（2-3）代入后，有

$$\frac{d^2 u}{dy^2} = \frac{1}{\mu} \frac{dp}{dx}$$

对上式进行二次积分，可得

$$u = \frac{1}{2\mu} \frac{dp}{dx} y^2 + C_1 y + C_2 \qquad (3-57)$$

式中　C_1、C_2——积分常数。下面分两种情况进行讨论。

1）固定平行平板缝隙流动（压差流动）且 $u_0 = 0$

上、下两平板均固定不动，液体在缝隙两端的压差的作用下在缝隙中流动，称为压差流动。

将边界条件：当 $y=0$ 时 $u=0$ 和当 $y=h$ 时 $u=0$，代入式（3-57），得

$$C_1 = -\frac{1}{2\mu} \frac{dp}{dx} h, \quad C_2 = 0$$

所以

$$u = -\frac{1}{2\mu} \frac{dp}{dx} (h-y) y \qquad (3-58)$$

于是有

$$q = \int_0^h ub dy = \int_0^h -\frac{1}{2\mu} \frac{dp}{dx} (h-y) yb dy = -\frac{bh^3}{12\mu} \frac{dp}{dx}$$

因为液流做层流流动时 p 只是 x 的线性函数，即

$$dp - dx = (p_2 - p_1)/1 = -\Delta p / l$$

将此关系式代入上述流量公式，得

$$q = \frac{bh^3}{12\mu l} \Delta p \qquad (3-59)$$

从以上两式可以看出，在间隙中的速度分布规律呈抛物线状，通过间隙的流量与间隙的三次方成正比，因此必须严格控制间隙量，以减小泄漏。

2）两平行平板有相对运动时的缝隙流动

两平行平板有相对运动，速度为 u_0，但无压差，这种流动称为纯剪切流动。考虑边界条件：当 $y=0$ 时，$u=0$，当 $y=h$ 时，$u=u_0$，且 $dp/dx=0$，代入式（3-57）得

$$C_1 = \frac{u_0}{h}, C_2 = 0$$

则

$$u = \frac{y}{h} u_0 \qquad (3-60)$$

由式（3-60）可知，速度沿 y 方向呈线性分布，其流量为

$$q = \frac{bh}{2} u_0 \qquad (3-61)$$

3）两平行平板既有相对运动，两端又存在压差时的流动

这是一种普遍情况，其速度和流量是以上两种情况的线性叠加，即

$$u = \frac{1}{2\mu}\frac{\Delta p}{l}(h-y)y \pm \frac{u_0}{h}y \qquad (3\text{-}62)$$

同样

$$q = \frac{bh^3}{12\mu l}\Delta p \pm \frac{bh}{2}u_0 \qquad (3\text{-}63)$$

式（3-62）和式（3-63）中正负号的确定：当长平板相对于短平板的运动方向和压差流动方向一致时，取"+"号，反之取"–"号。此外，可以将泄漏所造成的功率损失写成

$$P_1 = \Delta pq = \Delta p\left(\frac{bh^3}{12\mu l}\Delta p \pm \frac{bh}{2}u_0\right) \qquad (3\text{-}64)$$

由式（3-64）得出结论：间隙 h 越小，泄漏功率损失也越小。但是 h 的减小会使液压元件中的摩擦功率损失增大，因而间隙 h 有一个使这两种功率损失之和达到最小的最佳值。

各种典型情况的缝隙流动如图 3-25 所示。

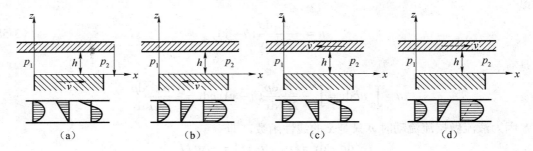

图 3-25 压差与剪切同时作用下缝隙中的流动

2. 圆柱环形缝隙流动

1）流经同心环形缝隙的流量

图 3-26 所示为同心环形缝隙流动，当 $h/r \ll 1$ 时，可以将环形缝隙间的流动近似地看作平行平板缝隙间的流动，只要将 $b = \pi d$ 代入式（3-63），就可得到这种情况下的流动，即

$$q = \frac{\pi dh^3}{12\mu l}\Delta p \pm \frac{\pi dh}{2}u_0 \qquad (3\text{-}65)$$

该式中"+"号和"–"号的确定同式（3-63）。

2）流经偏心环形缝隙的流量

液压元件中经常出现偏心环状缝隙的情况，如活塞与油缸不同心时就形成了偏心环状间隙。图 3-27 所示为偏心环状缝隙的简图。孔半径为 R，其圆心为 O，轴半径为 r，其圆心为 O_1，偏心距为 e，设半径在任一角度 α 时，两圆柱表面 $h = R - (r\cos\beta + e\cos\alpha)$，因 $\beta \approx 0$，所以 $h = R - (r + e\cos\alpha)$。

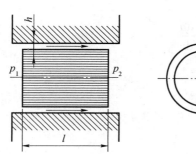
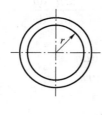

图 3-26　同心环形缝隙中的液流

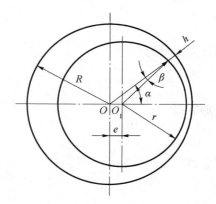

图 3-27　偏心环状缝隙中的液流

在 $\mathrm{d}\alpha$ 一个很小的角度范围内，通过间隙的流量 $\mathrm{d}q$ 可应用平面缝隙流量公式（3-59）计算，即 $q = \dfrac{bh^3}{12\mu l}\Delta p$，因为 b 相当于 $R\mathrm{d}\alpha$，于是得 $\mathrm{d}q = \dfrac{rh^3\mathrm{d}\alpha}{12\mu l}\Delta p$。令 $R-r = h_0$（同心时半径间隙量），$e/h_0 = \varepsilon$（相对偏心率），则有 $h = h_0 - e\cos\alpha = h_0(1-\varepsilon\cos\alpha)$，将 h 值代入式（3-59），并从 0 积分到 2π 得到通过整个偏心环形间隙的流量 q 为

$$q = (1+1.5\varepsilon^2)\frac{\pi d h_0^3}{12\mu l}\Delta p \tag{3-66}$$

由式（3-66）可以看出，当 $\varepsilon=0$ 时即为同心环状间隙。当 $\varepsilon=1$，即最大偏心 $e = h_0$ 时，其流量为同心时流量的 2.5 倍，这说明偏心对泄漏量的影响很大。所以对液压元件的同心度应有适当要求。

3）内外圆柱表面有相对运动且存在压差的流动

由式（3-63）和式（3-66）可得到

$$q = \frac{\pi d h_0^3}{12\mu l}\Delta p(1+1.5\varepsilon^2) \pm \frac{\pi d h_0}{2}u_0 \tag{3-67}$$

式中等号右边第一项为压差流动的流量，第二项为纯剪切流动的泄漏量，当长圆柱表面相对短圆柱表面的运动方向与压差流动方向一致时取"+"号，反之取"−"号。当内外圆柱同心（$\varepsilon=0$）时，即为式（3-63）。

3. 流经平行圆盘平面缝隙的流量

如图 3-28 所示，两平行圆盘 A 和 B 之间的缝隙为 h，液流由圆盘中心孔流入，在压差的作用下向四周径向流出。由于缝隙很小，液流呈层流，因为流动是径向的，所以对称于中心轴线。柱塞泵的滑履与斜盘之间、喷嘴-挡板滑阀的喷嘴与挡板之间以及某些端面推力静压轴承均属这种情况。

在半径 r 处取宽度为 $\mathrm{d}r$ 的液层，将液层展开，可近似看作平行平板间的缝隙流动，在 r 处的流速为 u_r，因此有

$$u_r = -\frac{1}{2\mu}(h-y)y\frac{\mathrm{d}p}{\mathrm{d}r} \tag{3-68}$$

通过的流量为

$$q = \int_0^h u_r 2\pi r \mathrm{d}y = -\frac{\pi r h^3}{6\mu}\frac{\mathrm{d}p}{\mathrm{d}r}$$

变形后得

$$\frac{\mathrm{d}p}{\mathrm{d}r} = -\frac{6\mu q}{\pi r h^3}$$

积分得

$$p = -\frac{6\mu q}{\pi h^3}\ln r + C$$

由边界条件：$r = r_2$ 时，$p = p_2$ 得

$$C = -\frac{6\mu q}{\pi h}\ln r_2 + p_2$$

代入上式，得压力 p 沿径向的分布规律

$$p = \frac{6\mu q}{\pi h^3}\ln\frac{r_2}{r} + p_2$$

当 $r = r_1$ 时，$p = p_1$，则由上式可得流量 q 为

$$q = \frac{\pi h^3}{6\mu\ln\dfrac{r_2}{r_1}}\Delta p \tag{3-69}$$

作用于平面上的总液压力为

$$f = \pi r_1^2 p_1 + \int_{r_1}^{r_2} p_2 2\pi r \mathrm{d}r \tag{3-70}$$

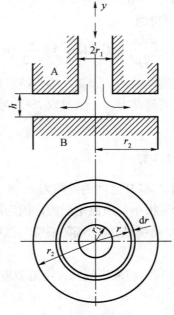

图 3-28　平行圆盘缝隙图

4. 圆锥状环形缝隙流动

图 3-29 所示为圆锥状环形缝隙的流动。若将这一缝隙展开成平面，就是一个扇形，相当于平行圆盘缝隙的一部分，所以可根据平行圆盘缝隙流动的流量公式，导出这种流动的流量公式为

$$q = \frac{\pi \sin \alpha h^3}{6\mu \ln \dfrac{r_2}{r_1}} \Delta p \qquad (3\text{-}71)$$

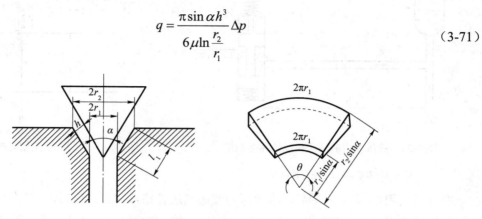

图 3-29　圆锥状环形缝隙的流动

3.5　液压冲击及气穴现象

3.5.1　液压冲击

1. 液压冲击的概念

在液压系统中，当极快地换向或关闭液压回路时，会使液流速度急速地改变（变向或停止），由于流动液体的惯性或运动部件的惯性，会使系统内的压力突然升高或降低，这种现象称为液压冲击（水力学中称为水锤现象）。在研究液压冲击时，必须把液体当作弹性物体，同时还须考虑管壁的弹性。

液压冲击会使液压设备振动，影响其正常工作，导致密封装置、油管或元件损坏，某些元件（如压力继电器、顺序阀等）误动作。因此，在液压系统设计中必须考虑防止或减小液压冲击。

首先讨论一下液压冲击的发展过程。图 3-30 所示为某液压传动油路的一部分。管路 A 的进口端装有蓄能器，出口端装有电磁换向阀。当换向阀打开时，管中的流速为 v_0，压力为 p_0，现在来研究当阀门突然关闭时，阀门前及管中压力变化的规律。

当阀门突然关闭时，如果认为液体是不可压缩的，则管中整个液体将如同刚体一样同时静止下来。但实验证明并非如此，事实上只有紧邻着阀门的一层厚度为 Δl 的液体于 Δt 时间内首先停止流动。之后，液体被压缩，压力增大 Δp，如图 3-31 所示。同时管壁也发生膨胀。在下一个无限小时间段 Δt 后，紧邻的第二层液体层又停止下来，其厚度也为 Δl，也受压缩，

同时这段管子也膨胀了。依此类推，第三层、第四层液体逐层停止下来，并产生增压。这样就形成了一个高压区和低压区分界面（称为增压波面），它以速度 c 从阀门处开始向蓄能器方向传播。我们称 c 为水锤波的传播速度，它实际上等于液体中的声速。

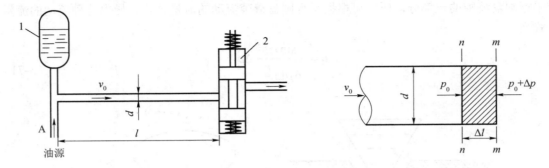

图 3-30　液压冲击的液压传动油路分析图　　　　图 3-31　阀门突然关闭时的受力分析

1—蓄能器；2—电磁换向阀

在阀门关闭 $t_1 = l/c$ 时刻后，水锤压力波面到达管路入口处。这时，在管长 l 中全部液体都已依次停止流动，而且液体处在压缩状态下。这时来自管内的压力较高，而蓄能器内的压力较低。显然这种状态是不平衡的，可见管中紧邻入口处第一层液体将会以速度 v_0 流向蓄能器中。与此同时，第一层液体层结束了受压状态，水锤压力 Δp 消失，恢复到正常情况下的压力，管壁也恢复了原状。这样，管中的液体高压区和低压区的分界面即减压波面，将以速度 c 自蓄能器向阀门方向传播。

在阀门关闭 $t_2 = 2l/c$ 时刻后，全管长 l 内的液体压力和体积都已恢复原状。这时要特别注意，当在 $t_2 = 2l/c$ 的时刻末，紧邻阀门的液体由于惯性作用，仍然企图以速度 v_0 向蓄能器方向继续流动。就好像受压的弹簧，当外力取消后，弹簧会伸长得比原来还要长，因而处于受拉状态。这样就使得紧邻阀门的第一层液体开始受到"拉松"，从而使压力突然降低 Δp。同样第二层、第三层依次放松，这就导致减压波面仍以速度 c 向蓄能器方向传去。

当阀门关闭 $t_3 = 3l/c$ 时刻后，减压波面到达水管入口处，全管的液体处于低压而且是静止状态。这时蓄能器中的压力高于管中压力，当然不能保持平衡。在这一压力差的作用下，液体必然由蓄能器流向管路中，使紧邻管路入口的第一层液体层首先恢复到原来正常情况下的速度和压力。这种情况一层一层地以速度 c 由蓄能器向阀门方向传播，直到经过 $t_4 = 4l/c$ 时传到阀门处。这时管路内的液体完全恢复到原来的正常情况，液流仍以速度 v_0 由蓄能器流向阀门。这种情况和阀门未关闭之前完全相同。因为现在阀门仍处于关闭状态，故此后将重复上述四个过程。如此周而复始地传播下去，如果不是由于液压阻力和管壁变形消耗了一部分能量，这种情况将会永远持续下去。

图 3-32 表示在理想情况下紧邻阀门前的压力随时间变化的曲线。由图 3-32 可看出，该处的压力每经过 $2l/c$ 时间段，互相变换一次。实际上由于液压阻力及管壁变形需要消耗一定的能量，因此它是一个逐渐衰减的复杂曲线，如图 3-33 所示。

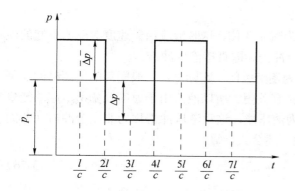

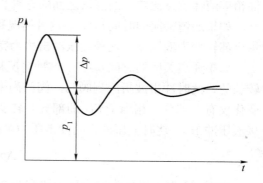

图 3-32　在理想情况下冲击压力的变化规律　　　图 3-33　实际情况下冲击压力的变化规律

2. 液压冲击压力

下面定量分析阀门突然关闭时所产生的冲击压力的计算。如图 3-31 所示，设当阀门突然关闭时，在某一瞬间 Δt 时间内，与阀紧邻的一段液体 mn 先停止下来，其厚度为 Δl，体积为 $A\Delta l$，质量为 $\rho A\Delta l$，此小段液体在 Δt 时间内受上面液层的影响而压缩，尚在流动中的液体以速度 v_0 流入该层压缩后所空出的空间。若以 p_0 代表阀的初始压力，而以 $p_0 + \Delta p$ 代表骤然关闭后的压力。若 mm 段面上的压力为 $p_0 + \Delta p$，而 nn 段面上的压力为 p_0，则在 Δt 时间内，轴线方向作用于液体外力的冲量为 $-\Delta p A\Delta t$。同时在液体层 mn 的动量的增量值为 $-\rho A\Delta l v_0$。对此段液体运用动量定理，可得 $-\Delta p A\Delta t = -\rho A\Delta l v_0$，所以

$$\Delta p = \rho \frac{\Delta l}{\Delta t} v_0 = \rho c v_0 \tag{3-72}$$

如果阀门不是一下全闭，而是突然使流速从 v_0 下降为 v，则 Δp 可用下式计算

$$\Delta p = \rho c \Delta v = \rho c (v_0 - v) \tag{3-73}$$

式中　c ——冲击波传播速度（又称水锤波速度），可用下式计算。

$$c = \sqrt{\frac{\dfrac{K}{\rho}}{1 + \dfrac{dK}{\delta E}}} \tag{3-74}$$

式中　K ——液体的体积弹性模量；
　　　d ——管道的内径；
　　　δ ——管道的壁厚；
　　　E ——管道材料的弹性模量。

3. 液流通道关闭迅速程度与液压冲击

设通道关闭的时间为 t_s，冲击波从起始点开始再反射到起始点的时间为 T，则 T 可用下式表示：

$$T = 2l / c \tag{3-75}$$

式中　l ——冲击波传播的距离，它相当于从冲击的起始点（即通道关闭的地方）到蓄能器或

油箱等液体容量比较大的区域之间的导管长度。

如果通道关闭的时间 $t < T$ ，这种情况称为瞬时关闭，这时液流由于速度改变所引起的能量全部转变为液压能，这种液压冲击称为完全冲击（即直接液压冲击）。

如果通道关闭的时间 $t > T$ ，这种情况称为逐渐关闭。实际上，一般阀门的关闭时间还是较长的，此时冲击波折回到阀门，阀门尚未完全关闭。所以液流由于速度改变所引起的能量变化仅有一部分（相当于 T/t 的部分）转变为液压能，这种液压冲击称为非完全冲击（即间接液压冲击）。这时液压冲击的冲击压力可按下述公式计算：

$$\Delta p = \frac{T}{t}\rho c v_0 \tag{3-76}$$

由式（3-76）可知，冲击压力比完全冲击时小，而且 t 越大， Δp 将越小。

从以上各式可以看出，要减小液压冲击，可以增大关闭通道的时间 t ，或者减少冲击波从起始点开始再反射到起始点的时间 T ，也就是减小冲击波传播的距离 l 。

例 3-6 图 3-34 所示为液压系统的一部分，从气体蓄能器 1 到电磁换向阀 2 之间的管路长 $l = 4\text{m}$ ，管子直径 $d = 12\text{mm}$ ，管壁厚度 $\delta = 1\text{mm}$ ，钢管材料的弹性模量 $E = 2.2 \times 10^5 \text{MPa}$ ，使用的油液为 10 号航空液压油，其体积弹性模量 $K = 1.33 \times 10^3 \text{MPa}$ ，密度 $\rho = 900\text{kg}/\text{m}^3$ ，管路中液体以流速 $v_0 = 5\text{m}/\text{s}$ 流向电磁换向阀。当电磁换向阀以 $t = 0.02\text{s}$ 的时间快速将阀门完全关闭时，试求在管路中所产生的冲击压力。

解： $c = \sqrt{\dfrac{\dfrac{K}{\rho}}{1 + \dfrac{dK}{\delta E}}} = \sqrt{\dfrac{\dfrac{1.33 \times 10^9}{900}}{1 + \dfrac{12 \times 10^{-3}}{1 \times 10^{-3}} \times \dfrac{1.33 \times 10^9}{2.2 \times 10^{11}}}} = 1173.8$ （m/s）

再求出 $2l/c$ 值来确定是直接液压冲击还是间接液压冲击。

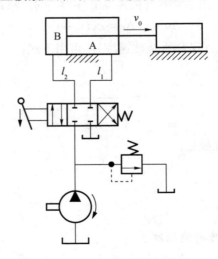

图 3-34 液体和运动惯性联合作用

电磁阀关闭时间 $t = 0.02\text{s}$ ，大于 $2l/c = 0.0068\text{s}$ ，所以此处的液压冲击为不完全液压冲击，因此它的冲击压力值为 $\Delta p = \dfrac{T}{t}\rho c v_0 = \dfrac{0.0068}{0.02} \times 900 \times 1173.8 \times 5 = 1.80 \times 10^6 (\text{Pa}) = 1.80\text{MPa}$ 。

4. 液体和运动件惯性联合作用而引起的液压冲击

设有一用换向阀控制的油缸如图 3-34 所示。活塞拖动负载以 v_0 的起始速度向右移动，活塞及负载的总重力为 G，如换向阀突然关闭，活塞及负载在换向阀关闭后 t 时间内停止运动，由于液体及运动件的惯性作用而引起的液压冲击可按下述方法计算。

活塞及负载停止运动时，从换向阀到油缸及从油缸回油到换向阀的整个液压回路中的油液均停止流动。因活塞及负载的原有动量作用于 A 腔油液上，所以 A 腔及 l_1 管路中的压力高于 B 腔及 l_2 管路中的压力。但是在计算液压冲击最大压力升高值时，应计算管路中由于油液惯性而产生的最大压力升高值。根据式（3-72）计算由于油液惯性在导管中产生的液压冲击而引起的液压冲击力为

$$\Delta p' = \sum \rho \frac{Av_0 l_i}{A_i t} \tag{3-77}$$

式中　A——油缸活塞面积；

l_i——第 i 段管道的长度；

A_i——油液第 i 段管道的有效面积；

v_0——产生液流变化前的活塞速度；

t——活塞由速度 v_0 到停止时的变化时间。

式（3-77）中，因油缸长度和活塞速度与管道长度及管中流速相比较是很小的，故油缸中油液的惯性可忽略不计。活塞及负载惯性所引起 A 腔油液压力的升高值，根据动量定理应为

$$\Delta p'' A \Delta t = \sum m \Delta v \tag{3-78}$$

所以 A 腔及管路 l_1 中最大压力升高值为

$$\Delta p = \Delta p' + \Delta p'' = \sum \rho \frac{Av_0 l_i}{A_i t} + \frac{\sum m \Delta v}{A \Delta t} \tag{3-79}$$

如在 t 时间内活塞的速度不是从 v_0 降到零，而且以 v_0 降到 v_1'，只要以 $v_0 - v_1'$ 代替式（3-79）中的 v_0 即可。

5. 减小液压冲击的措施

液压冲击的危害是很大的。发生液压冲击时管路中的冲击压力往往急增很多而使按工作压力设计的管道破裂。此外，所产生的液压冲击波会引起液压系统的振动和冲击噪声。因此在设计液压系统时要考虑这些因素，应尽量减少液压冲击的影响。为此，一般可采取如下措施。

（1）缓慢关闭阀门，削减冲击波的强度。

（2）在阀门前设置蓄能器，以减小冲击波传播的距离。

（3）应将管中流速限制在适当范围内，或采用橡胶软管，以减小液压冲击。

（4）在系统中安装安全阀，可起卸载作用。

3.5.2　气穴现象

一般液体中溶解有空气，水中溶解有约 2%（体积分数）的空气，液压油中溶解有 6%～

12%（体积分数）的空气。呈溶解状态的气体对油液体积弹性模量没有影响，但呈游离状态的小气泡对油液体积弹性模量会产生显著的影响。空气的溶解度与压力成正比。当压力降低时，原先压力较高时溶解于油液中的气体成为过饱和状态，于是就要分解出游离状态的微小气泡，其速率较低，但当压力低于空气分离压 p_g 时，溶解的气体就要以很快的速度分解出来，成为游离的微小气泡，并聚合长大，使原来充满油液的管道变为混有许多气泡的不连续状态，这种现象称为气穴现象。

油液的空气分离压随油温及空气溶解度而变化，当油液管道中发生气穴现象时，气泡随着液流进入高压区，体积急剧缩小，气泡又凝结成液体，形成局部真空，周围液体质点以极大的速度来填补这一空间，使气泡凝结处瞬间局部压力高达数百兆帕，温度可达近千摄氏度。在气泡凝结处附近壁面，因反复受到液压冲击与高温作用，以及油液中逸出气体较强的酸化作用，金属表面产生腐蚀。因气穴产生的腐蚀，一般称为气蚀。泵吸入管路连接、密封不严使空气进入管道，回油管高出油面使空气冲入油中而被泵吸油管吸入油路，以及泵吸油管道阻力过大，流速过高均是造成气穴的原因。

此外，当油液流经节流部位，流速增高，压力降低，在节流部位前后压力比 $p_1 / p_2 \geqslant 3.5$ 时，将发生节流气穴。

气穴现象将会引起系统的振动，产生冲击、噪声、气蚀，使工作状态恶化，应采取如下预防措施：

（1）正确设计和使用液压泵站。例如，降低泵的安装高度、适当加大吸油管内径、限制管内液体的流速、尽量减小吸油管路中的压力损失。

（2）液压系统各元部件的连接处密封要可靠，严防空气侵入。

（3）节流口压力降要小，一般控制节流口前后压力比 $p_1 / p_2 < 3.5$。

（4）采用抗腐蚀能力强的金属材料，提高零件的机械强度，减小零件的表面粗糙度值。

本 章 小 结

本章介绍了液压流体力学的基础理论知识，包括静止液体的物理特性、力学性质、流动液体的基本方程、液体流动时各种压力损失的概念及计算方法、液体流经小孔及缝隙的流量计算公式以及液压冲击和气穴现象。

习　题

3-1　某液压油在大气压下的体积是 50L，当压力升高后其体积减少到 49.9L，设液压油的体积弹性模量 $K = 7000 \times 10^5 \mathrm{Pa}$，求压力升高值。

3-2　用恩氏黏度计测得 $\rho = 850 \mathrm{kg} / \mathrm{m}^3$ 的某种液压油 200mL 流过的时间 $t_1 = 153 \mathrm{s}$。20℃时 200 mL 蒸馏水流过的时间 $t_2 = 51 \mathrm{s}$。则该液压油的恩氏黏度为多少？动力黏度 μ（Pa·s）为多

少？运动黏度 $\nu(m^2/s)$ 为多少？

3-3　如图 3-35 所示，容器 A 内充满着 $\rho=900kg/m^3$ 的液体，U 形测压计中介质为汞，$h=1m$，$z_A=0.5m$，求容器 A 中心的压力。

3-4　如图 3-36 所示，具有一定真空度的容器用一管子倒置于一液面与大气相通的槽中，液体在管中上升的高度 $h=0.5m$，设液体的密度 $\rho=1000kg/m^3$，试求容器内的真空度。

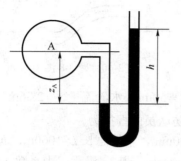

图 3-35　题 3-3 图

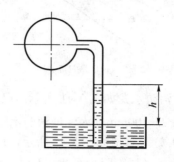

图 3-36　题 3-4 图

3-5　如图 3-37 所示，将直径为 d、质量为 m 的柱塞浸入充满液体的密闭容器中，在力 F 的作用下处于平衡状态。若浸入深度为 h，液体密度为 ρ，试求液体在测压管内上升的高度 x。

3-6　将流量 $q=16L/min$ 的液压泵安装在油面以下，已知油的运动黏度 $\nu=2\times10^{-4}m^2/s$，油的密度 $\rho=880kg/m^3$，弯头处的局部阻力系数 $\xi=0.2$，其他尺寸如图 3-38 所示。求液压泵入口处的绝对压力。

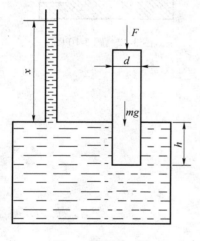

图 3-37　题 3-5 图

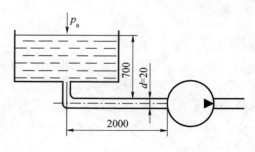

图 3-38　题 3-6 图

3-7　如图 3-39 所示，等直径管道输送油液的密度为 $890kg/m^3$，已知 $h=15m$，测得压力如下：（1）$p_1=0.45MPa$，$p_2=0.4MPa$；（2）$p_1=0.45MPa$，$p_2=0.25MPa$，分别确定油液的流动方向。

3-8　图 3-40 所示的系统中，设管端喷嘴直径 $d_n=50mm$，管道直径 $100mm$，流体为水，环境温度为 20℃，气化压力为 $0.24mH_2O$，不计管路损失。计算：

（1）喷嘴出流速度 v_n 及流量；（2）E 处的压力与流速；（3）为增大流量，可否加大喷嘴直径？喷嘴最大直径是多少？

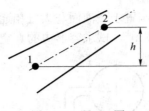 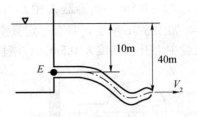

图 3-39　题 3-7 图　　　　　　　　　　　图 3-40　题 3-8 图

3-9　消防水龙如图 3-41 所示，已知水龙出口直径 $d = 50\text{mm}$，水流流量 $q = 2.36\text{m}^3 / \text{min}$，水管直径 $D=100\text{mm}$，为保证消防水管不后退，计算消防队员的握持力。

3-10　虹吸管道如图 3-42 所示，已知水管直径 $d=100\text{mm}$，水管总长 $L=1000\text{m}$，$h_0 =3\text{m}$，计算流量 q_0（局部阻力系数：入口 $\zeta =0.5$，出口 $\zeta =1.0$，弯头 $\zeta =0.3$，沿程阻力系数 $\lambda =0.06$）。

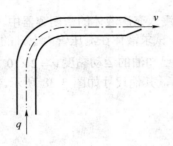 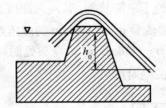

图 3-41　题 3-9 图　　　　　　　　　　　图 3-42　题 3-10 图

第 2 篇
液压传动

第4章

液　压　泵

4.1　液压泵概述

液压泵用于将原动机（如电动机）输出的机械能转换为液压能，为系统提供具有一定流量和压力的油液。液压泵属于动力装置，是系统的核心元件。

4.1.1　液压泵的工作原理

图 4-1 为单柱塞式液压泵的工作原理图。原动机驱动偏心轮转动，柱塞 2 在弹簧 3 的作用下始终紧贴在偏心轮 1 上，偏心轮旋转一周，柱塞往复运动一次。柱塞 2、泵体 7 以及单向阀 5、6 组成密封工作腔 4。当柱塞 2 伸出时，密封工作腔 4 的密封容积增大，形成一定真空度，油箱中的油液在大气压力的作用下，通过吸油管和单向阀 5 进入密封工作腔 4，完成吸油过程，此时单向阀 6 关闭；当柱塞 2 缩回时，密封工作腔 4 的密封容积减小，油液受压，使其压力升高，通过单向阀 6 排油，完成排油过程，此时单向阀 5 关闭。偏心轮不停地转动，使柱塞不断地实现往复运动，密封工作腔 4 便不断地增大或减小，液压泵就不停地吸油和排油。这种泵是靠密封工作腔的容积变化进行工作的，所以把它称为容积式液压泵。

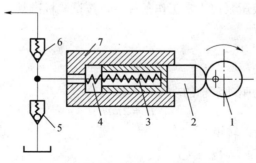

图 4-1　单柱塞式液压泵的工作原理图

1—偏心轮；2—柱塞；3—弹簧；4—密封工作腔；5，6—单向阀；7—泵体

根据以上分析，可知构成容积式液压泵必须满足以下基本条件：

（1）具有可变的密封容积。容积式液压泵是靠一个或数个密封容积的周期变化来进行工作的，泵的流量取决于密封容积的变化大小和变化频率。

（2）具有配流装置。为了保证密封容积变小时只与排油管相通，密封容积变大时只与吸油管相通，特设置了两个单向阀分配液流，称为配流装置。不同形式液压泵的配流装置的结构形式虽然各异，但所起的作用是相同的。

（3）为了保证液压泵吸油充分，油箱必须和大气相通，或者采用密闭的充压油箱。

4.1.2　液压泵的性能参数

1. 液压泵的压力

1）工作压力 P

液压泵的工作压力是指泵工作时的出口压力，其大小取决于负载。

2）额定压力 p_s

液压泵的额定压力指液压泵在正常工作条件下，按试验标准规定能连续运转的最高压力。

3）最高允许压力 p_{max}

按试验标准规定，超过额定压力 p_s 允许短暂运行的最高压力称为液压泵的最高允许压力。

2. 液压泵的排量和流量

1）排量 V

液压泵的轴每转一周，按其密封容腔几何体积变化所排出液体的体积，又称理论排量或几何排量，其大小仅与液压泵的几何尺寸有关，常用单位为 mL / r。

2）流量

因为存在泄漏，液压泵的流量分为理论流量和实际流量。

（1）理论流量 q_t：液压泵在单位时间内理论上排出的油液体积，它与泵的排量 V 和转速 n 成正比，即 $q_t = nV$，单位为 m/s 和 L/min。

（2）实际流量 q：液压泵在单位时间内实际排出的油液体积，实际流量为泵的理论流量与泄漏量 Δq 之差，即 $q = q_t - \Delta q$。

（3）额定流量 q_s：液压泵在正常工作条件下，按试验标准规定必须保证的输出流量。

3. 液压泵的功率

1）输入功率 P_i

液压泵的输入功率为驱动泵轴的功率，其值为

$$P_i = 2\pi n T_i \tag{4-1}$$

式中　T_i——液压泵的输入转矩；

　　　n——泵轴的转速。

2）输出功率 P_o

液压泵的输出功率为其实际流量 q 和工作压力 p 的乘积，即

$$P_o = pq \tag{4-2}$$

液压泵工作时，由于存在泄漏和机械摩擦，就有能量损失，故其功率有理论功率和实际功率之分，并且输出功率 P_o 小于输入功率 P_i。如果忽略能量损失，则液压泵的输入功率（理论功率）等于输出功率（理论功率），其表达式为 $2\pi n T_t = pq_t = pnV$，则有

$$T_t = \frac{pV}{2\pi} \tag{4-3}$$

式中　T_t——液压泵的理论驱动转矩。

4. 液压泵的效率

1）容积效率η_v

液压泵工作时，由于存在泄漏，其实际输出流量q小于理论输出流量q_t。液压泵的实际流量q与理论流量q_t的比值称为容积效率，即

$$\eta_v = \frac{q}{q_t} = \frac{q_t - \Delta q}{q_t} = 1 - \frac{\Delta q}{q_t} \tag{4-4}$$

式中　Δq——液压泵的泄漏量。

泵内机件间的泄漏油液的流态可看作层流，可以认为泄漏量与泵的输出压力p成正比，即

$$\Delta q = k_1 p \tag{4-5}$$

式中　k_1——流量损失系数。

因此有

$$\eta_v = 1 - \frac{k_1 p}{Vn} \tag{4-6}$$

2）机械效率η_m

液压泵工作时由于存在机械摩擦，因此驱动泵所需的实际转矩T必然大于理论转矩T_t。理论转矩与实际转矩的比值称为机械效率，即

$$\eta_m = \frac{T_t}{T} = \frac{T_t}{T_t + \Delta T} \tag{4-7}$$

式中　ΔT——液压泵的机械摩擦损耗。

3）总效率η

液压泵的输出功率与输入功率的比值称为总效率，即

$$\eta = \frac{P_o}{P_i} = \frac{pq}{T\omega} = \eta_v \eta_m \tag{4-8}$$

式（4-8）表明，液压泵的总效率等于容积效率和机械效率之乘积。

5. 液压泵的转速

（1）额定转速n_s：在额定压力下，能连续长时间正常运转的最高转速。

（2）最高转速n_{max}：在额定压力下，超过额定转速允许短时间运转的最高转速。

（3）最低转速n_{min}：正常运转所允许的液压泵的最低转速。

（4）转速范围：最低转速与最高转速之间的范围。

6. 液压泵的性能曲线

液压泵的性能曲线是在一定的介质、转速和温度下，通过试验得出的。它表示液压泵的工作压力与容积效率η_v（或实际流量q）、总效率η和输入功率P_i之间的关系。图 4-2 所示为

某一液压泵的性能曲线。

由图 4-2 所示性能曲线可以看出：容积效率 η_v（或实际流量 q）随压力增高而减小。压力 p 为零时，泄漏量 Δq 为零，容积效率 $\eta_v = 100\%$，实际流量 q 等于理论流量 q_t。总效率 η 随工作压力增高而增大，且有一个最高值。

对于某些工作转速可在一定范围内变化的液压泵或排量可变的液压泵，为了显示在整个允许工作的转速范围内的全性能特性，常用泵的通用特性曲线表示，如图 4-3 所示。图 4-3 中除表示工作压力 p、流量 q、转速 n 的关系外，还表示了等效率曲线 η_i、等功率曲线 P_{ii} 等。

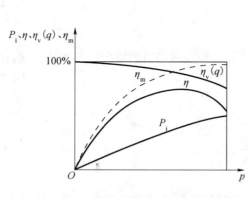

图 4-2　液压泵的性能曲线

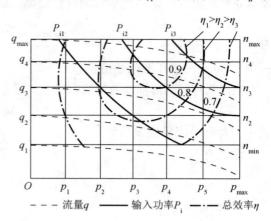

图 4-3　液压泵的通用特性曲线

4.1.3　液压泵的分类和选用

液压泵按其结构形式可分为齿轮泵、叶片泵、柱塞泵、螺杆泵，其中齿轮泵分为外啮合齿轮泵和内啮合齿轮泵，叶片泵分为双作用叶片泵、单作用叶片泵和凸轮转子叶片泵，柱塞泵分为径向柱塞泵和轴向柱塞泵，螺杆泵分为单螺杆泵、双螺杆泵和三螺杆泵。液压泵按排量能否调节分为定量泵和变量泵，其中变量泵可以是单作用叶片泵和柱塞泵。排量调节方式有手动调节和自动调节两种，而自动调节又分为限压式、恒功率式、恒压式和恒流量式等。

选择液压泵时要考虑的因素有工作压力、流量、转速、定量或变量、变量方式、效率、寿命、噪声、压力脉动率、自吸能力、经济性、维修性等。有些因素已写在产品样本或技术资料上。

液压泵的输出压力是工作压力与所有压力损失之和，它应略低于其额定压力。产品样本上最高工作压力是短期冲击时的允许压力，如果每个循环中都发生冲击压力，泵的寿命会显著缩短，甚至导致泵损坏。

液压泵的输出流量应根据系统所需的最大流量和泄漏量来确定，它包括执行元件所需流量、溢流阀的溢流量、各元件的泄漏量及液压泵长期使用后效率降低引起的流量减少量（通常为 5%～7%）。

液压泵在额定工况（额定压力和额定转速）的条件下运行时效率是最高的。压力越高、转速越低，泵的容积效率就越低；变量泵的排量调小时，容积效率也降低。因此除选择效率高的泵外，还应尽量使泵工作在高效工作区。转速影响着泵的寿命、耐久性、是否有气穴、是否有噪声等。虽然产品样本上写着容许的转速范围，但最好是在与用途相适应的最佳转速下使用。转速高时要考虑产生气蚀、振动、异常磨损等现象的可能性，转速低时则应考虑引起吸油困难、润滑不良的可能性。转速剧烈变动会对泵内零件的强度产生不利影响。

泵在开式回路中使用时应具有一定的自吸能力，自吸能力的计算值应留充分的裕量。液压泵是主要噪声源，在对噪声有限制的场合，要选用低噪声泵或降低转速使用。用定量泵还是变量泵，需要进行论证。定量泵简单、便宜，而变量泵复杂、贵，但节省能源。在液压功率小于 10kW、多数工况下需要泵输出全部流量、泵在不工作时可以卸荷的场合，应选用定量泵；在液压功率大于 10kW、流量需求变化大、一个泵服务于可任意组合的多个负载的场合，应选用变量泵。变量方式有手动控制、自动控制，自动控制又分为内部压力控制、外部压力控制、电磁比例阀控制等，变量方式的选择要适应系统的要求。

液压泵的图形符号如图 4-4 所示。

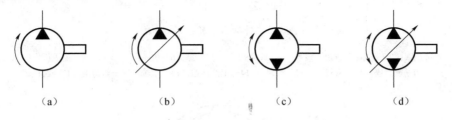

图 4-4　液压泵的图形符号

（a）单向定量液压泵；（b）单身变量液压泵；（c）双向定量压泵；（d）双向定量液压泵

4.2 齿 轮 泵

齿轮泵在液压系统中应用很广。它的主要优点是结构简单、制造方便、体积小、质量小、价格低廉、自吸性能好、抗污染能力强、工作可靠；其缺点是流量和压力脉动大、噪声高、排量不可调节。根据齿轮啮合形式不同，齿轮泵分为外啮合齿轮泵和内啮合齿轮泵。

4.2.1 外啮合齿轮泵

1. 外啮合齿轮泵的结构和工作原理

外啮合齿轮泵的结构如图 4-5 所示。它由一对几何参数相同的渐开线齿轮 6、长轴 12、短轴 15、泵体 7、前盖板 8 和后盖板 4 等主要零件组成。

外啮合齿轮泵的工作原理如图 4-6 所示，泵体、前后盖板和齿轮之间形成密封容腔，两齿轮的啮合线把密封腔分成吸油区和压油区，当齿轮按图 4-6 所示方向旋转时，左侧的轮齿退出啮合，使密封容积增大，形成局部真空，齿轮泵吸油；油液被旋转的齿轮带到右侧，再进入啮合的一侧，密封容积减小，油液被挤出，通过压油口排油。齿轮连续旋转，泵就连续不断地吸、排油。

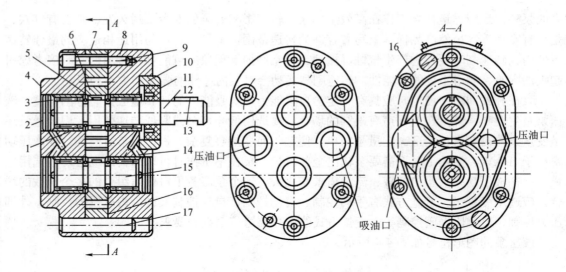

图 4-5　外啮合齿轮泵的结构

1—弹簧挡圈；2—压盖；3—滚针轴承；4—后盖板；5，13—键；6—齿轮；7—泵体；8—前盖板；9—螺钉；
10—密封座；11—密封环；12—长轴；14—泄油通道；15—短轴；16—卸荷沟；17—圆柱销

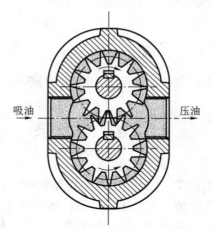

图 4-6　外啮合齿轮泵的工作原理

2. 外啮合齿轮泵的排量与流量计算

外啮合齿轮泵的排量精确计算可按齿轮啮合原理来进行。近似计算，可按两个齿轮齿间槽容积之和计算。假设齿间槽容积等于轮齿的体积，则排量就相当于以有效齿高（$h = 2m$）和齿宽 b 构成的平面扫过的环形体积，即

$$V = \pi Dhb = 2\pi zm^2 b \qquad (4\text{-}9)$$

式中　D——齿轮分度圆直径；

　　　z——齿轮齿数；

　　　m——齿轮模数；

　　　b——齿宽。

实际上齿间槽容积比轮齿体积稍大，所以齿轮泵的排量可近似为

$$V = \pi Dhb = 6.66zm^2 \qquad (4\text{-}10)$$

设齿轮泵的转速为 n，则泵的理论流量为

$$q_t = 6.66zm^2bn \qquad (4\text{-}11)$$

设齿轮泵的容积效率为 η_v，则泵的实际流量为

$$q = 6.66zm^2bn\eta_v \qquad (4\text{-}12)$$

这里 q_t、q 代表的是齿轮泵的平均流量。实际上，由于齿轮啮合过程中压油腔的容积变化是不均匀的，所以齿轮泵的瞬时流量是脉动的。运用流量脉动率来评价瞬时流量的脉动。设 q_{max}、q_{min} 分别表示最大瞬时流量和最小瞬时流量，q 表示平均流量。流量脉动率 σ 可表示为

$$\sigma = \frac{q_{max} - q_{min}}{q} \qquad (4\text{-}13)$$

外啮合齿轮泵的齿数越少，流量脉动率就越大，其值最高可达 0.20 以上；而内啮合齿轮泵的脉动率要小得多。

3. 外啮合齿轮泵结构存在的问题及解决办法

1）齿轮泵困油问题及解决办法

为确保齿轮转动平稳，齿轮的重叠系数应大于 1，即前一对轮齿尚未脱离啮合，后一对轮齿已进入啮合，在两对轮齿同时啮合时，它们之间就形成一个与吸、压油腔均不相通的闭死容积（图 4-7），此闭死容积随着齿轮的旋转，先由大变小，再由小变大。

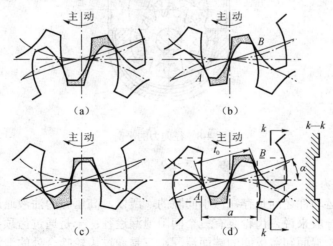

图 4-7　齿轮泵的困油现象及其消除方法（卸荷槽）

A，B—啮合点；a—卸荷槽间距；t_0—啮合点间距离；α—压力角

由于油液的压缩性很小，在闭死容积减小时，压力急剧升高，油液从缝隙挤出，造成油液发热，并使机体受到额外负载；在闭死容积增大时，因无油液补充而造成局部真空，引起气穴和噪声。

这种因闭死容积大小发生变化而引起的压力冲击和气穴现象称为困油现象。困油现象严重影响泵的工作平稳性和使用寿命，必须予以消除。

消除困油现象的方法通常是在两侧盖板上铣两个卸荷槽［如图 4-7（d）中虚线所示］。当闭死容积减小时，通过右边的卸荷槽与压油腔相通；当闭死容积增大时，通过左边的卸荷槽与吸油腔相通。当采用标准齿轮时，两槽间的距离 a 应使闭死容积最小时既不与压油腔相通，也不与吸油腔相通。实践证明，当两槽并非对称于齿轮中心线分布，而是向吸油腔偏移一段距离时，卸压效果更好。

2）径向不平衡力及解决办法

如图 4-8 所示，齿轮泵工作时，其右侧为吸油腔，左侧为压油腔，压油腔有液压力作用在齿轮上。与此同时，压油腔的油液经过径向间隙逐渐渗漏到吸油腔，其压力逐渐减小。这些力的合力，就是齿轮和轴承受到的径向不平衡力。工作压力越高，径向不平衡力越大，其结果是加速了轴承的磨损，严重时会使轴变形，导致齿顶与泵体内孔发生摩擦，减少齿轮泵的使用寿命。

为了减小径向不平衡力，方法之一是通过缩小压油口来减小压力油的作用面积；方法之二是开压力平衡槽 1 和 2（图 4-8），但这将缩短径向间隙密封长度，使泄漏量增大，容积效率降低。

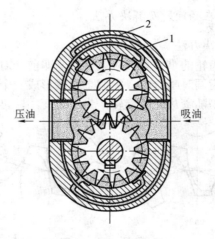

图 4-8　径向力的平衡

1，2—压力平衡槽

3）泄漏及解决办法

在齿轮泵中，运动件之间是存在微小间隙的，所以，高压腔的油液通过间隙向低压腔泄漏是不可避免的。一般来说，齿轮泵有三个间隙泄漏途径：一是通过齿顶与泵体内孔的径向泄漏，二是通过齿轮端面和盖板间的端面泄漏，三是通过齿轮啮合处的泄漏，其中以端面泄漏量最大，占总泄漏量的 75%～80%。泵的压力越高，端面泄漏量越大。

因此，设计齿轮泵时，必须要对端面间隙采取相应的措施。

对于低压齿轮泵，为了减小端面泄漏，在设计和制造时应对端面间隙加以严格控制。对于高压齿轮泵，可采取端面间隙自动补偿措施，在齿轮与前后盖板间增加一个零件，如浮动轴套。

图 4-9 所示为采用浮动轴套的中高压齿轮泵。轴套 1、2 背面均与泵的压油腔相通，让作用在轴套背面的液压力稍大于轴套与齿轮配合面处的液压力，当泵工作时，轴套受压力油作用右移，使它们与齿轮端面配合以构成尽可能小的间隙，从而自动补偿了端面磨损。

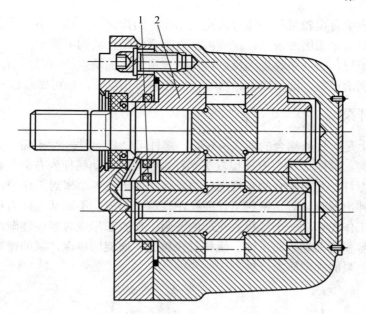

图 4-9 采用浮动轴套的中高压齿轮泵

1, 2—轴套

4.2.2 内啮合齿轮泵

内啮合齿轮泵的工作原理和主要特点与外啮合齿轮泵完全相同。内啮合齿轮泵有渐开线齿形内啮合齿轮泵（图 4-10）和摆线齿形内啮合齿轮泵（又名转子泵，如图 4-11 所示）两种。

在渐开线齿形内啮合齿轮泵中，小齿轮和内齿轮之间要装一块隔板，以便把吸油腔 1 和压油腔 2 隔开（图 4-10）。在泵的左边，轮齿脱离啮合，形成局部真空，油液从吸油窗口吸入，进入齿槽，并被带到压油腔。在泵的右边，轮齿进入啮合，工作腔容积逐渐变小，将油液经压油窗口压出。

在摆线齿形内啮合齿轮泵中，小齿轮和内齿轮只相差一个齿，因而不须设置隔板（图 4-11）。内啮合齿轮泵中的小齿轮是主动轮。当小齿轮绕中心 O_1 旋转时，内齿轮被驱动，并绕 O_2 同向旋转。在泵的左边，轮齿脱离啮合，形成局部真空，进行吸油。在泵的右边，轮齿进入啮合，进行压油。

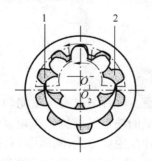

图 4-10 渐开线齿形内啮合齿轮泵

1—吸油腔；2—压油腔

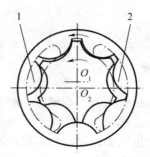

图 4-11 摆线齿形内啮合齿轮泵

1—吸油腔；2—压油腔

渐开线齿形内啮合齿轮泵与外啮合齿轮泵相比，结构紧凑，尺寸小，质量小，流量脉动小，噪声低，效率高，无困油现象；摆线齿形内啮合齿轮泵结构更简单，而且由于啮合的重叠系数大，传动平稳，吸油条件更为良好。内啮合齿轮泵的缺点是齿形复杂，加工精度要求高，需要专门的制造设备，造价较贵。内啮合齿轮泵可正反转，也可做液压马达用。

4.2.3 螺杆泵

螺杆泵实质上是一种外啮合的摆线齿轮泵，螺杆可以是一根、两根或三根。图 4-12 所示为三螺杆泵的结构。泵体 2 内装有三根双头螺杆，中间的主动螺杆为右旋凸螺杆，两侧的从动螺杆为左旋凹螺杆，互相啮合的三根螺杆与泵体之间形成多个密封工作腔，当主动螺杆顺时针旋转（从轴伸出端看时），密封工作腔在左端逐个形成，不断从左向右移动，主动螺杆旋转一周，密封工作腔移动一个导程。左端的密封工作腔在形成时容积逐渐增大而吸油，右端的密封工作腔容积逐渐缩小而压油。螺杆直径越大、螺旋槽越深，泵的排量就越大；螺杆的密封层次越多，泵的额定压力就越高。

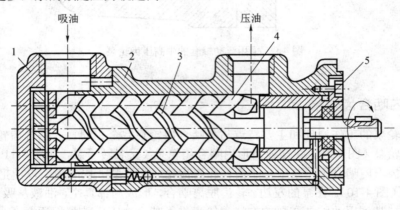

图 4-12　螺杆泵的结构

1—后盖；2—泵体；3—主动螺杆；4—从动螺杆；5—前盖

螺杆泵结构紧凑，自吸能力强，运转平稳，输油量稳定，噪声小，对油液污染不敏感，并允许采用高转速，特别适用于对压力和流量变化稳定要求较高的精密机械。其主要缺点是加工工艺复杂，制造较困难。

4.3　叶　片　泵

叶片泵在机床、工程机械、船舶及冶金设备中应用广泛。叶片泵具有流量均匀、运转平稳、噪声低、体积小、质量小、易实现变量等优点。叶片泵的缺点是结构较齿轮泵复杂，对油液的污染也比齿轮泵敏感，吸油特性没有齿轮泵好。叶片泵主要分为单作用叶片泵（转子旋转一周完成吸、排油各一次）、双作用叶片泵（转子旋转一周完成吸、排油各两次）和凸轮转子叶片泵。单作用叶片泵多为变量泵，双作用叶片泵均为定量泵。

4.3.1 单作用叶片泵

1. 工作原理

单作用叶片泵多用做变量泵。图 4-13 所示为变量叶片泵的结构，主要零件包括传动轴 7、转子 4、叶片 5、定子 3、配流盘 12。转子旋转时，叶片在离心力的作用下甩出紧贴定子内表面，其工作原理可用图 4-14 加以说明。定子内表面为圆形，转子与定子间有偏心距 e，配流盘上开有一个吸油窗口和一个压油窗口，当转子旋转一周时，由定子内表面、转子外表面、配流盘和叶片组成的密封工作空间各增大和缩小一次。增大时通过配流盘上的吸油窗口吸油，缩小时通过压油窗口压油。由于液压泵的转子旋转一周泵吸油、压油各一次，故称这种泵为单作用叶片泵。单作用叶片泵的排量为

$$V = 2\pi bDe \tag{4-14}$$

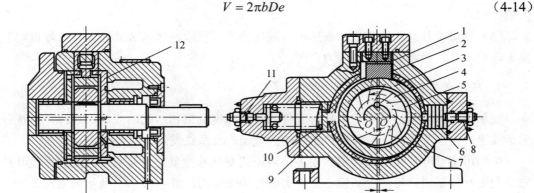

图 4-13　变量叶片泵的结构图

1—滚针；2—滑块；3—定子；4—转子；5—叶片；6—控制活塞；7—传动轴；
8—流量调节螺钉；9—弹簧座；10—弹簧；11—压力调节螺钉；12—配流盘

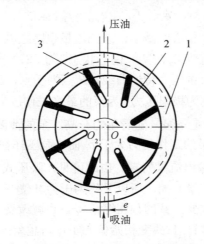

图 4-14　变量叶片泵的工作原理图

1—定子；2—转子；3—叶片

式中　D——定子内直径；

　　　b——叶片宽度；

　　　e——定子与转子的偏心距。

单作用叶片泵的定子内表面为圆柱面，由于转子与定子偏心安装，其容积变化是不均匀的，故瞬时流量是脉动的。理论分析表明，叶片数为奇数时脉动率较小，叶片数常取 13 或 15。

2. 结构特点

（1）定子和转子偏心安装，改变偏心距 e 就能改变泵的流量，故单作用叶片泵常做成变量泵。

（2）单作用叶片泵只有一个吸油窗口和一个压油窗口，所以其转子和轴承上承受着不平衡的径向力。

（3）变量叶片泵的叶片底部在压油区通压力油，在吸油区通吸油腔，叶片厚度对泵的排量无影响，叶片两端受到的液压力平衡。

3. 限压式变量叶片泵的变量原理

变量泵可以根据液压系统中执行元件的运动速度提供相匹配的流量，这样，当执行元件的运动速度发生变化时，可以避免系统的能量损失及系统发热。

单作用变量叶片泵的结构形式很多，限压式变量叶片泵是目前应用广泛的变量叶片泵。它是利用叶片泵出口压力控制偏心量来实现自动变量的。图 4-15（a）所示为限压式变量叶片泵的变量原理图。转子 2 的中心 O_1 固定，定子 3 可以左右移动，在调压弹簧 5（弹簧刚度为 k，预压缩量为 x_0）的作用下定子被推向左端，使定子中心 O_2 与转子中心 O_1 有一初始偏心距 e_0，定子左侧的控制活塞 6（作用面积为 A）与泵的压油腔相通（油液压力为 p）。定子同时受到液压力 pA 和弹簧力 kx_0 的作用。设泵的工作压力达到 p_B 值时液压力与弹簧力相平衡，即 $p_BA = kx_0$，当 $p < p_B$ 时，$pA < kx_0$，定子不动，$e_{max} = e_0$，泵的流量最大；若 $p > p_B$，则 $pA > kx_0$，调压弹簧被压缩，定子右移，偏心距减小，泵的流量也随之减小；同时右侧弹簧力增大，直到液压力和弹簧力相等，定子平衡在某一偏心状态下工作，泵输出一定流量。图 4-15（b）所示为限压式变量叶片泵的流量压力特性曲线。B 点为拐点，B 点所对应的压力 p_B 称为限定压力，C 点所对应的压力 p_C 称为极限压力，为泵的最高工作压力。当泵的工作压力小于 p_B 时，泵工作在 AB 段，此时相当于定量泵（随着压力升高，泵的泄漏量增大，实际输出流量减小，故 AB 段略为向下倾斜）；当泵的工作压力大于 p_B 时，泵工作在 BC 段，流量随压力增加而急剧减少，至 C 点，泵的实际输出流量为零。由此可见，限压式变量叶片泵是通过压力的反馈作用来自动调节泵的排量（流量）的，所以又称为压力补偿变量泵。

调节压力时调节螺钉 4 改变弹簧的预压缩量 x_0，也就改变了 p_B 的大小，线段 BC 沿水平方向平移；调节流量时调节螺钉 1 改变初始偏心距 e_0，也就改变了泵的最大流量，线段 AB 沿垂直方向平移；若改变弹簧刚度 k，则可以改变线段 BC 的斜率。

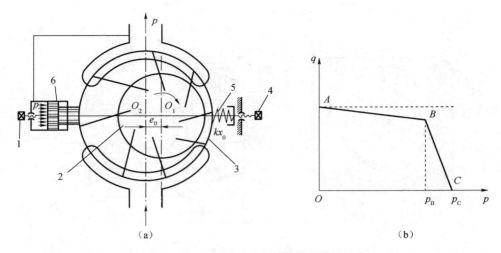

图 4-15 限压式变量叶片泵的原理图和特性曲线

（a）变量原理图；（b）特性曲线

1—流量调节螺钉；2—转子；3—定子；4—压力调节螺钉；5—调压弹簧；6—控制活塞

4.3.2 双作用叶片泵

1. 工作原理

双作用叶片泵用作定量泵。双作用叶片泵的结构如图 4-16 所示，主要零件包括传动轴 9、转子 4、定子 5、叶片 3、左配流盘 2、右配流盘 6、右泵体 7 和左泵体 1。转子由传动轴带动旋转，其工作原理可用图 4-17 来说明。定子内表面由两段大半径为 R 的圆弧、两段小半径为 r 的圆弧和四段过渡曲线组成，定子和转子同心，转子上沿圆周均匀分布若干条叶片槽，叶片在槽内可自由滑动，在配流盘上对应于定子过渡曲线的位置开有四个配流窗口，窗口 a 通吸油口，窗口 b 通压油口，定子内表面、转子外表面、叶片和配流盘构成密封工作空间。当转子按图 4-17 所示方向旋转时，叶片在根部压力油和离心力的作用下压向定子内表面，并随定子曲线的变化在槽内往复滑动，在窗口 a 处的密封容积增大，通过窗口 a 吸油；在窗口 b 处的密封容积减小，通过窗口 b 压油，转子每转一周，叶片泵完成两次吸油和压油，故称这种泵为双作用叶片泵。双作用叶片泵的排量为

$$V = 2(V_1 - V_2)z = 2b\left[\pi(R^2 - r^2) - \frac{R-r}{\cos\theta}sz\right] \tag{4-15}$$

式中　R、r——定子圆弧的大、小半径；

　　　　b——叶片宽度；

　　　　s——叶片厚度；

　　　　z——叶片数；

　　　　θ——叶片槽相对于径向的倾斜角。

2. 结构特点

1）径向作用力平衡

两个吸油口和两个压油口对称分布，作用在转子、定子、轴承上的径向力平衡。

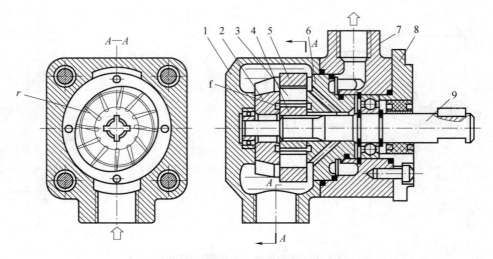

图 4-16　双作用叶片泵的结构

1—左泵体；2—左配流盘；3—叶片；4—转子；5—定子；6—右配流盘；7—右泵体；8—泵盖；9—传动轴

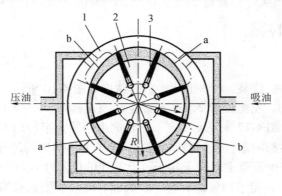

图 4-17　双作用叶片泵的工作原理图

1—定子；2—转子；3—叶片

2）定子的过渡曲线

理想的过渡曲线不仅应使叶片在槽内滑动时径向速度为常量，以保证流量的稳定，而且在过渡曲线和圆弧的交点处应圆滑过渡，以减小叶片对定子的冲击力。常用的定子过渡曲线有阿基米德螺线、等加速等减速曲线、正弦曲线和高次曲线。目前多采用综合性能较好的等加速等减速曲线，这种曲线因与圆弧的交点处圆滑过渡，所以叶片对定子的冲击力较小（即柔性冲击）；另外，叶片在受到离心力的作用而和定子表面不脱空的条件下，该曲线所允许的定子半径比 R/r 为最大，这可使叶片泵结构紧凑，输油量加大；通过合理选择叶片数，可使泵的流量脉动率很小，同时在叶片不脱空的情况下能得到最大的升程（$R-r$）。通过合理选择叶片形状和叶片数，可使叶片滑动速度为常量，即保证双作用叶片泵的瞬时理论流量均匀，所以这种泵的噪声低。

3）叶片根部通压力油

为了保证转子旋转时叶片在叶片槽内自由滑动且始终紧贴定子内表面，在叶片根部通入压力油。如图 4-16 所示，配流盘 2 和 6 的端面开有环形槽 f，f 和叶片根部相通，右配流盘 6 上的 f 槽又和压油口相通（图中未标出），这样，叶片在压力油和离心力的作用下压向定子内表面，保证紧密接触以减少泄漏。采取这一措施后，在吸油区，叶片将以很大的压力作用在定子内表面，加速了定子内表面的磨损，压力越高，磨损越严重。为了提高叶片泵的工作压力，通常在结构上采取措施，以减小叶片在定子内表面的作用力。

（1）减小通往吸油区叶片根部的油液压力。如图 4-18 所示，将压油腔引来的压力油经定比减压阀 1 减压后通入吸油区叶片底部，使叶片对定子的作用力在吸油区保持适当的数值。阻尼孔的作用是使叶片在压油区时，叶片底部油室的液压力高于压油腔的液压力，防止叶片与定子脱离。

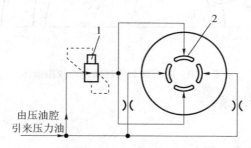

图 4-18 带定比减压阀的叶片泵结构示意图

1—定比减压阀；2—吸油区叶片底部油室

（2）减小吸油区叶片根部的有效作用面积。图 4-19（a）所示为双叶片结构，在叶片槽内装有两片能相互滑动的叶片，叶片顶端和两侧面倒角构成 V 形通道，根部压力油经通道流入顶部，使叶片顶部和根部的油压相等；合理设计叶片顶部的形状，使叶片顶部的承压面积小于根部的承压面积，从而既保证了叶片与定子紧密接触，又不致产生过大的压紧力。

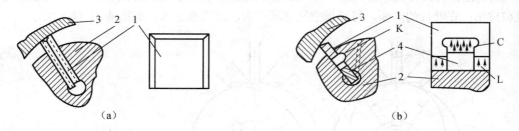

图 4-19 高压叶片泵叶片结构

1—母叶片；2—转子；3—定子；4—子叶片

图 4-19（b）所示为子母叶片结构。压力油通过配流盘、经转子槽压力通道 K 引入母子叶片的中间压力腔 C，而母叶片底部腔 L，则通过转子上的压力平衡孔始终和顶部油腔相通。在吸油区，使母叶片压向定子的力仅为 C 腔的油压力，因 C 腔承压面积不大，所以叶片对定子的压紧力也不大。

4）配流盘上的减振槽

在两叶片间的密封工作空间从吸油腔经封油区进入压油腔的瞬间，压力的突变必然会引起压力冲击，产生振动和噪声。为此，在压油窗口的前端开有三角形的减振槽，使封闭的油液在接通压油腔之前先通过减振槽与压力油相通，以减小压力冲击。三角尖槽与窗口尾端之间的封油角 α_1 小于两叶片间的夹角 α，如图 4-20 所示。

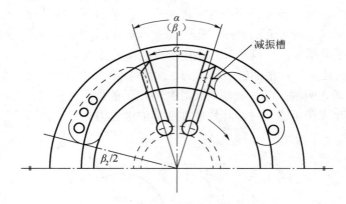

图 4-20 配流盘上的封油角与减振槽

4.3.3 凸轮转子叶片泵

1. 工作原理

图 4-21 所示为凸轮转子叶片泵的工作原理示意图。凸轮转子 1 的外表面曲线和双作用叶片泵定子内表面曲线相同，都是由四段同心圆弧和四段过渡曲线构成。两段大半径为 R 的同心圆弧与定子内圆表面形成滑动密封，于是定子和转子之间便形成两个径向截面为月牙形的空间，当用两块侧板把定子和转子密封起来时，这两个月牙形空间便成为独立的密封空间。如果里面充满油，转子旋转时，油便随转子同步旋转。密封空间的体积并不发生变化。在定子上开设的两个径向滑槽里，安放着叶片，叶片的背部引入高压油，使叶片顶紧转子凸轮表面，在没有建立油压时，由弹簧力实现顶紧。这样当月牙形空间滑过叶片时，在叶片的前面，空间逐渐减少，油液被排出；在叶片的后面，月牙形空间逐渐增大，油液被吸入，如图 4-21（b）所示。

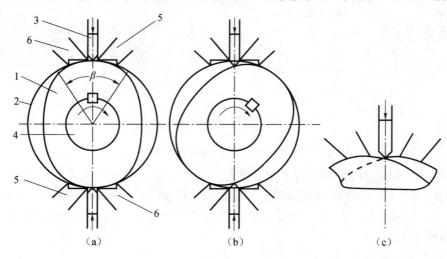

图 4-21 凸轮转子叶片泵的工作原理

1—凸轮转子；2—定子；3—叶片；4—传动轴；5—吸油口；6—排油口

月牙形空间是由转子小半径圆弧、两段过渡曲线和定子内圆表面形成的,因此该区段为工作区段。当两段大半径圆弧滑过叶片时,虽无工作容积变化,但不进行吸油和排油。因此,这种泵单个运转时,每转中吸、排油不能连续进行。其流量变化过程如图4-22中实线所示。

转子顺时针旋转时,如图4-21(a)所示。吸、排油口开设的原则如下。

(1)应有足够的通流截面,流道平滑,以减小吸、排油过程的阻力,特别是吸油窗口,防止在高速旋转时出现空穴现象。

(2)凸轮转子大半径圆弧的包角β,必须大于或等于在叶片两侧的吸油口和排油口在定子圆周所对应的包角β',保证上、下两个吸排油口不沟通,或写成$\beta-\beta'=\Delta\beta\geqslant0$。增大$\Delta\beta$能改善密封效果,并不会产生困油现象。这是因为在没有叶片作用下,月牙形密封腔容积并不发生变化。

(3)在叶片与凸轮转子接触线及吸油腔和排油腔之间,不能再有第二条密封接触,否则会产生困油现象。如图4-21(c)所示,实线表示转子排油结束瞬间产生的困油现象,虚线表示转子吸油开始瞬时产生的空穴现象。为消除困油现象,可开设卸荷槽,把吸油腔和排油腔都开到叶片的侧面,如图4-21(a)和图4-21(b)所示。

从图4-22(a)中的实线所示的排油规律可知,叶片滑到大半径(R)圆弧时,泵空转,流量为零,滑到过渡曲线时开始排油,滑到小半径(r)圆弧时流量最大,滑到下一个过渡曲线时流量逐渐减小,直到滑到大圆弧处流量为零。过渡曲线所对应的中心角为α,圆弧段中心角为β,因为凸轮转子型线$\alpha+\beta=\dfrac{\pi}{2}$。当同轴装上两个泵,相位相差$\dfrac{\pi}{2}$时,就能实现一个泵流量为零时,另一个泵流量最大。一个泵叶片从过渡曲线长径端向短径端滑动,流量由零逐渐增大,而另一个泵的叶片正好由短径端向长径端滑动,流量由大逐渐变小。选择合适的过渡曲线,可以使两个泵的流量叠加后始终等于一个泵的最大流量,从而实现流量恒定。图4-22(a)中实线和虚线分别表示两个相位相差$\dfrac{\pi}{2}$的泵的流量变化规律,叠加后的流量如图4-22(b)所示。两个泵并联的工作原理如图4-23所示。

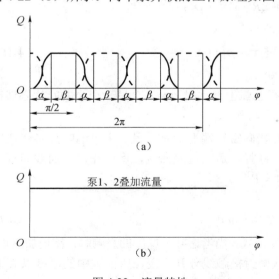

图4-22 流量特性

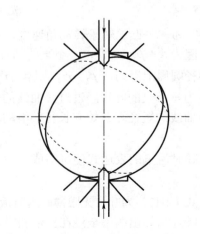

图4-23 并联泵工作原理

2. 瞬时流量

当叶片径向放置，厚度为无限薄时，凸轮转子转过 $d\varphi$ 角度，每个叶片排出油的体积为图 4-24 中阴影的面积乘以转子的宽度。因为每个泵都是双作用的，所以转子转过 $d\varphi$ 角度，泵 1 和泵 2 排出油的体积分别为

$$dV_1 = b(R^2 - \rho_1^2)d\varphi$$

$$dV_2 = b(R^2 - \rho_2^2)d\varphi$$

式中 b——转子的宽度；

ρ_1、ρ_2——相位相差 $\dfrac{\pi}{2}$ 的两个泵，当 $d\varphi$ 为无穷小时，每个泵的叶片与凸轮表面接触点的向径。

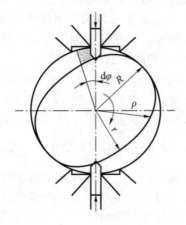

图 4-24 瞬时排量

两个泵总排油体积为

$$dV = dV_1 + dV_2 = b\left[2R^2 - (\rho_1^2 + \rho_2^2)\right]d\varphi$$

两个泵叠加后的瞬时流量为

$$q_{瞬} = b\left[2R^2 - (\rho_1^2 + \rho_2^2)\right]\omega \tag{4-16}$$

式中 ω——凸轮转子转动角速度，$\omega = d\varphi / dt$。

因为 $\alpha + \beta = \pi / 2$，一个泵的叶片在大半径圆弧上滑动时 $\rho_1 = R$，另一个泵的叶片必然在小半径圆周上滑动，$\rho_2 = r$，则有 $\rho_1^2 + \rho_2^2 = R^2 + r^2$。

当一个泵的叶片经过过渡曲线的长径端开始向短径端滑动时，另一个泵的叶片必然从过渡曲线的短径端开始向长径端滑动。因此，选择合适的过渡曲线，保证在过渡曲线间有

$$\rho_1^2 + \rho_2^2 = R^2 + r^2$$

瞬时流量的表达式便可写成

$$q_{瞬} = b(R^2 - r^2)\omega \tag{4-17}$$

式（4-17）为叶片无限薄时瞬时流量的计算公式，当考虑叶片厚度的影响时，需稍加修正。

叶片的伸出端不全浸在压油腔中，而是从密封接触线分开，浸在压油腔中的厚度以 K 表示，叶片的厚度以 S 表示，引入一个比例系数 h，$h = K / S$。

叶片的背部引入高压油，当叶片内伸时，背部耗损一部分高压油，前部插入排油腔中，挤出一部分高压油；而叶片外伸时，作用相反。两个泵共有四个叶片，对瞬时流量的影响可按下式计算：

$$\Delta q_{瞬} = 2bS(1-h)(v_1 + v_2) \tag{4-18}$$

式中 v_1、v_2——泵 1 和泵 2 叶片的径向运动速度。

式（4-18）和式（4-17）合并后得有厚度叶片影响的瞬时流量公式为

$$q_{瞬} = b(R^2 - r^2)\omega + 2bS(1-h)(v_1 + v_2) \tag{4-19}$$

上述公式表明，当叶片无限薄时，只要叶片滑到过渡曲线时能保证 $\rho_1^2 + \rho_2^2 = R^2 + r^2$，流量便绝对均匀。对于有厚度的实际叶片，还需使 $v_1 + v_2 = 0$ 才能实现流量绝对均匀。由于 v_1 和 v_2 异号，使 $v_1 + v_2 = 0$ 的条件是叶片在过渡曲线上滑动时，速度关于轴向对称。

3. 平均流量

如图 4-25 所示，凸轮转子和定子之间形成的两个月牙形腔室（简称月牙腔），每滑过一个叶片，里面的油便被排出一次、吸入一次，即每个泵每转中要排出四个月牙腔中的油。两个泵每转共排出八个月牙腔中的油。于是得泵的平均流量计算公式为

$$q_{平} = 8bAn\eta_v \tag{4-20}$$

式中 A——月牙形面积；

n——转速；

η_v——容积效率。

月牙形面积 A 可用积分法求得：

$$A = 2\int_0^\alpha \frac{1}{2}(R^2 - \rho^2)\mathrm{d}\varphi + \frac{1}{2}(R^2 - r^2)\beta$$

在过渡曲线包角区间内积分，可改写为从短径端向长径端积分和从长径端向短径端积分之和，而向径也分别以 ρ_1 和 ρ_2 表示，于是得

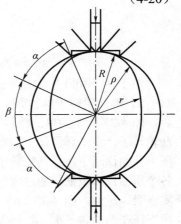

$$A = \int_0^\alpha \frac{1}{2}(R^2 - \rho_1^2)\mathrm{d}\varphi + \int_0^\alpha \frac{1}{2}(R^2 - \rho_2^2)\mathrm{d}\varphi + \frac{1}{2}(R^2 - r^2)\beta$$

$$= R^2\alpha - \frac{1}{2}\int_0^\alpha (\rho_1^2 + \rho_2^2)\mathrm{d}\varphi + \frac{1}{2}(R^2 - r^2)\beta$$

因为 $\rho_1^2 + \rho_2^2 = R^2 + r^2$，所以

图 4-25 平均流量

$$A = \frac{1}{2}(R^2 - r^2)(\alpha + \beta) \tag{4-21}$$

又因为 $\alpha + \beta = \pi/2$，将式（4-21）代入式（4-20），并且所有长度均以毫米为单位，得

$$q_{平} = 2\pi b(R^2 - r^2)n\eta_v \times 10^{-6} \quad (\text{L/min}) \tag{4-22}$$

由式（4-22）中可见，叶片厚度对平均流量没有影响。

4. 结构形式

1）双凸轮转子叶片泵

如图 4-26 所示，两个凸轮转子 6 按凸轮曲线错开 90° 装于泵轴 1 上，并分别套装在两个

定子环 3 内，两定子环之间用隔板 5 隔开。在定子上相应位置处分别有两个吸油口和压油口。每个定子环上都加工有两个直槽，彼此相隔 180°。槽内装有能径向滑动的叶片 7，在压油口压力油的作用下，叶片被压在凸轮转子的凸轮曲线表面上。弹簧 8 的作用是保证在输出压力为零时，仍然可将叶片压在转子上，达到隔开压油腔和吸油腔的目的，提高启动和无负载运转时的性能。由于两个转子互成 90°角安装，弹簧 8 可绕支点摆动，总是可将两个叶片压紧。每个转子转一圈有两次这样的变化：零输出 增加 最大输出 减少 零输出，因两个转子互成 90°角，故输出流量可保持恒定。

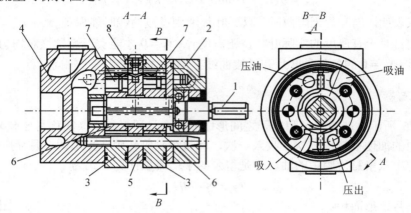

图 4-26 双凸轮转子叶片泵结构

1—泵轴；2—泵前盖；3—定子环；4—泵后盖；5—隔板；6—凸轮转子；7—叶片；8—弹簧

由于转子和叶片均处于液压平衡状态，故轴承、叶片及转子磨损小，噪声低。

2）单凸轮转子叶片泵

图 4-27 所示为单凸轮转子叶片泵结构图。图 4-27（a）所示的结构采用了六等分多边形的凸轮转子，定子环泵体上均布四个叶片槽，槽内均装有能做径向滑动的叶片。叶片在弹簧 4 和压力油的作用下压在凸轮转子上，并将各自的吸油腔和压油腔隔开，然后通过泵盖 5 上的孔将各个压油口和吸油口通过内部流道汇总连接起来，构成一个总吸油口和总压油口与外界连接，实现吸、压油。图 4-27（b）中的凸轮转子为三边形凸轮转子，两个叶片在半圆形弹簧 4 的作用下压在凸轮转子上，由于凸轮为奇数，存在径向力不平衡的问题，故一般用于中低压系统中。

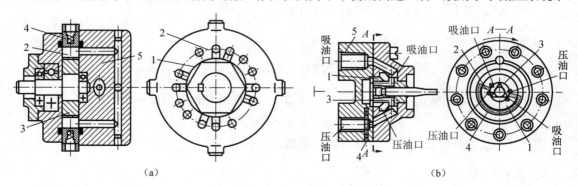

（a）

（b）

图 4-27 单凸轮转子叶片泵结构

（a）六等分多边形凸轮转子；（b）三边形凸轮转子

1—定子环（泵体）；2—叶片；3—凸轮转子；4—弹簧；5—泵盖

5. 特点

（1）噪声低。

① 泵的噪声基本频率等于油腔数目×每秒转数。在各种类型的泵中，凸轮转子泵的基本频率是最低的，输出流量基本上无脉动。

② 没有困油现象。如果叶片头部采用圆弧形，或者采取图 4-28 所示的措施：在定子的叶片槽边铣一个圆弧，使压油腔与吸油腔过渡时没有过渡的封油区间，那么将不存在困油现象。

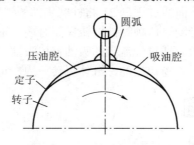

图 4-28　消除困油现象的措施

③ 便于泵轴采用良好的轴承结构，另外凸轮转子长径和定子内孔的滑动配合既起密封作用，又起辅助支承的作用，因而凸轮转子和转轴不易振动。

④ 由于转子径向力平衡，因此减少了转子高速转动时产生的机械噪声。

（2）使用寿命长。

凸轮转子泵的压、吸油腔均为双数，并且径向对称分布，与普通双作用叶片泵一样，它的转子上承受的径向力是平衡的，轴承基本上不受径向载荷；另外这种泵两个凸轮转子上各自压着两个对向的叶片，而普通叶片泵定子上要压十几片叶片，而且叶片顶部和根部的受力基本上平衡，作用在凸轮转子上的力自然就很小；加上凸轮转子直径较小，线速度不是很高，接触应力小，因而磨损小；如果再对凸轮转子、叶片的材料和热处理做很好的选择和处理，凸轮转子叶片泵的寿命就更长。

（3）输出流量均匀，特别是双凸轮转子叶片泵，能够输出流量均匀的压力油。

4.4　柱　塞　泵

柱塞泵是通过柱塞在缸体柱塞孔内做往复运动时，密封工作腔产生的容积变化进行吸油和压油的。由于柱塞和缸体内孔都是圆柱表面，容易实现高精度的配合，密封性能好，在高压下工作仍能保持较高的容积效率和总效率，因此，现在柱塞泵的形式众多，性能各异，应用非常广泛。根据柱塞的布置和运动方向及与传动主轴相对位置的不同，柱塞泵可分为径向柱塞泵和轴向柱塞泵两类。轴向柱塞泵因柱塞与缸体轴线平行而得名，它具有结构紧凑、单位功率体积小、工作压力高、易于实现变量等优点，但对油液污染较敏感，对零件材质和加工精度的要求较高，对使用和维护的要求比较严格，价格较高。

4.4.1 轴向柱塞泵

轴向柱塞泵根据其结构特点可分为斜盘式和斜轴式两种形式。

1. 斜盘式轴向柱塞泵

1）工作原理

图 4-29 所示为斜盘式轴向柱塞泵的结构图。柱塞 2 均布在缸体 7 的柱塞孔内，安装在传动轴 4 的中空部分的弹簧 8，一方面通过压盘 21 将柱塞头部的滑履 1 压向斜盘 20，一方面又将缸体压向配流盘 6。当传动轴带动缸体顺时针旋转（面对输入轴）时，位于左半圆的柱塞不断外伸，柱塞底部的密封容积扩大，通过配流盘的吸油窗口吸油；位于右半圆的柱塞不断缩入，密封容积减小，通过配流盘的压油窗口压油，缸体每转一周，每个柱塞吸油和压油各一次。

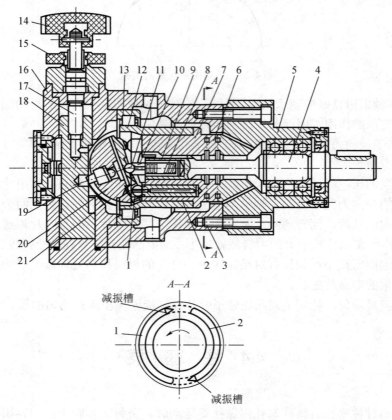

图 4-29 斜盘式轴向柱塞泵的结构图

1—滑履；2—柱塞；3—泵体；4—传动轴；5—前泵体；6—配流盘；7—缸体；8—弹簧；9—外套；10—内套；11—钢球；12—钢套；13—轴承；14—调节手轮；15—锁紧螺母；16—变量机构壳体；17—螺杆；18—变量活塞；19—轴销；20—斜盘；21—压盘

2）排量和流量计算

泵的排量为

$$V = \frac{\pi}{4}d^2 zD \tan\delta \qquad (4-23)$$

式中 d——柱塞直径；

D——柱塞分布圆直径；

δ——斜盘倾角；

z——柱塞数。

由式（4-23）可知，通过改变斜盘倾角 δ，可以改变泵的排量，进而实现泵的变量，所以可将斜盘式轴向柱塞泵设计为变量泵。

泵的实际输出流量为

$$q = \frac{\pi}{4} d^2 z D n \eta_v \tan \delta \qquad (4\text{-}24)$$

式中 n——泵的转速；

η_v——泵的容积效率。

为限制柱塞所受液压侧向力，斜盘的最大倾角一般小于 $18° \sim 20°$。实际上，轴向柱塞泵的输出流量存在脉动。经过计算和实践证明，当柱塞数为奇数且柱塞较多时，泵的流量脉动较小，因此，柱塞泵的柱塞数常取 7 或 9。

3）结构特点

（1）柱塞组的自润滑。柱塞与滑履的球形配合面、滑履与斜盘的配合面均引入压力油，以实现可靠润滑，大大降低了相对运动表面的磨损，有利于泵在高压下工作。

（2）缸体端面间隙的自动补偿。缸体紧压配流盘端面的作用力除来自弹簧 8 外，还有柱塞孔底部台阶面上所受的液压力，由于缸体始终受力而紧贴配流盘，使端面间隙得以补偿，提高了泵的容积效率。

（3）配流盘的减振槽。为了防止柱塞底部的密闭容积在吸油腔、压油腔转换时因压力突变而引起压力冲击，一般在配流盘吸油、压油窗口的前端开减振槽。开减振槽的配流盘可使柱塞底部的密闭容积在离开吸油区（压油区）后先通过减振槽与压油区（吸油区）缓慢沟通，压力逐渐上升（下降）后再接通压油区（吸油区），使密闭容积内的压力平稳过渡，从而减小振动，降低噪声。

（4）变量机构。图 4-29 中手动变量机构在泵的左侧，转动手轮 14，螺杆 17 随之转动，变量活塞 18 便上下移动，通过轴销 19 使斜盘 20 绕其中心转动，从而改变了斜盘倾角。手动变量机构需要的操纵力较大，通常只能在停机或泵压较低时实现变量，要实现自动变量或在较高泵压时变量，可采用伺服变量机构。

（5）通轴与非通轴结构。图 4-29 所示为一种非通轴式轴向柱塞泵，其缺点之一是要采用大型滚柱轴承（轴承 13）来承受斜盘施加给缸体的径向力，使轴承使用寿命变短，且噪声大，成本高。图 4-30 所示为一种通轴式轴向柱塞泵，其传动轴两端均有轴承支承，变量斜盘装在传动轴的前端，斜盘产生的径向力由主轴承受，去掉了缸体外缘的大轴承。泵的外伸端可以安装一个小型辅助泵，供闭式系统补油之用，因而可以简化油路系统和管道连接，有利于液压系统的集成化。

2. 斜轴式轴向柱塞泵

如图 4-31 所示，斜轴式轴向柱塞泵的缸体轴线与传动轴轴线不在一条直线上，它们之间存在一个摆角 β。柱塞 3 与传动轴 1 之间通过连杆 2 连接。当传动轴旋转时，通过连杆拨动缸体 4 使其旋转，并强制带动柱塞在缸体孔内做往复运动，实现吸油和压油。其排量公式与斜盘式轴向柱塞泵完全相同，用缸体的摆角 β 代替斜盘倾角 α 即可。改变缸体的摆角 β 可以改变排量，变量方式有手动变量和自动变量两种。斜轴式轴向柱塞泵的柱塞受力状态较斜盘式轴向柱塞泵好，它不仅可以通过增大缸体摆角（$\beta_{max} = 25°$）来增大泵的排量，而且耐冲击性能好，寿命长，特别适用于工作环境比较恶劣的冶金、矿山机械液压系统中。

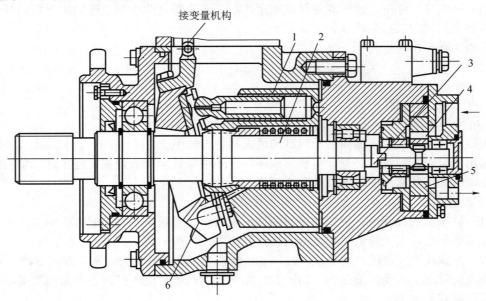

图 4-30　通轴式轴向柱塞泵

1—缸体；2—轴；3—联轴器；4，5—辅助泵内、外转子；6—斜盘

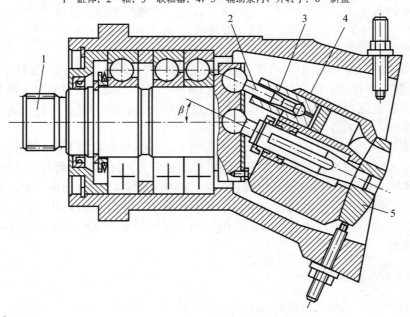

图 4-31　斜轴式轴向柱塞泵

1—传动轴；2—连杆；3—柱塞；4—缸体；5—配流盘

4.4.2 径向柱塞泵

柱塞相对于缸体轴线径向布置的柱塞泵称为径向柱塞泵。柱塞装在转子中时一般采用配流轴配流，柱塞装在定子中时一般采用阀式配流。改变定子与转子的偏心距就改变了泵的排量，改变偏心方向就改变了输油方向，因此该泵可做成单向或双向变量泵。

1. 工作原理

图 4-32 所示为轴配流径向柱塞泵的结构，七个柱塞 7 径向均匀布置在缸体 3 的柱塞孔内，因定子 8 与缸体之间存在一定程度的偏心，因此当传动轴 1 带动缸体逆时针方向旋转时，位于上半圆的柱塞受定子内圆的约束而向里缩，柱塞底部的密闭容积减小，油液受挤压经配流轴 4 的压油窗口排出；位于下半圆的柱塞因压环 5 的强制作用而外伸，柱塞底部的密闭容积增大，形成局部真空，油箱的油液在大气压力的作用下经配流轴 4 的吸油窗口吸入。配流轴上的吸油窗口、压油窗口由中间隔墙分开。因为单个柱塞在压油区的行程等于两倍的偏心距 e，如果泵的柱塞数为 z、柱塞直径为 d，则泵的排量为

$$V = \frac{\pi}{4}d^2 2ez = \frac{\pi}{2}d^2 ez \qquad (4\text{-}25)$$

设泵的转数为 n，泵的容积效率为 η_v，则泵的实际流量为

$$q = \frac{\pi}{2}d^2 ezn\eta_v \qquad (4\text{-}26)$$

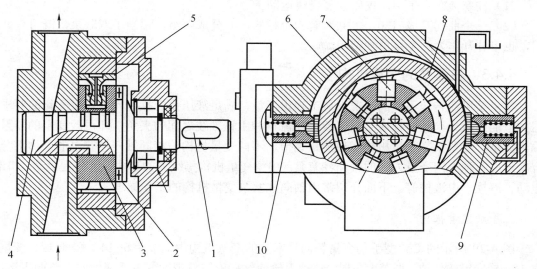

图 4-32 轴配流径向柱塞泵的结构

1—传动轴；2—十字滑块联轴器；3—缸体；4—配流轴；5—压环；6—滑履；7—柱塞；8—定子；9, 10—控制活塞

由于同一瞬时每个柱塞在缸体中的径向运动速度是变化的，所以径向柱塞泵的瞬时流量是脉动的，当柱塞数为奇数且柱塞较多时，泵的流量脉动也较小。

2. 阀配流径向柱塞泵的结构特点

图 4-33 所示为连杆型阀配流径向柱塞泵的结构，曲轴 9 通过一对滚动轴承 7 支承在壳体

4 上，柱塞 2 用销钉 5 铰接在连杆 6 上，上、下两个连杆用两个半圆连接环 8 夹持在曲轴上（连杆与曲轴之间为滑动摩擦），两个连接环用螺钉连接，壳体 4 上固定有缸体 3 和阀体 1，阀体上对应每个柱塞缸各装有低压阀 10 和高压阀 12。当曲轴旋转时，油从低压阀口吸入，进入柱塞缸，然后经高压阀 12 排出。

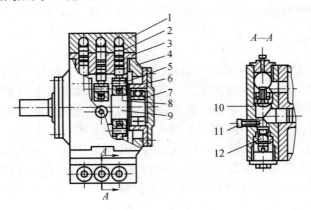

图 4-33　连杆型阀配流径向柱塞泵的结构

1—阀体；2—柱塞；3—缸体；4—壳体；5—销钉；6—连杆；7—轴承；
8—连接环；9—曲轴；10—低压阀；11—放气阀；12—高压阀

（1）柱塞装在定子中，仅做往复直线运动。

（2）三个曲拐互成 120°，共装有六个柱塞，并分成两组，相当于双联泵，既可合并使用，也可分开作为两个泵单独使用。

4.4.3　柱塞泵的变量机构

变量泵可在转速不变的情况下调节输出流量，满足液压系统执行元件速度变化的要求，达到节能的效果。轴向柱塞泵只要改变配流盘和主轴轴线之间的夹角，即可改变泵的排量和输出流量。变量泵靠变量机构实现流量调节，不同变量机构与相同轴向柱塞泵的泵体部分组合就形成各种不同变量方式的轴向柱塞泵。根据变量机构操纵力的形式，可分为手动、机动、电动、液控、电液控等。下面介绍常用轴向柱塞泵变量机构的工作原理。

1. 手动变量机构

图 4-29 所示的 CY 型手动变量轴向柱塞泵的变量机构由调节手轮 14、螺杆 17、变量活塞 18、导向键等组成。调节变量时，转动手轮使丝杠旋转并带动变量活塞做向上或向下运动，在导向键的作用下，变量活塞只能沿轴向移动，不能转动。通过变量活塞上的轴销 19 使斜盘绕变量机构壳体上的圆弧导轨面的中心（即钢球中心）旋转，从而使斜盘倾角改变，达到改变流量的目的。当流量达到要求时，可用锁紧螺母锁紧。这种变量机构结构简单，但由于要克服各种阻力，只能在停机或工作压力较低的工况下才能实现变量，而且不能实现远程控制。

2. 伺服变量机构

图 4-34（a）所示为轴向柱塞泵的伺服变量机构。其工作原理如下：泵输出的压力油经

单向阀 6 进入变量活塞 4 的下端 d 腔。当与伺服阀阀芯 1 相连接的拉杆 8 不动时（图示状态），变量活塞 4 的上腔 g 处于封闭状态，变量活塞不动，斜盘 3 在某一相应的位置上。当推动拉杆使阀芯向下移动时，伺服阀阀芯 1 的上阀口打开，d 腔的压力油经通道 e 进入上腔 g。由于变量活塞上端的有效面积大于下端的有效面积，向下的液压力大于向上的液压力，因此变量活塞也随之向下移动，直到将通道 e 的油口封闭为止。变量活塞的移动量等于拉杆的位移量。当变量活塞向下移动时，斜盘倾角增加，泵的排量增加，拉杆的位移量对应一定的斜盘倾角；当拉杆带动伺服阀阀芯向上运动时，阀芯的下阀口打开，上腔 g 的油液通过卸压通道 f 回油，在液压力作用下，变量活塞向上移动，直到阀芯使卸压通道关闭为止。它的移动量也等于拉杆的移动量。这时斜盘的倾角减小，泵的排量减小。伺服变量机构加在拉杆上的力很小，控制灵敏。同样原理也可以组成伺服变量马达。图 4-34（b）所示为伺服变量机构的图形符号。

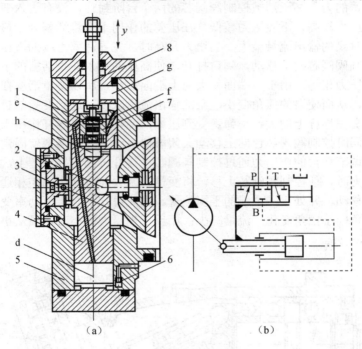

图 4-34　伺服变量机构

（a）结构；（b）图形符号

1—伺服阀阀芯；2—球绞；3—斜盘；4—变量活塞；5—泵体；6—单向阀；7—阀套；8—拉杆

如图 4-34 所示，推动变量活塞的压力油来自泵本身，这种控制方式称为内控式。如果控制油由外部油源供给，则称为外控式。外控式油源不受泵本身负载和压力的影响，因此控制比较稳定，且可实现双向变量。由于内控式当泵处于零排量工况时没有流量输出，因此变量机构不能继续移动而无法实现双向变量。如果伺服变量机构由手动推动拉杆，则称为手动伺服变量机构，若改成电液比例变量机构或电液伺服变量机构，即推动拉杆的力为电磁力，则其排量与输入电流成正比，可以方便地实现远程控制、自动控制和程序控制。为了适应各种液压系统对变量泵提出的要求，变量泵有很多种变量机构，如恒功率变量机构、恒压变量机构、恒流量变量机构等。

3. 恒功率变量机构

恒功率变量泵可以提高液压系统的效率。图 4-35 所示为 A7V 恒功率变量斜轴式轴向柱塞泵的结构，它的变量机构由装在后盖上的变量活塞 4、调节螺钉 5、调节弹簧 6、阀套 7、控制阀阀芯 8、拨销 9、大弹簧 10、小弹簧 11、导杆 13、先导活塞 14、喷嘴 15 等组成。泵的变量机构的工作原理如下：变量活塞 4 为一个阶梯状柱塞，上面为小端，下面为大端。拨销穿过变量活塞，其左端与配油盘的中心孔相配合，右端套在导杆上，当变量活塞上下移动时，便带动配油盘沿后盖的弧形滑道滑动，从而改变缸体轴线与主轴之间的夹角，实现变量。变量活塞上腔与高压油腔相通，同时高压油进入控制阀阀芯的两个台阶之间。压力油通过喷嘴作用于先导活塞 14 上腔产生液压力。当压力不高时，此力通过导杆传到控制阀芯上的力小于或等于调节弹簧的力，高压油被控制阀阀芯的两个台阶封住，没有进入变量活塞下腔。这时变量活塞上腔压力较高，下腔压力较低，在压差的作用下变量活塞处于最下方位置，即具有最大摆角，此时泵的输出流量最大。当压力升高时，先导活塞上端的液压推力大于调节弹簧的作用力，控制阀阀芯向下移动，阀口打开，使高压油流入变量活塞的下腔。这时，变量活塞上、下两端压力相等，由于下端面积大而上端面积小，所以变量活塞在两端的压力差的作用下向上运动，从而使泵的摆角变小，泵的输出流量减少，达到变量的目的。与此同时，拨销向上运动，套在导杆上的大、小弹簧受到压缩，弹簧力通过导杆作用于先导活塞上，使先导活塞上移，同时控制阀阀芯也向上移动关闭阀口，于是变量活塞就固定在一个位置上。当压力减小时，调节弹簧的作用力通过控制阀阀芯、导杆传到先导活塞上，当此力大于先导活塞上腔的液压力时，使控制阀阀芯上移，将变量活塞大腔与低压油腔相通，变量活塞在压差的作用下向下移动，并处于一个新的平衡位置。由此可知，对于恒功率变量泵，当压力升高时，泵从大摆角向小摆角变化，流量减少；相反，当压力减小时，泵从小摆角向大摆角变化，流量增大。

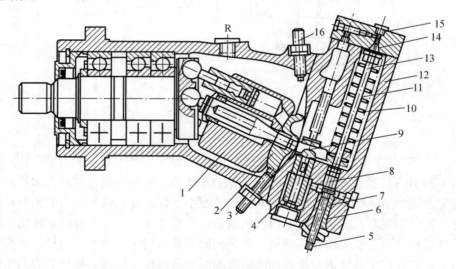

图 4-35 A7V 恒功率变量斜轴式轴向柱塞泵的结构

1—缸体；2—配油盘；3—最大摆角限位螺钉；4—变量活塞；5—调节螺钉；
6—调节弹簧；7—阀套；8—控制阀阀芯；9—拨销；10—大弹簧；11—小弹簧；
12—后盖；13—导杆；14—先导活塞；15—喷嘴；16—最小摆角限位螺钉；R—润滑油滴注处

图 4-36 所示为恒功率变量泵的流量-压力特性曲线，当控制滑阀开始上移一段距离时，仅大弹簧 10 起作用，作用在滑阀上的液压力与大弹簧的弹簧力相平衡。当滑阀移动一段距离后，小弹簧开始受压缩，两个弹簧力之和与液压力相平衡。由于上述两个弹簧的作用，泵的流量-压力特性曲线即为图 4-36 所示的折线 ab、bc。适当选择图中折线的斜率及截距，即大、小弹簧的刚度及压缩量，可使泵的流量-压力特性曲线与双曲线近似，因此可以始终大致保持流量与压力的乘积不变，即恒功率变量。

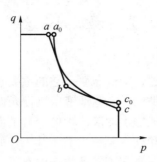

图 4-36　恒功率变量泵的流量-压力特性曲线

恒功率变量泵使泵的输出动力自动调节，可以满足液压系统中执行元件空程时需要低压、大流量，工进时需要高压、小流量的要求，提高了原动机的功率利用率，是一种高效节能的动力源。

4.4.4　液压泵的选用

选用液压泵时，应综合考虑主机工况、功率大小、系统要求、元件技术性能及可靠性等因素，合理选择其规格和结构形式，同时还要使泵的额定压力比系统压力高一些。表 4-1 为液压系统中常用液压泵的性能比较。

表 4-1　液压系统中常用液压泵的性能比较

性能	外啮合齿轮泵	双作用叶片泵	限压式变量叶片泵	径向柱塞泵	轴向柱塞泵	螺杆泵
输出压力	低压、中高压	中压、中高压	中压、中高压	高压、超高压	高压、超高压	低压、中高压、超高压
流量调节	不能	不能	能	能	能	不能
效率	低	较高	较高	高	高	较高
输出流量脉动	很大	很小	一般	一般	一般	最小
自吸特性	好	较差	较差	差	差	好
对油污染的敏感性	不敏感	较敏感	较敏感	很敏感	很敏感	不敏感
噪声	大	小	较大	大	大	最小

齿轮泵结构简单、体积小、价格便宜、工作可靠、维修方便，可以适应多尘、高温和有剧烈冲击的恶劣环境。运输车辆和工程机械由于工作环境差，加上工作空间的限制，因而在低压系统中多选用双联或三联齿轮泵。齿轮泵的缺点是使用寿命短、流量较小以及不能变量。

叶片泵的输油量均匀，压力脉动较小，容积效率较高。但叶片泵的结构比较复杂，对油液污染比较敏感。目前仅在起重运输车辆、工程机械的液压系统中选用中、高压叶片泵。

轴向柱塞泵结构紧凑，径向尺寸小，能在高压和高转速下工作，并具有较高的容积效率，因此在高压系统中应用较多。但这种泵结构复杂，价格较高。一般在起重运输机械中应用斜盘式轴向柱塞泵的较多。中小型挖掘机中多选用斜轴式轴向柱塞泵。汽车柴油机中常用柱塞泵来输送高压燃油。

本 章 小 结

本章主要介绍了液压能源装置，即液压泵，它的主要功能是将原动机输出的机械能转换成油液的液压能，为液压系统提供动力，驱动液压执行元件对外做功。

液压泵按其在单位时间内所能输出油液体积能否调节而分为定量泵和变量泵两类；按结构形式可以分为齿轮泵、叶片泵和柱塞泵三大类。其工作原理都是通过改变密封容积的大小实现吸油和压油，不同结构的液压泵在工农业生产中有不同应用。从噪声和流量脉动的角度来看，外啮合齿轮泵的噪声较大，流量脉动率大，内啮合齿轮泵的噪声较小，流量脉动率较小；叶片泵、螺杆泵、柱塞泵的噪声比较小，双作用叶片泵比单作用叶片泵的噪声更小。就流量脉动率而言，双作用叶片泵流量脉动率最小，柱塞泵次之，而单作用叶片泵、柱塞泵流量脉动率中等。从性价比来看，双作用叶片泵的使用寿命较长，而单作用叶片泵、柱塞泵、齿轮泵、螺杆泵的使用寿命较短。从价格上相比，柱塞泵要比齿轮泵、叶片泵贵，而螺杆泵最贵，但可靠性上螺杆泵最稳定，柱塞泵、齿轮泵、叶片泵次之。因此应在保证性能和使用寿命均符合系统要求的前提下，尽可能选择价格低的液压泵。从污染敏感度和使用节能的角度来看，低压齿轮泵的污染敏感度较低，允许系统选取过滤精度较低的滤油器；相反，高压齿轮泵的污染敏感度较高。螺杆泵、柱塞泵、叶片泵对液压油的污染都较为敏感，应加强过滤。为了节约能量、减少功率消耗，应选用变量泵，最好选用比例压力、比例流量控制的变量叶片泵。此外，还可选用双联泵、三联泵、多联泵。

习 题

4-1 液压泵的工作原理是什么？液压泵的特点是什么？

4-2 什么是液压泵的额定压力和工作压力？

4-3 某液压泵输出压力 p=5MPa，排量 V=30mL/r，转速 n=1200r/min，容积效率 $\eta_v = 0.95$，总效率 $\eta = 0.9$，求泵的输出功率和电动机的驱动功率。

4-4 某液压泵在输出压力为 7MPa 时的流量为 53L/min，输入功率为 7.4kW。若该泵在空载时的流量为 56L/min，求泵的容积效率和总效率。

4-5 齿轮泵压力的提高主要受哪些因素影响？可以采取哪些措施来提高齿轮泵的压力？

4-6 限压式变量叶片泵的限定压力和最大流量如何调节？调节时，泵的流量-压力特性曲线如何变化？

4-7 已知轴向柱塞泵的斜盘倾角 $\gamma = 20°$，柱塞直径 d=22mm，柱塞分布圆直径 D=68mm，柱塞数 z=7，输出压力 p=10MPa，其容积效率 $\eta_v = 0.95$，机械效率 $\eta_m = 0.9$，转速 n=960r/ min，求泵的理论流量、实际流量和输入功率。

第 5 章

执 行 元 件

流体传动中的执行元件是将流体的压力能转化为机械能的元件。它驱动机构做直线往复或旋转（或摆动）运动，其输入为压力和流量，输出为力和速度或转矩和转速。

5.1 液 压 缸

液压缸是液压系统中的执行元件，它把液压泵提供的压力能转换成机械能，使机械实现直线往复运动或摆动往复运动。液压缸可以单个使用，也可以两个或多个组合起来或和其他机构组合起来使用。液压缸结构简单，工作可靠，在液压系统中应用广泛。

5.1.1 液压缸的类型与特点

液压缸种类繁多，分类方法也不同。按其结构形式可分为活塞缸、柱塞缸、伸缩缸和摆动缸。按其作用方式又分为单作用缸和双作用缸。活塞缸和柱塞缸实现往复直线运动，输出速度和推力；伸缩缸为多级活塞缸或柱塞缸；摆动缸实现往复摆动，输出角速度和转矩。下面介绍几种常用的液压缸。

1. 活塞缸

1）双杆活塞缸

双杆活塞缸的工作原理如图 5-1 所示。双杆活塞缸是活塞两侧都带有活塞杆的液压缸，根据安装方式不同又分为活塞杆固定式和缸筒固定式两种。图 5-1（a）所示为缸筒固定式双杆活塞缸，它的进、出油口位于缸筒两端。活塞通过活塞杆带动工作机构移动，工作机构移动范围约等于活塞有效行程的三倍，占地面积大，适用于小型设备。图 5-1（b）所示为活塞杆固定式双杆活塞缸。缸筒与工作机构相连，活塞杆通过支架固定在设备上。这种安装形式使工作机构的移动范围等于活塞有效行程的两倍，占地面积小，适用于大、中型设备。

双杆活塞缸两端活塞杆的直径通常是相等的，所以左、右两腔有效面积相等。当分别向左、右腔输入的油液具有相同的压力和流量时，液压缸在左、右两个方向上输出的推力 F 和速度 v 相等，其表达式为

$$F_1 = F_2 = (p_1 - p_2)A\eta_{\mathrm{m}} \tag{5-1}$$

$$v_1 = v_2 = \frac{q}{A}\eta_\text{v} \tag{5-2}$$

式中 A——液压缸的有效面积；

      η_m——液压缸的机械效率；

      η_v——液压缸的容积效率；

      q——输入液压缸的流量；

      p_1——进油腔压力；

      p_2——回油腔压力。

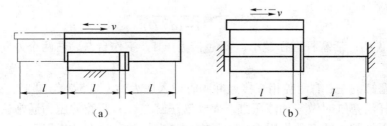

图 5-1   双杆活塞缸的工作原理

（a）缸筒固定式；（b）活塞杆固定式

2）单杆活塞缸

单杆活塞缸的工作原理如图 5-2 所示。单杆活塞缸是活塞只有一端带有活塞杆的液压缸。单杆活塞缸分为缸筒固定式和活塞杆固定式两种安装形式。两种安装形式的运动部件的移动范围是相等的，均为活塞有效行程的两倍。

单杆活塞缸因左、右两腔有效面积 A_1 和 A_2 不等，因此当进油腔和回油腔压力分别为 p_1 和 p_2，输入左、右两腔的流量均为 q 时，液压缸左、右两个方向的推力和速度不相同。

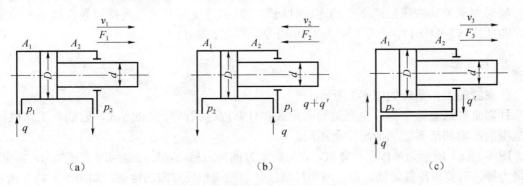

图 5-2   单杆活塞缸的工作原理

（a）无杆腔为工作腔；（b）有植腔为工作腔；（c）差动连接

如图 5-2（a）所示，当压力油进入无杆腔时，活塞上所产生的推力 F_1 和速度 v_1 分别为

$$F_1 = (p_1 A_1 - p_2 A_2)\eta_\text{m} = \left[p_1 \frac{\pi}{4} D^2 - p_2 \frac{\pi}{4}(D^2 - d^2) \right]\eta_\text{m} \tag{5-3}$$

式中 D——活塞直径；

      d——活塞杆直径；

$$v_1 = \frac{q}{A_1}\eta_v = \frac{4q\eta_v}{\pi D^2} \tag{5-4}$$

如图 5-2（b）所示，当压力油进入有杆腔时，作用在活塞上的推力 F_2 和速度 v_2 分别为

$$F_2 = (p_1 A_2 - p_2 A_1)\eta_m = \left[p_1 \frac{\pi}{4}(D^2 - d^2) - p_2 \frac{\pi}{4}D^2 \right]\eta_m \tag{5-5}$$

$$v_2 = \frac{q}{A_2}\eta_v = \frac{4q\eta_v}{\pi(D^2 - d^2)} \tag{5-6}$$

工程上把速度 v_2 和 v_1 的比值称为往返速比，记为 λ_v，于是得

$$\lambda_v = \frac{v_2}{v_1} = \frac{1}{1 - (d/D)^2} \tag{5-7}$$

式（5-7）说明：活塞杆直径越小，λ_v 越接近于 1，工作台左、右两个方向的速度差值也就越小。

当单杆活塞缸的左、右两腔相互接通并同时通入压力油［图 5-2（c）］时，称为差动连接，差动连接的单杆活塞缸叫做差动液压缸。差动液压缸左、右两腔的压力通常认为是相等的，但因为左腔（无杆腔）的有效作用面积大于右腔（有杆腔）的有效作用面积，因此活塞向右移动，液压缸有杆腔排出的流量 q' 与泵的流量 q 汇合进入液压缸的左腔，使活塞运动速度加快。对于差动连接的液压缸，活塞只能向一个方向运动［图 5-2（c）中为向右运动］。单杆活塞缸差动连接往往用于工作机构需要快进的空行程，工作压力 p_1 较低，一般视 $\eta_v = 1$，作用在活塞上的推力 F_3 和活塞运动速度 v_3 分别为

$$F_3 = p_1(A_1 - V_2)\eta_m = p_1 \frac{\pi}{4}d^2\eta_m \tag{5-8}$$

$$v_3 = \frac{q}{(A_1 - A_2)}\eta_v = \frac{4q}{\pi d^2}\eta_v \tag{5-9}$$

如果要求差动液压缸活塞差动连接时向右运动的速度与非差动连接时向左运动的速度相等，即使式（5-9）的 v_3 与式（5-6）的 v_2 相等，则有 $D = \sqrt{2}d$。

2. 柱塞缸

柱塞缸的工作原理如图 5-3 所示。

柱塞缸和活塞缸一样，也有缸筒固定式和柱塞固定式两种安装方式，它们对工作机构移动范围的影响和活塞缸的情况完全相同。

图 5-3（a）所示为单作用柱塞缸，它只能单方向向右移动，反向退回时须靠外力，如重力、弹簧力等。若要求往复运动，可由两个柱塞缸分别完成相反方向的运动，如图 5-3（b）所示。当柱塞直径为 d、输入油液流量为 q、压力为 p 时，柱塞上所产生的推力 F 和速度 v 分别为

$$F = pA\eta_m = p\frac{\pi}{4}d^2\eta_m \tag{5-10}$$

$$v = \frac{q}{A}\eta_v = \frac{4q}{\pi d^2}\eta_v \tag{5-11}$$

活塞缸的活塞与缸筒内孔之间要求较高的配合精度，当缸筒较长时，加工很困难，而图 5-3 所示的柱塞缸就可以解决这个问题。柱塞缸的缸筒与柱塞之间没有配合要求，缸筒内

孔不需要精加工，仅柱塞与缸盖导向孔之间有配合要求，这就大大简化了缸筒的加工工艺，因此柱塞缸特别适用于行程很长的场合。为了减轻柱塞质量，减小柱塞的弯曲变形，柱塞常被做成空心的。行程特别长的柱塞缸还可以在缸筒内为柱塞设置各种不同形式的辅助支承，以增强其刚性。

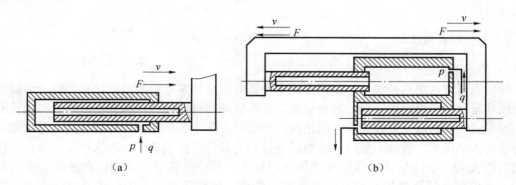

(a) (b)

图 5-3 柱塞缸的工作原理

3. 摆动缸

摆动缸主要用来驱动做间歇回转运动的工作机构，如回转夹具、液压机械手、分度机械等装置。摆动缸分单叶片式和双叶片式两种。

图 5-4（a）所示为单叶片式摆动缸。当压力油从左下方油口进入缸筒时，叶片和叶片轴在压力油作用下做逆时针方向转动，通常能实现最大 300° 左右的回转摆动，回油从缸筒左上方的油口流出。单叶片式摆动缸输出的转矩和角速度为

$$T = \frac{b}{2}(R_2^2 - R_1^2)(p_1 - p_2)\eta_{\mathrm{m}} \tag{5-12}$$

$$\omega = \frac{2q}{b(R_2^2 - R_1^2)}\eta_{\mathrm{v}} \tag{5-13}$$

式中　b ——叶片宽度；

　　η_{m}、η_{v} ——单叶片式摆动缸的机械、容积效率；

　　R_1、R_2 ——叶片轴、缸筒内表面的半径。

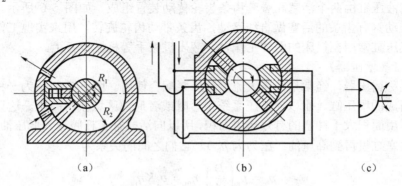

（a）　　　　　　　　　（b）　　　　　　　（c）

图 5-4 摆动缸

（a）单叶片式；（b）双叶片式；（c）图形符号

图 5-4（b）所示为双叶片式摆动缸。图中缸筒的左上方和右下方两个油口同时通入压力油，两个叶片在压力油的作用下使叶片轴做顺时针转动，摆动角度一般小于 150°，回油从缸筒右上方和左下方两个油口流出。双叶片式摆动缸与单叶片式相比，摆动角度小，但在同样大小的结构尺寸下转矩增大一倍，且具有径向压力平衡的优点。摆动式液压缸也称为摆动液压马达。

4. 其他形式液压缸

1）伸缩液压缸

伸缩液压缸（简称伸缩缸）由两个或多个活塞缸或柱塞缸组装而成，它的前一级缸的活塞杆或柱塞是后一级缸的缸筒。这种伸缩缸在各级活塞杆或柱塞依次伸出时可获得很长的行程，而当它们缩入后又能使伸缩缸的轴向尺寸很短。图 5-5 所示为一种双作用式伸缩缸。当压力油通入缸筒的左腔或右腔时，各级活塞按其有效作用面积的大小依次动作，伸出时作用面积大的先动，小的后动；缩回时动作次序反之。伸缩缸各级活塞的运动速度和推力是不同的，其值可按活塞缸的有关公式来计算。伸缩缸特别适用于工程机械及自动线步进式输送装置。

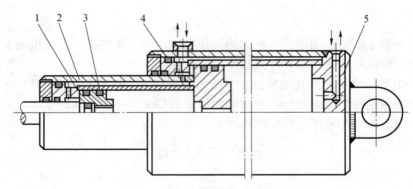

图 5-5　双作用式伸缩缸

1—活塞；2—套筒；3—O 形密封圈；4—缸筒；5—缸盖

2）齿条活塞液压缸

齿条活塞液压缸由两个活塞和一套齿条齿轮传动装置组成，如图 5-6 所示。压力油进入液压缸后，推动具有齿条的活塞做直线运动，齿条带动齿轮旋转，用来实现工作部件的往复摆动。这种液压缸常用在机床的回转工作台、液压机械手等机械设备上。

3）增压缸（增压器）

增压缸又称增压器，经常与低压大流量液压泵配合使用。图 5-7 所示为一种由活塞缸和柱塞缸组合而成的增压缸，用以使低压系统中短时或者局部区域获得高压。这里，活塞缸中活塞的有效作用面积大于柱塞的有效作用面积，所以向活塞缸无杆腔送入低压油（压力为 p_a）时，可以在柱塞缸里得到高压油（压力为 p_b）。它们之间的关系为

$$p_b = p_a \left(\frac{D}{d}\right)^2 \eta_m = p_a K \eta_m \tag{5-14}$$

式中，$K = D^2 / d^2$ 称为增压比，表示增压缸的增压能力。不难看出，增压能力是在降低有效

流量的基础上得到的（$q_b = q_a / K$）。需要说明的是，增压缸不是将液压能转换为机械能的执行元件，而是传递液压能、使之增压的器具。

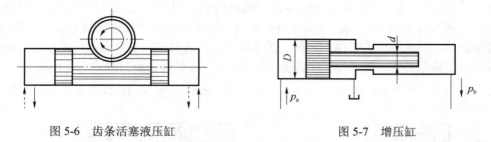

图 5-6　齿条活塞液压缸　　　　　　　图 5-7　增压缸

4）电液步进缸

电液步进液压缸（简称电液步进缸）是数字缸的一种，它通过步进电动机接受数字控制电路发出的脉冲序列信号，进行信号的转移和功率放大，输出与脉冲数成比例的直线位移或速度。

图 5-8 所示为电液步进缸。它由步进电动机和液压力放大器两部分组成。为选择速比和增大传动转矩，二者之间加设了减速齿轮箱。其基本特点是采用机械刚性反馈，螺母、螺杆既作为阀芯推动元件，又作为反馈元件。

活塞左侧的有效面积为右侧的 1/2，始终向左侧通入压力为 p_s 的压力油。右侧的压力由旋转三通阀控制于 $0 \sim p_s$ 之间，活塞杆静止时，右侧压力为 $p_0 / 2$（因左、右力平衡，而面积为两倍关系）。如果步进电机根据控制器的指令，沿顺时针方向（从右侧观察）旋转，则固定于活塞上的螺母与连接着阀芯成一体的螺杆之间的相互作用，使阀芯右移，B 口经三通阀与压力源 p_s 相通，右侧压力高于 $p_s / 2$，于是活塞 2 向左运动，直到阀芯恢复到原始平衡位置为止。步进电动机逆时针旋转时，动作相反，B 口通油箱，活塞向右运动，平衡活塞用来防止活塞杆内腔的压力将螺杆向右推，平衡活塞右侧引入 B 口压力，平衡活塞左侧油腔通过内部管道通回油箱。

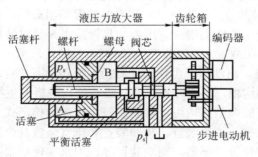

图 5-8　电液步进缸

这种电液步进缸用于数控机床、木工机械、制铁机械、防潮闸门及各种自动化机械设备上。

5.1.2　液压缸的典型结构与组成

1. 液压缸的典型结构

图 5-9 所示为单杆活塞缸的结构图，它是由缸体组件（缸底 1、缸筒 7、缸头 18）、活塞

组件（活塞 21、活塞杆 8）、缓冲装置（缓冲套 6 和 24、缓冲节流阀 11）、排气装置（带放气孔的单向阀 2）、密封装置及导向套 12 等组成。缸筒 7 与法兰 3、10 焊接成一个整体，然后通过螺钉与缸底 1、缸头 18 连接。图 5-9 中表示了活塞与缸筒、活塞杆与缸盖之间的两种密封形式；上部为橡塑组合密封，下部为唇形密封。该液压缸具有双向缓冲功能，工作时泵的来油经进油口、单向阀进入工作腔，推动活塞运动，当活塞运动到终点前，缓冲套切断油路，排油只能经节流阀排出，起节流缓冲作用（图 5-9 中一端只画了单向阀，一端只画了节流阀）。

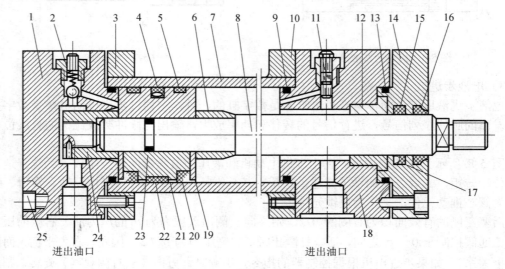

图 5-9　单杆活塞缸结构

1—缸底；2—带放气孔的单向阀；3、10—法兰；4—格来圈密封；5—导向环；6—缓冲套；7—缸筒；8—活塞杆；
9，13，23—O 形密封圈；11—缓冲节流阀；12—导向套；14—缸盖；15—斯特圈密封；16—防尘圈；17—Y 形密封圈；
18—缸头；19—护环；20—Y_x 形密封圈；21—活塞；22—导向环；24—无杆端缓冲套；25—连接螺钉

图 5-10 所示为单叶片摆动缸的结构图。它也是由缸体组件（缸体 2、隔板 4、左端盖 5、右端盖 6）、叶片组件（叶片 1、输出轴 3）和密封装置等组成的。由叶片和隔板外缘所嵌的框形密封件 7 来保证两个工作腔的密封。压力油从管接头 8 经过滤器 9 和右端盖 6 上的油道 a 进入缸体工作腔，叶片在液压力推动下带动输出轴 3 回转，另一工作腔的油液从右端盖 6 上的油道 b 排出。交换进、出油口，可使摆动缸换向反转。有些摆动缸还在其叶片或隔板上设计一些能起缓冲作用的沟槽，防止叶片在回转终端处与隔板发生撞击。

从上面所述的液压缸的典型结构可以看到，液压缸在结构形式上可能有所不同，但基本上是由活塞组件、缸体组件、密封装置、缓冲装置和排气装置几个部分组成的。近年来，在某些液压缸上设置了活塞位置传感器、制动装置等，用来实现活塞的定位、制动等功能，这种液压缸在工业机器人、自动线等机构中得到了广泛的应用。

2. 液压缸的组成

液压缸的结构基本上可以分为缸筒和缸盖、活塞和活塞杆、密封装置、缓冲装置和排气装置六个部分。

1）缸筒和缸盖

图 5-11 所示为常用的缸筒和缸盖的连接方式。一般来说，缸筒和缸盖的结构形式和其使

用的材料有关。工作压力 $p < 10MPa$ 时使用铸铁，$10MPa < p < 20MPa$ 时使用无缝钢管，$p > 20MPa$ 时使用铸钢或锻钢。

图 5-11（a）所示为法兰连接式，其结构简单，容易加工，也容易装拆，但外形尺寸和质量都较大，常用于铸铁制的缸筒上。图 5-11（b）为半环连接式，它的缸筒壁部因开了环形槽而削弱了强度，为此有时要加厚缸壁，它容易加工和装拆，质量较小，常用于无缝钢管或锻钢制的缸筒上。图 5-22（c）所示为螺纹连接式，它的缸筒端部结构复杂，外径加工时要求保证内外径同心，装拆要使用专用工具，它的外形尺寸和质量都较小，常用于无缝钢管或铸钢制的缸筒上。图 5-22（d）所示为拉杆连接式，其结构的通用性大，容易加工和装拆，但外形尺寸较大，且较重。图 5-22（e）所示为焊接连接式，其结构简单，尺寸小，但缸底处内径不易加工，且可能引起变形。

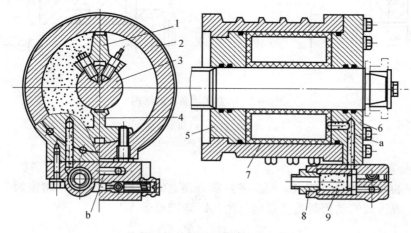

图 5-10　单叶片摆动缸的结构图

1—叶片；2—缸体；3—输出轴；4—隔板；5—左端盖；6—右端盖；7—密封件；8—管接头；9—过滤器

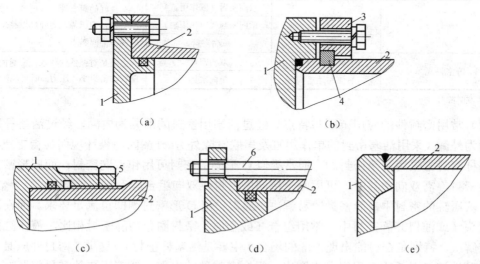

图 5-11　缸筒和缸盖的连接方式

（a）法兰连接式；（b）半环连接式；（c）螺纹连接式；（d）拉杆连接式；（e）焊接连接式

1—缸盖；2—缸筒；3—压板；4—半环；5—防松螺母；6—拉杆

2）活塞和活塞杆

常用的活塞和活塞杆之间有如图 5-12 所示的螺纹式连接和半环式连接等多种连接方式。螺纹式连接结构简单，装拆方便，但在高压大负载下需备有螺母防松装置。半环式连接结构较复杂，装拆不便，但工作较可靠。此外，活塞和活塞杆也有制成整体式结构的，但它只适用于尺寸较小的场合。活塞一般用耐磨铸铁制造，活塞杆则不论是空心的还是实心的，大多用钢料制造。

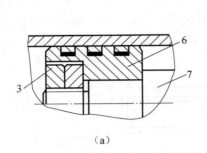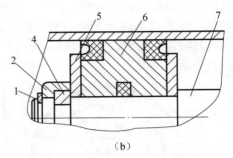

（a） （b）

图 5-12　活塞和活塞杆的结构

（a）螺纹式连接；（b）半环式连接

1—弹簧卡圈；2—轴套；3—螺母；4—半环；5—压板；6—活塞；7—活塞杆

3）密封装置

（1）密封的基本类型与特点。根据密封耦合面之间有无相对运动，将密封分为动密封和静密封两类。液压缸的动密封是往复运动密封。详细见表 5-1。

表 5-1　液压缸密封分类与特点

分类	使用场合	特点	要求
动密封	活塞用	双向密封（双作用缸）	有良好的耐磨性，以使其有较长的使用寿命，但仍需一定弹性以补偿间隙。摩擦力不应太大
		单向密封（单作用缸）	
	活塞杆用	单向密封[①]	
静密封	活塞与活塞杆间	双向密封	主要是对弹性的要求，密封面配合间隙较动密封小，压力高时可能需加挡圈
	缸筒与端盖间	单向密封	

① 串联缸除外。

（2）常用密封件的应用范围与特点。经过活塞用密封的泄漏为内漏，经过活塞杆用密封的泄漏为外漏（采用活塞密封的单作用缸及串联缸除外），外漏因污染环境而显得更重要，所以活塞杆密封常采用两个密封圈。通常类似 O 形圈的密封可用作双向密封；而唇形密封一般为单向密封，需双向密封时，可用两个单向唇形封或双向组合唇形封。

在液压缸的密封中，静密封较易解决，通常采用 O 形密封圈即可满足要求。而在液压缸的管接头（或油口）静密封中，常用组合（或金属）密封圈。与静密封相比，液压缸的动密封更难解决，特别是在可能出现外漏的场合（主要是活塞杆密封）。这里，密封件应具备的弹性和耐磨性这一对矛盾表现得尤为突出。组合密封件的出现，使液压缸动密封问题有了很好的解决方法。其设计思想是将密封件应具备的弹性与耐磨性（或低摩擦力特性）分开考虑，由两个元件实现并组合成一个整体。液压缸常用密封件的应用范围与特点见表 5-2。

表 5-2　液压缸常用密封件的应用范围与特点

密封件		断面简图	组成与用途	特点
O 形密封圈			多由合成橡胶制成，主要用于静密封。因启动摩擦力大，易引起爬行；耐磨性差，使用寿命较短；受密封处压力和速度的限制较大，已很少用于动密封中	高压时需加挡圈
V 形密封圈			多由夹织物橡胶制成，由几个 V 形密封圈和支承环及压环一起使用，用于活塞或活塞杆，起单向动密封作用	结构复杂，轴向尺寸较大，摩擦力较大，已较少应用
Y（Y_x）形密封圈			由丁腈橡胶或聚氨酯橡胶制成，用于活塞或活塞杆的单向动密封中	摩擦力较小，高速和高压时稳定性比较好
组合密封圈	T 形特康格来圈		由一个橡胶 O 形圈和一个由特康（工程热塑性复合物）制成的 T 形圈组成。T 形圈的形状有利于阻止任一腔油液向另一腔泄漏。用于活塞，起双向动密封作用	其中 O 形圈起弹性施力和副密封（类似于静密封）作用，而特康制成的 T 形圈或阶梯圈弹性较小，摩擦系数小，耐磨性好，起主密封作用。两种组合密封圈都有启动摩擦力小（无爬行现象）、耐磨性好（使用寿命长）、允许高速往复运动、高低压时密封性能好等特点
	K 形特康斯特封		由一个橡胶 O 形圈和一个由特康制成的阶梯圈组成，阶梯圈的形状不利于缸内油液向外泄漏，而有利于使微量泄漏至缸外活塞杆上的油液通过往复运动带回缸内。用于活塞杆，起单向动密封作用	
	复合唇形密封圈		由唇形（Y 形）夹织物橡胶圈和唇内的合成橡胶圈压制粘合而成，用于活塞杆的单向动密封中	合成橡胶圈起弹性施力作用，以保证低压时的密封性；夹织物橡胶圈耐磨性较好，使用寿命较长，摩擦系数较小
	双向组合 Y 形密封圈		由两个唇形夹织物橡胶圈和唇内的合成橡胶圈压制粘合而成，用于活塞的双向动密封中	
	特康泛塞密封		由一片弹簧和特康制成的 U 形外壳组成，用于活塞或活塞杆，起单向动密封作用	借鉴了径向油封的结构原理，用弹簧代替橡胶。特康制成的 U 形外壳耐磨性好，使用寿命长，摩擦系数小
	特康 AQ 封		由一个 O 形圈和特康矩形槽内置的一个 X 形橡胶圈组成，用于活塞，起双向动密封作用	与格来圈相比，在动密封磨合面中既有特康材料，又有橡胶，提高了密封性。这种密封件用于活塞式蓄能器的气液密封中，特别有效

4）缓冲装置

对于大型液压缸，其运动部件（活塞与活塞杆等）的质量较大，当运动速度较快时，会因惯性而具有较大的动量。由于具有较大动量的运动部件在到达行程终点时，会产生机械冲击冲撞缸盖，影响设备的精度，并可能损坏设备造成破坏性事故的发生，因此在液压缸上设置缓冲装置是非常必要的。

缓冲装置有两种形式：一种为节流式，它是指在液压缸活塞运动至接近缸盖时，低压回油腔内的油液，全部或部分通过固定节流或可变节流器，产生背压形成阻力，达到降低活塞运动速度的缓冲效果，图 5-13 中的（a）、（b）、（c）、（f）均属于此类；另一种为卸载式，它是指在活塞运动至接近缸盖时，双向缓冲阀的阀杆先触及缸盖，阀杆沿轴向被推离起密封作用的阀座，缓冲阀开启而使液压缸高低压腔互通，缸两腔的压差迅速减小而实现缓冲，如图 5-13（d）所示。

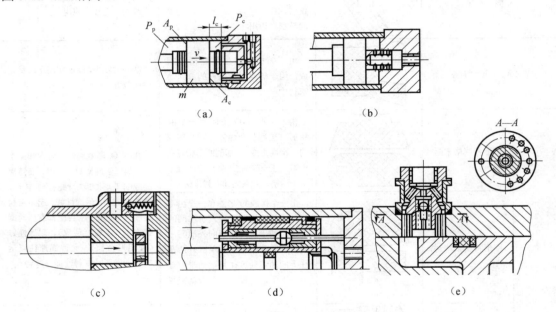

图 5-13　常见液压缸的缓冲装置

（a）可调节流式；（b）笛孔式；（c）节流式；（d）卸载式；（e）多孔式

v—工作部件运动速度；l_c—缓冲行程；P_c—缓冲腔中的平均缓冲压力；

P_p—高压腔中的油液压力；A_p、A_c—高压腔、缓冲腔的有效工作面积；m—工作部件总质量

5）排气装置

液压系统在安装或修理后，系统内油液是排空的。液压系统使用过程中也难免要混进一些空气。如果不将系统中的空气排除，会引起颤抖、冲击、噪声、液压缸低速爬行以及换向精度下降等多种故障，因此一般可在液压缸内腔的最高处设置专门的排气装置。

常见的排气装置如图 5-14 所示，排气时稍微松开螺钉，排完气后再将螺钉拧紧，并保证可靠密封。

6）液压缸机械锁定装置

在液压设备的许多应用场合，要求在极限位置可靠地固定，否则可能产生故障甚至事故。例如，飞机的起落架（液压缸）放下后，应变为刚性支撑，须防止外来负载产生的额外运动，一些导弹发射车、雷达天线及其他一些装置上往往也需要对液压缸进行锁定，因而可采用下述一些锁定装置。

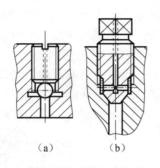

(a)   (b)

图 5-14 　排气装置

（1）套筒式锁紧装置。如图 5-15 所示，在液压缸的前端盖上设置一个锁紧套筒 1，它与活塞杆 2 为过盈配合，且此套筒用一定的弹性材料制成，因此平时可使活塞杆锁紧在任意位置上。当解锁压力油进入套筒后，在高压油的作用下，锁紧套筒与活塞杆 2 之间因径向膨胀而产生间隙，使活塞杆能往复移动，像普通液压缸一样工作；当解锁压力油卸除之后又能自动锁紧。

（2）刹片式锁紧装置。如图 5-16 所示，在液压缸的端盖上带有一制动刹片 1，它在碟形弹簧 2 的作用下被紧紧地压在活塞杆 3 上，依靠摩擦力抵消轴向力，从而使活塞杆锁紧在任意位置上。当解锁压力油进入 A 腔后，在液压力的作用下，将制动刹片顶开，使之脱离活塞杆，达到解锁的目的。当 A 口油压卸去（通油池）后，又能自动锁紧。

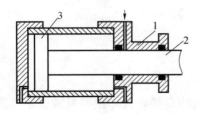

图 5-15 　套筒式锁紧装置

1—锁紧套筒；2—活塞杆；3—活塞

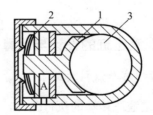

图 5-16 　刹片式锁紧装置

1—制动刹片；2—碟形弹簧；3—活塞杆

（3）钢珠锁紧装置。如图 5-17 所示，当活塞杆在液压作用下向右运动到头时，活塞上的钢珠（8～12 个）与锥形活塞接触，推动锥形活塞右移而压缩弹簧；当活塞带着钢珠移到锁槽处时，钢珠被锥形活塞挤入锁槽，将活塞锁住。当高压油反向进入时，推动锥形活塞右移，使锥形活塞离开钢珠，活塞便在油压作用下向左运动，并带着钢珠脱离锁槽而开锁。注意，为使工作可靠，锁槽和锥形活塞应有足够硬度，以防止过度磨损或损坏锁槽。

活塞 钢珠 活塞杆 外筒   锁槽 限动圈 活塞弹簧

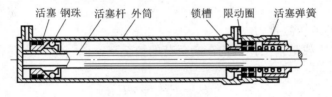

图 5-17 　钢珠锁紧装置

（4）卡环锁紧装置。如图 5-18 所示，卡环锁是一种开口的弹簧垫圈。当活塞杆在液压力作用下移到伸出位置并达到终点时，卡环便与壳体上的锁槽重合，卡环膨胀，并卡入槽内，活塞被锁定［图 5-18（a）］。定位的方法是游动活塞凸部插入卡环内径里，制止卡环收缩。此时活塞杆受外载荷作用便不会移动。当收回活塞杆时，游动活塞在液压力作用下向左移动并将卡环松开，卡环在其弹力和活塞杆作用下从锁槽斜面滑出而开锁［图 5-18（b）］。

这种锁紧装置的特点是承力大（因接触面大，受力平稳），用于承受外力较大的液压缸。

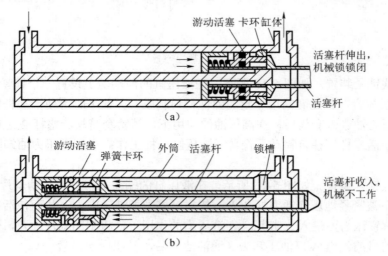

图 5-18　卡环锁紧装置

5.1.3　液压缸的设计与计算

1. 设计内容和设计步骤

液压缸是液压传动的执行元件，它和主机工作机构直接相关。根据机械设备及其工作机构的不同，液压缸具有不同的用途和工作要求，因此在进行液压缸设计之前，必须对整个液压系统进行工况分析，以选定系统的工作压力。液压缸设计的主要内容和步骤如下：

（1）选择液压缸的类型和各部分结构形式。

（2）确定液压缸的工作参数和结构尺寸。

（3）计算、校核结构强度和刚度。

（4）设计导向、密封、防尘、排气和缓冲等装置。

（5）绘制装配图和零件图，编写设计说明书。

2. 基本参数确定

1）工作负载与液压缸推力

液压缸的工作负载是指工作机构在满负荷的情况下，以一定加速度启动时对液压缸产生的总阻力，即

$$F_R = F_1 + F_f + F_g \tag{5-15}$$

式中　F_R ——液压缸的工作负载；

F_1——工作机构的负载、自重等对液压缸产生的作用力；

F_f——工作机构满负载启动时的静摩擦力；

F_g——工作机构满负载启动时的惯性力。

液压缸的推力 F 应等于或大于其工作时的总阻力。

2）运动速度

液压缸的运动速度与输入流量和活塞及活塞杆的面积有关。如果工作机构对液压缸的运动速度有一定要求，应根据所需的运动速度和缸径来选择液压泵。如果工作机构对液压缸的运动速度没有具体要求，则可根据已选定的液压泵流量和缸径来确定运动速度。

3）主要结构尺寸

液压缸的主要结构尺寸有缸筒内径 D、活塞杆直径 d、缸筒长度 L 和最小导向长度 H。

（1）缸筒内径 D。已知工作负载并确定液压系统工作压力 P（设回油腔背压为 0）时，可用下面公式初步计算缸筒内径 D。

对于无杆腔，当要求推力为 F_1 时，则

$$D_1 = \sqrt{\frac{4F_1}{\pi p \eta_m}} \tag{5-16}$$

对于有杆腔，当要求推力为 F_2 时，则

$$D_2 = \sqrt{\frac{4F_2}{\pi p \eta_m} + d^2} \tag{5-17}$$

式中　p——液压缸的工作压力，液压系统设计时设定；

η_m——液压缸的机械效率，一般取 $\eta_m = 0.95$。

然后，选择 D_1、D_2 中较大者，并圆整为标准值。对圆整后液压缸的工作压力再进行相应的调整。

已知液压缸的运动速度 v，可根据液压缸的流量 q 计算缸筒内径 D。

对于无杆腔，当运动速度为 v_1，进入液压缸的流量为 q_1 时，有

$$D_1 = \sqrt{\frac{4q_1}{\pi v_1}} \tag{5-18}$$

对于有杆腔，当运动速度为 v_2，进入液压缸的流量为 q_2 时，有

$$D_2 = \sqrt{\frac{4q_2}{\pi v_2} + d^2} \tag{5-19}$$

同样地，选择 D_1、D_2 中较大者，并圆整为标准值。

（2）活塞杆直径 d。一般应先满足液压缸的速度或速比要求，然后再校核其结构强度和稳定性。若速比为 φ，则

$$d = D\sqrt{\frac{\varphi - 1}{\varphi}} \tag{5-20}$$

（3）缸筒长度 L。液压缸的缸筒长度 L 由最大工作行程决定，缸筒的长度一般不超过其内径的 20 倍。

（4）最小导向长度 H。当活塞杆全部外伸时，从活塞支承面中点到导向套滑动面中点的

距离称为最小导向长度 H（图 5-19）。如果导向长度过小，将使液压缸的初始挠度（间隙引起的挠度）增大，从而影响液压缸的稳定性，因此设计时必须保证有足够的导向长度。

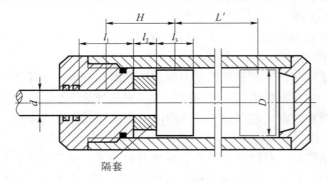

图 5-19　液压缸的导向长度

H—最小导向长度；L'—液压缸中最大工作行程；D—缸筒内径；
d—活塞杆直径；l_1—导向套滑动面的长度；l_2—隔套宽度；l_3—活塞的宽度

对于一般的液压缸，其最小导向长度应满足下式：

$$H \geqslant \frac{L'}{20} + \frac{D}{2} \qquad (5\text{-}21)$$

式中　L'——液压缸最大工作行程；

　　　D——缸筒内径。

一般，在 $D \geqslant 80\text{mm}$ 时取导向套滑动面的长度 $l_1 = (0.6\sim1.0)D$，在 $D < 80\text{mm}$ 时取 $l_1 = (0.6\sim1.0)d$；活塞的宽度则取 $l_3 = (0.6\sim1.0)D$。为保证最小导向长度，过分增大 l_1 和 l_3 都是不适宜的，最好在导向套与活塞之间装一隔套，隔套宽度 l_2 由所需的最小导向长度决定，即

$$l_2 = H - \frac{l_1 + l_3}{2} \qquad (5\text{-}22)$$

采用隔套不仅能保证最小导向长度，还可以改善导向套及活塞的通用性。

3. 液压缸的结构计算和校核

对于液压缸的缸筒壁厚 δ、活塞杆直径 d 和缸盖固定螺栓的直径，在高压系统中必须进行强度校核。

（1）缸筒壁厚 δ 的计算和校核

当 $\delta / D < 0.08$ 时，称为薄壁缸筒，一般为无缝钢管，壁厚按材料力学中薄壁圆筒公式计算，即

$$\delta \geqslant \frac{p_{\max} D}{2\sigma_s} \qquad (5\text{-}23)$$

当 $0.3 \geqslant \delta / D \geqslant 0.08$ 时，可用实用公式计算，即

$$\delta \geqslant \frac{p_{\max} D}{2.3\sigma_s - 3p_{\max}} \qquad (5\text{-}24)$$

当 $\delta / D > 0.3$ 时，称为厚壁缸筒，一般为铸铁缸筒，厚壁按材料力学第二强度理论计算，即

$$\delta \geqslant \frac{D}{2}\left(\sqrt{\frac{\sigma_s + 0.4p_{max}}{\sigma_s - 1.3p_{max}}} - 1\right) \tag{5-25}$$

式中　p_{max}——缸筒内最高工作压力;

σ_s——缸筒材料许用应力, $\sigma_s = \sigma_b / \eta$, σ_b 为材料抗拉强度, η 为安全系数, 取 $\eta = 5$。

缸筒壁厚确定后, 即可求出液压缸的外径, 即

$$D_1 = D + 2\delta \tag{5-26}$$

D_1 值应按有关标准圆整为标准值。

2) 活塞杆强度及压杆稳定性计算

按速比要求初步确定活塞杆直径后, 还必须考虑本身的强度要求及液压缸的稳定性。活塞杆的直径 d 按下式进行校核:

$$d \geqslant \sqrt{\frac{4F}{\pi\sigma_s}} \tag{5-27}$$

式中　F——工作负荷;

σ_s——活塞杆材料许用应力, $\sigma_s = \sigma_b / \eta$, σ_b 为材料抗拉强度, η 为安全系数, 取 $\eta = 1.4$。

当活塞杆的长径比 $l/d > 10$ 时, 要进行稳定性验算。根据材料力学理论, 其稳定条件为

$$F \leqslant \frac{F_k}{\eta_k} \tag{5-28}$$

式中　F——活塞杆最大推力;

F_k——液压缸稳定临界力;

η_k——稳定性安全系数, $\eta_k = 2 \sim 4$。

4. 液压缸设计中应注意的问题

液压缸在使用过程中经常会遇到液压缸安装不当、活塞杆承受偏载、液压缸或活塞下垂以及活塞杆的压杆失稳等问题, 在液压缸设计过程中应注意以下几点, 以减少使用中故障的发生, 提高液压缸的性能。

(1) 尽量使液压缸的活塞杆在受拉状态下承受最大负载, 或在受压状态下具有良好的稳定性。

(2) 应考虑液压缸行程终点处的制动问题和液压缸的排气问题, 需要在缸内设置缓冲装置和排气装置。

(3) 正确确定液压缸的安装、固定方式。如承受弯曲的活塞杆不能用螺纹连接, 要用止口连接; 液压缸不能在两端用键或销定位, 只能在一端定位, 目的是不致阻碍它在受热时产生膨胀; 如冲击载荷使活塞杆压缩, 定位件须设置在活塞杆端, 如冲击载荷使活塞杆拉伸, 则定位件应设置在缸盖端。

(4) 液压缸各部分的结构需根据推荐的结构形式和设计标准进行设计, 尽可能做到结构简单、紧凑, 加工、装配和维修方便。

(5) 在保证满足运动行程和负载力的条件下, 应尽可能地减小液压缸的轮廓尺寸。

(6) 要保证密封可靠, 防尘良好。

5.2 液 压 马 达

液压马达属于液压系统的执行元件。液压马达的作用是将液体的压力能转换为机械能，实现连续的旋转运动。它使系统输出转速和转矩，驱动工作部件运动。

5.2.1 液压马达的分类和特性参数

1. 液压马达的分类

液压马达按照结构形式可以分为齿轮式马达、叶片式马达和柱塞式马达等；按照排量是否可调可以分为定量马达和变量马达两种。按照工作速度不同可以分为高速马达和低速马达两大类。

2. 液压马达的性能参数

1）工作压力和额定压力

液压马达的工作压力是指它输入油液的实际压力，其大小取决于液压马达的负载。液压马达进口压力与出口压力的差值，称为液压马达的压差。

液压马达的额定压力是指按试验标准规定，能使液压马达连续正常运转的最高压力，也即液压马达在使用中允许达到的最大工作压力。超过此值就是过载。

2）排量、流量和转速

液压马达的排量是指在没有泄漏的情况下，液压马达轴转一周所需输入的油液体积，用V表示。

排量不可变的液压马达称为定量液压马达；排量可变的称为变量液压马达。液压马达的排量取决于其密封工作腔的几何尺寸，与转速无关。

液压马达的流量是指液压马达达到要求转速时，单位时间内输入的油液体积。由于有泄漏存在，故又有理论流量和实际流量之分。

理论流量是指液压马达在没有泄漏的情况下，达到要求转速时，单位时间内需输入的油液体积，用q_{mt}表示。

实际流量是指液压马达达到要求转速时，其入口处的流量，用q_m表示。

由于液压马达存在间隙，产生泄漏Δq，故实际流量q_m与理论流量q_{mt}之间存在如下关系：

$$q_m = q_{mt} + \Delta q \tag{5-29}$$

液压马达的转速n与流量、排量有如下关系：

$$n = \frac{q\eta_v}{V} \tag{5-30}$$

3）功率和效率

液压马达的输入量是液体的压力和流量，输出量是转矩和转速（角速度）。因此液压马达的输入功率和输出功率分别为

$$P_{mi} = \Delta p q_m \tag{5-31}$$

$$P_{mo} = T_m \omega_m = T_m 2\pi n \qquad (5-32)$$

式中　P_{mi} ——液压马达输入功率；

　　　　P_{mo} ——液压马达输出功率；

　　　　Δp ——液压马达进、出口压差；

　　　　T_m ——液压马达实际输出转矩；

　　　　ω_m ——液压马达输出角速度。

由于液压马达在进行能量转换时，总是有能量损耗，因此其输出功率总小于其输入功率。输出功率和输入功率的比值，称为液压马达的效率 η_m。

$$\eta_m = \frac{T_m \omega_m}{\Delta p q_m} \qquad (5-33)$$

液压马达的能量损耗可分为两部分：一部分是由泄漏等引起的流量损耗；另一部分是由流动液体的黏性摩擦和机械相对运动表面之间机械摩擦而引起的转矩损耗。由于液压马达有泄漏量 Δq 的存在，其实际输入流量 q_m 总大于其理论流量 q_{mt}，则有式（5-34）。液压马达的理论流量与实际流量之比称为液压马达的容积效率，用 η_{Mv} 表示，即

$$\eta_{mv} = \frac{q_{mt}}{q_m} \qquad (5-34)$$

其泄漏量与压力有关，随压力的增加而增大，因此液压马达的容积效率随工作压力升高而降低。由于液压马达有转矩损耗 ΔT，故其实际输出转矩 T_m 比理论输出转矩 T_{mt} 要小，即液压马达的实际转矩与理论转矩之比称为液压马达的机械效率，用 η_{mm} 表示，即

$$\eta_{mm} = \frac{T_m}{T_{mt}} \qquad (5-35)$$

由黏性摩擦和机械摩擦而产生的转矩损失，其大小与油液的黏性、工作压力及液压马达的转速有关。当油液黏度越大、转速越大、工作压力越大时，转矩损失就越大，机械效率就越低。由式（5-33）～式（5-35）可得

$$\eta_m = \eta_{mv} \eta_{mm} \qquad (5-36)$$

由式（5-36）可知，液压马达的总效率等于其容积效率和机械效率的乘积。

3. 液压马达的图形符号

液压马达的图形符号如图 5-20 所示。

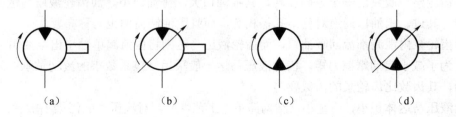

图 5-20　液压马达的图形符号

（a）单向定量液压马达；（b）单向变量液压马达；（c）双向定量液压马达；（d）双向变量液压马达

5.2.2 高速液压马达

一般认为，额定转速在 500r/min 以上的马达称为高速液压马达。高速液压马达的结构形式有齿轮液压马达、叶片液压马达、轴向柱塞液压马达等，其特点是转速高、转动惯量小、便于启动和制动，但输出转矩较小（几十 N·m 到几百 N·m），所以又称为高速小转矩马达。

1. 齿轮液压马达

外啮合齿轮液压马达的工作原理如图 5-21 所示，c 为 Ⅰ、Ⅱ 两齿轮的啮合点，h 为齿轮的全齿高。啮合点 c 到两齿轮的齿根距离分别为 a 和 b，齿宽为 B。当高压油 p 进入马达的高压腔时，处于高压腔的所有轮齿均受到压力油的作用，其中相互啮合的两个轮齿的齿面只有一部分齿面受到高压油的作用。由于 a 和 b 均小于齿高 h，所以在两个齿轮 Ⅰ、Ⅱ 上就会产生作用力 $pB(h-a)$ 和 $pB(h-b)$。在这两个力的作用下，齿轮上产生输出转矩，于是齿轮按图示方向旋转，油液被带到低压腔排出。齿轮液压马达的排量公式同齿轮泵。

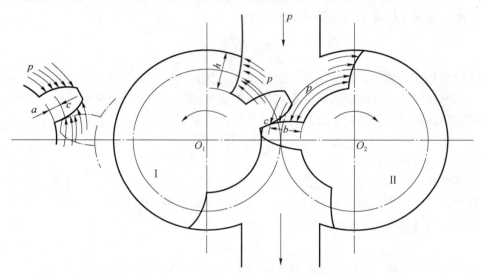

图 5-21 外啮合齿轮液压马达的工作原理

齿轮液压马达与齿轮泵在结构上基本相同，不同点在于：

（1）齿轮泵一般只沿一个方向旋转，其吸油口大，排油口小。而齿轮液压马达需沿两个方向旋转，其进、出油口通道对称，孔径相等，而且困油卸荷槽也对称布置。

（2）齿轮泵内泄漏都流回吸油口，而齿轮液压马达则将内泄漏单独引出至油箱。

（3）为了减小启动摩擦力矩，齿轮液压马达一般采用摩擦系数小的滚动轴承；为了减小转矩脉动，其齿数比齿轮泵的齿数要多。

齿轮液压马达体积小，质量小，结构简单，工艺性好，对液压油的污染不敏感，耐冲击。但它的容积效率低，转矩脉动较大，低速稳定性差，仅适用于高速、低转矩的情况。它一般用于工程机械、农业机械及对转矩均匀性要求不高的机械设备上。

2. 叶片液压马达

常用的叶片液压马达为双作用式，现以双作用式来说明其工作原理。

叶片液压马达的工作原理如图 5-22 所示。当高压油从进油口进入工作区段叶片 1 和叶片 4 之间的空间时，其中叶片 5 两侧均受压力油的作用不产生转矩，而叶片 1 和叶片 4 一侧受高压油的作用，另一侧受低压油的作用。由于叶片 1 伸出的面积大于叶片 4 伸出的面积，所以产生使转子顺时针方向转动的转矩。同理，叶片 3 和叶片 2 之间也产生顺时针方向转矩。由图 5-22 可看出，当改变进油方向时，即高压油进入叶片 3 和叶片 4 之间的空间和叶片 1 和叶片 2 之间的空间时，叶片带动转子逆时针转动。

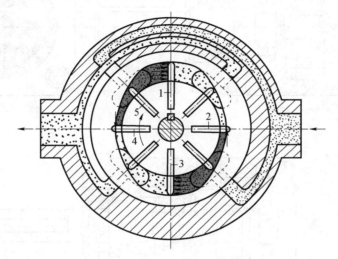

图 5-22　叶片液压马达的工作原理

叶片液压马达的排量公式与双作用叶片泵的排量公式相同，但公式中 $\theta = 0°$。叶片液压马达的结构如图 5-23 所示。它的结构与双作用叶片泵相似，不同之处在于，在转子侧面安装有燕式弹簧，靠预紧弹簧力将叶片推出，保证了叶片液压马达在通入压力油后，高、低压腔不串通，能正常启动。另外，在与两个油口相连通的油道上，安装两个梭阀（双向单向阀），使叶片槽底始终通压力油，以保证液压马达正、反方向转动的要求；同时叶片槽采用径向配置及叶片顶端双向倒角，也是为了适应液压马达双向旋转的要求。叶片液压马达体积小，转动部分质量小，转动惯量小，反应灵敏，能适应换向频率较高的液压系统。但它的泄漏量大，容积效率较低，低速时不够稳定，属于高速小转矩液压马达。它适用于转矩小、转速高、机械性能要求不严格的场合。

3. 轴向柱塞液压马达

轴向柱塞液压马达的工作原理如图 5-24 所示。其中斜盘 1 和配流盘 4 固定不动，转子缸体 2 与液压马达轴 5 相连并一起转动。斜盘的中心线与缸体的轴线的夹角为 α。当压力油通过配流盘的进油口输入缸体的柱塞孔时，处于高压区的各个柱塞，在压力油的作用下顶在斜盘的端面上。斜盘给每个柱塞的反作用力 F 是垂直于斜盘端面的。该作用力可分解为两个力：水平分力 F_x 和垂直分力 F_y。F_x 与作用在柱塞上的液压力相平衡，F_y 使处于压油区的每个柱塞都对转子缸体中心产生一个转矩，这些转矩的总和使缸体带动液压马达的输出轴逆时针方向旋转。因 F_y 所产生的使缸体旋转的转矩与柱塞在高压区所处的位置有关，因而液压马达的输出转矩是脉动的，其瞬时输出转矩随柱塞转角 θ 而变化。

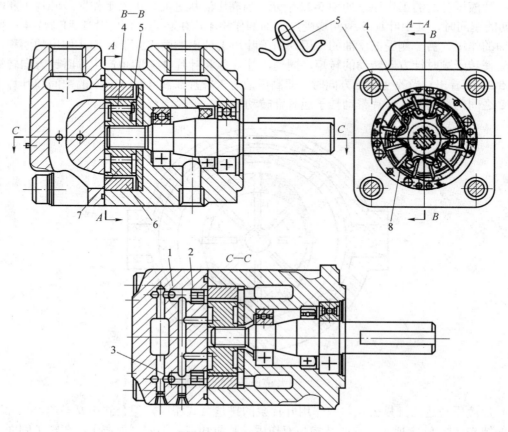

图 5-23　叶片液压马达的结构

1—单向阀的钢球；2，3—阀座；4—销；5—燕式弹簧；6—定子；7—转子；8—叶片

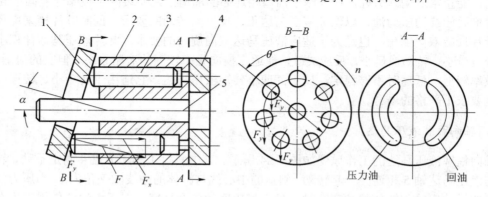

图 5-24　轴向柱塞液压马达的工作原理

1—斜盘；2—转子缸体；3—柱塞；4—配流盘；5—液压马达轴

若将进、回油路交换，即改变输油方向，则液压马达的旋转方向也随之改变。液压马达的转速取决于输入液压马达的实际流量和斜盘倾角 α 的大小。改变斜盘倾角 α 的大小，即可改变排量，从而调节液压马达的转速。在输入流量不变的情况下，斜盘倾角越大，产生的转矩越大，转速越低。斜盘倾角可调的液压马达为轴向柱塞变量液压马达。轴向柱塞液压马达的排量公式与轴向柱塞泵的排量公式完全相同。

图 5-25 所示为点接触式轴向柱塞液压马达的结构。它由缸体、柱塞、配流盘、输出轴、斜盘等组成。为保证缸体和配流盘相对运动表面的密封性，使配流表面间不承受倾覆力矩，以减少磨损，这里的缸体分为两段。左半段鼓轮 4 用键与输出轴 1 相连，作传递动力用。右半段缸体 7 套在输出轴上，由传动销 6 带动随轴一起回转。柱塞 9 通过推杆 10 作用在斜盘 2 上。因此，柱塞和缸体基本上只承受轴向力。又由于缸体 7 和输出轴 1 之间只有一小段配合面，缸体具有一定的自位作用，缸体 7 在三根弹簧 5 和柱塞孔底部液压力的作用下能很好地与配流盘表面贴合，既保证了密封性，又能自动补偿磨损。所以这种液压马达的容积效率较高，一般达 0.95～0.98。斜盘 2 由推力轴承 3 支承，目的是减少推杆端部与斜盘端面的磨损和提高液压马达的机械效率。这种液压马达的倾角 α 是固定不变的，它的排量不可调节，属于定量液压马达，它的转速只能通过改变输入流量的大小来调节。轴向柱塞液压马达适用于负载运动速度大、有变速要求、负载转矩较小、对低速平稳性要求高的场合，如起重机、铰车等。

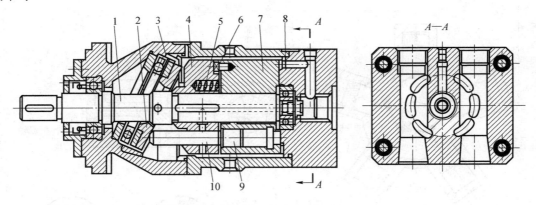

图 5-25　点接触式轴向柱塞液压马达的结构

1—输出轴；2—斜盘；3—推力轴承；4—鼓轮；5—弹簧；6—传动销；7—缸体；8—配流盘；9—柱塞；10—推杆

5.2.3　低速液压马达

一般认为，额定转速在 500r/min 以下的液压马达为低速液压马达。低速液压马达的主要特点是排量大，输出转矩大，低速稳定性好，可在 10r/min 以下平稳工作，所以可直接与工作机构连接，不需要减速装置。由于低速液压马达的输出转矩较大（几千牛·米到几万牛·米），所以又称为低速大转矩马达。它主要用于工程、运输、建筑、矿山、船舶等机械上。

低速液压马达通常是径向柱塞式结构，按其每转作用次数又分为单作用式和多作用式。

若液压马达轴每旋转一周，柱塞做一次往复运动，则称为单作用式；若液压马达轴转一周，柱塞做多次往复运动，则称为多作用式。故径向柱塞液压马达通常分为两种类型，即单作用连杆型径向柱塞液压马达和多作用内曲线径向柱塞液压马达。

1. 单作用连杆型径向柱塞液压马达

单作用连杆型径向柱塞液压马达的工作原理如图 5-26 所示，其外形呈五角星状（或七星状），壳体内有五个沿径向均匀分布的柱塞缸，柱塞与连杆铰接，连杆的另一端与曲轴的偏心轮外圆接触。在图 5-26（a）所示位置，高压油通过配流轴的流道 A 进入柱塞缸 1、2 的顶部，柱塞受高压油作用；柱塞缸 3 处于与高压进油腔和低压回油腔均不相通的过渡位置；柱塞缸 4、5 通过配流轴的流道 B 与回油口相通。此时高压油作用在柱塞缸 1 和 2 的液压合力为 F，力 F 通过连杆传递至偏心轮，对曲轴旋转中心 O 形成转矩 T，使曲轴按逆时针方向旋转。曲轴旋转时带动配流轴同步旋转，因此配流状态发生变化。如配流轴转到图 5-26（b）所示位置，柱塞缸 1、2、3 同时通高压油，对曲轴旋转中心形成转矩，柱塞 4 和 5 仍通回油。如配流轴转到图 5-26（c）所示位置，柱塞缸 1 退出高压区，处于过渡状态，柱塞缸 2 和 3 通高压油，柱塞缸 4 和 5 通回油。依此类推，在配流轴随同曲轴旋转时，各柱塞缸将依次与高压进油腔和低压回油腔相通，保证曲轴连续旋转。若进、回油口互换，则液压马达反转，过程同上。

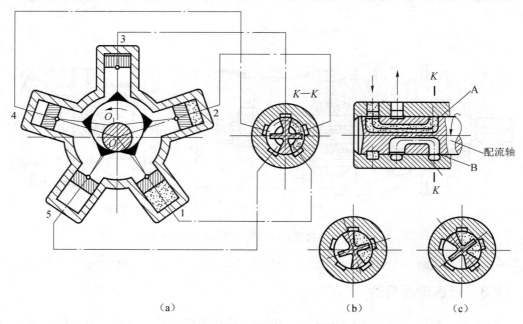

图 5-26　单作用连杆型径向柱塞液压马达的工作原理

以上讨论的是壳体固定、曲轴旋转的情况，若将曲轴固定，进、回油口直接接到固定的配流轴上，可使壳体旋转。这种壳体旋转的液压马达可作驱动车轮、卷筒之用。单作用连杆型径向柱塞液马达的排量为

$$V = \pi d^2 ez / 2 \tag{5-37}$$

式中　　d——柱塞直径；

　　　　e——曲轴偏心距；

　　　　z——柱塞数。

单作用连杆型径向柱塞液压马达的优点是结构简单，工作可靠。其缺点是体积和质量较大，转矩脉动，低速稳定性较差。近年来，因其主要的摩擦副大多采用静压支承或静压平衡结构，其低速稳定性有很大的改善，最低稳定转速可达 3r/min。

2. 多作用内曲线径向柱塞液压马达

多作用内曲线径向柱塞液压马达的典型结构如图 5-27 所示。壳体 1 的内环由 x 个（图中 $x=6$）形状相同且均布的导轨面组成。每个导轨面可分成对称的 a、b 两个区段。缸体 2 和输出轴 3 通过螺栓连成一体。柱塞 4、滚轮组 5 组成柱塞组件。缸体 2 有 z 个（图中 $z=8$）径向分布的柱塞孔，柱塞 4 装在孔中。柱塞顶部做成球面顶在滚轮组的横梁上。横梁可在缸体的径向槽内沿直径方向滑动。连接在横梁端部的滚轮在柱塞腔中压力油的作用下顶在导轨曲面上。配流轴 6 的圆周上均匀分布有 $2x$ 个配油窗口（图中为 12 个窗口），这些窗口交替分成两组，通过配流轴 6 的两个轴向孔分别和进、回油口 A、B 相通。其中每一组 x 个配油窗口应分别对准 x 个同向曲面的 a 段或 b 段。若导轨曲面的 a 段对应高压油区，则 b 段对应低压油区。如图 5-27 所示，柱塞 Ⅰ、Ⅴ 在压力油作用之下；柱塞Ⅲ、Ⅶ处于回油状态；柱塞Ⅱ、Ⅵ、Ⅳ、Ⅷ处于过渡状态（即高、低压油均不通）。柱塞 Ⅰ、Ⅴ 在压力油作用下，推动柱塞向外运动，使滚轮紧紧地压在导轨曲面上。滚轮受到一法向反力 N 的作用，分解为径向分力 F_r 和切向分力 F_t。其中径向分力 F_r 与柱塞端液压作用力相平衡，而切向分力 F_t 通过柱塞对缸体 2 产生转矩，带动输出轴 3 转动，同时，处于回油区的柱塞受压缩后，将低压油从回油窗口排出。由于导轨曲线段数 x 和柱塞数 z 不相等，所以总有一部分柱塞在任一瞬间处于导轨面的 a 段（相应的总有一部分柱塞处于 b 段），使得缸体 2 和输出轴 3 连续转动。总之，有 x 个导轨曲面，缸体旋转一周，每个柱塞往复运动 x 次，液压马达作用次数就为 x 次。图 5-27 所示为六作用内曲线径向柱塞液压马达。由于液压马达作用次数多，并可设置较多柱塞（也可采用多排柱塞结构），这样，用较小的结构尺寸可得到较大的排量。当进、回油口互换时，液压马达将反转。这种液压马达既可做成轴旋转结构，也可做成壳体旋转结构。多作用内曲线径向柱塞液压马达的排量为

$$V = \frac{\pi d^2}{4} sxyz \qquad (5\text{-}38)$$

式中　　d——柱塞直径；

　　　　s——柱塞行程；

　　　　x——作用次数；

　　　　y——柱塞排数；

　　　　z——每排柱塞数。

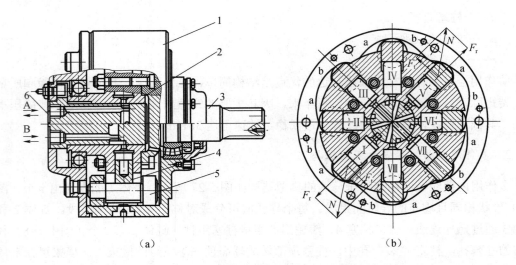

图 5-27　多作用内曲线径向柱塞液压马达的典型结构

（a）结构；（b）工作原理
1—壳体；2—缸体；3—输出轴；4—柱塞；5—滚轮组；6—配流轴

多作用内曲线径向柱塞液压马达的转矩脉动小，径向力平衡，启动转矩大，并能在低速下稳定地运转，普遍应用于工程、建筑、起重运输、煤矿、船舶等机械中。

本 章 小 结

本章介绍了液压执行元件中的直线往复运动式执行元件——液压缸与旋转运动式执行元件——液压马达的基本概念、工作原理、类型特点以及性能参数计算。

液压执行元件的功用是将液压系统中的压力能转化为机械能，以驱动外部工作部件。常用的液压执行元件有液压缸和液压马达。它们的区别在于：液压缸将液压能转换成往复直线运动（或往复摆动）的机械能，而液压马达则是将液压能转换成旋转运动的机械能。

液压缸输出的机械能为力和速度，其速度推力特性如下：输出的推力与液压缸的有效作用面积及工作压力成正比，输出的速度与输入的流量成正比，与作用面积成反比。液压马达是将液体的压力能转换为旋转的机械能输出的装置。与液压泵一样，液压马达也是依靠工作腔的密闭容积变化工作的。从能量转换的观点看，液压马达与液压泵具有可逆性，但因二者的工作状态不同，液压马达与液压泵在结构上又有所差异。

习　　题

5-1　活塞式、柱塞式、摆动式液压缸各有什么特点？适用于什么场合？

5-2　液压缸为什么要设置缓冲装置？常见的缓冲装置有哪几种形式？

5-3 液压缸为什么要设置排气装置？如何确定排气装置的位置？

5-4 液压缸设计中应注意哪些问题？

5-5 液压马达与液压泵在结构上有何异同？

5-6 高速液压马达有哪些特点？适用于什么场合？

5-7 低速液压马达有哪些特点？适用于什么场合？

5-8 已知某液压马达的排量 V =250mL/r，液压马达入口压力 p_1 =10.5MPa，出口压力 p_2 =1.0MPa，其总效率 η =0.9，容积效率 η_v =0.92。当输入流量 q =22L/min 时，求：（1）液压马达的输出转矩 T_m ；（2）液压马达的输出转速 n_m ；（3）液压马达的输出功率 P_{mo} ；（4）液压马达的输入功率 P_{mi} 。

5-9 液压泵和液压马达组成系统，已知液压泵的转速为 25rad/s，机械效率为 0.88，容积效率为 0.9；液压马达排量为 $100\times10^{-6}\,m^3/r$ ，机械效率为 0.9，容积效率为 0.92，工作中输出转矩为 80 N·m，转速为 2.67rad/s，不计管路损失，求：（1）液压泵的排量 V_p ；（2）液压泵工作压力 P_p ；（3）液压泵的驱动功率 P_{ip} 。

5-10 图 5-28（a）所示为一单杆活塞缸，无杆腔的有效工作面积为 A_1 ，有杆腔的有效工作面积为 A_2 ，且 $A_1 = 2A_2$ 。当供油流量 q =100L/min 时，回油流量是多少？若液压缸采用差动连接，如图 5-28（b）所示，其他条件不变，则进入液压缸无杆腔的流量为多少？

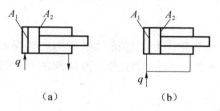

（a）　　　　　　　　　（b）

图 5-28　题 5-10 图

5-11 一个单杆液压缸快进时采用差动连接，快退时压力油输入液压缸有杆腔。假如活塞往复运动的速度都是 0.1m/s ，工进时负载为 25000N ，输入流量 q =25L/min ，背压 P_2 =0.2MPa ，求：（1）活塞和活塞杆的直径；（2）如果缸筒材料的许用应力 $\sigma_s = 5\times10^7\,N/m^2$ ，试计算缸筒的壁厚。

5-12 图 5-29 所示为两个结构相同且相互串联的液压缸，无杆腔的面积 $A_1 = 100\times10^{-4}\,m^2$ ，有杆腔的面积 $A_2 = 80\times10^{-4}\,m^2$ ，缸 1 输入压力 p_1 =0.9MPa，输入流量 q_1 =12L/min 。不计损失和泄漏，求：（1）两液压缸承受相同负载（$F_1 = F_2$）时，该负载的数值及两缸的运动速度；（2）液压缸 2 的输入压力是液压缸 1 的一半时，两液压缸各能承受多少负载？（3）液压缸 1 不承受负载（$F_1 = 0$）时，液压缸 2 能承受多少负载？

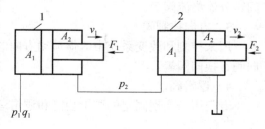

图 5-29　题 5-12 图

5-13 某一差动液压缸，要求：（1） $v_{快进} = v_{快退}$ ；（2） $v_{快进} = 2v_{快退}$ 。求活塞面积 A_1 和活塞杆面积 A_2 之比为多少？

第 6 章

液 压 阀

在液压系统中,除了需要液压泵供油和液压缸(液压马达)作为执行元件来驱动工作装置外,还必须安装一定数量的液压阀来对油液的流动方向、压力的高低及流量的大小进行适当的控制,以便执行元件能按照负载的要求进行工作。因此液压阀是直接影响液压系统工作过程和工作特性的重要元件。

6.1 液压阀概述

在液压系统中主要用于调节和控制工作液体的压力、流量和方向,保证执行元件按照要求进行工作的元件称作控制元件,也称液压阀。液压阀的品种繁多,即使同一类型的元件,应用场合不同,用途也有差异。

6.1.1 液压阀的分类

液压阀有多种分类方法,通常可按用途、结构形式、控制方式、安装连接形式等进行分类。

1. 按用途分类

1)压力控制阀
用来控制或调节系统中流体压力的元件,常称为压力阀,如溢流阀、减压阀、顺序阀等。
2)流量控制阀
用来控制或调节系统中流体流量的元件,常称为流量阀,如节流阀、调速阀、溢流节流阀、分流集流阀等。
3)方向控制阀
用来控制和改变系统中流体流动方向的元件,常称为方向阀,如单向阀、梭阀、液控单向阀、换向阀等。
4)逻辑阀
专门用来实现固定的逻辑功能和逻辑运算的元件,称为逻辑阀。

2. 按结构形式分类

液压阀按结构形式可分为滑阀、锥阀、球阀、截止阀等。图 6-1 给出了常用的四种结构形式。

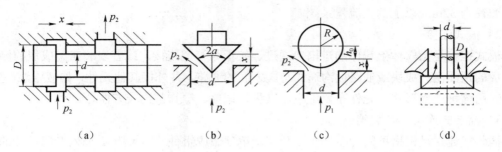

图 6-1　阀的结构形式

（a）滑阀；（b）锥阀；（c）球阀；（d）截止阀

1）滑阀

阀芯为圆柱形、阀芯台肩的直径分别为 D 和 d；与进、出油口对应的阀体上开有沉割槽，一般为全圆周沉割槽。阀芯在阀体孔内做相对运动，开启或关闭阀口，x 为阀口开度。

因滑阀为间隙密封，因此为保证封闭油腔的密封性，除阀芯与阀体孔的径向间隙尽可能小外，还需要有一定的密封长度。这样，在开启阀口时阀芯需先移动一段距离（等于密封长度），即滑阀的运动存在一个"死区"。

2）锥阀

锥阀的阀芯半锥角一般为 $12°\sim20°$，有时为 $45°$。阀口关闭时为线密封，不仅密封性能好，而且开启阀口时无"死区"，阀芯稍有位移即开启，动作灵敏。锥阀只能有一个进油口和一个出油口，因此又称为二通锥阀。

3）球阀

球阀的性能与锥阀相同。

3．按控制方式分类

1）定值或开关控制阀

定值或开关控制阀借助于手轮、手柄、凸轮、电磁铁、弹簧等来开启、关闭流体通道，定值控制流体的压力或流量。定值或开关控制阀包括普通控制阀、插装阀、叠加阀。

2）比例控制阀

比例控制阀输出量与输入量成比例，多用于开环控制系统。比例控制阀包括普通比例阀和带内反馈的比例控制阀。

3）伺服控制阀

伺服控制阀以系统输入信号和反馈信号的偏差信号作为阀的输入信号，成比例地控制系统的压力、流量，多用于精度要求高、响应快速的闭环控制系统。伺服控制阀包括机液伺服阀、电液伺服阀和气动伺服阀。

4．按安装连接形式分类

1）管式连接

管式连接是指阀体上流体的进出口由螺纹或法兰直接与管道连接，安装方式简单，但元件分散布置，装卸、维修不方便。一般情况下，螺纹连接多用于小流量系统，法兰式连接多用于通径为 32mm 以上的大流量系统。

2）板式连接

板式连接是指阀体上流体的进出口通过连接板与管道连接，或者安装在集成块的侧面或通油板的顶面由集成块或油路板沟通阀与阀之间的通路，并外接其他元件，如液压泵、油箱、缸等。用这种连接形式，元件布置集中，操纵、调整、维修都比较方便。

3）插装式连接（插装阀）

插装式连接是根据不同功能将阀芯和阀套单独做成组件（插入件），插入专门设计的阀块组成回路，不仅结构紧凑，而且具有一定的互换性。插装式连接是多用于高压、大流量液压系统。

4）叠加式连接（叠加阀）

叠加阀是板式连接阀的一种发展形式，阀的上、下面为安装面，阀上的流体进出口都在这两个面上。使用时，相同通径、功能各异的阀通过螺栓串联叠加安装在底板上，对外连接的进出管道由底板引出。由叠加阀组成的液压系统占地面积小，设计制造周期短，配置灵活，工作可靠。

6.1.2　液压阀的基本性能参数

1. 公称通径

公称通径代表阀的通流能力大小。与阀进出口连接的管道规格，应与阀的通径相一致。阀工作时的实际流量应小于或等于它的额定流量，最大不超过额定流量的 1.1 倍。

2. 额定压力

额定压力是控制阀长期工作所允许的最高压力。对于压力控制阀，实际最高压力有时还与阀的调压范围有关；对于换向阀，实际最高压力还受其功率极限的限制。

6.1.3　液压阀的基本要求

（1）动作灵敏，使用可靠，工作时冲击和振动要小。

（2）阀口全开时，流体压力损失小；阀口关闭时，密封性能好。

（3）所控制的参量（压力或流量）稳定，受外界干扰时变化量要小。

（4）结构紧凑，安装、调试、维护方便，通用性好。

6.2　液压阀的共性问题

6.2.1　阀口形式

液压阀的阀口形式及其通流截面面积的计算公式见表 6-1。

表 6-1 阀口的形式及其通流截面的计算公式

类型	阀口形式	通流截面计算公式
滑阀式[①]		$A = \pi D x$
		$A = nwx$ n 为槽数
错位孔式		$A = 2\left[R^2 \arccos\left(\dfrac{R - \dfrac{x}{2}}{R} \right) - \left(R - \dfrac{x}{2} \right) \times \sqrt{2R\dfrac{x}{2} - \left(\dfrac{x}{2}\right)^2} \right]$
三角槽式		$A = n\dfrac{\phi}{2} x^2 \tan 2\theta$ n 为槽数
弓形孔式		$A = nR^2 \arccos \dfrac{R-x}{R} - (R-x)\sqrt{2Rx - x^2}$ 或 $A = \dfrac{1}{2} R^2 (\alpha - \sin\alpha)$; α 以弧度计
偏心槽式		$A = \dfrac{wx}{2}$, $w = 2\tan\dfrac{\phi}{2}x$ $x = \sqrt{e^2 + R^2 - 2eR\cos\alpha} - R$
斜槽式		$A = wx\sin\alpha$

续表

类型	阀口形式	通流截面计算公式
旋转槽式	槽 φ 槽口形状 A w	$A = Rw\phi$
转楔式	R θ α x w	$A = w(1-\cos\alpha)R\cot\theta$

① 滑阀式的阀口，当阀芯在中间位置时，如沉割槽宽度 B 大于阀芯凸肩宽度 b，即 $B>b$，则表示有正预开口；$b=B$，为零开口；$b>B$，为正遮盖（即负预开口）。

6.2.2 液动力

很多液压阀采用滑阀式结构。滑阀在阀芯移动、改变阀口的开口大小或启闭时控制了液流，同时也产生液动力。液动力对液压阀的性能有重大的影响。由第 3 章中液流的动量定理可知，作用在阀芯上的液动力有稳态液动力和瞬态液动力两种。

1. 稳态液动力

稳态液动力是阀芯移动完毕，开口固定之后，液流流过阀口时因动量变化而作用在阀芯上的力。图 6-2 所示为油液流过阀口的两种情况。取阀芯两凸肩间的腔中的液体为控制体，对它列写动量方程，根据式（3-23），可得这两种情况下的轴向液动力都是 $F_{bs} = \rho q v \cos\phi$，其方向都是促使阀口关闭的。

据式（3-52）和式（3-53），并注意到 $A_0 = w\sqrt{C_r^2 + x_v^2}$，有

$$F_{bs} = 2C_d C_v w\sqrt{C_r^2 + x_v^2}\,\Delta p \cos\phi \tag{6-1}$$

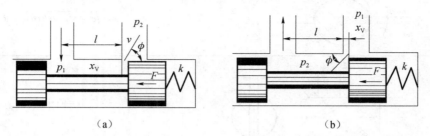

图 6-2　油液流过阀口时滑阀的稳态液动力

（a）液流流出阀口；（b）液流流入阀口

稳态液动力对滑阀性能的影响是加大了操纵滑阀所需的力。例如，当 $C_d = 0.7$，$C_v = 1$，$C_r = 0$，$w = 31.4\text{mm}$，$\phi = 69°$，$\Delta p = 7\text{MPa}$，$x_v = 1\text{mm}$ 时，稳态轴向液动力 $F_{bs} = 110\text{N}$。

在高压大流量情况下,这个力将会很大,使阀芯的操纵成为突出问题。这时必须采取措施补偿或消除这个力。图 6-3(a)所示为采用特种形状的阀腔;图 6-3(b)所示为在阀套上开斜孔,使流出和流入阀腔液体的动量互相抵消,从而减小轴向液动力;图 6-3(c)所示为改变阀芯的颈部尺寸,使液流流过阀芯时有较大的压降,以便在阀芯两端面上产生不平衡液压力、抵消轴向液动力等,都是在实践中使用过的方法。

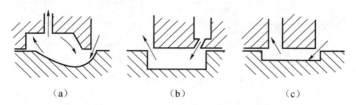

图 6-3　稳态液动力的补偿法

(a)特种形状阀腔;(b)阀套开斜孔;(c)液流产生压降

稳态液动力相当于一个复位力,它对滑阀性能的另一影响是使滑阀的工作趋于稳定。

2. 瞬态液动力

瞬态液动力是滑阀在移动过程中(即开口大小发生变化时)阀腔中液流因加速或减速而作用在阀芯上的力。这个力只与阀芯移动速度有关,与阀口开度无关。

图 6-4 所示为阀芯移动时出现瞬态液动力的情况。当阀口开度发生变化时,阀腔内长度为 l 的那部分油液的轴向速度也发生变化,也就是出现了加速或减速,于是阀芯就受到了一个轴向反作用力 F_{bt},这就是瞬态液动力。很明显,若流过阀腔的瞬时流量为 q,阀腔的截面积为 A_s,阀腔内加速或减速部分油液的质量为 m_0,阀芯移动的速度为 v,则有

$$F_{bt} = -m_0 \frac{dv}{dt} = -\rho A_s l \frac{dv}{dt} = -\rho l \frac{d(A_s v)}{dt} = -\rho l \frac{dq}{dt} \tag{6-2}$$

根据式(3-53)和等式 $A_0 = wx_v$,当阀口前后的压差不变或变化不大时,流量的变化率 dq/dt 为

$$\frac{dq}{dt} = C_d w \sqrt{\frac{2}{\rho} \Delta p} \frac{dx_v}{dt}$$

将上式代入式(6-2),得

$$F_{bt} = -C_d w l \sqrt{2\rho \Delta p} \frac{dx_v}{dt} \tag{6-3}$$

滑阀上瞬态液动力的方向,视油液流入还是流出阀腔而定。图 6-4(a)中油液流出阀腔,则阀口开度加大时长度为 l 的那部分油液加速,开度减小时油液减速,两种情况下瞬态液动力作用方向都与阀芯的移动方向相反,起着阻止阀芯移动的作用,相当于一个阻尼力。这时式(6-3)中的 l 取正值,并称为滑阀的"正阻尼长度"。反之,图 6-4(b)中油液流入阀腔,阀口开度变化时引起液流流速变化的结果,都是使瞬态液动力的作用方向与阀芯移动方向相同,起着帮助阀芯移动的作用,相当于一个负的阻尼力。这种情况下式(6-3)中的 l 取负值,并称为滑阀的"负阻尼长度"。

滑阀上的"负阻尼长度"是造成滑阀工作不稳定的原因之一。

滑阀上如果有几个阀腔串联在一起,阀芯工作的稳定与否就要看各个阀腔阻尼长度的综

合作用结果。

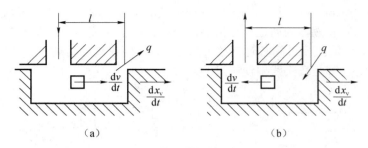

图 6-4　阀芯移动时出现瞬态液动力

（a）开口加大，液流流出阀口；（b）开口加大，液流流入阀口

6.2.3　卡紧力

滑阀在工作时阀体孔和阀芯之间有很小的缝隙，当缝隙中有油液时，移动阀芯所需的力只需克服黏性摩擦力，数值应该是相当小的。然而实际情况并非如此，特别在中、高压系统中，当阀芯停止运动一段时间后（一般约 5min），这个阻力可以大到几百牛，要使阀芯重新移动十分费力。这就是滑阀的液压卡紧现象。

引起液压卡紧的原因：①由于污物进入缝隙而使阀芯移动困难，②由于缝隙过小在油温升高时阀芯膨胀而卡死。但是主要的原因来自滑阀副几何形状误差和同轴度变化所引起的径向不平衡液压力，即液压卡紧力。图 6-5 所示为滑阀上产生径向不平衡力的几种情况。图 6-5（a）所示为阀芯与阀孔无几何形状误差，轴心线平行但不重合的情况，这时阀芯周围缝隙内的压力分布是线性的（图中 A_1 和 A_2 线所示），且各向相等，因此阀芯上不会出现径向不平衡力。

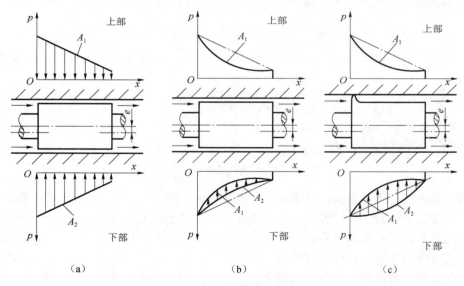

图 6-5　滑阀上的径向力

（a）无锥度，轴线平行，有偏心；（b）有锥度，轴线平行，有偏心；（c）阀芯表面有突起

图 6-5（b）所示为阀芯因加工误差而带有倒锥（锥部大端朝向高压腔），阀芯与阀孔轴心

线平行但不重合的情况。阀芯受到径向不平衡压力的作用（图中曲线 A_1 和 A_2 间的阴影部分，下同），使阀芯与阀孔间的偏心距越来越大，直到两者表面接触为止，这时径向不平衡力达到最大值。但是，如阀芯带有顺锥（锥部大端朝向低压腔），产生的径向不平衡力将使阀芯和阀孔间的偏心距减小。

图 6-5（c）所示为阀芯表面有局部突起，且突起在阀芯的高压端时，阀芯受到的径向不平衡力将阀芯的高压端突起部分推向孔壁。

当阀芯受到径向不平衡力作用而和阀孔接触后，缝隙中的液体被挤出，阀芯和阀孔间的摩擦变成半干摩擦乃至干摩擦，因而使阀芯重新移动时所需的力大大增加。为减少液压卡紧力，可采取以下措施：

（1）提高阀的加工和装配精度，避免出现偏心。

（2）在阀芯台肩上开平衡径向力的均压槽，槽的位置应尽可能靠近高压端。

（3）使阀芯或阀套在轴向或圆周方向上产生高频小振幅的振动或摆动。

（4）精细过滤油液。

6.2.4　阀的泄漏特性

锥阀不产生泄漏，滑阀则由于阀芯和阀孔间有一定的间隙，在压力作用下会产生泄漏。滑阀用作压力阀或方向阀时，压力油通过径向缝隙泄漏量的大小，是阀的性能指标之一。滑阀用作伺服阀时，实际的和理论的滑阀零开口特性之间的差别，也取决于泄漏特性。滑阀的泄漏量曲线如图 6-6 所示。

滑阀的泄漏量可按式（3-65）计算。为了减小泄漏，应尽量使阀芯和阀孔同心，还应提高制造精度。

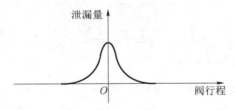

图 6-6　滑阀的泄漏量曲线

滑阀在某一位置停留时，通过缝隙泄漏的量随时间的增加而逐渐减小，但有时也出现相反的现象，即随时间的增加而增大。泄漏量减小，有人认为是油液中的污染物沉积所致；但也有人认为是由油液分子黏附在缝隙表面而使通流截面减小所致。泄漏量增大则是由在液压卡紧力作用下，阀芯和阀孔处于最大偏心状态所致。为了减小缝隙处的泄漏，往往要在阀芯上开出几条环形槽来。

6.3　方向控制阀

普通方向控制阀包括单向阀和换向阀两类，用来在系统中控制流体流动的方向。

6.3.1　单向阀

常用的单向阀有普通单向阀、液控单向阀和机控单向阀。

1. 普通单向阀

普通单向阀（单向阀）是一种只允许流体沿一个方向通过，而反向流动被截止的方向控制阀。要求其正向流通时压力损失小，反向截止时密封性能好。

1）结构和工作原理

图 6-7 所示为单向阀的结构和工作原理，以液压单向阀为例，它由阀体 1、阀芯 2 和弹簧 3 等组成。阀的连接形式为螺纹管式连接。阀体左端为流体进口 A，右端为出口 B。当进口有压力时，在压力 p_1 的作用下，阀芯克服右端弹簧力右移，阀芯锥面离开阀座，阀口开启，流体经阀口、阀芯上的径向孔 a 和轴向孔 b 从右端流出。若流体反向，由右端进入，压力 p_2 与弹簧力同方向作用，将阀芯锥面紧压在阀座孔上，阀口关闭，流体被截止不能通过。在这里，弹簧力很小，仅起复位作用，因此正向开启压力只需要 0.03～0.05MPa；反向截止时，因锥阀芯与阀座孔为线密封，且密封力随压力增高而增大，因此密封性能良好。单向阀正向开启时，除克服弹簧力外，还需要克服液动力，因此进出口压力差（压力损失）为 0.2～0.3MPa。

在单向阀中，锥阀与阀座密封不严、密封面上有污物、弹簧歪斜等原因，都可能造成单向阀泄漏严重，不能起单向控制作用。管式连接的单向阀也称为直通式单向阀。板式连接的单向阀常称为直角式单向阀。

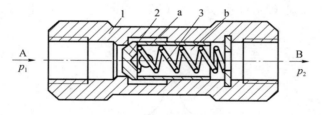

图 6-7　单向阀的结构和工作原理

1—阀体；2—阀芯；3—弹簧

2）应用

液压单向阀常被安装在泵的出口，一方面防止系统的压力冲击影响泵的正常工作，另一方面在泵不工作时防止系统的油液倒流经泵回油箱。单向阀还被用来分隔高、低压油路以防止干扰，并与其他阀并联组成复合阀，如单向减压阀、单向节流阀等。当单向阀安装在系统的回油路使回油具有一定背压，或安装在泵的卸荷回路使泵维持一定的控制压力时，应更换刚度较大的弹簧，其正向开启压力为 0.3～0.5MPa，此时该阀称为背压阀。

2. 液控单向阀

液控单向阀除进出油口 P_1、P_2 外，还有一个控制油口 P_c（图 6-8）。当控制油口不通压力油而通回油箱时，液控单向阀的作用与普通单向阀一样，油液只能从 P_1 到 P_2，不能反向流动。当控制油口通压力油时，就有一个向上的液压力作用在控制活塞的下面，推动控制活塞克服单向阀阀芯上端的弹簧力顶开单向阀阀芯使阀口开启,这样正、反向的液流均可自由通过。液控单向阀既可以对反向液流起截止作用且密封性好,又可以在一定条件下允许正、反向液流自由通过,因此多用在液压系统的保压或锁紧回路。液控单向阀根据控制活塞上腔的泄油方式不同分为内泄式 [图 6-8(a)] 和外泄式 [图 6-8(b)]。图 6-8(b) 所示的卸载式单向阀在单向阀阀芯内装有卸载小阀芯。控制活塞上行时先顶开小阀芯使主油路卸压,然后再顶开单向阀阀芯,其控制压力仅为工作压力的 4.5%。没有卸载小阀芯的液控单向阀的控制压力为工作压力的 40%~50%。需要指出的是,控制油口不工作时,应使其通回油箱,否则控制活塞难以复位,单向阀反向不能截止液流。

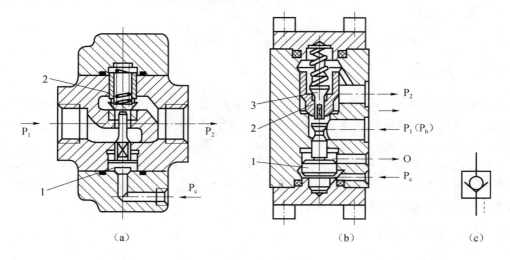

图 6-8 液控单向阀

(a)内泄式;(b)外泄式;(c)图形符号
1—控制活塞;2—单向阀阀芯;3—卸载小阀芯

3. 机控单向阀

如图 6-9 所示,在单向阀阀芯 1 前加一个顶杆 2,顶杆在弹簧 3 的作用下其顶端与阀芯有一定间隙 δ,此时就像普通单向阀的作用一样,B 管嘴到 A 管嘴可单向流通,A 管嘴到 B 管嘴液流被截止。当外部机构顶动顶杆 2,使其向左移动时会顶开单向阀阀芯 1,而后 A 管嘴到 B 管嘴也可流通。

飞机上常用这种阀在收上起落架和关闭轮舱护板动作之间进行协调,这种阀故又称协调活门,它在系统中串接于轮舱护板作动筒收上腔之前(A 管嘴接油源,B 管嘴接护板作动筒的收上腔)。在起落架收进轮舱后,起落架支柱碰撞协调活门的顶杆 2 右端,向左推动顶杆 2并顶开单向阀阀芯 1,高压油就由 A 管嘴进,B 管嘴出,通向轮舱护板作动筒的收上腔,使轮舱护板关闭,这样就完成先收起落架后关轮舱护板的准确程序。协调活门上还有一个 C 管嘴与系统的回油路相通,其作用是当阀口由于密封不良而渗油时,可将渗油引导回油箱而不致使轮舱护板部分关闭。当顶杆被压向左移时,顶杆同时将 C 管嘴封闭,油液不再可能经 C管嘴回油箱,只能从 A 管嘴到 B 管嘴去作动筒将轮舱护板正确关闭。

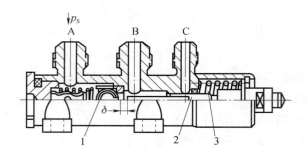

图 6-9　机控单向阀（协调活门）

1—单向阀阀芯；2—顶杆；3—弹簧；
A—接油源；B—接护板作动筒的收上腔；C—接回油箱；p_s—油源的压力

6.3.2　换向阀

换向阀是利用阀芯与阀体的相对运动，使液流的通路接通、关断，或变换流动方向，从而使执行元件及其驱动机构启动、停止或变换运动方向。按结构形式，换向阀可分为滑阀式、转阀式、球阀式、截止式。按阀体连通的主油（气）路数，换向阀可分为二通、三通、四通等。按阀芯在阀体内的工作位置，换向阀可分为二位、三位、四位等。按操作阀芯运动的方式，换向阀可分为手动、机动、电磁动、液（气）动、电液（气）动等。按阀芯的定位方式，换向阀可分为钢球定位和弹簧复位两种。

1. 换向阀的结构原理

1）手动（机动）换向阀

手动换向阀和机动换向阀的阀芯运动是借助机械外力实现的。其中，手动换向阀又分为手动操纵和脚踏操纵两种；机动换向阀则通过运动部件（如机床工作台上的撞块）或凸轮推动阀芯运动，往往又称为行程阀。它们的共同特点是工作可靠。

图 6-10 所示为液压用三位四通手动换向阀的结构和图形符号，用手操纵杠杆即可推动阀芯相对阀体移动，改变工作位置。图 6-10（a）所示为弹簧钢球定位式。钢球定位式的阀芯在外力撤去后可固定在某一工作位置，适用于一个工作位置需停留较长时间的场合；图 6-10（b）所示为弹簧自动复位式。弹簧复位或对中式的阀芯在外力撤去后将回复到常位。这种方式因具有"记忆"功能，特别适用于换向频繁且换向阀较多、要求动作可靠的场合。

2）电磁换向阀

图 6-11 所示为二位三通电磁换向阀，阀体左端安装的电磁铁可以是直流、交流或交流本整型的。在电磁铁不得电，无电磁吸力时，阀芯在右端弹簧力的作用下处于左极端位置（常位），油口 P 与 A 口通，B 口不通。若电磁铁得电，会产生一个向右的电磁吸力通过推杆推动阀芯右移，则阀左位工作，油口 P 与 B 口通、A 口不通。二位电磁换向阀除图 6-11 所示的弹簧复位式外，还有阀体两端均安装电磁铁的钢球定位式，其左端（右端）电磁铁得电推动阀芯向右（左）运动，到位后电磁铁失电，由钢球定位在左位（右位）工作。如果将两端电磁铁与弹簧对中机构组合，又可组成三位电磁换向阀，其电磁铁得电分别为左、右位，不得电为中位（常位）。

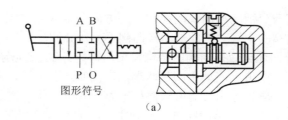

图形符号

（a）

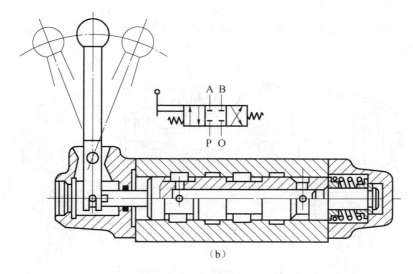

（b）

图 6-10 液压用三位四通手动换向阀

（a）弹簧钢球定位结构；（b）弹簧自动复位结构

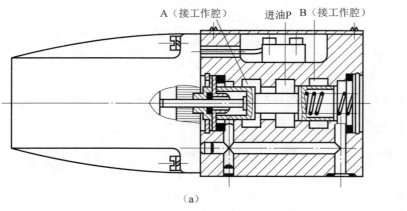

（a）

（b）

图 6-11 二位三通电磁换向阀

（a）结构；（b）图形符号

因电磁吸力有限，电磁换向阀的最大通流量受到限制，当液压阀流量大于 100L/min 时，可用电磁换向阀作为先导阀，控制主阀的阀芯换向，主阀则选用液动换向阀。

3）电液换向阀

电液换向阀由电磁换向阀和液动换向阀组合而成。其中液动换向阀实现主油路的换向，称为主阀；电磁换向阀改变液动换向阀的控制油路方向，称为先导阀。因电液换向阀包含液动换向阀，即电液换向阀的主阀，因此液动换向阀不另作介绍。

图6-12所示为三位四通电液换向阀的结构及图形符号。当电磁先导阀的电磁铁不得电时，三位四通电磁先导阀处于中位，液动主阀芯两端油室同时通回油箱，阀芯在两端对中弹簧的作用下也处于中位。若电磁先导阀右端电磁铁得电处于右位工作，控制压力油由P′口经过电磁先导阀右位至油口B′，然后经单向阀进入液动主阀芯的右端，而左端油室则经过电磁先导阀油口A′回油箱，于是液动主阀芯向左移，阀右位工作，主油路的P口与B口通、A口与T口通。反之，电磁先导阀左端电磁铁得电，液动换向阀则在左位工作，主油路P口与A口通、B口与T口通。

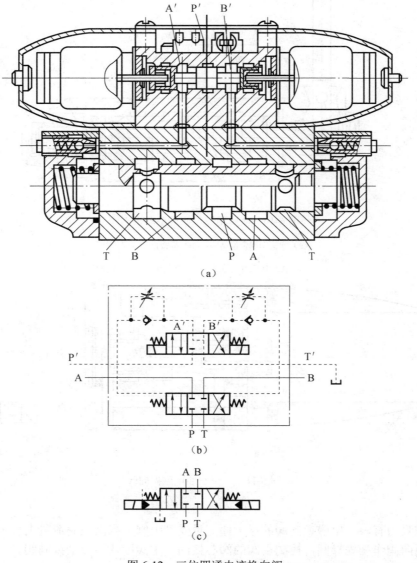

图6-12　三位四通电液换向阀

（a）结构；（b）图形符号；（c）简化图形符号

电液换向阀的控制压力油可以取自主油路 P 口（内控），也可以另设独立油源（外控）。采用内控式而主油路又需要卸载时，必须在主阀的 P 口安装一个预控压力阀，以保证最低控制压力，预控压力阀可以是开启压力为 0.4MPa 的单向阀。采用外控式时，独立油源的流量不得小于主阀最大流量的 15%，以保证换向时间的要求。

电液换向阀中电磁换向阀的回油口 T′可以单独引回油箱（外排），也可以在阀体内与主阀回油口 T 相通，然后一起接回油箱（内排）。

2. 滑阀的中位机能

滑阀式换向阀处于中间位置或原始位置时，阀中各油口的连通方式称为换向阀的滑阀机能。滑阀机能直接影响执行元件的工作状态，不同的滑阀机能可满足系统的不同要求。

对于三位四通（五通）滑阀，左、右工作位置用于执行元件的换向，中位则有多种机能以满足该执行元件处于非运动状态时系统的不同要求。下面主要介绍三位四通滑阀的几种常用中位机能。不同中位机能的滑阀，其阀体是通用的，仅阀芯的台肩尺寸和形状不同，见表 6-2。

表 6-2　三位四（五）通滑阀的中位机能

机能代号	结构原理图	中位图形符号		机能特点和作用
		三位四通	三位五通	
O				各油口全部封闭，缸两腔封闭，系统不卸荷。液压缸充满油，从静止到启动平稳；制动时运动惯性引起液压冲击较大；换向位置精度高。在气动中称为中位封闭式
H				各油口全部连通，系统卸荷，缸成浮动状态。液压缸两腔接油箱，从静止到启动有冲击制动时油口互通，故制动较 O 型平稳；但换向位置变动大
P				压力油口 P 与缸两腔连通，可形成差动回路，回油口封闭。从静止到启动较平稳；制动时缸两腔均通压力油，故制动平稳，换向位置变动比 H 型小，应用广泛。在气动中称为中位加压式
Y				液压泵不卸荷，缸两腔通回油，缸成浮动状态。由于缸两腔接油箱，从静止到启动有冲击，制动性能介于 O 型与 H 型之间。在气动中称为中位泄压式
K				液压泵卸荷，液压缸一腔封闭，一腔接回油箱。两个方向换向时性能不同

续表

机能代号	结构原理图	中位图形符号		机能特点和作用
		三位四通	三位五通	
M	A　B 　 T　P	A B P T	A B T₁PT₂	液压泵卸荷，缸两腔封闭，从静止到启动较平稳；制动性能与 O 型相同；可用于液压泵卸荷液压缸锁紧的液压回路中
X	A　B 　 T　P	A B P T	A B T₁ P T₂	各油口半开启接通，P 口保持一定的压力；换向性能介于 O 型和 H 型之间

3．换向阀的性能

1）换向可靠性和换向平稳性

换向阀的换向可靠性包括两个方面：换向信号发出后，阀芯能灵敏地移到预定的工作位置；换向信号撤出后，阀芯能在弹簧力的作用下自动恢复到常位。实际应用过程中造成换向阀不换向的原因如下：换向阀的电磁铁吸力不足以推动阀芯，电磁铁剩磁过大致使阀芯不复位，对中弹簧轴线歪斜，加工精度差或污物造成阀芯卡死等。

在选用换向阀时，同一通径的电磁换向阀，其滑阀机能不同，可靠换向的压力和流量范围不同。产品样本上，一般用工作性能极限曲线表示。如图 6-13 所示，通过换向阀的最大通流量为 100L/min。曲线 1 为将四通阀封闭一个油口用作三通阀的工作性能极限，其最大通流量为 65 L/min，额定压力下的通流量仅为 16L/min。曲线 2、3、4、5 分别为 H 型、M 型、Y型、P 型机能四通阀的工作性能极限曲线。显然，其通流能力下降了许多。要求换向阀换向平稳，实际上就是要求换向时压力冲击要小。

2）压力损失

换向阀的压力损失包括阀口压力损失和流道压力损失。当阀体采用铸造流道，流道形状接近于流线时，流道压力损失可降到很小。对于电磁换向阀，因电磁铁行程较小，故阀口开度仅 1.5～2.0mm，阀口流速较高，阀口压力损失较大。

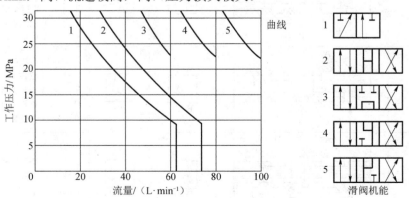

图 6-13　同一规格电磁换向阀在不同机能时的工作性能极限

3）内泄漏量

滑阀式换向阀为间隙密封，内泄漏不可避免。一般应尽可能减小阀芯与阀体孔的径向间隙，并保证其同心，同时阀芯台肩与阀体孔有足够的密封长度。在间隙和密封长度一定时，内泄漏量随工作压力的增高而增大。泄漏不仅带来功率损失，而且影响系统的正常工作。

4. 电磁球阀

电磁球阀是一种以电磁铁的推力为驱动力推动钢球来实现油路通断的电磁换向阀。

图 6-14（a）所示为常开式二位三通电磁球阀。当电磁铁 5 断电时，弹簧 6 的推力作用在复位杆 7 上，将钢球 4 压在左阀座 9 上，切断 A 腔和 O 腔的通路，使 P 腔和 A 腔相通。电磁铁 5 通电时，电磁铁推力通过杠杆 3、钢球 2 和推杆 1 作用在钢球 4 上，将它压在右阀座 8 上，使 A 腔和 O 腔相通，P 腔封闭。图 6-14（b）所示为其图形符号。

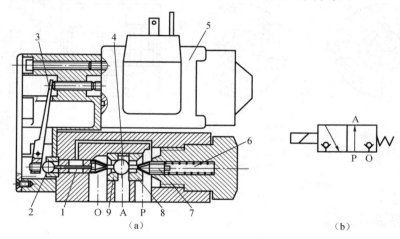

图 6-14　常开式二位三通电磁球阀

（a）结构；（b）图形符号

1—推杆；2—钢球；3—杠杆；4—钢球；5—电磁铁；6—弹簧；7—复位杆；8—右阀座；9—左阀座

电磁球阀的密封性好；反应速度快，它的换向时间仅 0.03～0.04s，复位时间仅 0.02～0.03s；换向频率也高，可达 250 次/min 以上；对工作介质黏度的适应范围广；由于没有液压卡紧力，受液动力影响小，换向和复位所需的力很小，可应用于 63MPa 的高压；此外，它的抗污染能力也好。所以，电磁球阀在小流量系统中直接用于控制主油路，而在大流量系统中作为先导控制元件是非常普遍的。

5. 转阀

转阀通过阀芯的旋转实现油路的通断和换向。图 6-15 所示为三位四通转阀的工作原理、图形符号和结构。图 6-15（a）和图 6-15（b）的左、中、右位置是相对应的。

图 6-15 中，当阀芯处于图 6-15（a）、（b）所示的中位时，P、A、B、T 互不相通。当阀芯顺时针旋转一角度时，处于图 6-15（a）、（b）右位所示状态，油口 P 和 B 相通，A 和 T 相通。当阀芯逆时针旋转一角度时，处于图 6-15（a）、（b）左位所示状态，则油口 P 和 A 相通，B 和 T 相通，此时对应图 6-15（c）所示状态。

转阀可用手动或机动操纵。由于转阀径向力不平衡，旋转阀芯所需力较大，且密封性能差，故一般用于低压小流量场合，或作先导阀用。在航空领域中，转阀多用作飞机液压系统中的手动阀和供地面维护使用的阀（如油箱加油阀）等，也可用作选择活门（如起落架收放选择阀）。

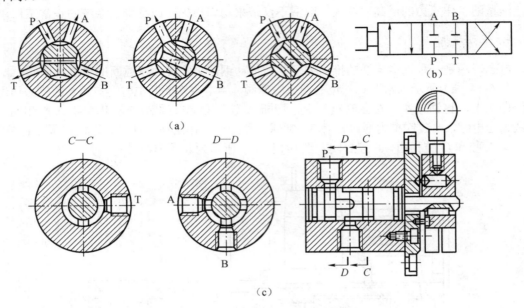

图 6-15　转阀（三位四通）

（a）工作原理；（b）图形符号；（c）结构

6.3.3　多路换向阀

多路换向阀是一种能控制多个液压执行机构的换向阀组合，它是以两个以上的换向阀为主体，集换向阀、单向阀、安全阀、补油阀、分流阀、制动阀等于一体的多功能集成阀。多路换向阀具有结构紧凑、管路简单、压力损失小等特点，因此被广泛应用于工程机械、起重运输机械及其他要求操纵多个执行元件运动的行走机械。

多路换向阀可由手动换向阀组合，也可由电液比例或电液数字控制方向阀等组合，按阀体的结构形式，多路换向阀分为整体式和分片式（组合式）；按油路连接方式，多路换向阀可分为并联、串联、串并联及复合油路；而采用多路换向阀时，液压泵的卸荷方式有中位卸荷和采用卸荷阀卸荷；按换向阀的通道数分类，有四通型、五通型和六通型；按位数分，有三位和四位两种。多路换向阀的机能如图 6-16 所示。

图 6-17 所示为多路换向阀的基本油路形式。其中图 6-17（a）所示为并联油路，从进油口来的压力油直接和各联换向阀的进油腔相连，而各阀的回油腔则可直接通到多路换向阀的总回油口。图 6-17（b）所示为串联油路，后一联换向阀的进油腔和前一联的回油腔相连。该油路可实现两个或两个以上执行机构同时动作，但此时泵出口压力大于各工作机构压力之和，故压力较高。图 6-17（c）所示为串并联油路，各联换向阀的进油腔和前一联换向阀的中位油路相连，而各联换向阀的回油腔则直接和总回油口相连。即各阀的进油是串联的，回油是并联的，故称串并联式。

图 6-18 所示为整体式多路换向阀的结构。油路为串并联连接。它由三位（左、中、右）

滑阀 1、四位（Ⅰ、Ⅱ、Ⅲ、Ⅳ）滑阀 2、单向阀 3 和主安全阀 4 等组成。三位滑阀 1 由弹簧定位，四位滑阀 2 由弹珠定位。

当三位滑阀 1 处于中位和四位滑阀 2 处于Ⅲ位（图示位置）时，从 P 口来的压力油经中间通道直接从 T 口回油箱。当滑阀处于换向位置时，T 口油路关闭，P 口的压力油经滑阀的径向孔打开单向阀进入工作油口；从另一工作油口来的油，经滑阀另一侧的径向孔回油箱。

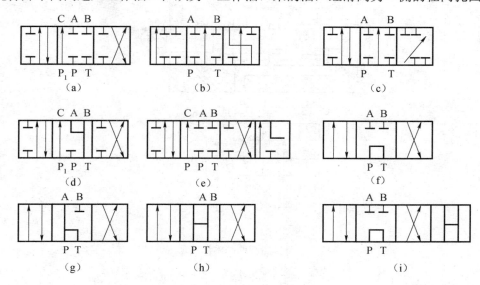

图 6-16 多路换向阀的机能

（a）O 型；（b）A 型；（c）B 型；（d）Y 型；（e）OY 型；（f）M 型；（j）K 型；（h）H 型；（i）MH 型

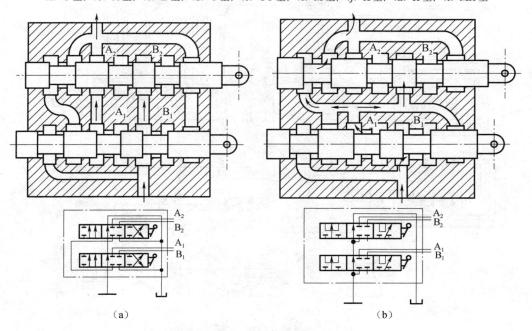

图 6-17 多路换向阀的基本油路形式

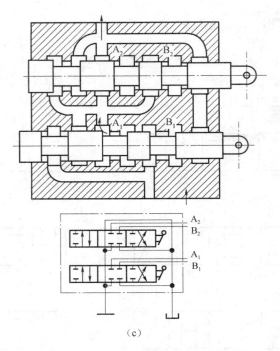

图 6-17 多路换向阀的基本油路形式（续）

（a）并联油路；（b）串联油路；（c）串并联油路

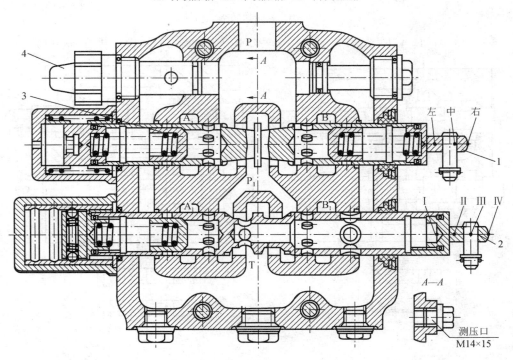

图 6-18 整体式多路换向阀的结构

1—三位滑阀；2—四位滑阀；3—单向阀；4—主安全阀

6.4　压力控制阀

压力控制阀简称压力阀，是用于调节或控制液压控制系统中液体压力的一类阀。按照功能和用途，压力阀可分为溢流阀、减压阀、顺序阀及压力继电器等。压力阀工作原理上的共同特点是根据阀芯受力平衡原理，利用被控液流的压力对阀芯的作用力与其他作用力（如弹簧力、电磁力等）的平衡条件，调节或控制阀芯开口量来改变液流阻力（液阻），从而达到调节和控制液压系统压力的目的。

6.4.1　溢流阀

溢流阀按控制方式分为直动型和先导型，在液压系统中溢流阀旁接在液压泵的出口，保证系统压力恒定或限制其最高压力，有时也旁接在执行元件的进口，对执行元件起保护作用。

1. 结构及工作原理

1）直动型溢流阀

图 6-19 所示的液压用直动型溢流阀由阀芯（滑阀）、阀体、调压弹簧、阀盖、调节杆、调节螺钉等组成。在图 6-19 所示位置中，阀芯在上端弹簧力 F_t 的作用下处于最下端位置，阀芯台肩的封油长度 L 将进、出油口隔断，阀的进口压力油经阀芯下端径向孔、轴向孔进入阀芯底部油室，油液受压形成一个向上的液压力 F。当液压力 F 等于或大于弹簧力 F_t 时，阀芯向上运动，上移行程后阀口开启，进口压力油经阀口溢流回油箱。此时阀芯处于受力平衡状态，阀口开度为 x，通流量为 q，进口压力为 P。如果记弹簧刚度为 K，预压缩量为 x_0，阀芯直径为 D，阀口刚开启时的进口压力为 p_k，在额定通流量 q_s 时的进口压力为 p_s，作用在阀芯上的稳态液动力为 F_s，在略去阀芯自重和摩擦力后，则可以得到以下公式。

（1）阀口刚开启时的阀芯受力平衡关系式：

$$p_k \frac{\pi D^2}{4} = K(x_0 + L) \tag{6-4}$$

（2）阀口开启溢流时阀芯受力平衡关系式：

$$p \frac{\pi D^2}{4} = K(x_0 + L + x) + F_s \tag{6-5}$$

（3）阀口开启溢流的压力-流量方程：

$$q = C_d \pi D x \sqrt{\frac{2}{\rho} \Delta p} \tag{6-6}$$

联立求解式（6-4）和式（6-6）可得不同流量下的进口压力。

如上所述，可以归纳出以下结论：

调节弹簧的预压缩量 x_0，可以改变 p_k，进而调节控制阀的进口压力 P，此处弹簧称为调压弹簧。当流经溢流阀的流量变化时，因阀开口大小变化和液动力的影响，阀进口压力有所波动，则 $p_s > p_k$。

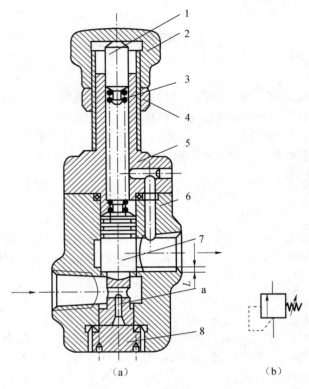

图 6-19　直动型溢流阀

（a）结构；（b）图形符号

1—调节杆；2—调节螺钉；3—调压弹簧；4—锁紧螺母；5—阀盖；6—阀体；7—阀芯；8—底盖

　　阀的弹簧腔的泄漏油经阀体上的泄油通道直接引到溢流阀的出口回油箱。若回油路有背压，则背压力会作用在阀芯的上端，导致溢流阀的进口压力为自身调定压力与背压力之和。

　　直动型溢流阀因压力油直接作用于阀芯，故称直动型溢流阀。若阀的压力较高、流量较大，则要求调压弹簧具有很大的弹簧力，这不仅使调节性能变差，而且结构上也难以实现。所以，在液压系统中滑阀式直动型溢流阀已很少采用。在中、高压系统中，多采用先导型溢流阀。

　　2）先导型溢流阀

　　图 6-20 所示为先导型溢流阀，它由先导阀和主阀两部分组成。先导阀为锥阀结构的直动型溢流阀。主阀部分包括阀芯、阀套、阀体和复位弹簧等零件。主阀上开有进油口 P、回油口 T 和遥控口 K。溢流阀进口压力油除直接作用在主阀芯的下腔外，还分别经过阀体上的阻尼孔 2 和 4 引到先导阀芯的左端，对先导阀芯形成一个液压力 F_x。若液压力 F_x 小于阀芯另一端弹簧力 F_{t2}，则先导阀关闭，主阀内腔为密闭静止容腔，主阀芯上下两腔因上腔作用面积大于下腔作用面积，所形成的向下的液压力与弹簧力共同作用将主阀芯紧压在阀座孔上，主阀阀口关闭。随着溢流阀的进口压力增大，作用在先导阀芯上的液压力 F_x 随之增大。当 $F_x \geqslant F_{t2}$ 时，先导阀阀口开启，溢流阀的进口压力油经阻尼孔 2 和 4、先导阀阀口溢流到溢流阀的出口，然后回油箱。

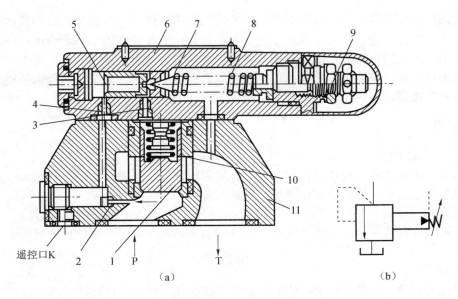

图 6-20 先导型溢流阀

（a）结构；（b）图形符号

1—主阀芯；2，3，4—阻尼孔；5—先导阀座；6—先导阀体；7—先导阀芯；
8—调压弹簧；9—调节螺钉；10—复位弹簧；11—主阀体

由于阻尼孔前后出现压力差（压力损失），主阀上腔压力 p_1（先导阀前腔压力）低于主阀下腔压力 P（主阀进口压力）。当压力差 $(p-p_1)$ 足够大时，因压力差形成的向上液压力克服主阀弹簧力推动阀芯上移，主阀阀口开启，溢流阀进口压力油经主阀阀口溢流回油箱。主阀阀口开度一定时，先导阀阀芯和主阀阀芯分别处于受力平衡状态，满足力平衡方程，先导阀阀口、主阀阀口和阻尼孔满足压力-流量方程，溢流阀进口压力为一确定值。

与直动型溢流阀相比，先导型溢流阀具有以下特点：

阀的进口控制压力是通过先导阀阀芯和主阀阀芯两次比较得来的，压力值主要由先导阀弹簧的预压缩量确定，故该弹簧为溢流阀的调压弹簧。流经先导阀的流量很小，一般仅占主阀额定流量的 1%，因此先导阀阀座孔直径 d 很小，这样即使是高压阀，先导阀弹簧的刚度也不大，阀的调节性能有了很大改善。而溢流流量的大部分经主阀阀口流回油箱，主阀弹簧只在阀口关闭时起复位作用，弹簧力很小。

主阀阀芯的开启是利用液流流经阻尼孔而形成的压力差来实现的。由于流经阻尼孔的流量很小，为形成足够开启阀芯的压力差，阻尼孔一般为细长小孔。有的溢流阀的阻尼孔开在主阀阀芯上，孔径为 0.8～1.2mm，孔长 $L=8～12$mm，因此，阻尼孔工作时易堵塞，而一旦堵塞则导致主阀口常开而无法调节压力。图 6-17 中的溢流阀将阻尼孔设在阀体上，由两个孔径较大的阻尼孔 2、4 串联而成，这样，既方便清除堵塞，又便于调节阻尼的大小。

先导阀前腔有一遥控口。若在此遥控口接电磁换向阀，则可组成电磁溢流阀。电磁换向阀在不同工作位置可实现卸载或调压。若在遥控口接远程调压阀，则可以实现远程控制或多级调压。

3）远程调压阀

远程调压阀实际上是一个独立的压力先导阀，将其旁接在先导型溢流阀的遥控口，则与主溢流阀的先导阀并联于主阀芯的上腔，即主阀上腔的压力 p_2 同时作用在远程调压阀和先导阀的阀芯上。实际使用时，主溢流阀安装在最靠近泵或执行元件的出口，而远程调压阀则安装在操作台上，远程调压阀的调定压力（弹簧预压紧力）低于先导阀的调定压力。于是远程调压阀起调压作用，主阀的先导阀起保护作用。必须说明的是，无论是远程调压阀起作用，还是先导阀起作用，溢流始终要流经主阀阀口。

2. 应用

1）用作定压阀

液压系统中溢流阀旁接在液压泵的出口，用来保证液压系统即泵的出口压力恒定，主要用于定量泵的进油和回油节流调速系统。

2）用作安全阀

溢流阀旁接在液压泵、空气压缩机或储气罐的出口，用来限制系统压力的最大值，对系统起保护作用。

3）用作卸载阀

电磁溢流阀除具有溢流阀的功能外，还可以在执行元件不工作时卸载液压泵。

3. 对溢流阀的性能要求

1）调压范围

调压范围指在规定的范围内调节时，阀的输出压力能平稳地升降，无压力突跳或迟滞现象。为改善调节性能，高压溢流阀一般通过更换四根自由高度、内径相同而刚度不同的弹簧来实现 0.6～8MPa、4～16MPa、8～20MPa、16～32MPa 四级调压。

溢流阀不起调压作用的主要原因：安装时阀的进出口接错、调压弹簧太软或漏装、主阀阻尼孔或先导阀前的阻尼孔堵塞、阀芯运动不灵活或由于污物和毛刺造成阀芯卡死、油液中混有空气、气动溢流阀膜片老化等。

2）压力-流量特性

在溢流阀调压弹簧的预压缩量调定之后，溢流阀的开启压力 p_k 即已确定，阀口开启后溢流阀的进口压力随溢流量的增加而略为升高，流量为额定值时的压力 p_s 最高，随着流量减少，阀口反向趋于关闭，阀的进口压力降低，阀口关闭时的压力为 p_b。因摩擦力的方向不同，

$p_b < p_k$。溢流阀的进口压力随流量变化而波动的性能称为压力-流量特性或启闭特性，如图 6-21 所示。压力-流量特性的好坏用调压偏差 $(p_s - p_k)$、$(p_s - p_b)$ 或开启压力比 $n_k = p_k / p_s$、闭合压力比 $n_b = p_b / p_s$ 评价。显然调压偏差小为好，n_k、n_b 大为好，一般先导型溢流阀的 $n_k = 0.9～0.95$。

3）压力损失和卸载压力

当液压溢流阀的调压弹簧的预压缩量等于零，流经阀的流量为额定值时，溢流阀的进口压力称为压力损失；当先导型溢流阀的主阀芯上腔的油液经遥控口直接回油箱时，主阀上腔压力 $p_1 = 0$，流经阀的流量为额定值时，溢流阀的进口压力称为卸载压力。这两种工况下，溢流阀进

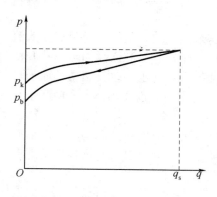

图 6-21　溢流阀的压力-流量特性曲线

口压力因只需克服主阀复位弹簧力和阀口液动力,所以值很小,一般小于 0.5MPa。

6.4.2 减压阀

减压阀是将阀的进口压力经过减压后使出口压力降低并稳定的一种阀,又称为定值输出减压阀。按调节要求不同,有用于保证出口压力为定值的定值减压阀、用于保证进出口压力差不变的定差减压阀、用于保证进出口压力成比例的定比减压阀。其中定值减压阀应用最广,又简称为减压阀。这里只介绍定值减压阀。

1. 减压阀的结构及工作原理

减压阀也有直动型和先导型两种,每种各有二通和三通两种型式。图 6-22 所示为直动型二通减压阀。

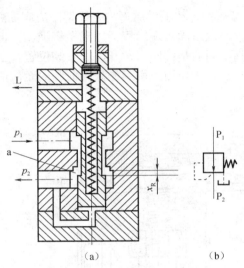

图 6-22　直动型二通减压阀

(a) 结构;(b) 图形符号

如图 6-22 所示,当阀芯处在原始位置上时,它的阀口 a 是打开的,阀的进、出口相通。这个阀的阀芯由出口处的压力控制,出口压力未达到调定压力时阀口全开,阀芯不动。当出口压力达到调定压力时,阀芯上移,阀口开度 x_R 关小。如忽略其他阻力,仅考虑阀芯上的液压力和弹簧力相平衡的条件,则可以认为出口压力基本上维持在某一定值(调定值)上。这时如出口压力减小,则阀芯下移,阀口开度开大,阀口处阻力减小,压降减小,使出口压力回升,达到调定值;反之,如出口压力增大,则阀芯上移,阀口开度 x_R 关小,阀口处阻力加大,压降增大,使出口压力下降,达到调定值。

图 6-23 所示为直动型三通减压阀(带单向阀)。图中 P_1 口为一次压力油口,P_2 口为二次压力油口,T 为回油口,弹簧腔泄漏油口 Y 和 T 口相通(内泄)。

三通减压阀与二通减压阀减压的工作原理基本相似,其主要区别如下:前者有两个可变节流阀口,因此在工作腔 P_2 中无任何负载流量时能正常工作,而后者的负载腔内必须有流量时才能正常工作;此外,三通减压阀的二次压力油口流入反向流动的流体时也可起恒压作用,此时的功能相当于溢流阀,因此三通减压阀又称溢流减压阀。

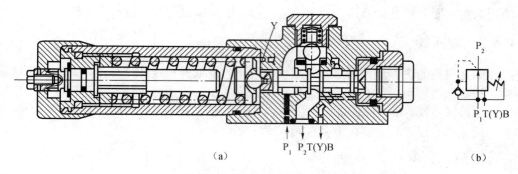

图 6-23　直动型三通减压阀

（a）结构；（b）图形符号

　　图 6-24 所示为先导型减压阀，其工作原理与先导型溢流阀的先导阀是相似的，减压阀也可在先导阀的遥控口上接远程调压阀实现远程调压或多级调压，但弹簧腔的泄漏油单独引回油箱。而主阀部分与溢流阀不同的是：阀口常开，在安装位置，主阀芯在弹簧力作用下位于最下端，阀的开口最大，不起减压作用；引到先导阀前腔的是阀的出口压力油，保证出口压力为定值。

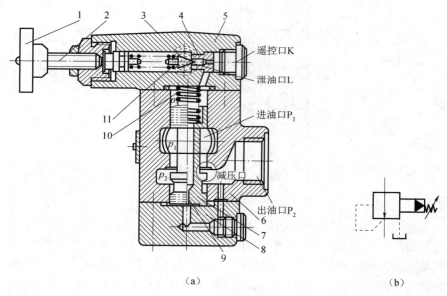

图 6-24　先导型减压阀

（a）结构；（b）图形符号

1—调压手轮；2—调节螺钉；3—锥阀；4—锥阀座；5—阀盖；6—阀体；
7—主阀芯；8—端盖；9—阻尼孔；10—主阀弹簧；11—调压弹簧

2. 减压阀的性能

1）$p_2 - q$ 特性

图 6-25（a）所示为 DR 型减压阀的 $p_2 - q$ 特性曲线。进口压力 p_1 基本恒定时，若通过减

压口的流量增加，则减压口开度有所加大，出口压力 p_2 略微下降，其调压稳定性较好。当减压阀出口不输出油液时，其出口压力基本上仍能保持恒定，此时有少量压力油经减压口（此时减压口很小）由先导阀（锥阀）通过外泄口 Y 排回油箱，保持该阀处于工作状态。

2）$p_1 - p_2$ 特性

当减压阀的进口压力 p_1 发生变化时，同样引起主阀芯阀口开度发生变化，从而使出口压力 p_2 相应地有微小变化，如图 6-25（b）所示。

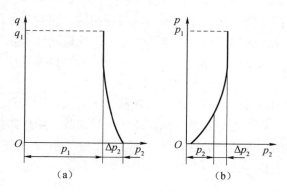

图 6-25　减压阀的工作特性

3. 减压阀的应用

减压阀主要用于降低和稳定某支路的压力。由于其调压稳定，也可用来限制工作部件的作用力以及减小压力波动、改善系统性能等。

6.4.3　顺序阀

顺序阀是利用油液压力作为控制信号实现油路的通断，以控制液压系统各执行元件的动作顺序的。顺序阀按结构也分为直动型和先导型两种，其工作原理与溢流阀类似，这里不再阐述。

根据控制阀口通断的油液来源，顺序阀有内控、外控两种形式；根据弹簧腔泄漏油的排除方式，顺序阀又分为内泄和外泄两种。这样就得到内控外泄、内控内泄、外控外泄、外控内泄四种类型的顺序阀。图 6-26 所示为内控外泄直动型顺序阀。由图中结构可以看出，通过改变上盖或底盖的装配位置可以得到另外三种类型。它们的图形符号如图 6-27 所示。

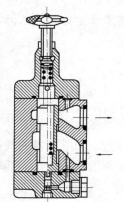

图 6-26　直动型顺序阀

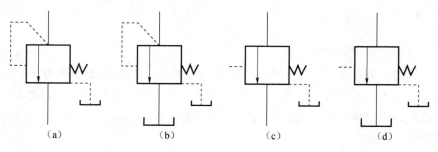

图 6-27　顺序阀的四种控制形式

（a）内控外泄；（b）内控内泄；（c）外控外泄；（d）外控内泄

内控外泄顺序阀与溢流阀的相同点是阀口常闭，由进口压力控制阀口的开启；不同点是内控外泄顺序阀通过控制压力油来工作，阀的出口压力不等于零，因此弹簧腔的泄漏油必需单独引回油箱，即外泄。当负载建立的出口压力高于阀的调定压力时，阀的进口压力等于出口压力，作用在阀芯上的液压力大于弹簧力和液动力，阀口全开；当负载所建立的出口压力低于阀的调定压力时，阀的进口压力等于调定压力，作用在阀芯上的液压力、弹簧力、液动力平衡，阀的开口一定，满足压力-流量方程。

内控内泄顺序阀的图形符号和动作原理与溢流阀相同，但实际使用时，内控内泄顺序阀串联在液压系统的回油路，使回油具有一定压力，而溢流阀则旁接在主油路，如泵的出口、液压缸的进口。因性能要求上的差异，二者不能混用。内控内泄顺序阀在系统中用作平衡阀或背压阀。

外控内泄顺序阀的出口接回油箱，因作用在阀芯上的液压力为外力，而且大于阀芯的弹簧力，因此工作时阀口全开，用于双泵供油回路使大泵卸载，用作卸载阀。

外控外泄顺序阀除用作液动开关阀（相当于液控二位二通阀）外，类似的结构还在变重力负载系统中用于平衡重物，其应用在第 9 章中进行介绍。

6.4.4　压力继电器

压力继电器又称为压力开关，它是一种将液压信号转换为电信号的转换元件，其作用是根据液压系统的压力变化自动接通或断开有关电路，以实现对系统的程序控制和安全保护功能。

1．结构及工作原理

压力继电器按结构可分为柱塞式、弹簧管式和膜片式等。图 6-28 所示为液压单触点柱塞式压力继电器，主要零件包括柱塞 1、调节螺母 2 和微动开关 3。如图 6-28 所示，压力油作用在柱塞的下端，液压力直接与上端弹簧力相比较。当液压力大于或等于弹簧力时，柱塞上移压微动开关触头，接通或断开电气线路。当液压力小于弹簧力时，微动开关触头复位。显然，柱塞上移将引起弹簧的压缩量增加，因此压下微动开关触头的压力（开启压力）与微动开关复位的压力（闭合压力）存在一个差值，此差值对压力继电器的正常工作是必要的，但不宜过大。

2．性能及应用

压力继电器的主要性能如下：

（1）调压范围。发出电信号的最低工作压力和最高工作压力之间的范围称为调压范围。

（2）灵敏度和通断调节区间。压力升高开启压力和闭合压力之差，称为压力继电器的灵敏度。为避免压力波动时压力继电器频繁通断，要求启、闭压力间有一可调的差值，称为通断调节区间。

（3）重复精度。在调定压力下，多次升压和降压过程中，开启压力和闭合压力的差值称为重复精度。

（4）升、降压动作时间。压力由卸荷压力升到设定压力，微动开关发出电信号的时间，称为升压动作时间，反之称为降压动作时间。

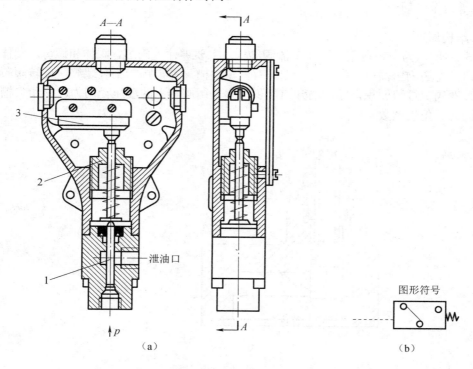

图 6-28 液压单触点柱塞式压力继电器

（a）结构；（b）图形符号

1—柱塞；2—调节螺母；3—微动开关

压力继电器主要用于以下场合：①限压和安全保护回路；②控制液压泵的卸荷与加载；③顺序动作回路。

6.5 流量控制阀

流量控制阀简称流量阀，是液压系统中用于调节和控制液流量的一类阀，通过流量控制阀可以调节或控制执行元件的运动速度。流量控制阀的工作原理是通过改变液流流经的节流口面积大小控制通过阀口的流量。流量阀按功能和作用可分为节流阀、调速阀、溢流节流阀和分流集流阀等。

流量控制阀应满足如下要求：有足够的调节范围，能保证稳定的最小流量，流量受温度和压力变化的影响要小，调节方便，泄漏小等。

6.5.1 节流阀

节流阀是一个简单的流量控制阀，其实质相当于一个可变节流口，即一种借助于控制机构使阀芯相对于阀体孔运动从而改变阀口过流面积的阀。

1. 普通节流阀

1）结构原理

图 6-29 所示为一种典型的液压节流阀结构，主要零件为阀芯、阀体和螺母。阀体上右边为进油口，左边为出油口。阀芯的一端开有三角尖槽，另一端加工有螺纹，旋转阀芯即可轴向移动改变阀口过流面积，即阀的开口面积。为平衡阀芯上的液压径向力，三角尖槽须对称布置，因此三角尖槽数 $n > 2$。

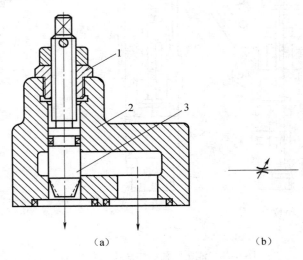

（a）   （b）

图 6-29　液压节流阀

（a）结构；（b）图形符号

1—螺母；2—阀体；3—阀芯

节流口根据形成阻尼的原理不同，分为三种基本形式：薄壁小孔节流、细长孔节流及介于二者之间的节流。在此三种基本形式的基础上，节流口的结构有如下几种：

（1）针阀式 [图 6-30（a）]。图 6-30（a）所示为针式节流口，针阀做轴向移动，调节环形通道的大小以调节流量。

（2）槽式 [图 6-30（b）、（c）]。图 6-30（b）所示为偏心式，在阀芯上开了一个截面为三角形（或为矩形）的偏心槽，当转动阀芯时，就可以调节通道的大小。图 6-30（c）所示为轴向三角沟槽式，在阀芯上开有对称的斜的三角沟槽；当轴向移动阀芯时，就可以改变三角沟槽通流截面的大小以调节流量。

（3）缝隙式 [图 6-30（d）、（e）]。图 6-30（d）所示为周向缝隙式，阀芯上开有狭缝，油可以通过狭缝流入阀芯内孔再经左边的孔流出，旋转阀芯就可以改变缝隙通流面积的大小。图 6-30（e）为轴向缝隙式，在阀套上开有轴向缝隙，轴向移动阀芯就可以改变缝隙通流面积的大小以调节流量。

（4）层板式。如图 6-31 所示，它是由多片开小孔的圆片重叠起来，小孔偏开圆片的中心，各圆片之间夹以垫圈，相邻圆片的小孔位置错开 180°，它相当于多个节流小孔的串联。装配时将此一叠圆片压紧，勿使油液从垫片处通过。这种层板式节流装置在飞机上用得最多，因为它受温度影响小，不易堵塞，可以获得较低的最小稳定流量。

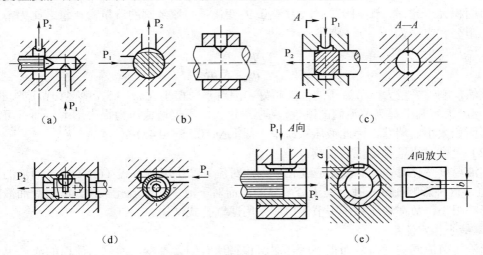

图 6-30　几种节流口的结构形式

（a）针阀式；（b）偏心斜槽式；（c）轴向三角斜横式；（d）周向缝隙式；（e）轴向缝隙式
P$_1$、P$_2$—节流阀的进、出油口；a、b—液体流过阀套上轴向缝隙的高度和最小宽度

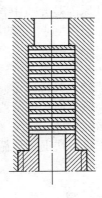

图 6-31　层板式

2）流量特性与刚性

节流阀的流量特性方程为

$$q = KA(x)\Delta p^{m} \tag{6-7}$$

式中　K ——节流系数，一般可视为常数，由节流口形状、液体流态、油液性质等因素决定；

$A(x)$ ——可变节流孔的通流面积；

Δp ——孔口或缝隙的前后压力差；

m ——指数，对于薄壁小孔 $m = 0.5$，对于细长孔 $m = 1$，对介于两者之间的节流口，$0.5 < m < 1$。

式（6-7）反映了流经节流阀的流量 q 与阀前后压力差 Δp 和开口面积 A 之间的关系。显然，在 Δp 一定时，改变 A 可以调节流量 q，即阀的开口面积 A 一定，则通过的流量 q 一定。

（1）压力对流量稳定性的影响。

当节流阀在系统中起调速作用时，往往会因外负载的波动引起阀前后压力差Δp 变化。此

时即使阀开口面积 A 不变，也会导致流经阀口的流量 q 变化，即流量不稳定。一般定义节流阀开口面积 A 一定时，节流阀前后压力差 Δp 的变化量与流经阀的流量变化量之比为节流阀的刚性，用公式表示为

$$T = \frac{\Delta p}{q} = \frac{\Delta p^{1-m}}{KA(x)} \tag{6-8}$$

显然，刚性 T 越大，节流阀的性能越好。因对于薄壁小孔 $m=0.5$，故多作节流阀的阀口。另外，Δp 大有利于提高节流阀的刚性，但 Δp 过大，不仅造成压力损失增大，而且可能导致阀口因面积太小而堵塞，因此液压系统中一般取 $\Delta p=0.15\sim0.4$MPa。

（2）温度对流量稳定性的影响。

油液温度变化时，其黏度相应变化，因此对流量产生影响。式（6-7）中，油液的性质影响 K 值，这种影响在细长孔上是十分明显的。而对于薄壁式节流孔来说，K 值受油液黏度的变化影响很小，故在液压系统中节流口应采用薄壁孔式结构。

3）最小稳定流量

当液压节流阀的通流截面很小时，尽管保持所有因素不变，通过节流口的流量也会出现周期性的脉动，甚至造成断流，这就是节流阀的堵塞现象。节流口的堵塞会使液压系统中执行元件的速度不均匀。因此，每个节流阀都有一个能正常工作的最小流量限制，称为节流阀的最小稳定流量。

节流阀的常见故障是阀口堵塞，其原因是介质中含有杂质或油液因高温氧化后析出的胶质、沥青等黏附在节流口的表面，当附着层达到一定的厚度时，会造成节流阀的断流。

2. 行程节流阀

行程节流阀是滚轮控制的可调节流阀，又称减速阀。其原理是通过行程挡块压下滚轮，使阀芯下移改变节流口通流面积，减小流量而实现减速。

图 6-32（a）所示为一种与单向阀组合的行程节流阀，又称单向行程节流阀，它可以满足以下所述机床液压进给系统的快进、工进、快退工作循环的需要。

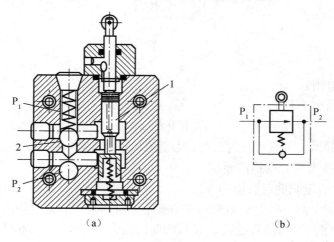

图 6-32　行程节流阀

（a）结构；（b）图形符号

1—节流阀阀芯；2—单向阀钢球

（1）快进时，阀芯 1 未被压下，节流口未起节流作用，压力油从油口 P_1 直接流往油口 P_2，执行元件实现快进。

（2）当行程挡块压在滚轮上时，使阀芯下移一定距离，将通道大部分遮断，由阀芯上的三角槽节流口调节流量，实现减速，执行元件慢进，即实现工作进给（工进）。

（3）压力油油液从油口 P_2 进入，推开单向阀阀芯（钢球）2，油液直接由 P_1 流出，不经节流口，执行元件实现快退。

图 6-32（b）所示为节流阀的图形符号。

使用节流阀调节执行元件运动速度时，其速度将随负载和温度的变化而波动。对于速度稳定性要求高的场合，则要使用流量稳定性好的节流阀。

3. 节流阀的应用

（1）在定量泵液压系统中，节流阀与溢流阀一起用来调节执行元件的速度；对于某些液压系统，通流量为定值，节流阀则起负载阻尼作用；在液流压力容易发生突变的地方安装节流元件可延缓压力突变的影响，起缓冲压力作用。图 6-33 所示为飞机液压系统中常用的层板式节流阀，将它装在压力表传感器前，以消除压力脉动对压力表指示的影响，节流片的数目可在装配时增减（通过试验确定）。

（2）节流阀与单向阀并联组合成为单向节流阀。如图 6-34 所示，其功用是保证油液在一个方向上流动时受节流作用，而在另一方向流动时畅通无阻。它的阀芯上开有一个节流小孔 A，当油液从左向右流过时，通过节流小孔 A 而受到节流；当油液从右向左流过时，阀芯被顶开使之畅通。可把它装在飞机液压系统的起落架收上管路中，放起落架时起节流作用，保证起落架缓慢放下，收起落架时不起节流作用，从而不影响收上速度。

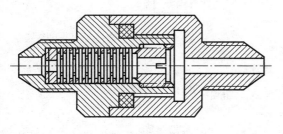

图 6-33　层板式节流阀

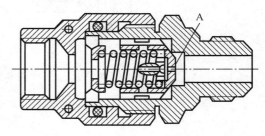

图 6-34　单向节流阀

6.5.2　调速阀

由于液压节流阀刚性差，通过阀口的流量因阀口前后压力差变化而波动，因此仅适用于执行元件工作负载不大，且对速度稳定性要求不高的场合。为解决负载变化大的执行元件的速度稳定性问题，应采取措施保证负载变化时，节流阀的前后压力差不变。具体结构有节流阀与定差减压阀串联组成的调速阀（普通调速阀）和节流阀与差压式溢流阀并联组成的溢流节流阀（旁通型调速阀）。

1. 调速阀的工作原理

图 6-35 所示为调速阀，其工作原理如下：压力为 p_1 的压力油进入调速阀后，先经过定差

减压阀长度为 x 的阀口处（压力由 p_1 减至 p_2），然后经过节流阀长度为 y 的阀口处流出，出口压力为 p_3。从图中可以看到，节流阀进出口压力 p_2、p_3 经过阀体上的流道被引到定差减压阀阀芯的两端（p_3 引到阀芯弹簧端，p_2 引到阀芯无弹簧端）。节流阀的进、出口压力差（$p_2 - p_3$）由定差减压阀确定为定值，因此，对应于一定的节流阀开口面积 A，流经阀的流量 q 一定。设调速阀的进口压力 p_1 为定值，当出口压力 p_3 因负载增大而增加导致调速阀的进出口压力差（$p_2 - p_3$）突然减小时，因 p_3 的增大势必破坏定差减压阀阀芯原有的受力平衡，于是阀芯向阀口增大的方向运动，定差减压阀的减压作用被削弱，节流阀进口压力 p_2 随之增大，当 $p_2 - p_3 = Ft/A$ 时，定差减压阀阀芯在新的位置平衡。当出口压力 p_3 因负载减小而导致（$p_2 - p_3$）突然增大时，与上面分析类似，同样可保证（$p_2 - p_3$）基本不变。由此可知，因定差减压阀的压力补偿作用，可保证节流阀前后压力差（$p_2 - p_3$）不受负载的干扰，从而基本保持不变。

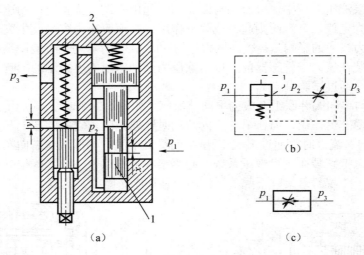

图 6-35　调速阀

（a）结构；（b）图形符号；（c）简化图形符号
1—定差减压阀阀芯；2—弹簧

　　调速阀的结构可以是定差减压阀在前，节流阀在后，也可以是节流阀在前，定差减压阀在后。二者在工作原理和性能上完全相同。需要说明的是，为保证定差减压阀能够起压力补偿作用，调速阀进出口压力差应大于由弹簧力和液动力所确定的最小压力差，否则仅相当于普通节流阀，无法保证流量稳定。使用过程中，如果调速阀中定差减压阀的阀芯运动不灵活或卡死，以及弹簧过软都会造成通过调速阀的流量不稳定。

　　2. 旁通型调速阀

　　旁通型调速阀如图 6-36 所示。它由差压式溢流阀 1 和节流阀 2 并联组成，阀体上有一个进油口、两个出油口。液压泵的来油引到进油口后，一条支路经节流阀阀口到执行元件，一条支路经差压式溢流阀长度为 x 的阀口处回油箱。因节流阀的进出口压力 p_1 和 p_2 被分别引到差压式溢流阀阀芯的两端，在溢流阀阀芯受力平衡时，压力差（$p_1 - p_2$）在弹簧力作用下基本不变，因此流经节流阀的流量基本稳定。若因负载变化引起节流阀出口压力 p_2 增大，差压式溢流阀阀芯弹簧端的液压力将随之增大，阀芯原有的受力平衡被破坏，阀芯向阀口减小的方向位移，阀口减小使其阻尼作用增强，于是进口压力 p_1 增大，阀芯受力重新平衡。因差压式溢流阀的弹簧刚度很小，因此阀芯的位移对弹簧力影响不大，即阀芯在新的位置平衡后，阀芯两端的压力差，也就是节流阀前后压力差（$p_1 - p_2$）保持不变。在负载变化引起节流阀出口压力 p_2 减小时，类似上面的分析，同样可保证节流阀前后压力差（$p_1 - p_2$）基本不变。旁通型调速阀用于调速时只能安装在执行元件的进油路上，其出口压力 p_2 随执行元件的负载而变化。由于工作时节流阀进出口压力差不变，因此阀的进口压力，即系统压力 $p_1 = p_2 + F_t / A$，这时系统为变压系统。与调速阀调速回路相比，旁通型调速阀的调速回路效率较高。

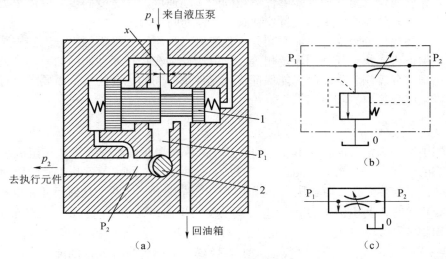

图 6-36　旁通型调速阀

（a）结构；（b）图形符号；（c）简化图形符号

1—差压式溢流阀；2—节流阀；P_1—进油口；P_2—出油口；x—差压式溢流阀开口大小

6.5.3　液压保险

　　液压系统中的某些传动部分的导管或附件损坏时，系统的油液可能全部漏光，使整个系统不能工作。为防止发生这种现象，可在供油管路上设置安全装置，这种装置称为液压保险。液压保险在系统管路漏油且油液流量超过规定值时，会自动堵死管路防止系统内油液大量流失。

　　液压保险是一种流量控制元件。当管路中的油液在允许的正常流量下时，阀保持打开位置；当流量过大（如管道破裂时）超过规定值时，它就自动关闭，以保证不影响其他的并联工作系统工作。它的工作情况与电路中的熔丝（俗称保险丝）很相似。所以也称它为液压的保险丝，其构造如图 6-37 所示。

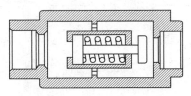

图 6-37　流量液压保险

油液经进口流入液压保险后，经过内部节流孔流向下游。传动活塞靠弹簧保持在开位，当流经节流孔的流量增加时，节流孔前后压差增大。当流量增加到某一临界流量时，节流孔前后压差可克服传动活塞弹簧预紧力，推动活塞向前，关闭油液出口，使油液不再流动。

液压保险应用在飞机和液压升降平台上，用于防止液压缸回油管道破裂等意外情况发生时，飞机或液压平台因自重急剧下降而引发事故。

6.5.4 分流集流阀

有些液压系统由一台液压泵同时向几个几何尺寸相同的执行元件供油，要求无论各执行元件的负载如何变化，执行元件能够保持相同的运动速度，即速度同步。分流集流阀就是用来保证多个执行元件速度同步的流量控制阀，又称为同步阀。

分流集流阀包括分流阀、集流阀和分流集流阀三种不同控制类型。分流阀安装在执行元件的进口，保证进入执行元件的流量相等；集流阀安装在执行元件的回油路，保证执行元件回油流量相同。分流阀和集流阀只能保证执行元件单方向的运动同步，而要求执行元件双向同步则可以采用分流集流阀。

1. 分流阀

分流阀由两个固定节流孔 1 和 2、阀体 5、阀芯 6 和两根对中弹簧 7 等组成，如图 6-38 所示。阀芯的中间台肩将阀分为完全对称的左、右两部分，固定节流孔 1 后的压力 p_1 作用在阀芯右端面，固定节流孔 2 后的压力 p_2 作用在阀芯左端面。当两个几何尺寸完全相同的执行元件的负载相等时，两出口压力 $p_3 = p_4$，阀芯受力平衡，处于中间位置，可变节流孔 3 和 4 的过流面积相等（$A_3 = A_4$），两执行元件速度同步。若执行元件的负载变化，使 $p_3 > p_4$，压力差 $(p_0 - p_3) < (p_0 - p_4)$，势必导致 $A_3 < A_4$。这样一方面使执行元件的速度不同步，另一方面使固定节流孔 1 的压力损失 $(p_0 - p_1)$ 小于固定节流孔 2 的压力损失 $(p_0 - p_2)$，即 $p_1 > p_2$。p_1、p_2 的反馈作用使阀芯左移，可变节流孔 3 的过流面积增大，而可变节流孔 4 的过流面积减小，致使 A_3 增加，A_4 减小，直至 $A_3 = A_4$，$p_1 = p_2$。阀芯受力重新平衡。阀芯稳定在新的工作位置，而执行元件速度恢复同步。若执行元件负载变化，使 $p_3 < p_4$，分析过程同上，由于可变节流孔的压力补偿作用，仍使两执行元件速度恢复同步。显然，固定节流孔在这里起检测流量的作用，它将流量信号转换为压力信号 p_1 和 p_2；可变节流孔在这里起压力补偿作用，其过流面积（液阻）通过压力 p_1 和 p_2 的反馈作用进行控制。

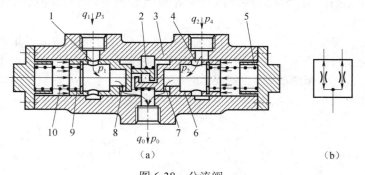

图 6-38 分流阀

（a）结构；（b）图形符号

1，2—固定节流孔；3，4—可变节流孔；5—阀体；6—阀芯；7—弹簧；a，b—油腔

2.　分流集流阀

图 6-39 所示为挂钩式分流集流阀，其阀芯分成左、右两段，中间由挂钩连接。图示为用作集流阀且右回油口压力 p_4 大于左回油口压力 p_3 的工况，因阀芯两端压力 p_1 和 p_2 高于中间出油口的压力 p_0，挂钩阀芯向中间靠拢。又因为（$p_4 - p_0$）>（$p_3 - p_0$），导致 $q_2 > q_1$、$p_2 > p_1$，阀芯向左偏移，可变节流口 4 的开口面积 A_2 小于可变节流口 1 的开口面积 A_1。阀芯稳定后，$p_1 = p_2$，$q_2 = K_L A_2 \sqrt{p_4 - p_2} = q_1 = K_L A_1 \sqrt{p_3 - p_1}$，两支路回流流量相等。当 $p_3 > p_4$ 时，则阀芯向右偏移，$A_1 < A_2$；当 $p_3 = p_4$ 时，阀芯处于中位，$A_1 = A_2$。由于阀芯对中弹簧刚度很小，因此可认为在阀芯处于稳定平衡状态时，两端压力 $p_1 = p_2$，即固定节流孔 7、8 的前后压力差 $p_1 - p_0 = p_2 - p_0$，流经节流孔的流量相等。与前述分流阀相同，固定节流孔在这里检测流量并将流量信号转换为压力信号（p_1 或 p_2），反馈作用于阀芯，改变可变节流口的开口面积，对进口压力 p_3 和 p_4 的变化进行补偿。

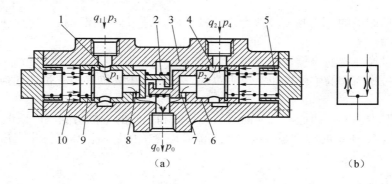

图 6-39　分流集流阀（用作集流阀）

（a）结构；（b）；图形符号

1，4—可变节流口；2—缓冲弹簧；3—阀体；5，10—对中弹簧；6，9—挂钩阀芯；7，8—固定节流孔

在分流集流阀用作分流阀时，因阀芯两端压力 p_1 和 p_2 低于中间进油口的压力 p_0，挂钩阀芯被推开，其工作原理与图 6-38 所示分流阀完全相同。

综上所述，无论是分流阀还是集流阀，保证两油口流量不受出口压力（或进口压力）变化的影响，始终保证相等是依靠阀芯的位移改变可变节流口的开口面积进行压力补偿的。显然，阀芯的位移将使对中弹簧力的大小发生变化，即使是微小的变化也会使阀芯两端的压力 p_1 与 p_2 出现偏差，而两个固定节流孔也是很难完全相同的。因此，由分流阀和分流集流阀所控制的同步回路仍然存在一定的误差，一般为 2%～5%。

本　章　小　结

本章分别介绍了方向控制阀、压力控制阀、流量控制阀的结构、工作原理、性能及应用场合。各类控制阀是液压系统的控制元件，在系统中不进行能量转换。通过本章的学习，要求掌握单向阀、换向阀、溢流阀、减压阀、顺序阀、节流阀、调速阀等各类阀的结构、工作原理、性能及应用。

习 题

6-1 液压控制阀是根据什么原理工作的？

6-2 溢流阀、减压阀分别在液压系统中起什么作用？为什么在高压、大流量情况下溢流阀和减压阀要采用先导型结构？

6-3 现有三个外观形状相似的溢流阀、减压阀和顺序阀，铭牌已脱落，在不拆开阀的情况下，请根据结构特点将它们区别开来。

6-4 什么是节流阀的刚度？其刚度大小与哪些因素有关？试比较节流阀和调速阀的流量调节性能。

6-5 将调速阀中的定差减压阀改为定值减压阀，是否仍能保证执行元件速度的稳定性？为什么？

6-6 什么是换向阀的"位"和"通"？

6-7 什么是换向阀的中位机能？说明 O 型、M 型、P 型和 H 型三位四通换向阀在中间位置时的特点。

6-8 弹簧对中型三位四通电液换向阀的先导阀和主阀的中位机能可以任选吗？为什么？

6-9 如图 6-40 所示的四个系统中，当节流阀完全关闭后，液压泵的出口压力各为多少？

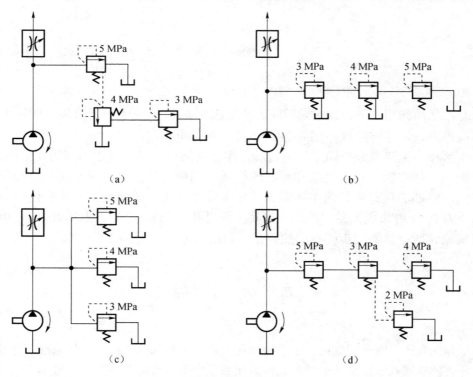

（a）　　　　　　　　　　　　　　　　　（b）

（c）　　　　　　　　　　　　　　　　　（d）

图 6-40 题 6-9 图

6-10 如图 6-41 所示的系统中，在电磁铁 3YA 不通电的条件下，试确定下列情况下液压泵的出口压力：（1）电磁铁 1YA、2YA 都不通电；（2）电磁铁 1YA 通电、2YA 不通电；（3）电磁铁 1YA 不通电、2YA 通电。

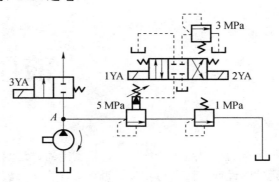

图 6-41　题 6-10 图

6-11 两个系统中各液压阀的调定压力如图 6-42 所示，若液压缸无杆腔活塞的面积为 $5 \times 10^{-3} \text{m}^2$，负载 $F_L = 10 \text{kN}$。试分别确定两个系统在活塞运动中和活塞运动到终端停止时 A、B 两点的压力。

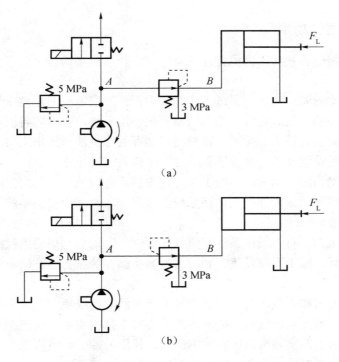

（a）

（b）

图 6-42　题 6-11 图

第 7 章

液压辅助元件

液压辅助元件是液压系统的重要组成部分。它包括蓄能器、过滤器、热交换器、管件、油箱和密封件等。这些元件的设计、选用与安装是否合理，将在很大程度上影响液压系统的效率、噪声、工作可靠性等技术性能，因此应给予充分重视。

7.1 蓄 能 器

7.1.1 蓄能器的功用

蓄能器是一种能储存液体压力能并在需要时把它释放出来的能量储存元件。它的主要功用如下：

（1）作为辅助动力源。在液压系统工作循环中不同阶段需要的流量变化很大，常采用蓄能器和一个流量较小的泵组成油源。当系统需要很小流量时，蓄能器将液压泵多余的流量储存起来；当系统短期需要较大流量时，蓄能器将储存的压力油释放出来与液压泵一起向系统供油。这样既可满足系统要求，又可节省动力、降低系统的温升。

（2）作为应急动力源。当液压系统工作时，突然停电或液压泵发生故障时，蓄能器可作为应急能源，将其储存的压力油放出，使系统继续在一段时间内保持系统压力，避免动力源突然中断而引发事故。

（3）保持系统压力。有些液压系统在执行元件停止运动后，仍要求保持恒定的压力。此时，为降低功率损耗、减少系统发热，利用蓄能器所储存的压力油补偿系统泄漏，保持系统压力。

（4）消除液压冲击和吸收压力脉动。当换向阀突然关闭或换向、液压泵突然停车、执行元件突然停止等时，液压系统管路内的液体流动会发生急剧变化，可能产生液压冲击。如在发生液压冲击处安装蓄能器则可以吸收冲击压力，使压力冲击峰值降低。另外，液压泵流量的脉动和溢流阀溢流量的脉动都会造成系统的压力脉动。将蓄能器安装在液压泵的出口，可以吸收由此产生的脉动压力，提高系统工作压力的稳定性。

7.1.2 蓄能器的分类和选用

根据对蓄能器内油液的加载方式不同，蓄能器可分为重力式、弹簧式和充气式三种。

1. 重力式蓄能器

图 7-1 所示为重力式蓄能器。重力式蓄能器是用重力对液体加载，用重物的位能来储存能量的蓄能器。其压力取决于重物的重力和液体的受压面积。其特点是结构简单，输油过程中油液压力不变，但笨重、惯性大、反应不灵敏，仅用于固定设备的蓄能。它的最高工作压力可达 45MPa。

2. 弹簧式蓄能器

图 7-2 所示为弹簧式蓄能器。它是用弹簧力对液体加载，用弹簧的势能来储存能量的蓄能器。其压力取决于弹簧的刚度和压缩量。其特点是结构简单、反应灵敏，但由于输油过程中油液压力发生变化，弹簧易疲劳，大容量时结构也较庞大，适用于循环频率较低、容量不大的低压系统（$p \leqslant 1.2\text{MPa}$）。

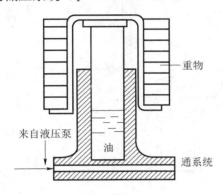

图 7-1　重力式蓄能器

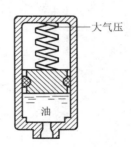

图 7-2　弹簧式蓄能器

3. 充气式蓄能器

充气式蓄能器是用压缩气体对液体加载，利用压缩气体所具有的内能来储存能量的蓄能器。其输油压力取决于气体压力。气体一般为惰性气体——氮气。根据气体和液体被隔离的方式不同，常用的充气式蓄能器有活塞式、气囊式和隔膜式三种。

1）活塞式蓄能器

图 7-3（a）所示为活塞式蓄能器的结构。活塞 1 的上部为压缩空气，气体由充气阀 3 充入，其下部经油孔 a 通液压系统。活塞随下部压力油的储存和释放而在缸筒 2 内滑动。活塞上装有 O 形密封圈。这种蓄能器结构简单、使用寿命长，但由于活塞有一定的惯性和摩擦力，反应不够灵敏，故不宜用于缓和冲击。最高工作压力为 21MPa，最大容量为 100L，温度适用范围为 4℃～80℃，适用工作介质和橡胶不相容的系统，如用磷酸酯作为工作介质的液压系统。此外，密封件磨损后，会使气液混合，影响系统的工作稳定性。

2）气囊式蓄能器

图 7-3（b）所示为气囊式蓄能器的结构。气囊 5 用耐油橡胶制成，固定在耐高压的壳体 4 的上部，囊内充入惰性气体。壳体下端的限位阀 6 是一个用弹簧加载的菌形阀，压力油从此通入，并能在油液全部排出后，防止气囊膨胀挤出油口。工作压力为 3.5～35MPa，容量范

围为 0.6～200L，温度适用范围为-10℃～+65℃。这种蓄能器密封可靠，气囊的惯性小，反应灵敏，适合用来储能和吸收压力冲击，但工艺性较差。

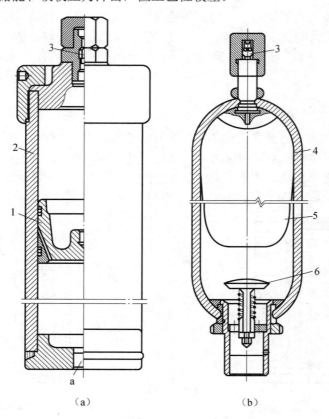

（a） （b）

图 7-3 充气式蓄能器

（a）活塞式；（b）气囊式

1—活塞；2—缸筒；3—充气阀；4—壳体；5—气囊；6—限位阀

3）隔膜式蓄能器

图 7-4 所示为隔膜式蓄能器。它采用两个半球形钢制外壳扣在一起，两个半球间夹一个橡胶隔膜，将蓄能器分为两部分，一端充入惰性气体（氮气），一端充入液体，利用橡胶的可伸缩性和气体的可压缩性，对受压液体的能量进行储存和释放。其质量和容积比最小，反应灵敏，低压时消除脉动效果显著。由于橡胶薄膜面积较小，气体膨胀受到限制，所以充气压力有限，容量小。

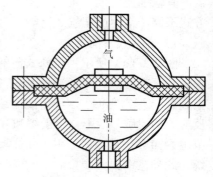

图 7-4 隔膜式蓄能器

7.1.3 蓄能用蓄能器的容量计算

蓄能用蓄能器包括用作辅助动力源的蓄能器，用于补偿泄漏、保持恒压的蓄能器，用于改善频率特性的蓄能器，用作应急动力源的蓄能器，用作液压空气弹簧的蓄能器等。

1）液压泵总流量 ΣQ_p 的确定

设置蓄能器的液压系统，其泵的流量是根据系统在一个工作循环周期中的平均流量 Q_m 来选取的，如图 7-5 所示。

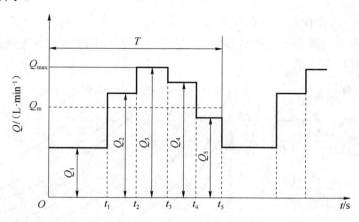

图 7-5　蓄能器流量-时间关系

$$Q_m = \frac{60K}{T} \sum_{i=1}^{n} Q_i t_i \tag{7-1}$$

式中　$\displaystyle\sum_{i=1}^{n} Q_i t_i$ ——在一个工作周期中各液压机构耗油量的总和（L）；

　　　　K——系统泄漏系数，一般取 $K=1.2$；

　　　　T——机组工作周期（s）。

由图 7-5 可知，超出平均流量 Q_m 的部分，即为蓄能器供给的流量。液压泵既可以选一台，也可以选数台，但其总流量 ΣQ_p 应等于一个工作循环内的平均流量 Q_m。

2）蓄能器有效容积 V_w（蓄能器有效供液容积）的计算

根据各液压机构的工作情况制作耗油量与时间关系的工作周期表，经比较确定最大耗油量的区间。

（1）对于作为辅助动力源的蓄能器，其有效容积可按下式粗略计算。

$$V_w = \sum_{i=1}^{n} V_i K - \frac{\Sigma Q_p t}{60} \tag{7-2}$$

式中　$\displaystyle\sum_{i=1}^{n} V_i$ ——在最大耗油量处，各执行元件耗油量的总和（L）；

　　　　K——系统泄漏系数，一般取 $K=1.2$；

　　　　ΣQ_p——泵站总供油量（L/min）；

　　　　t——泵的工作时间（s）。

对于液压缸：

$$V_i = A_i l_i \times 10^3$$

式中　A_i——液压缸工作腔有效面积（m²）；

　　　　l_i——液压缸的行程（m）。

（2）对于应急动力源的蓄能器，其有效容积要根据各执行元件动作一次所需耗油量的和来确定。

$$V_w = \sum_{i=1}^{n} KV_i' \tag{7-3}$$

式中　V_i'——应急操作时，各执行元件耗油量（L）。

（3）蓄能用蓄能器有效工作容积 V_w。在绝热情况下可以利用蓄能器有效容积（$n=1.4$）图用图解法求出 V_w，如图 7-6 所示。

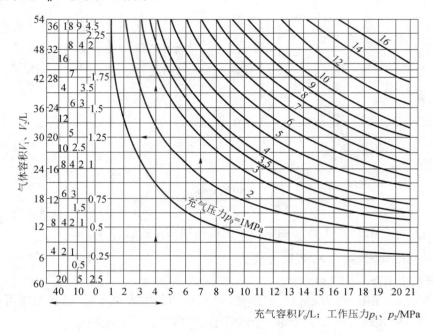

图 7-6　绝热情况下蓄能器有效容积（$n=1.4$）图

例 7-1　已知 $p_2=7\text{MPa}$，$p_1=4\text{MPa}$，$p_0=3\text{MPa}$，$V_0=10\text{L}$，求蓄能器的有效工作容积 V_w（绝热情况下）。

解：从图 7-6 中过 $p_2=7\text{MPa}$ 的垂直线与 $p_0=3\text{MPa}$ 的曲线的交点作水平线向左与 $V_0=10\text{L}$ 的垂直线相交，得 $V_2=5\text{L}$；过 $p_1=4\text{MPa}$ 的垂直线与 $p_0=3\text{MPa}$ 的曲线的交点作水平线向左与 $V_0=10\text{L}$ 的垂直线相交，得 $V_1=7.5\text{L}$，所以有效工作容积为

$$V_w = V_1 - V_2 = 7.5 - 5 = 2.5\text{L}$$

图 7-6 中横坐标从 0 起往左共 6 条线，第 1 条线为 2.5L，第 2 条线为 5L，第 3 条线为 10L，其次分别为 20L、40L、60L。图 7-6 中有关代号均与下栏公式中有关代号相同。

图 7-7 是气囊式蓄能器压力与容积的关系图。

（4）蓄能器的总容积 V_0。蓄能器的总容积 V_0，即充气容积（对于活塞式蓄能器而言，是指气腔容积与液腔容积之和）。根据波义耳定律，有

$$p_0 V_0^n = p_1 V_1^n = p_2 V_2^n = C$$

蓄能器工作在绝热过程（$t<1\text{min}$）时，$n=1.4$，其总容积为

$$V_0 = \frac{V_w}{p_0^{0.715}\left[\left(\dfrac{1}{p_1}\right)^{0.715} - \left(\dfrac{1}{p_2}\right)^{0.715}\right]} \qquad (7\text{-}4)$$

式中　p_0——充气压力（MPa）；

$\quad\quad p_1$——最低工作压力（MPa）；

$\quad\quad p_2$——最高工作压力（MPa）；

$\quad\quad V_w$——有效工作容积（L），$V_w = V_1 - V_2$。

p_0、p_1、p_2 均为绝对压力，相应的气体容积分别为 V_0、V_1、V_2，单位为 L。

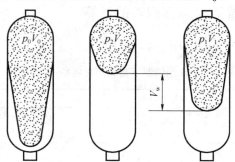

图 7-7　气囊式蓄能器压力与容积的关系

3）蓄能器充气压力 p_0 的选择与计算

（1）用于蓄能。

① 在使蓄能器总容积 V_0 最小，单位容积储存能量最大的条件下，当蓄能器工作在等温过程时，充气压力 $p_0 = 0.5p_2$；当蓄能器工作在绝热过程时，充气压力 $p_0 = 0.47p_2$。

② 使蓄能器质量最小时，$p_0 = (0.65 \sim 0.75)p_2$。

③ 在保护胶囊、延长其使用寿命的条件下，可按以下经验公式选取。

对于气囊式蓄能器，一般有

折合形气囊 $p_0 \approx (0.8 \sim 0.85)p_1$；

波纹形气囊 $p_0 \approx (0.6 \sim 0.65)p_1$；

对于隔膜式蓄能器，取 $p_0 > 0.25p_2$，$p_1 > 0.3p_2$；

对于活塞式蓄能器，取 $p_0 \approx (0.8 \sim 0.9)p_1$。

（2）用于吸收液压冲击，有 $p_0 = p_1$。

（3）用于清除脉动、降低噪声，有 $p_0 = p_1$ 或 $p_0 = 0.6\left(\dfrac{p_1 + p_2}{2}\right)$。蓄能器的充气压力 p_0 根据应用条件的不同，选用不同计算公式进行计算。用作液体补充装置或用于热膨胀补偿时，同样取 $p_0 = p_1$。

4）蓄能器最低工作压力 p_1 和最高工作压力 p_2 的确定

作为辅助动力源时，蓄能器的最低工作压力 p_1 应满足

$$p_1 = p_{1\max} + \sum \Delta p_{\max} \qquad (7\text{-}5)$$

式中　$p_{1\max}$——最远液压机构的最大工作压力（MPa）；

$\sum \Delta p_{max}$ ——蓄能器到最远液压机构的压力损失之和（MPa）。

从延长皮囊式蓄能器的使用寿命考虑，应有 $p_2 \leqslant 3p_1$。

为使作为辅助动力源的蓄能器在输出有效工作容积过程中液压机构的压力相对稳定些，一般推荐 $p_1 = (0.6 \sim 0.85)p_2$；但对于压力相对稳定性要求较高的系统，要求 p_1 和 p_2 之差尽量在 1MPa 左右。

p_2 越低于极限压力 $3p_1$，皮囊使用寿命越长。提高 p_2 虽然可以增加蓄能器的有效排油量，但势必使泵站的工作压力提高，相应功率消耗也提高，因此 p_2 应小于系统所选泵的额定压力。

7.1.4 其他情况下蓄能器总容积 V_0 的计算

其他情况下蓄能器总容积 V_0 的计算见表 7-1。

表 7-1 其他情况下蓄能器总容积 V_0 的计算

应用场合		计算公式	符号说明
用于补偿泄漏		$V_0 = \dfrac{5T(p_1 + p_2 - 2)p_1 p_2}{\mu p_0 (p_2 - p_1)\sum \zeta_{1i}}$	p_0 ——蓄能器充气压力（MPa） p_1 ——蓄能器最低工作压力（MPa） p_2 ——蓄能器最高工作压力（MPa） V_w ——蓄能器有效工作容积（m³） V_a ——封闭油路中油液的总容积（m³） n ——指数，对氮气或空气 $n = 1.4$ ζ_{1i} ——系统各元件的泄漏系数（m³） μ ——油的动力黏度（Pa·s） α ——管材线膨胀系数（K⁻¹） t_1 ——系统的初始温度（K） β ——液体的体积膨胀系数（K⁻¹） T ——定时间内机组不动的时间间隔（s） t_2 ——系统的最高温度（K） δ_p ——压力脉动系数 $\delta_p = \dfrac{2(p_2 - p_1)}{p_1 + p_2}$ p_m ——蓄能器设置点的平均绝对压力（MPa） $p_m = \dfrac{p_1 + p_2}{2}$ q_d ——泵的单缸排量（m³） K_b ——系数，不同型号的泵系数不同 ρ ——工作介质的密度（kg/m³） Q ——阀关闭前管内流量（L/min） L ——产生冲击波的管长（m） A ——管道通流截面面积（cm²） t ——阀由全开到全关时间（s）
用于热膨胀补偿	绝热过程	$V_0 = \dfrac{V_a(t_2 - t_1)(\beta - 3\alpha)\left(\dfrac{p_1}{p_0}\right)^{1/n}}{1 - \left(\dfrac{p_1}{p_2}\right)^{1/n}}$	
用作液体补充装置	绝热过程	$V_0 = \dfrac{V_w}{p_0^{1/n}\left[\left(\dfrac{1}{p_1}\right)^{1/n} - \left(\dfrac{1}{p_2}\right)^{1/n}\right]}$	
	等温过程	$V_0 = \dfrac{V_w}{p_0\left(\dfrac{1}{p_1} - \dfrac{1}{p_2}\right)}$	
用于消除脉动、降低噪声		$V_0 = \dfrac{V_w}{1 - \left(\dfrac{p_1}{p_2}\right)^{1/n}}$	
		或 $V_0^{①} = \dfrac{V_w}{1 - \left(\dfrac{2 - \delta_p}{2 + \delta_p}\right)^{1/n}}$	
	对柱塞泵	$V_0 = \dfrac{q_d K_b\left(\dfrac{p_m}{p_1}\right)^{1/n}}{1 - \left(\dfrac{p_m}{p_2}\right)^{1/n}}$	

续表

应用场合	计算公式	符号说明
用于吸收液压冲击	$$V_0^① = \frac{0.2\rho L Q^2}{A p_0}\left[\frac{1}{\left(\dfrac{p_2}{p_0}\right)^{0.285}-1}\right]$$ 经验公式 $$V_0^② = \frac{4Q\,p_2(0.0164L-t)}{p_2-p_1}\times 10^{-6}$$	

① 式中的压力均为绝对压力，单位为 MPa。
② 式中的 V_0 为正值时，才有必要安装蓄能器。

7.1.5　蓄能器的安装

蓄能器在液压系统中的功能不同，其安装位置和要求也不同。使用和安装蓄能器时应注意以下几点：

（1）蓄能器要安装在远离热源的地方。

（2）用于吸收液压冲击和压力脉动的蓄能器应尽可能安装在振源附近。

（3）安装在管路中的蓄能器必须用支架或支承板加以固定。

（4）气囊式蓄能器应垂直安放，油口向下，以免影响气囊的正常伸缩。

（5）蓄能器与液压泵之间应安装单向阀，以防液压泵停止或卸荷时，蓄能器的压力油倒流入液压泵。

（6）蓄能器与管路之间应安装截止阀，以便于充气、检修。

7.2　过　滤　器

在液压系统中，工作介质的过滤是液压系统中的一个重要环节。本节只介绍油液过滤器。

统计资料表明，液压系统中，约有 70%的故障是由油液污染造成的。外界的灰尘、脏物和油液氧化后的析出物侵入系统后，会引起液压元件运动副结合面的磨损、划伤或卡死运动件，堵塞阀口和管道小孔，使系统不能正常工作。系统内油液污染越严重，系统的工作稳定性也就越差。因此，对油液进行过滤，保持油液的清洁度是保证系统可靠工作的重要手段。

7.2.1　过滤器的功用和类型

过滤器的功用就是过滤混在油液中的杂质，降低系统中油液的污染度，保证液压系统的正常工作。

按过滤材料和结构形式不同，过滤器分为网式过滤器、线隙式过滤器、烧结式过滤器、纸芯式过滤器和磁性过滤器。

按过滤材料过滤原理的不同，过滤器分为表面型过滤器、纵深型过滤器和吸附型过滤器。

1. 表面型过滤器

这种过滤器将被滤除的微粒污物截留在滤芯的表面。滤芯材料具有均匀的标定小孔，可以滤除大于标定小孔的污物杂质。此种滤芯纳垢容量小，极易堵塞，但经清洗可重复使用，一般用于吸油、回油过滤和安全过滤的场合。

图 7-8（a）所示为网式过滤器的结构。它由上盖 1、下盖 4 和几块不同形状的铜网 3 组成。为使过滤器有一定的机械强度，铜网包在周围开有很多窗口的塑料或金属筒形骨架 2 上。一般滤去杂质颗粒的直径在 0.08～0.18mm 范围内，阻力小，压力损失不超过 0.01MPa，常用在液压泵吸油口处。网式过滤器的特点是结构简单，清洗方便，但过滤精度低。图 7-8（b）所示为线隙式过滤器的结构。它由上盖 1、滤芯（铜线或铝线）3、骨架 2 和壳体 5 组成。滤芯 3 绕在筒形骨架 2 的外圆上，利用线间的缝隙进行过滤。一般滤去杂质颗粒的直径在 0.03～0.10mm 范围内，压力损失为 0.07～0.35MPa，常用在低压管路或液压泵的吸油口。线隙式过滤器的特点是结构简单，通油能力大，过滤效果较好，但滤芯材料强度低，不易清洗。

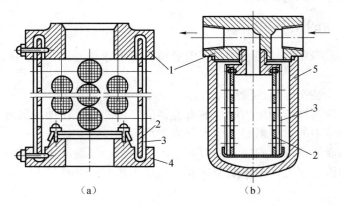

图 7-8　表面型过滤器

（a）网式过滤器；（b）线隙式过滤器
1—上盖；2—骨架；3—铜网（滤芯）；4—下盖；5—壳体

2. 纵深型过滤器

这种过滤器的滤芯由多孔可透性材料制成，材料内部具有曲折迂回的通道，较大的污物粒子被拦截在滤芯的外表面，较小的污物粒子进入滤材内部，撞到通道壁上，滤芯的吸附及迂回曲折通道有利于污物粒子的沉积和截留。这种滤芯过滤精度高，纳垢容量大，但堵塞后无法清洗，一般用于高压、泄油管路需精过滤的场合。常用的滤芯材料有纸芯、烧结金属和毛毡等。

图 7-9（a）所示为带堵塞状态发讯装置的纸芯式过滤器的结构。这种过滤器与线隙式过滤器的结构类似，只是滤芯为纸质。滤芯由三层组成，外层 2 为粗眼钢板网，中层为折叠成星状的滤纸，里层 4 由金属丝网与滤纸折叠而成，这样可提高滤芯强度，延长使用寿命。油液进入过滤器，通过滤芯后流出。该过滤器可滤除颗粒直径在 0.005～0.030mm 范围内的杂质，压力损失为 0.08～0.40MPa，常用于对油液要求较高的场合。其特点是结构紧凑，通油能力大，但堵塞后无法清洗，常要更换纸芯。纸芯式过滤器的滤芯能承受的压力差较小（0.35MPa），为保证过滤器能正常工作，防止因杂质聚积在滤芯上导致压差增大而压破纸芯，故在其顶部安装堵塞状态发讯装置 1。发讯装置与过滤器并联，其工作原理如图 7-10 所示。滤芯上、下游的压差 $p_1 - p_2$ 作用在活塞 2 上，与弹簧 5 的推力相平衡。当纸芯逐渐堵塞时，压差加大，

以至推动活塞 2 和永久磁铁 4 右移，感簧管 6 受磁铁作用吸合，接通电路，报警器 7 发出堵塞信号——发亮或发声，提醒操作人员更换滤芯。电路上若增设延时继电器，还可在发出信号一定时间后实现自动停机保护。

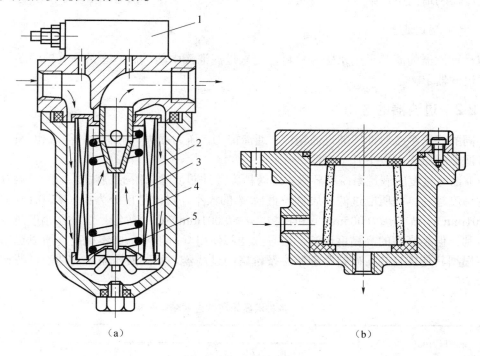

（a）　　　　　　　　　　　　　　（b）

图 7-9　纵深型过滤器

（a）纸芯式过滤器；（b）烧结式过滤器

1—堵塞状态发讯装置；2—滤芯外层；3—滤芯中层；4—滤芯里层；5—支承弹簧

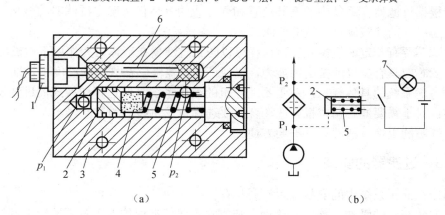

（a）　　　　　　　　　　　　　　（b）

图 7-10　堵塞状态发讯装置

（a）结构；（b）原理

1—接线柱；2—活塞；3—阀体；4—永久磁铁；5—弹簧；6—感簧管；7—报警器；P_1，P_2—过滤器滤芯上下游油液的压力

　　图 7-9（b）所示为烧结式过滤器的结构，其滤芯由颗粒状锡青铜粉压制后烧结而成。它利用铜粉颗粒之间的微孔滤去油液中的杂质。选择不同粒度的粉末能得到不同的过滤精度。

油液从左侧油孔进入，经杯状滤芯过滤后，从下部油孔流出。它可过滤颗粒直径在 0.01～0.10mm 范围内的杂质，压力损失为 0.03～0.20MPa，多用于过滤精度较高的排油或回油路上。这种过滤器制造简单，强度高，耐腐蚀，但使用中烧结颗粒易脱落，堵塞后清洗困难。

3. 吸附型过滤器

这种过滤器的滤芯采用永磁性材料，用来过滤油液中的铁屑。它常与其他滤芯一起制成复合式过滤器。

7.2.2　过滤器的选用

不同的液压系统对油液的过滤精度、通流能力、压力损失、耐压力的要求也不同，因此，选用过滤器时应考虑以下几个方面。

（1）过滤精度应满足系统的要求。过滤精度是滤芯滤除杂质的颗粒度大小。颗粒度越小，则过滤精度越高。按所能过滤杂质颗粒直径 d 的大小，过滤精度分为粗（$d \geqslant 0.1\text{mm}$）、普通（$d \geqslant 0.01\text{mm}$）、精（$d \geqslant 0.005\text{mm}$）和特精（$d \geqslant 0.001\text{mm}$）四个等级。过滤器精度越高，对系统越有利，但不必要的高精度过滤，会导致滤芯使用寿命下降，成本提高，所以选用过滤器时，应根据其使用目的，确定合理精度及价格的过滤器。不同液压系统对油液过滤精度的要求见表 7-2。

表 7-2　各种液压系统的过滤精度要求　　　　　　　　　　单位：μm

系统压力/MPa	一般系统			伺服系统
	<4	17～35	>35	21
过滤精度	20～50	10～25	<10	<5

（2）要有足够的通流能力。通流能力是指在一定压降下允许通过过滤器的最大流量。使用时，应根据过滤器在系统中的安装位置和要完成的具体任务确定过滤器的规格及滤芯的形式，保证通过它的油液满足系统的要求。

（3）滤芯要有一定的机械强度，这样可以防止过滤器在液体压力作用下被破坏。

（4）滤芯应具有良好的抗腐蚀能力，以保证过滤器能够在规定的温度下长期工作。

（5）考虑系统的具体要求，对于不能停机的液压系统，要选择切换式的过滤器，以利于更换滤芯；对于需要滤芯堵塞报警的场合，要选择带发讯装置的过滤器。

（6）滤芯的更换、清洗和维护要方便。

7.2.3　过滤器的安装

过滤器在液压系统中的安装位置，通常有以下几种。

（1）安装在泵的吸油管路上。这种安装方式主要用来保护液压泵不被较大颗粒杂质所损坏，要求过滤器有较大的通流能力和较小的阻力，以防止气蚀产生。其安装位置如图 7-11（a）所示。

（2）安装在液压泵的出口。如图 7-11（b）所示，这种安装方式可以保护除液压泵以外的其他液压元件，多采用 0.010～0.015mm 的精过滤器。由于过滤器处于高压油路上，因此，它应能承受高压、系统中频繁出现的压力变化及冲击压力的作用，压力损失一般小于 0.35MPa。

精过滤器常用在过滤精度要求高的系统及对污染物特别敏感的元件前，以保证系统和元件的正常工作。为防止过滤器堵塞时液压泵过载和滤芯被损坏，过滤器宜与旁通阀并联或者串联一堵塞指示装置。

（3）安装在液压系统的回油路上。如图 7-11（c）所示，这种安装方式可滤去油液回油箱前侵入系统或系统生成的污物，间接保护整个系统。由于回油压力低，可采用滤芯强度不高的精过滤器，并允许过滤器有较大的压降。为防止堵塞或低温启动时高黏度油液流过所引起的系统压力升高得过大，可并联一单向阀，起旁通阀的作用。

（4）安装在液压系统的支油路上。如图 7-11（d）所示，当液压泵的流量较大时，为避免选用过大的过滤器，在系统的支油路上安装一小规格的过滤器，过滤部分油液。这样既不会在主油路上造成压降，又可避免过滤器承受高压。

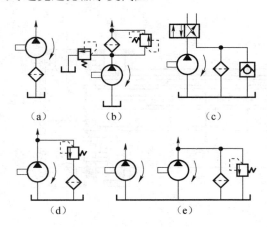

图 7-11　过滤器的安装位置

（5）安装在单独的过滤系统中。如图 7-11（e）所示为由专用液压泵和过滤器组成的独立于液压系统之外的过滤系统。它可以经常清除系统中的杂质，保证过滤器的功能不受系统中压力和流量波动的影响，过滤效果较好，是大型液压系统中常采用的过滤系统。在安装时应当注意，一般过滤器只能单向使用，以利于滤芯的清洗，保证系统的安全。因此，过滤器不应安装在液流方向可能变换的油路上，必要时要增设单向阀和过滤器，以保证双向过滤。

7.3　热　交　换　器

在液压回路与液压装置中，液压泵、液压马达的内部摩擦、黏性阻力、其他损失以及溢流阀的溢流作用等都要产生能量损失，这些损失大部分转化为热能，除少部分热量散发到周围的空间外，大部分热量使油温升高。

系统内液压油的温度过高，会使油液的黏度下降，密封材料过早老化，破坏润滑部位的油膜，油液饱和蒸汽压升高引起气蚀等。相反，液压油的温度过低，会造成油液黏度上升，装置或部件启动困难，压力损失加大并引起振动，甚至酿成事故。系统内液压油的正常工作温度范围为 30℃～50℃，当依靠自然热交换不能控制油温在上述范围内时，就须安装热交换器。热交换器是冷却器和加热器的统称。

7.3.1 冷却器

在一些液压系统中，对油液的温升范围有较严格的要求，单靠油箱的自然散热难以满足系统的要求时，应使用冷却器。液压系统所使用的冷却器形式很多，常用的形式如下。

（1）多管式冷却器。这种冷却器有许多小直径传热管，两端插在板上再固定在壳体内部，如图 7-12 所示。油液从壳体左端进油口流入，由于挡板 2 的作用，热油循环路线加长，通过传热管 3 之间的间隙，最后从右端出油口排出。水从右端盖的进水口流入，经上部水管流到左端后，再经下部水管从右端出水口流出，由水将油中的热量带出。这种冷却器的冷却效果较好，但体积较大。

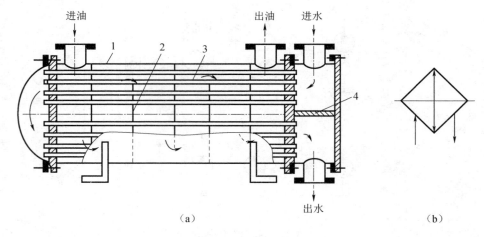

图 7-12　多管式冷却器

（a）结构；（b）图形符号

1—外壳；2—挡板；3—传热管；4—隔板

（2）带散热片的管式冷却器。这是由许多散热片和横穿过这些散热片的管子群组成的一种冷却器，如图 7-13 所示。压力油液从管子左端进入，流过管子的同时，通过散热片将热量散出，最后从右端管子流出。这是一种空气冷却式冷却器。

（3）波纹板式冷却器。这种冷却器是在两块平板之间夹入波纹状散热片，然后将它们多层交错叠合起来，如图 7-14 所示。压力油液从左侧进入，通过波纹通道后从右侧流出；冷却液从前端进入，通过与油液通道相垂直的通道从后端流出。由于压力油液和冷却液是相间流动的，所以冷却效果很好。

（4）整体散热片式冷却器。如图 7-15 所示，它由各种断面形状的铝合金管及在管的外面用特殊加工方法制成的散热片组成。其工作原理与带散热片的管式冷却器一样，但散热效果更好，适合用作空冷式冷却器。

所有的冷却器都应安装在液压系统的低压侧。一般冷却器安装在回油过滤器的下游，以防止过分堆积污染物而影响散热效果，并防止冷却器承受过滤器堵塞后造成的背压。

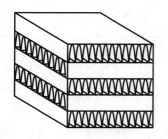
图 7-13　带散热片的管式冷却器

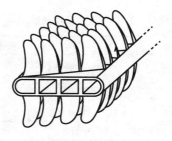
图 7-14　波纹板式冷却器

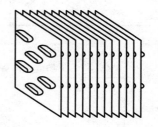
图 7-15　整体散热片式冷却器

7.3.2　加热器

油液加热的方法有热水（或蒸汽）加热和电加热两种方式。由于电加热器使用方便，易于自动控制，故应用很广。如图 7-16 所示，电加热器 2 用法兰固定在油箱 1 的箱壁上。发热部分全部浸在油液的流动处，便于热量交换。为防止油液局部温度过高而变质，电加热器表面功率密度不得超过 $3W/cm^2$。为此，应设置连锁保护装置，在没有足够的油液经过加热器循环时，或者在加热元件没有被系统油液完全包围时，阻止加热器工作。

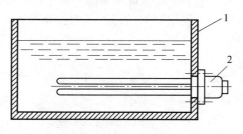

图 7-16　电加热器安装图

1—油箱；2—电加热器

7.4　液 压 管 件

管件包括管子和各种管接头。其作用是连接各液压元件，以输送液压油。有了管件连接，才能将液压控制元件、执行元件以及其他各种液压元件连接成完整的液压系统。因此，管件是液压系统中不可少的元件。为保证液压系统的正常工作，管件应有足够的强度，没有泄漏，密封性好，压力损失小，拆装方便。

1. 油管的种类

液压系统常用的油管有钢管、紫铜管、塑料管、尼龙管和橡胶软管等。油管的材料不同，其性能差别也很大。各种油管的特点及适用场合见表 7-3。在使用时，应根据液压装置的工作条件和压力大小进行选择。

表 7-3　各种油管的特点及适用场合

种类		特点和适用场合
硬管	钢管	耐油、耐高压、强度高、工作可靠，但装配时不方便弯曲，常在装拆方便处用作压力管道。中压以上用无缝钢管，低压用焊接钢管
	紫铜管	价格高，承压能力低（6.5～10MPa），抗冲击和振动能力差，易使油液氧化，易弯曲成各种形状，常用在仪表和液压系统装配不便处
软管	塑料管	耐油，价格低，装配方便，长期使用易老化，只适于做压力低于 0.5MPa 的回油管或泄油管
	尼龙管	乳白色透明，可观察流动情况，价格低，加热后可随意弯曲，扩口、冷却后定形，安装方便，承压能力因材料而异（2.5～8MPa），最高可达 16MPa
	橡胶软管	用于相对运动间的连接。分高压和低压两种。高压软管由耐油橡胶夹钢丝编织网（层数越多，耐压越高）制成，价格高，用于压力管路。低压软管由耐油橡胶夹帆布制成，用于回油管路

2．油管尺寸的确定

油管尺寸主要指内径 d 和壁厚 δ。由于管子的内径影响液体的流动阻力，因此，内径 d 的选取以降低流速、减少压力损失为前提。管子内径过小，管内油液流速过高，压力损失大，易产生振动和噪声；内径过大，会使液压装置不紧凑。管子的壁厚 δ 不仅与工作压力有关，还与管子的材料及工作环境有关。一般根据有关标准，查阅手册确定管径 d 和壁厚 δ。

3．管接头

管接头的主要功能是连接管子（或软管）与元件、管子与管子，以及在隔壁处提供连接与固定，如图 7-17 所示，它是一种可拆连接件。管接头必须具有足够的强度，在压力冲击和振动的同时作用下要保持管路的密封性、连接牢固、外形尺寸小、加工工艺性好、压力损失小等。

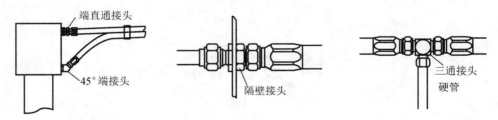

图 7-17　管接头的功能

管接头的种类繁多，液压系统中常用的管接头如下：

（1）扩口式管接头。这种管接头如图 7-18 所示。先将接管 2 的端部用扩口工具扩成 74°～90° 的喇叭口，再拧紧螺母 3，通过导套 4 压紧接管 2 扩口和接头体 1 的相应锥面，实现连接和密封。此种管接头结构简单，重复使用性好，适用于薄壁管件连接，用于压力低于 8MPa 的中低压系统。

（2）焊接式管接头。如图 7-19 所示，这种管接头由接头体 1、螺母 3 和接管 2 组成。接管 2 与系统管路中的钢管通过焊接连接，螺母 3 将接管 2 与接头体 1 连接在一起，接头体 1 与机体的连接用螺纹连接实现。根据螺纹的种类不同，接头体与机体之间要采用不同的密封方式。若接头体与机体间采用圆柱螺纹连接，则要采用加装组合密封圈 5 的方式密封；若采用锥螺纹密封，则要在螺纹表面包一层聚四氟乙烯材料旋入后形成密封。此种管接头装拆方便、工作可靠、工作压力高，但装配工作量大，要求焊接质量高。

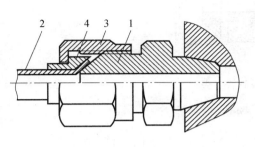

图 7-18　扩口式管接头

1—接头体；2—接管；3—螺母；4—导套

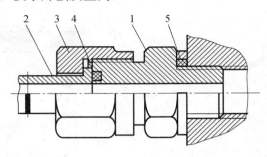

图 7-19　焊接式管接头

1—接头体；2—接管；3—螺母；4—O 形密封圈；5—组合密封圈

（3）卡套式管接头。这种管接头既不用焊接也不用扩口，使用很方便，如图 7-20 所示。它由接头体 1、螺母 3 和卡套 4 组成。卡套是一个内圈带有锋利刃口的金属环。当螺母 3 旋紧时，卡套 4 变形，一方面螺母 3 的锥面与卡套 4 的尾部锥面相接触形成密封，另一方面使卡套 4 的外表面与接头体 1 的内锥面配合形成球面接触密封。这种管接头连接方便，密封性好，但对钢管外径尺寸和卡套制造工艺要求高，须按规定进行预装配，一般要用冷拔无缝钢管。

（4）橡胶软管接头。橡胶软管接头分为可拆式和扣压式两种。图 7-21 所示为可拆式橡胶软管接头。在胶管 4 上剥去一段外层胶，将六角形接头外套 3 套在胶管上，之后将锥形接头体 2 拧入，由锥形接头体 2 和外套 3 上带锯齿形的倒内锥面把胶管 4 夹紧，实现连接和密封。图 7-22 所示为扣压式橡胶软管接头。其装配工序与可拆式橡胶软管接头相同，区别是外套 3 是圆柱形。这种接头最后要用专门模具在压力机上对外套 3 进行挤压收缩，使外套变形后紧紧地与橡胶管和接头连成一体。随管径不同，它可用于不同工作压力的系统。

（5）快速管接头。图 7-23 所示为快速管接头。它的装拆无须工具，适用于经常接通和断开的地方。图示位置是油路接通的工作位置。当需要断开油路时，可用力将外套 6 向左推，再拉出接头体 10，同时单向阀阀芯 4 和 11 分别在弹簧 3 和 12 的作用下封闭阀口，断开油路。这种管接头的结构复杂，压力损失大。

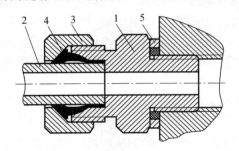

图 7-20　卡套式管接头

1—接头体；2—接管；3—螺母；4—卡套；5—组合密封圈

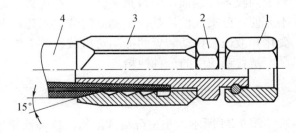

图 7-21　可拆式橡胶软管接头

1—接头螺线；2—锥形接头体；3—外套；4—胶管

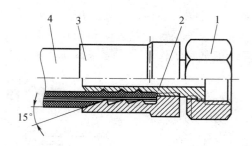

图 7-22　扣压式橡胶软管接头

1—接头螺母；2—接头体；3—外套；4—胶管

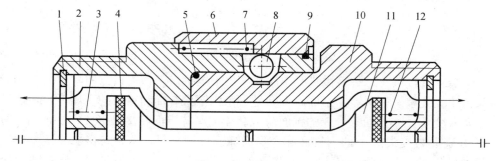

图 7-23　快速管接头

1—挡圈；2，10—接头体；3，7，12—弹簧；4，11—单向阀阀芯；5—O 形密封圈；6—外套；8—钢球；9—弹簧圈

7.5　油箱的功用、结构与设计

7.5.1　油箱的功用和结构

油箱在液压系统中的主要功用是储放系统工作用油，散发系统工作时产生的热量，沉淀污物并逸出油中气体。此外，油箱还具有支承液压元件的作用。液压系统中的油箱有整体式和分离式两种。

整体式油箱与机械设备的机体做在一起，利用床身的内腔作为油箱。其特点是结构紧凑，易于回收各种漏油，但散热条件差，易使邻近构件发生热变形，影响机械设备的精度，维修不方便。分离式油箱是一个独立的装置。其特点是布置灵活，维修保养方便，可以减小油温变化和液压泵传动装置的振动对机械设备工作性能的影响，便于设计成通用化、系列化的产品，是普遍使用的一种油箱。

7.5.2　油箱的设计

图 7-24 所示为小型分离式油箱，这种油箱通常用 2.5～5mm 的钢板焊接而成。其设计要点如下。

（1）油箱容量的确定。　这是油箱设计的关键。在一般情况下，可根据系统压力由经验公

式确定，即

$$V = \zeta q_{\mathrm{p}} \tag{7-6}$$

式中　V——油箱的有效容量（L）；

　　　q_{p}——液压泵的流量（L/min）；

　　　ζ——系数（min）。

ζ 值的选取：低压系统为 2～4min，中压系统为 5～7min，高压系统为6～12min。对于行走机械或经常间断作业的设备，系数取较小值；对于安装空间允许的固定机械，或需借助油箱顶盖安放液压泵及电动机和液压阀集成装置时，系数可适当取较大值。对于功率大且连续工作的液压系统，必要时应进行热平衡计算，再确定油箱的容量。标准 JB/T 7938—2010《液压泵站 油箱 公称容积系列》对液压泵站油箱的公称容量做出规定。

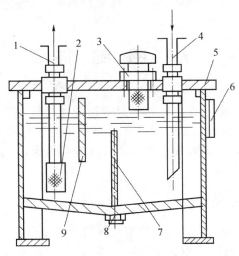

图 7-24　分离式油箱

1—吸油管；2—网式过滤器；3—空气过滤器；4—回油管；5—顶盖；6—油位指示器；7，9—隔板；8—放油塞

（2）基本结构。为了在相同的容量下得到最大的散热面积，油箱外形以立方体或长六面体为宜。若油箱的顶盖上要安放液压泵、电机以及阀的集成装置等，则油箱顶盖的尺寸将由此决定；为防止油箱内油液溢出，油面高度一般不超过油箱高度的80%。

（3）吸油过滤器的设置。设置的过滤器应有足够的通流能力，其安装位置应保证在油面最低时仍浸在油中，防止吸油时卷吸空气。为便于经常清洗过滤器，油箱结构的设计要考虑过滤器的装拆方便。

（4）吸油管、回油管、泄油管的设置。液压泵的吸油管 1 与系统回油管 4 之间的距离应尽可能远，以利于油液散热及杂质的沉淀。管口都应插入最低油面以下，但离箱底的距离要大于管径的 2～3 倍，以免吸空和飞溅起泡。回油管口应切成 45° 斜角以增大通流截面，并面向箱壁。吸油管的位置应保证过滤器四面进油。阀的泄油管应设在液面上，防止产生背压；液压泵和液压马达的泄油管应引入液面以下，以防吸入空气。

（5）隔板的设置。为了增加油液循环距离，利于油液散热和杂质沉淀，设置隔板 7、9 将吸、回油区隔开。其高度一般取最低油面高度的 2/3。

（6）空气过滤器与油位指示器的设置。空气过滤器的作用是使油箱与大气相通，保证液压泵的自吸能力，滤除空气中的灰尘杂物，并兼作加油口，一般将它布置在油箱顶盖上靠近边缘处。油位指示器用来监测油位的高低，置于便于观察的侧面。

（7）放油口的设置。油箱底部做成双斜面或向回油侧倾斜的单斜面，在最低处设置油塞。

（8）防污密封。油箱盖板和窗口连接处均需要加密封垫，各进、出油管通过的孔均需加装密封圈，以防污染。

（9）油温控制。油箱正常工作的温度范围为 20℃～50℃，必要时要设置温度计和热交换器。

（10）油箱内壁加工。为防锈、防凝水，新油箱内壁经喷丸、酸洗和表面清洗后，四壁可涂一层与工作液相容的塑料薄膜或耐油清漆。

大、中型油箱应设置相应的吊装结构。具体结构及参数参阅有关资料及设计手册。

7.6　密　封　件

液压系统是以流体为工作介质，依靠密封容积变化来传递力和速度的。要使液压系统高效且可靠地工作，就要有效地防止系统内工作介质的内、外泄漏，以及外界杂物的侵入。因此，液压系统密封的好坏直接影响系统的工作性能和效率，它是衡量系统性能的一个重要指标。

7.6.1　密封装置的分类

系统的密封由密封装置来完成。密封装置的种类很多，根据被密封部位配合面间有无相对运动，密封装置分为动密封装置和静密封装置两大类。根据密封件的制造材料、安装方式、结构形式不同，密封装置分类见表 7-4。

表 7-4　密封装置分类

分类			主要密封件
静密封	非金属静密封		O 形密封圈
			橡胶垫片
			聚四氟乙烯生料带
	半金属静密封		组合密封垫圈
	液态静密封		密封胶
动密封	非接触式密封		利用间隙、迷宫、阻尼等
	接触式密封	预压紧力密封	O 形密封圈
			橡塑组合密封圈 （格来圈、斯特圈 ）
		唇形密封	Y 形密封圈
			Y_x 形密封圈
			其他 （ V、L、J 形密封圈 ）
		油封	油封件

对密封装置的基本要求如下:

(1) 在一定的工作压力和温度范围内具有良好的密封性能。

(2) 密封装置与运动件之间摩擦系数小,且摩擦力稳定。

(3) 耐磨性好,使用寿命长,不易老化,抗腐蚀能力强,不损坏被密封零件表面,磨损后在一定程度上能自动补偿。

(4) 制造容易,维护、使用方便,价格低廉。

7.6.2　常见密封件的使用和安装要求

1. O 形密封圈

O 形密封圈(简称 O 形圈)的截面为圆形,如图 7-25 (a) 所示,其主要材料为合成橡胶,是应用广泛的一种密封件。

O 形圈的密封原理如下:依靠 O 形圈的预压缩,消除间隙实现密封,如图 7-25 (b) 所示。从图 7-25 中可以看出,这种密封随压力增加能自动提高密封件与密封表面的接触应力,从而提高密封作用,且在密封件磨损后具有自动补偿的能力。为保证 O 形圈的密封效果,选用 O 形圈时要按有关规定留出要求的预压缩量。一般情况下,对于动密封,当工作压力超过 10MPa 时;对于静密封,当工作压力超过 32MPa 时,为防止密封圈被挤入间隙,应考虑使用挡圈。如图 7-26 所示,单向承受压力时,单侧加挡圈;双向承受压力时,两侧都要加挡圈。当压力脉动较大时,也要使用挡圈,以防止 O 形圈的磨损加快。但是,当采用挡圈后,会增加密封装置的摩擦阻力,应用时应予以考虑。O 形圈在安装时,应注意以下几点:

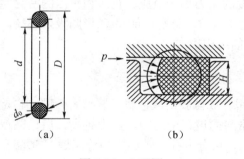

图 7-25　O 形圈

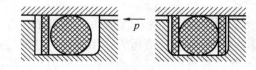

图 7-26　O 形圈的挡圈安装

d—内径; d_0—O 形圈截面直径;

D—O 形圈外径; H—沟槽深度; p—工作压力

(1) 安装时所通过的轴端、轴肩必须倒角或修圆,如图 7-27 (a) 所示。金属表面不能有毛刺、生锈或腐蚀等现象。当安装在缸中或内孔中时,O 形圈经过的孔口边应倒角 10° ～20° ,如图 7-27 (b) 所示。

(2) 当 O 形圈要通过内部横孔时,应将孔口倒成如图 7-28 所示的形状,其中直径 D 不小于 O 形圈的实际外径,坡口斜度 $\alpha = 120° \sim 140°$ 。

(3) 当 O 形圈需要通过外螺纹时,安装 O 形圈时应使用如图 7-29 所示的金属导套。

(4) 当 O 形圈以拉伸状态安装,且要在轴上滑行较长距离才能置于密封圈槽内时,轴的表面粗糙度必须小，且应在轴上涂以润滑剂。对于小截面、大直径的 O 形圈，安装在密封圈槽中后，应在伸长变形的截面恢复圆形后，才能将其组装到缸中。

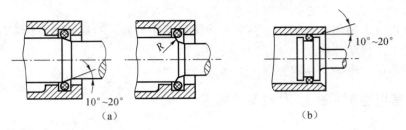

图 7-27　O 形圈通过部位的倒角和圆角

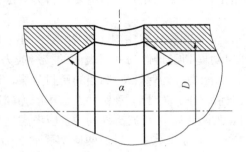

图 7-28　O 形圈通过的内部横孔

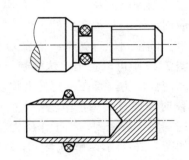

图 7-29　O 形圈通过外螺纹时的安装工具

（5）要注意 O 形圈工作的压力环境，有真空度的压力称为负压。正压和负压的密封完全不同，如图 7-30 所示。若误将图 7-30（a）用于负压密封，就有可能将 O 形圈吸入系统，使 O 形圈丧失其功能，这时应采用图 7-30（b）所示的结构形式。

2．Y 形密封圈

Y 形密封圈（简称 Y 形圈）的截面呈 Y 形，用合成橡胶制成，属于唇形密封圈。它是依靠密封圈的唇口受液压力作用变形，使唇边贴紧密封面进行密封的，压力越高，唇边贴得越紧，并且具有磨损后自动补偿的能力。按唇的结构，可分为孔、轴通用的等高唇 Y 形圈和孔用、轴用的不等高唇 Y 形圈，如图 7-31 所示。一般后者的密封性能较好。安装 Y 形圈时，唇口一定要对着压力高的一侧。当工作压力大于 14MPa 或压力波动较大、滑动速度较高时，为防止 Y 形圈翻转，应加支承环固定密封圈。为保证密封圈唇口张开，支承环上开有小孔，使压力流体能作用到密封圈的唇边上，以保持良好的密封，如图 7-32 所示。

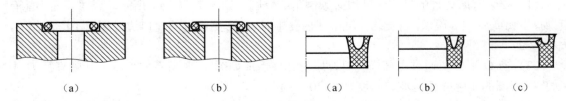

图 7-30　正压和负压静密封用 O 形圈

（a）正压；（b）负压

图 7-31　Y 形圈

（a）通用型；（b）孔用；（c）轴用

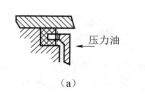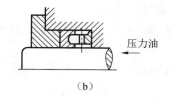

（a）　　　　　　　　　　　（b）

图 7-32　带支承环的 Y 形圈密封装置

（a）外径滑动；（b）内径滑动

3．Y_X 形密封圈

Y_X 形密封圈（简称 Y_X 形圈）是对 Y 形密封圈的改进设计，通常用聚氨酯橡胶压制而成。如图 7-33 所示，根据结构不同可分为孔、轴通用的等高唇 Y_X 形圈和孔用、轴用的不等高唇 Y_X 形圈。其结构特点是截面小，结构简单；截面高度与宽度之比大于 2，因而不易翻转，稳定性好；不等高唇 Y_X 形圈，短唇与密封面接触，滑动摩擦阻力小，耐磨性好，长唇与非运动表面有较大的预压缩量，摩擦阻力大，工作时不易窜动；Y_X 形圈有很长的谷部，工作时不会产生谷部开裂现象。

Y_X 形圈一般适宜在工作压力 $p \leqslant 32\text{MPa}$，温度为 $-30℃ \sim +100℃$ 的条件下工作。

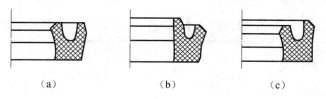

（a）　　　　　　　　（b）　　　　　　　　（c）

图 7-33　Y_X 形圈

（a）通过型；（b）孔用；（c）轴用

4．V 形密封圈

1）主要性能

V 形密封圈的截面呈 V 形，也是一种唇形密封圈。根据制作的材料不同，可分为纯橡胶 V 形密封圈和夹织物（夹布橡胶）V 形密封圈等。V 形密封圈的密封装置由压环、V 形密封圈和支承环三部分组成，如图 7-34 所示。

V 形密封圈主要用于液压缸活塞和活塞杆的往复动密封，其运动摩擦阻力较 Y 形密封圈大，但密封性能可靠、使用寿命长。当发生泄漏时，可只调整压环或填片而无须更换密封圈。V 形密封圈的最高工作压力大于 60MPa，适用工作温度为 $-30℃ \sim +80℃$，工作速度范围：采用丁腈橡胶制作时为 $0.02 \sim 0.3\text{m/s}$；采用夹布橡胶制作时为 $0.005 \sim 0.5\text{m/s}$。

V 形密封圈的特点如下：

（1）耐压性能好，使用寿命长。

（2）根据使用压力的高低，可以合理地选择 V 形密封圈的数量以满足密封要求，并可通过调整压紧力来获得最佳密封效果。

（3）根据密封装置不同的使用要求，可以交替安装不同材质的 V 形密封圈，以获得不同的密封特性和最佳综合效果。

（4）维修和更换密封圈方便。

（5）密封装置的轴向尺寸大，摩擦阻力大。

2）应用

安装 V 形密封圈时，同样必须将密封圈的凹口面向工作介质的高压一侧，如图 7-35 所示。应根据工作压力合理选择 V 形密封圈组合个数及压环、支承环和调整垫片材质，见表 7-5。

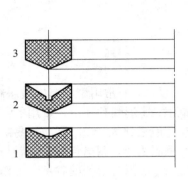

图 7-34　V 形密封装置

1—压环；2—V 形密封圈；3—支承环

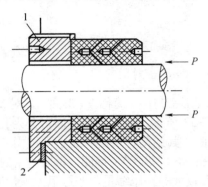

图 7-35　V 形密封圈的安装与调整

1—调节螺栓；2—调整垫片

表 7-5　V 形密封圈组合个数及压环、支承环和调整垫片材质

压力 /MPa	V 形密封圈个数及材质			压环、支承环材质					调整垫片材质		
	丁腈胶	夹织物丁腈胶	聚四氟乙烯	酚醛树脂	酚醛树脂夹织物	白铜	不锈钢	铝青铜	酚醛树脂	硬铅	白铜
<4	3	3	3	○	○	○	△	○	○	○	○
4～8	4	4	4	○	○	○	△	○	○	○	○
8～16	5	4	5	×	○	○	△	○	×	○	○
16～30	5	5	6	×	△	○	△	○	×	○	○
30～60	—	6	6	×	×	△	○	◎	×	△	○
>60	—	6		×	×	×	○	◎	×	△	○

注：○—可用；△—有条件使用；×—不可使用；◎—较佳。

V 形密封圈装置中，压环上的 V 形槽角度应与 V 形密封圈完全吻合。压环与耦合面之面的间隙大小应严格控制，以防唇边被挤入间隙而造成唇边撕裂。合理的间隙值见表 7-6。

表 7-6　压环与耦合面之面的间隙值（夹织物 V 形密封圈）

孔内径/mm	直径间隙/mm		
	压力 < 3.5 MPa	压力在 3.5～21 MPa	压力 > 21 MPa
≤75	0.15	0.10	0.07
75～200	0.20	0.15	0.10
200～250	0.25	0.20	0.13
250～300	0.30	0.25	0.15
300～400	0.35	0.30	0.18
400～500	0.40	0.35	0.20

为了保证液压缸的运动精度，对压环和支承环的制造精度要求较高。

V 形密封圈材质的选用应根据密封装置的工作压力和工作速度来进行，见表 7-7。夹布橡胶 V 形密封圈的耐压性能和耐磨性能均比纯橡胶 V 形密封圈好。而纯橡胶 V 形密封圈又具有优良的密封性能。所以，若将这两种不同材质的密封圈，交替组装起来使用，便能充分发挥各自的特性，获得最佳的密封效果。

表 7-7　V 形密封圈材质的选用

压力、速度及特性			V 形密封圈		备注
			纯橡胶	夹布橡胶	
工作压力/MPa		0～8	◎	◎	
		8～16	○	◎	要注意 V 形橡胶圈的挤出
		16～31.5	△	◎	注意 V 形橡胶圈的挤出，缩小压环间隙
		31.5～60	×	○	并用隔环
		>60	×	○	并用隔环
工作速度 / (m·s⁻¹)	转动	<0.05	○		
		>0.05	×或○	×或○	如冷却和润滑充分，则可用
	往复运动	<0.05	◎	◎	
		0.05～0.10	○	◎	
		0.10～0.50	△	○	介质黏度小时，泄漏增加
		>0.50	△	○	用隔环，并考虑冷却

注：○—合适；△—考虑其他条件后使用；×—不可使用；◎—最合适。

V 形密封圈使用一段时间后唇边会磨损，为保证其密封性能的持久性，须及时调整其压力。一般采用螺栓（或螺母）或加调整垫片来调整，如图 7-35 所示。

7.6.3　其他密封装置

1. 防尘圈

防尘圈属于唇形自紧式密封，设置在活塞杆或柱塞密封圈的外端，其唇部对活塞杆（柱塞）为过盈配合。因此在活塞杆做往复运动时，唇部刃口能将黏附在活塞杆上的灰尘、砂粒清除，保护液压缸免遭异物侵害。

防尘圈分为无骨架式和有骨架式两种，图 7-36 为无骨架式防尘圈。防尘圈的材料一般为丁腈橡胶或聚氨酯橡胶。防尘圈的选取可参考国家标准 GB/T 6578—2008《液压缸活塞杆用防尘圈沟槽型式、尺寸和公差》。

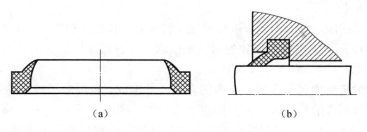

（a）　　　　　　　　　　　（b）

图 7-36　防尘圈

2. 油封

油封用于旋转轴上，用于防止润滑油外漏和外部灰尘进入，即同时起密封和防尘作用。油封一般由耐油橡胶制成，截面形状有 J 形、U 形等，图 7-37 所示为有骨架式橡胶油封。在自由状态下，油封的内径比轴的外径略小，有一定的过盈量（0.5～1.5mm）。当油封装在轴上后，油封的唇边对轴产生一定的径向压力，唇边与轴的表面之间形成稳定的油膜，既可封油又可润滑。在油封工作一段时间后，若因唇边磨损导致径向压力减小，则卡紧弹簧可实现补偿。

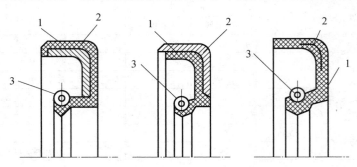

图 7-37 有骨架式橡胶油封

1—密圈；2—骨架；3—卡紧弹簧

常压型油封的使用压力应小于 0.05MPa。当工作压力超过 0.05MPa 时，应选用耐压型油封。选用油封时可参考国家标准 GB/T 13871—2007《密封元件为弹性体材料的旋转轴唇形密封圈》。

3. 组合密封垫圈

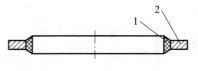

图 7-38 组合密封垫圈

1—橡胶环；2—金属环

如图 7-38 所示，组合密封垫圈由金属环 2 和橡胶环 1 胶合而成，特别适用于管接头、螺塞与其自接元件之间的平面静密封。因安装后外圈金属环起支承作用，内圈橡胶环得到适量的压缩，因此在保证良好的密封性能的同时又不会损坏橡胶环。

组合密封垫圈使用时极其方便，密封面对加工精度要求不高，其规格尺寸可参见标准 JB/T 982—1977《组合密封垫圈》。

4. 橡塑组合密封装置

随着液压技术的应用日益广泛，液压系统（特别是液压缸）对密封装置的要求越来越高，普通密封圈（如 O 形、Y 形圈）单独使用已难以满足高速低摩擦阻力的要求。因此，出现了橡塑组合密封装置。

橡塑组合密封装置由包括密封圈在内的多个元件组成。目前应用较广的是由普通 O 形圈与聚四氟乙烯塑料制成的格来圈或斯特圈组合而成的。图 7-39 所示为孔用格来圈，其中格来圈的截面为矩形。工作时 O 形圈因受压缩产生的弹性预压力将格来圈的外环紧贴缸筒内表面，由抗磨性能好的格来圈与缸筒内孔构成密封，O 形圈仅提供预压力。这种组合密封可以承受双向油压，动态工作压力可达 40MPa，活塞运动速度可达 15m/s，工作温度为-50℃～+130℃。

图 7-40 所示的轴用斯特圈的截面形状为阶梯形，工作原理同格来圈，但因斯特圈与轴之间为线接触，故密封性能更好，其动态工作压力可达 80MPa，相对运动速度可达 15m/s，工作温度为-54℃～+130℃。

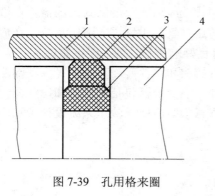

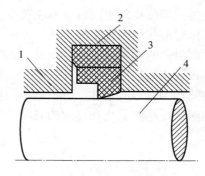

图 7-39　孔用格来圈　　　　　　　　　图 7-40　轴用斯特圈

1—缸筒；2—格来圈；3—O 形圈；4—活塞　　　　1—导向套；2—O 形圈；3—斯特圈；4—轴

图 7-41 所示为其他组合密封装置。由于充分发挥了橡胶密封圈和氟塑料的优点，因此其不仅密封可靠、摩擦力低且稳定、启动摩擦系数小，而且使用寿命比普通密封装置提高了近百倍。

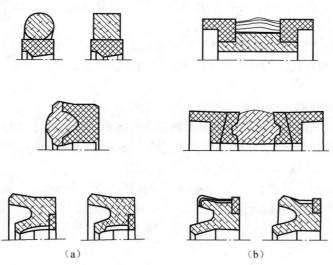

（a）　　　　　　　　　　　（b）

图 7-41　其他组合密封装置

（a）活塞杆用；（b）活塞用

本 章 小 结

本章重点介绍了液压系统常用的蓄能器、过滤器、密封件、油箱、冷却器、加热器、油管及辅助元件的结构、种类、工作原理。

　　蓄能器在液压系统中起到调节能量、均衡压力、减少设备容积、降低功能消耗及减少系统发热等作用，通常用于吸收脉动、冲击及作为液压系统的辅助油源，蓄能器在结构上分为重力式、弹簧式、活塞式和气囊式。过滤器是液压系统最重要的保护元件，不同的液压系统对油的过滤精度要求不同。本章主要介绍了纸质、网式、线隙式及烧结式过滤器。在液压系统中，密封的作用不仅是防止液压油的泄漏，还要防止空气和尘埃进入液压系统。在液压系统中对密封件的要求是在一定压力、温度范围内具有良好的密封性能，能抗腐蚀，不易老化，工作寿命长，磨损后能自动补偿。管件包括油管、管接头和法兰等，其作用是保证油路的连通。油箱作为非标准辅件，可根据不同要求进行设计，热交换器包括加热器和冷却器，其功能是使液压传动介质处在设定的温度范围内。通过本章学习应能在液压系统设计中正确选择上述元件。

习　　题

　　7-1　在液压系统设计中，如何进行管路计算？

　　7-2　选择滤油器安装方式时要考虑哪些问题？如果一个液压系统采用轴向柱塞泵，已购置了一个壳体能承受高压的精滤油器，其规格与泵的流量相同，该滤油器可安装在液压系统中的什么位置上？

　　7-3　蓄能器有什么用途？有哪些类型？简述活塞式蓄能器的工作原理。

　　7-4　O 形密封圈在液压系统中可以用于动密封和静密封，在使用压力上及装配方面应考虑哪些问题？

　　7-5　过滤器安装在系统的什么位置？它的安装特点是什么？

　　7-6　有一系统，采用输油量为 400mL/s 的泵，系统中的最大表压力为 7MPa，执行元件做间歇运动，在 0.1s 内需要用油 0.8L，如执行元件间歇运动的最短间隔时间为 30s，系统允许的压力降为 1MPa，试确定系统中所用蓄能器的容量。

　　7-7　一单杆液压缸，活塞直径为 100mm，活塞杆直径为 56mm，行程为 500mm。现从有杆腔进油、无杆腔回油，问由于活塞的移动可使有效底面积为 200cm^2 油箱内液面高度变化多少？

第 8 章

高性能液压元件

随着科技迅猛发展和微电子技术、计算机技术、传感器技术等在液压控制系统中的广泛应用，液压系统的控制精度、响应速度、工作可靠性越来越高，出现了一系列高性能的新型液压元件，如电液比例阀、伺服阀、数字阀。为适应高压大流量液压系统、小流量微型液压系统等技术的需要，以及为实现液压系统的集成化、标准化和通用化，出现了新型液压控制阀，如插装阀、螺纹插装阀及叠加阀等。

8.1　电液比例阀

电液比例阀是一种根据输入的电信号大小连续、成比例地对液压系统的参量（压力、流量及方向）实现远距离控制、计算机控制的液压阀。它的控制性能优于普通液压阀，制造成本、抗污染等方面优于电液伺服阀，因此广泛用于对控制性能要求低于电液伺服阀、要求不是很高的一般工业部门。按其功能，电液比例阀分为比例压力阀、比例流量阀、比例方向阀。

8.1.1　比例电磁铁

比例电磁铁的作用是将比例控制放大器输出的电信号转换成与之成比例的力或位移。不同于普通换向阀中所用的通断型直流电磁铁，比例电磁铁要求吸力（或位移）与输入电流成比例，并在衔铁的全部工作位置上，磁路中保持一定的气隙。目前所使用的大多数比例电磁铁具有盆底结构，如图 8-1（a）所示。

比例电磁铁一般为湿式直流控制，与普通直流电磁铁相比，由于结构上的特殊设计，使之形成特殊的磁路，从而使它获得基本的吸力特性，即水平的位移力特性，与普通直流电磁铁的吸力特性有着本质区别，如图 8-1（b）所示。由图可见，在其整个行程区内，位移-力特性并不全是水平特性。它可分为三个区段。在工作气隙接近于零的区段，输出力急剧上升，称为吸合区。由于这一区段不能正常工作，结构上通过加不导磁的限位片的方法将其排除，使衔铁不能移动到该区段内。当工作气隙过大时，电磁铁输出力明显下降，称为空行程区，这一区段虽然也不能正常工作，但有时是需要的，如用于直接控制式比例方向阀的两个比例电磁铁中，当通电的比例电磁铁工作在工作行程区时，另一端不通电的比例电磁铁则处于空行程区。除吸合区和空行程区外，具有近似水平特性的区段称为工作行程区（有效行程区）。工作行程区的长度与电磁铁的类型等有关。还有一种带位移反馈的位置输出型比例电磁铁，其具有更为优良的稳态控制精度和抗干扰特性，如图 8-2 所示。

比例电磁铁具有以下优点：

（1）结构简单，推力大；

（2）维护方便，成本低；

（3）对油液的清洁度要求较低。

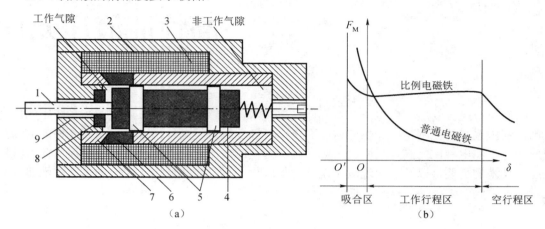

图 8-1　比例电磁铁的结构与特性曲线

（a）结构；（b）特性曲线

1—推杆；2—壳体；3—线圈；4—衔铁；5—轴承环；6—隔磁环；7—导套；8—限位片；9—极靴

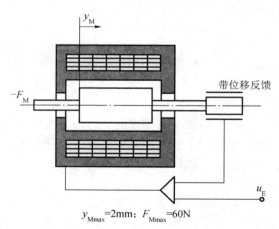

y_{Mmax}=2mm；F_{Mmax}=60N

图 8-2　带位移反馈的比例电磁铁

8.1.2　电液比例压力阀

1. 直动型比例压力阀

用比例电磁铁取代压力阀的手调弹簧力控制机构便可得到比例压力阀。

图 8-3（a）所示的比例压力阀采用普通力输出型比例电磁铁，其衔铁可直接作用于锥阀。
图 8-3（b）所示为带位移电反馈比例电磁铁，其必须借助弹簧转换为力后才能作用于锥阀进

行压力控制。后者由于有位移反馈闭环控制，可抑制电磁铁内的摩擦等扰动，因而控制精度显著高于前者，当然复杂性和价格也随之增加。这两种比例压力阀可用作小流量时的直动型溢流阀，也可取代先导型溢流阀和先导型减压阀中的先导阀，组成先导型比例溢流阀和先导型比例减压阀。先导型比例溢流阀多配置直动型压力阀作为安全阀，当输入信号为零时，还可作为卸荷阀。

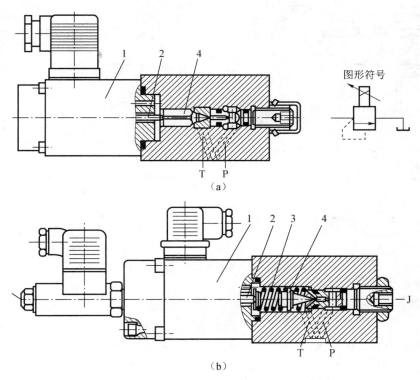

图 8-3　直动型比例压力阀

（a）不带位移电反馈；（b）带位移电反馈

1—比例电磁铁；2—推杆；3—传力弹簧；4—阀芯

2. 先导型比例压力阀

图 8-4 所示为两个应用输出压力直接检测反馈和在先导级与主级间动压反馈的比例压力阀。两种阀的先导阀阀芯均为有直径差的两节同心滑阀，大、小端面积差与压力反馈推杆面积相等，稳态时动态阻尼孔 R_2 两侧液压力相等，先导阀阀芯大端受压面积（大端面积减去反馈推杆面积）和小端受压面积相等，因而先导阀阀芯两端静压平衡。

图 8-4（a）和图 8-4（b）的主阀结构与传统先导型溢流阀和减压阀相同，均有 A、B 两通口。如前所述，传统先导型比例压力阀的先导阀控制的是主阀上腔压力，先导阀所受弹簧力和主阀上腔压力相平衡，当流量变化引起主阀液动力的变化以及减压阀进口压力 p_B 变化时，产生调压偏差。而图 8-4 所示的先导型比例压力阀，若忽略先导阀液动力、阀芯质量和摩擦力等影响，其输入电磁力主要与输出压力 p_A 作用在反馈推杆上的力相平衡，因而形成反馈闭环控制，当流量和减压阀的进口压力变化时，控制输出压力 p_A 也能保持恒定。

　　级间动压反馈原理，是主阀阀芯运动时在动态阻尼孔 R_2 两端产生的压差作用在先导阀阀芯两端面，经先导阀的控制对主阀阀芯的运动产生阻尼作用。应用此原理的比例压力阀动态稳定性显著提高，不会出现传统压力阀易产生的振荡和啸叫现象。同时改变动态阻尼孔 R_2 的孔径，可调节阀的快速响应性能，而对阀的稳态性能无任何影响。

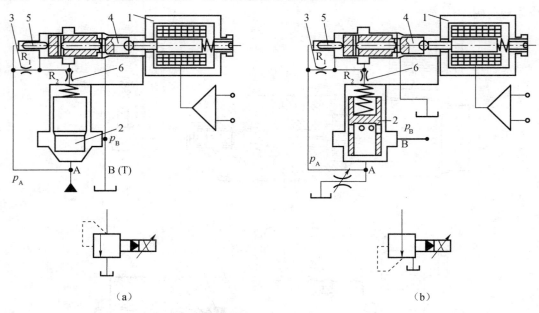

（a）　　　　　　　　　　　　　　（b）

图 8-4　先导式比例压力阀

（a）溢流阀；（b）减压阀

1—比例电磁铁；2—主阀阀芯；3，6—固定液阻；
4—先导阀阀芯；5—压力反馈推杆

8.1.3　电液比例流量阀

　　普通电液比例流量阀是将第 6 章 6.5 节所介绍的流量阀的手调部分用比例电磁铁代替形成的。下面介绍带内反馈的比例二通节流阀的结构和工作原理。

　　图 8-5 所示为一种位移-弹簧力反馈型电液比例二通节流阀，主阀阀芯 5 为插装阀结构。当比例电磁铁输入一定的电流时，所产生的电磁吸力推动先导滑阀阀芯 2 下移，得到一个向下的位移 y，先导滑阀阀口开启，于是主阀进口的压力油经阻尼孔 R_1 和 R_2、先导滑阀阀口流至主阀出口。

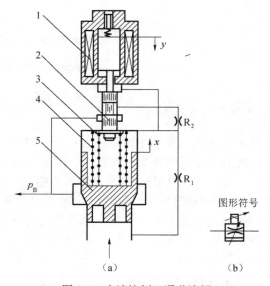

（a）　　　　　　　　（b）

图 8-5　电液比例二通节流阀

（a）结构；（b）图形符号

1—比例电磁铁；2—先导阀阀芯；3—反馈弹簧；4—复位弹簧；5—主阀阀芯

因阻尼孔 R_1 的作用，R_1 前后出现压力差，即主阀阀芯上腔压力低于主阀阀芯下腔压力，主阀阀芯在两端压力差的作用下，克服弹簧力向上移动，得到一个向上的位移 x，主阀阀口开启，进、出油口相通。主阀阀芯向上移动导致反馈弹簧 3 反向受压缩。当反馈弹簧力与先导滑阀上端的电磁吸力相等时，先导滑阀阀芯和主阀阀芯同时处于受力平衡状态，主阀阀口大小与输入电流大小成比例。改变输入电流大小，即可改变阀口大小，电液比例二通节流阀在系统中起节流、调速作用。使用该阀时要注意的是，输入电流为零时，阀口是关闭的。

8.1.4 电液比例换向阀

图 8-6 所示为电液比例换向阀。如图 8-6 所示，电液比例换向阀由前置级（电液比例双向减压阀）和放大级（液动比例双向节流阀）两部分组成。

前置级由两端比例电磁铁 4、8 分别控制双向减压阀阀芯 1 的位移。如果左端比例电磁铁 8 输入电流 I_1，则产生一电磁吸力 F_{E1} 使减压阀阀芯 1 右移，右边阀口开启，压力为 p_s 的液压油经阀口后减压为 p_c（控制压力）。因 p_c 经流道 3 反馈作用到阀芯右端（阀芯左端通回油，压力为 p_d），这样形成一个与电磁吸力 F_{E1} 方向相反的液压力 F_1，当 $F_1 = F_{E1}$ 时，阀芯停止右移稳定在某一位置，减压阀右边阀口开度一定，压力 p_c 保持在一个稳定值。显然压力 p_c 与供油压力 p_s 无关，仅与比例电磁铁的电磁吸力即输入电流大小成比例。同理，当右端比例电磁铁输入电流 I_2 时，减压阀阀芯将左移，经左阀口减压后得到稳定的控制压力。

放大级由阀体、主阀阀芯、左右端盖和阻尼螺钉 6、7 等零件组成。当前置级输出的控制压力 p_c 经阻尼孔缓冲后作用在主阀阀芯 5 右端时，液压力克服左端弹簧力使阀芯左移，开启阀口。

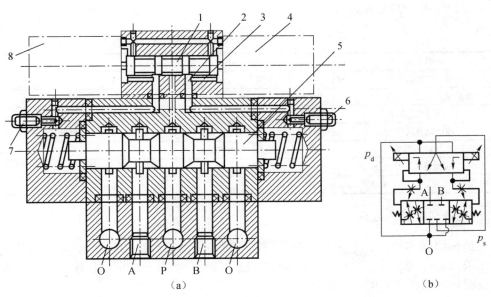

图 8-6 电液比例换向阀

（a）结构；（b）图形符号

1—减压阀阀芯；2，3—流道；4，8—比例电磁铁；5—主阀阀芯；6，7—阻尼螺钉

阀芯左端弹簧腔通回油（压力为 p_d），油口 P 与 B 口通，A 口与 O 口通。随着弹簧压缩

量增大，弹簧力增大，当弹簧力与液压力相等时，主阀阀芯停止左移并稳定在某位置，阀口开度一定。因此，主阀开口大小取决于输入电流的大小。当前置级输出的控制压力为 p'_c 时，主阀反向移动，开启阀口，油口 P 与 A 口通、B 口与 O 口通，油流换向并保持一定的开口，开口大小与输入电流大小成比例。

综上所述，改变比例电磁铁的输入电流，不仅可以改变工作液流方向，而且可以控制阀口大小实现流量调节，即具有换向、节流的复合功能。

8.2 伺 服 阀

伺服阀是一种通过改变输入信号，连续、成比例地控制流量和压力的控制阀。伺服阀用于对各种机械量（位移、速度和力）的自动控制系统中。根据输入信号的方式不同，液压伺服阀分为电液伺服阀和机液伺服阀。按输出和反馈的液压参数不同，电液伺服阀分为流量伺服阀和压力伺服阀两大类。

8.2.1 电液伺服阀

电液伺服阀既是电液转换元件，又是功率放大元件，它将小功率的电信号输入转换为大功率的液压能（压力和流量）输出，实现对执行元件的位移、速度、加速度及力的控制。

1. 电液伺服阀分类

电液伺服阀分类见表 8-1。

表 8-1 电液伺服阀分类

分类方法	种类
按输出液压参数分	电液流量伺服阀、电液压力伺服阀、电液压力流量伺服阀
按液压放大器的级数分	单级伺服阀、两级伺服阀、三级伺服阀
按第一级放大器结构分	滑阀、射流管阀、射流元件、单喷嘴挡板阀、双喷嘴挡板阀
按反馈方式分	力反馈、阀芯位置直接反馈、阀芯位移电反馈、负载流量反馈、负载压力反馈
按电-机械转换器类型分	动铁式、动圈式、压电陶瓷
按电-机械转换器输出分	力矩马达、力马达
按力矩马达是否浸泡在油中分	干式、湿式

2. 电液伺服阀的组成

电液伺服阀本身是一个闭环控制系统，一般由下列部分组成：①电气-机械转换装置；②液压放大器；③反馈（平衡）机构；④电控器部分。大部分伺服阀仅由前三部分组成，只有电反馈伺服阀才含有电控器部分。

电气-机械转换装置用来将输入的电信号转换为转角或直线位移输出，输出转角的装置称为力矩马达，输出直线位移的装置称为力马达。

液压放大器接收小功率的电气-机械转换装置输出的转角或直线位移信号，对大功率的压力油进行调节和分配，实现控制功率的转换和放大。反馈（平衡）机构使电液伺服阀输出的流量或压力获得与输入电信号成比例的特性。

3. 电液伺服阀的工作原理

图 8-7 所示为喷嘴挡板式电液伺服阀。图中上半部分为力矩马达，下半部分为前置级（喷嘴挡板）和主滑阀。当无电流信号输入时，力矩马达无力矩输出，与衔铁 5 固定在一起的挡板 9 处于中位，主滑阀阀芯也处于中位（零位）。泵来油进入主滑阀阀口，因阀芯两端台肩将阀口关闭，油液不能进入 A、B 口，但经固定节流孔 10 和 13 分别引到喷嘴 8 和 7，经喷射后，液压油流回油箱。由于挡板处于中位，两喷嘴与挡板的间隙相等 （液阻相等），因此喷嘴前的压力 p_1 与 p_2 相等，主滑阀阀芯两端压力相等，阀芯处于中位。若线圈输入电流，控制线圈产生磁通，衔铁上产生顺时针方向的电磁力矩，使衔铁连同挡板一起绕弹簧管中的支点顺时针偏转，左喷嘴 8 的间隙减小，右喷嘴 7 的间隙增大，即压力 p_1 增大，p_2 减小，主滑阀阀芯在两端压力差作用下向右运动，开启阀口，p_s 与 B 口通，A 口与 T 口通。在主滑阀阀芯向右运动的同时，通过挡板下端的反馈弹簧杆 11 的反馈作用使挡板逆时针方向偏转，左喷嘴 8 的间隙增大，右喷嘴 7 的间隙减小。于是压力 p_1 减小、p_2 增大。当主滑阀阀芯向右移到某一位置，由两端压力差 $(p_1 - p_2)$ 形成的液压力通过反馈弹簧杆作用在挡板上的力矩、喷嘴液流压力作用在挡板上的力矩以及弹簧管的反力矩之和与力矩马达产生的电磁力矩相等时，主滑阀阀芯受力平衡，稳定在一定的开口下工作。

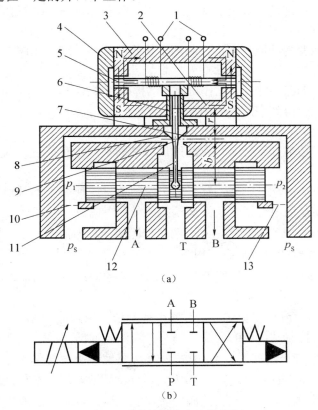

图 8-7　喷嘴挡板式电液伺服阀

（a）结构；（b）图形符号

1—线圈；2，3—导磁体；4—永久磁铁；5—衔铁；6—弹簧管；7，8—喷嘴；
9—挡板；10，13—固定节流孔；11—反馈弹簧杆；12—主滑阀

显然，改变输入电流大小，可成比例地调节电磁力矩，从而得到不同的主阀开口大小。若改变输入电流的方向，则主滑阀阀芯反向移动，实现液流的反向控制。

因图 8-7 所示电液伺服阀的主滑阀阀芯的最终工作位置是通过挡板弹性反力反馈作用达到平衡的，因此称为力反馈式。除力反馈式外，电液伺服阀还有位置反馈、负载流量反馈、负载压力反馈等。

4. 液压放大器的结构形式

液压放大器可以由单个或多个（通常为两个）液压放大级组成，分别称为单级或多级液压放大器。不同特点的液压伺服控制系统可以采用不同形式的单级或多级液压放大器。例如飞机助力操纵系统中，液压助力器是一个机液位置伺服控制机构，其中采用了滑阀式单级液压放大器。飞机自动驾驶仪的电液位置伺服控制系统和机床仿形加工系统中所采用的电液伺服阀，则是由电气-机械转换器和多级液压放大器构成的。

基本的液压放大元件有滑阀、喷嘴挡板阀和射流管阀等三种。其中滑阀和射流管阀可以作为单级液压放大器使用，尤以前者居多；而喷嘴挡板阀一般用作多级液压放大器中的前置放大级。宇航设备中还有采用偏转板式射流元件作为液压前置放大级的。

滑阀和喷嘴挡板阀都是节流式放大器，即以改变液流回路上节流孔的阻抗来进行流体动力的控制，但两者有不同形式的节流孔。射流管阀则是一种分流式元件，它是靠射流管喷出射流时将液体压力能变为动能，再借控制两个接收孔获得动能的比例不同（射流进入接收孔后又将动能变成压力能）来进行流体动力控制的。

液压放大器具有动态性能好、工作可靠、结构简单紧凑、单位体积的输出功率大等优点，所以在伺服控制系统中得到广泛的应用。

1）滑阀

根据滑阀上控制边数（起控制作用的阀口数）的不同，有单边、双边和四边滑阀控制式三种类型（图 8-8）。

图 8-8（a）为单边滑阀控制式，它有一个控制边。控制边 x_s 的开口大小控制了液压缸中的油液压力和流量，从而改变了液压缸运动的速度和方向。

图 8-8（b）为双边滑阀控制式，它有两个控制边。压力油一路进入液压缸左腔，另一路经滑阀控制边 x_{s1} 的开口和液压缸右腔相通，并经控制边 x_{s2} 的开口流回油箱。当滑阀移动时，x_{s1} 增大，x_{s2} 减小，或相反，这样就控制了液压缸右腔的压力，因而改变了液压缸的运动速度和方向。

图 8-8（c）为四边滑阀控制式，它有四个控制边。控制边 x_{s1} 和 x_{s2} 是控制压力油进入液压缸左、右油腔的，控制边 x_{s3} 和 x_{s4} 是控制左、右油腔通向油箱的。当滑阀向左移动时，液压缸左腔的进油口 x_{s1} 减小，回油口 x_{s3} 增大，使 p_1 迅速减小；与此同时，液压缸右腔的进油口 x_{s2} 增大，回油口 x_{s4} 减小，使 p_2 迅速增大。这样就使活塞迅速左移。反之，液压缸活塞右移。与双边控制滑阀相比，四边控制滑阀同时控制液压缸两腔的油液压力和流量，从而控制了液压缸的运动速度和方向。

由上可见，单边、双边和四边滑阀的控制作用是相同的。单边式和双边式滑阀只用以控制单杆的液压缸；四边式滑阀用来控制双杆的液压缸。控制边数多时控制质量好，但结构工艺性差。一般说来，四边式控制用于精度和稳定性要求较高的系统；单边式、双边式控制则用于一般精度的系统。滑阀式伺服阀装配精度要求较高，价格也较高，对油液的污染也较敏感。

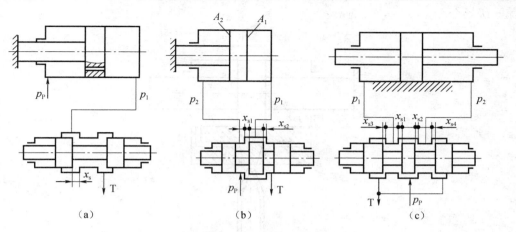

图 8-8　单边、双边和四边滑阀

四边滑阀根据在平衡位置时阀口初始开口量的不同，可以分为三种类型：负预开口（正遮盖）、零开口和正预开口，如图 8-9 所示。

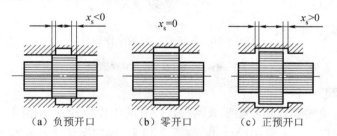

图 8-9　滑阀的三种开口形式

（a）负预开口；（b）零开口；（c）正预开口

伺服阀除了阀芯做直线移动的滑阀之外，还有一种阀芯做旋转运动的转阀，它的作用原理和上述滑阀相类似。

2）射流管阀

图 8-10 所示为射流管装置的工作原理。它由射流管 3、接受板 2 和液压缸 1 组成。射流管 3 可绕垂直于图面的轴线左右摆动一个不大的角度。接受板 2 上有两个并列着的接受孔道 a 和 b，它们把射流管 3 端部锥形喷嘴中射出的压力油分别通向液压缸 1 左右两腔。当射流管 3 处于两个接受孔道的中间位置时，两个接受孔道内油液的压力相等，液压缸 1 不动；如有输入信号使射流管 3 向左偏转一个很小的角度，则两个接受孔道内的压力不相等，液压缸 1 左腔的压力大于右腔的，液压缸 1 便向左移动，直到随液压缸 1 移动的接受板 2 使射流孔又处于两接受孔道的中间位置时为止；反之亦然。可见，在这种伺服元件中，液压缸运动的方向取决于输入信号的方向，其运动的速度取决于输入信号的大小。

射流管装置的优点是结构简单，元件加工精度要求低；射流管出口处面积大，抗污染能力强；射流管上没有不平衡的径向力，不会产生"卡住"现象。它的缺点是射流管运动部分惯量较大，工作性能较差；射流能量损失大，零位无功损耗也大，效率较低；供油压力高时容易引起振动，且沿射流管轴向有较大的轴向力。因此，这种伺服元件主要用于多级伺服阀的第一级场合。

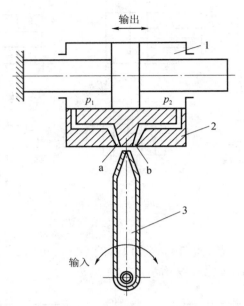

图 8-10　射流管装置的工作原理

1—液压缸；2—接受板；3—射流管

3）喷嘴挡板阀

喷嘴挡板阀有单喷嘴式和双喷嘴式两种，两者的工作原理基本相同。图 8-11 所示为双喷嘴挡板阀的工作原理，它主要由挡板 1、喷嘴 2 和 3、固定节流小孔 4 和 5 等元件组成。挡板和两个喷嘴之间形成两个可变的节流缝隙 δ_1 和 δ_2。当挡板处于中间位置时，两缝隙所形成的节流阻力相等，两喷嘴腔内的油液压力相等，即 $p_1 = p_2$，液压缸不动。压力油经固定节流小孔 4 和 5、缝隙 δ_1 和 δ_2 流回油箱。当输入信号使挡板向左偏摆时，可变缝隙 δ_1 关小，δ_2 开大，压力 p_1 上升，p_2 下降，液压缸缸体向左移动。因负反馈作用，当喷嘴跟随缸体移动到挡板两边对称位置时，液压缸停止运动。

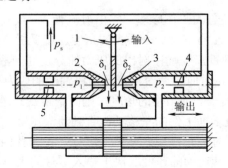

图 8-11　双喷嘴挡板阀的工作原理

1—挡板；2，3—喷嘴；4，5—固定节流小孔

喷嘴挡板阀的优点是结构简单、加工方便、运动部件惯性小、位移小、反应快、精度和灵敏度高；缺点是能量损耗大、抗污染能力差。喷嘴挡板阀常用作多级放大伺服控制元件中的前置级。

5. 电液伺服阀的基本特性

1）静态特性

（1）负载流量特性（压力-流量特性）。电液伺服阀的负载流量曲线表示出稳定状态下，输入电流 I、负载流量 q_L 和负载压降 p_L 三者之间的函数关系，如图 8-12 所示。图中的每条曲线都是在电流 I 等于某一恒定值的条件下作出的。

电液伺服阀的额定压力 p_{sn} 是电液伺服系统最大的供油压力。伺服阀可在额定压力以下工作，但供油压力过低，则会破坏其正常工作性能。电液伺服阀的额定流量 q_{Ln} 是指阀的力矩马达在输入额定电流，供油压力 p_s 为额定压力时，在给定阀的压降下阀的输出流量。

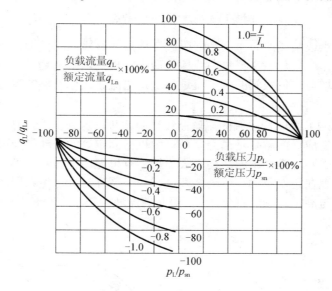

图 8-12　电液伺服阀的压力-流量特性曲线

可利用压力-流量特性曲线来确定阀的负载压力、负载流量和消耗功率间的关系，从而选定伺服阀的最佳工作点，此时 $p_L = (2/3)p_{sn}$，这时伺服阀输出功率最大，效率最高，据此确定伺服阀的型号和估计伺服阀的规格，使之与所要求的负载流量和负载压力相匹配。

（2）空载流量特性。空载流量曲线，简称流量曲线，是空载输出流量 q_0 与输入电流 I 呈回环状的函数关系，如图 8-13 所示。它是在给定的伺服阀压降和负载压降为零的条件下，使输入电流在正、负额定电流值之间进行一完整的循环所描绘出的连续曲线。由空载流量曲线可以得出空载压力、额定流量、流量增益、滞环、非线性度、不对称度、分辨率等。

① 额定流量。阀的额定流量是在额定电流和规定的阀压降下所测得的流量。

② 流量增益（流量放大系数）K_q。流量曲线回环的中点轨迹为名义流量曲线，它是无滞环流量曲线。由于伺服阀的滞环通常很小，因此可把伺服阀的任一侧当作名义流量曲线使用。

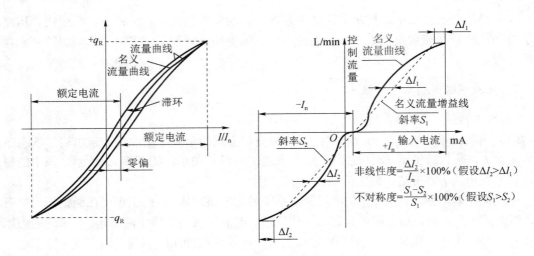

图 8-13　电液伺服阀空载流量曲线

流量曲线上某点或某段的斜率就是伺服阀在该点或该段的流量增益。从名义曲线的零流量点向两极方向各作一条与名义流量曲线偏差最小的直线，就是名义流量增益线，该直线的斜率就是名义流量增益。伺服阀的额定流量与额定电流之比称为额定流量增益。流量增益以 $[m^3/(s\cdot A)]$ 表示。

③ 滞环。图 8-14 表明伺服阀的流量曲线呈回环状，这是由力矩马达磁路的磁滞现象和电磁阀中的游隙所造成。此游隙是由力矩马达中机械固定处的滑动以及阀芯与阀套的摩擦力产生的。如果油液受到污染，则游隙会大大增加，有可能使伺服系统不稳定。伺服阀滞环定义为输入电流缓慢地在正、负额定电流之间进行一个循环时，产生相同的输出流量的两个输入电流的最大差值与额定电流的百分比。伺服阀的滞环通常小于 5%，高性能伺服阀小于 3%。

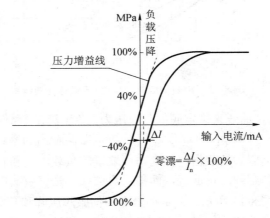

图 8-14　伺服阀的压力特性曲线

④ 非线性度。非线性度表示流量曲线的非直线性，它是名义流量曲线与名义流量增益线的最大电流偏差，以电流的百分比表示，非线性度通常小于 7.5%。

⑤ 不对称度。不对称度反映阀的两个极性的名义流量增益的不一致程度，用两者之差与其中较大者的百分比表示，不对称度通常小于 10%。

⑥ 分辨率。分辨率是使伺服阀输出流量发生变化所需要的输入电流的最小变化值与额定电流的百分比，它反映伺服阀对输入信号反映的灵敏度。

⑦ 零偏。零偏是指当线圈中电流为零时，伺服阀的输出流量不为零。空载情况下，使输出流量输出为零时的阀芯位置称为零位。为使阀芯处于零位所需输入的控制电流称为零偏电流。零偏的大小以流量曲线上往返两次时零偏电流绝对值的平均值与额定电流的百分比来表示。通常规定伺服阀的零偏小于 3%。

⑧ 零飘。电液伺服阀的调试工作是在标准试验条件下进行的，当供油压力、回油压力等工作条件或温度、加速度等发生变化时所引起零位的变化，称为伺服阀的零飘，其大小以零飘电流与额定电流的百分比来表示，通常规定伺服阀零飘小于 2%。

（3）压力特性。压力特性曲线是输出流量为零（将两个负载口堵死）时，负载压降与输入电流呈回环状的函数曲线，如图 8-14 所示。在压力特性曲线上某点或某段的斜率定义为压力增益（压力放大系数）K_p。测定压力增益时，通常把负载压力限定在最大负载压力的 ±40%，取负载压力对输入电流曲线的平均斜率为伺服阀的压力增益。伺服阀的压力增益越高，伺服系统的刚度越大，克服负载能力越强，系统误差越小。压力增益低，表明零位泄漏量大，阀芯和阀套配合不好，从而导致伺服系统的响应变得迟缓。

（4）内泄漏特性。泄漏流量（又称静耗流量）是输出流量为零（负载通道关闭）时，由回油口流出的内部泄漏量。泄漏量随输入电流变化而变化，当阀处于零位时为最大值 q_c，如图 8-15 所示。

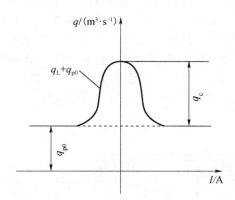

图 8-15 伺服阀的内泄漏特性曲线

两级伺服阀的泄漏量由前置级的泄漏量 q_{p0} 和输出级泄漏量 q_L 组成，减小前者将影响阀的响应速度；后者与滑阀的重叠情况有关，较大重叠量可以减少泄漏，但同时使阀产生死区，并可能导致阀淤塞，增大阀的滞环与分辨率。功率滑阀 q_c 与供油压力 p_s 的比值 K_c 可用来作为滑阀的流量-压力系数，对于新阀零位泄漏量可作为制造质量指标，对于旧阀零位泄漏量可反映其磨损情况。

2）动态特性

电液伺服阀的动态特性可用频率响应表示。电液伺服阀的频率响应是输入电流在某一频率范围内做等幅变频正弦变化时，空载流量与输入电流的复数比。频率响应用幅值比和相位滞后与频率的关系表示，如图 8-16 所示。伺服阀的频宽通常以幅值比为 -3dB 时的频率区间作为幅值宽，以相位滞后90°时的频率区间作为相频宽。频宽是衡量伺服阀动态响应速度的指标，伺服阀的频宽应根据系统的实际需要确定，频宽过低会限制系统响应，过高则将电噪声和高频干扰信号传给系统，对系统工作不利。

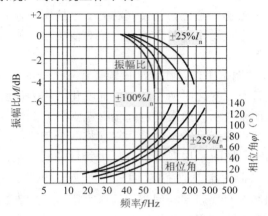

图8-16 电液伺服阀的频率响应

8.2.2 机液伺服阀

机液伺服阀的输入信号为机动或手控的位移。轴向柱塞泵的手动伺服变量机构就是很好的机液伺服实例。图8-17所示为其结构图。其主要零件有伺服阀阀芯1、伺服阀阀套2、变量活塞5等。伺服阀为双边控制形式，泵的出口压力油经泵体上的通道、变量机构下方的单向阀进入变量活塞的下腔，然后经活塞上的通道b引到伺服阀的阀口a。图示位置，伺服阀的两个阀口a和e都封闭，变量活塞上腔为密闭容积。在变量活塞下腔压力油的作用下，上腔油液形成相应的压力使活塞受力平衡。因活塞上、下两腔的面积比为2∶1，所以上腔压力为下腔压力的1/2。此时，泵的斜盘倾角γ等于零，排量为零。

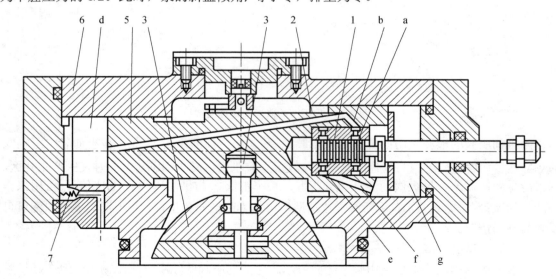

图8-17 轴向柱塞泵的手动伺服变量机构

1—伺服阀阀芯；2—伺服阀阀套；3—球形销；4—斜盘；5—变量活塞；6—壳体；7—单向阀

若用力向下推压控制杆带动伺服阀阀芯向下移动，则阀口 a 开启，变量活塞下腔压力油经阀口 a 通到上腔，上腔压力增大，变量活塞向下移动，通过球形销带动斜盘摆动，使斜盘倾角增大。由于伺服阀阀套与变量活塞刚性地连成一体，因此在活塞下移的同时反馈作用于伺服阀阀套，当活塞的位移量等于控制杆的位移量时，阀口 a 关闭，活塞的下移因油路切断而停止，活塞受力重新平衡。若反向提拉控制杆，则伺服阀阀口 e 开启，变量活塞上腔油液经变量活塞上的通道 f、阀口 e 流到泵的内腔（内腔压力为零）。于是上腔压力下降，变量活塞跟随控制杆向上移动，当变量活塞的位移量与控制杆的位移量相等时，阀口 e 封闭，活塞上移输出一定的排量，排量的大小与控制杆的位移信号成比例。

由上述可知，输入给控制杆一个位移信号，变量活塞将跟随其产生一个同方向的位移，泵的斜盘摆动某一角度，泵就输出一定的排量，排量的大小与控制杆的位移信号成比例。

8.3　电液数字阀

电液数字阀是指用数字信号直接控制阀的开启和关闭，从而实现对液流的压力、流量、方向控制的液压控制阀，简称数字阀。其特点是可以直接与计算机连接，不需要 D/A 转换元件，结构简单，工艺性好，价格低廉，抗污染能力强，工作可靠，抗干扰，重复精度高等。数字阀作为联系计算机与液压系统的桥梁，在计算机实时控制的液压系统中能取代电液比例阀或伺服阀，是新型液压元件发展的一个方向。

1. 电液数字阀的工作原理

根据控制方式不同，数字阀可分为增量式数字阀和高速开关数字阀两大类。增量式数字阀采用步进电动机机械转换器输出位移来控制阀口的开启和关闭。图 8-18 所示为增量式数字阀控制系统的工作原理框图。控制方式是在脉冲数字信号的基础上，使每个采样周期的步数在前一个周期的步数上，增加或减少一定的步数而达到需要的幅值，步进电动机的转角与输入的脉冲数成比例。

高速开关数字阀又称为脉宽调制式数字阀。其控制方式是通过脉宽调制放大器将连续信号调制为幅值相等，而在每一周期内宽度不同的一系列脉冲信号，放大后输入高速开关数字阀，利用脉冲宽度的变化通过电/机转换器控制阀的开度大小。

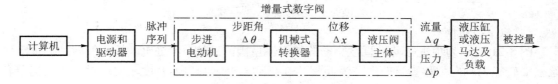

图 8-18　增量式数字阀控制系统的工作原理框图

图 8-19 所示为脉宽调制式高速开关数字阀控制系统的工作原理框图。

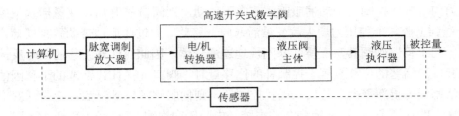

图 8-19　脉宽调制式高速开关数字阀控制系统的工作原理框图

2. 电液数字阀的典型结构

1）数字溢流阀

图 8-20 所示为增量式数字溢流阀的结构。该阀的主体部分与先导型溢流阀的相同，不同之处是先导阀的压力调节机构变成了步进电动机。输入一定数量的脉冲信号后，步进电动机 1 旋转相应的角度，通过凸轮 2 将旋转运动转变为调节杆 3 的轴向移动，实现对调压弹簧 4 压缩量的调节，从而实现压力调节。

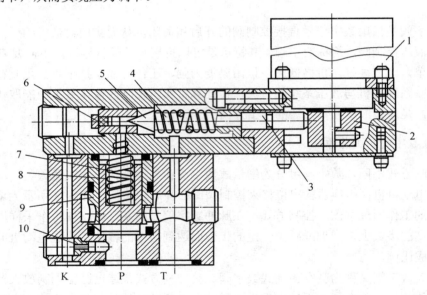

图 8-20　增量式数字溢流阀的结构

1—步进电动机；2—凸轮；3—调节杆；4—调压弹簧；5—先导阀阀芯；
6，10—阻尼孔；7—主阀芯弹簧；8—主阀芯；9—阀套

2）数字流量阀

图 8-21 所示为步进电动机直接驱动的数字流量阀的结构。步进电动机 1 的转动通过滚珠丝杠 2 转换为轴向位移直接驱动节流阀阀芯 3 移动，控制阀口的开度，实现对流量的调节和控制。

该阀的阀套 4 上开有两个节流口，左节流口为全周通流开口，右节流口为非全周开口，阀芯向左移动时先开启右节流口，得到较小的控制流量，阀芯继续移动，两个节流口同时开启，获得较大的控制流量。采用这种大、小节流口分段调节的形式，可改善小流量时的调节

性能。

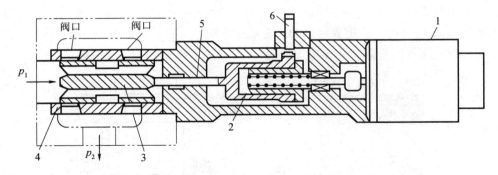

图 8-21 数字流量阀的结构

1—步进电动机；2—滚珠丝杠；3—节流阀阀芯；4—阀套；5—连杆；6—零位移传感器

3）高速开关数字阀

图 8-22 所示为二位三通型盘式电磁铁与锥阀组合的高速开关数字阀的结构。通电时，盘式电磁铁 1 左移，带动锥形阀芯 4 开启阀口；断电时，弹簧 2 推动电磁铁向右复位，关闭阀口。在恒定的采样周期内，控制开、关时间即可得到不同的流量。

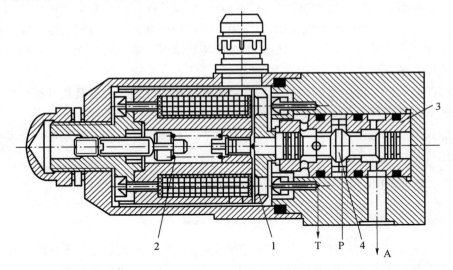

图 8-22 盘式电磁铁与锥阀组合的高速开关数字阀的结构

1—盘式电磁铁；2—弹簧；3—阀套；4—锥形阀芯

8.4 叠加阀和插装阀

8.4.1 叠加阀

叠加阀因其结构形状而得名，即它是一种可以相互叠装的液压阀，是为适应这种集成方式而特殊设计的。确切地说，叠加阀是以叠加方式连接的液压阀。它是在板式连接的液压阀集成化基础上发展起来的新型液压元件。

图 8-23 就是用这种方法集成起来的一个液压系统，从中可以看出，叠加阀系统主要由各种叠加阀、板式连接的换向阀和连接块组成。

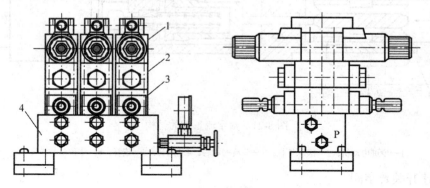

图 8-23 叠加阀集成系统

1—电磁换向阀；2—叠加式液控单向阀；3—叠加式单向节流阀；4—连接块

在系统的配置形式上，叠加阀有自己的特点。它安装在换向阀和底板块之间的每个叠加阀不仅具有控制功能，还起着油路通道的作用。这样，由叠加阀组成的液压系统，阀与阀之间以自身作通道体，按一定次序叠加后，由螺栓将其串联在换向阀与底板块之间，即可组成各种典型液压系统。

一般情况下，同一通径系列叠加阀的油口和螺钉孔的位置、大小及数量都与相匹配的标准换向阀相同，从而使叠加阀有更好的通用性及互换性。

由叠加阀组成的液压系统结构紧凑，配置灵活，系统设计、制造周期短，标准化、通用化和集成化程度较高。

8.4.2　插装阀

1. 插装阀的特点

插装阀是一种以锥阀为基本单元的新型液压元件，近年来在高压大流量的液压系统中应用广泛。由于这种阀有通、断两种状态，可以进行逻辑运算，故又称为逻辑阀。与普通液压阀相比，它有如下优点：

（1）流通能力大，特别适合大流量场合。它的最大通径可达 200～250mm，通过的流量可达 10000L/min。

（2）阀芯动作灵敏。因为它靠锥面密封切断油路，阀芯稍一抬起，油路立即接通。

（3）主阀采用锥面密封，密封性能好，泄漏量很小。

（4）结构简单，易于实现标准化、通用化和系列化。

（5）工作可靠，不易卡死。

2. 插装阀的基本组件及先导控制

插装阀的基本组件由阀芯、阀套、弹簧和密封圈组成。根据其用途不同，分为方向阀组件、压力阀组件和流量阀组件三种。同一通径的三种组件的安装尺寸相同，但阀芯的结构形式和阀套座孔直径不同。图 8-24 所示为三种插装阀组件的结构和图形符号，三种组件均有两个主油口 A 和 B、一个控制油口 X。记阀芯直径为 D、阀座孔直径为 d，则油口 A、B、X 的作用面积 A_A、A_B、A_X 分别为

$$A_A = \frac{\pi d^2}{4}, \quad A_B = \frac{\pi(D-d)^2}{4}, \quad A_X = \frac{\pi D^2}{4}$$

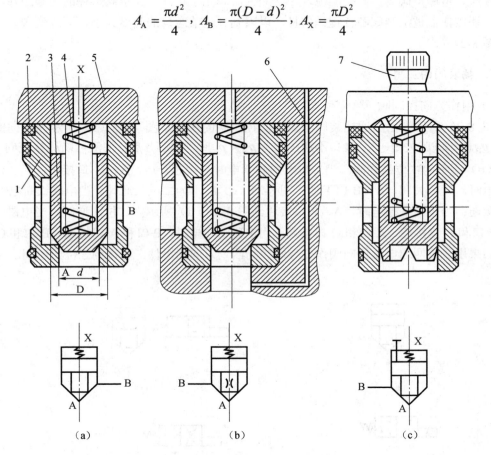

图 8-24　插装阀基本组件的结构和图形符号

（a）方向阀组件；（b）压力阀组件；（c）流量阀组件

1—阀套；2—密封圈；3—阀芯；4—弹簧；5—盖板；6—阻尼孔；7—阀芯行程调节杆

方向阀组件的油口 A 和 B 的作用面积相等，油口 A、B 可双向流动；压力阀组件中减压阀阀芯为滑阀，油口 B 进油，油口 A 出油，溢流阀和顺序阀的阀芯为锥阀，流量阀组件的阀芯的尾部窗口可以是矩形，也可以是三角形，一般油口 A 为进油口、油口 B 为出油口。

因插装阀组件有两个进、出油口，因此又称为二通插装阀。工作时阀口是开启还是关闭，取决于阀芯的受力状况。若记油口 A、B、X 的压力分别为 p_A、p_B、p_X，阀芯上端的复位弹簧力为 F_t，则 $p_X A_X + F_t > p_A A_A + p_B A_B$ 时阀口关闭，$p_X A_X + F_t \leqslant p_A A_A + p_B A_B$ 时阀口开

启。实际工作时，阀芯的受力状况是通过改变控制油口 X 的通油方式控制的。如油口 X 通回油箱，则 $p_X = 0$，阀口开启；如油口 X 与进油口相通，则 $p_X = p_A$ 或 $p_X = p_B$，阀口关闭。改变油口 X 通油方式的阀称为先导阀。

先导阀和盖板用来控制插装阀组件控制腔 X 的通油方式，从而控制阀口的开启和关闭。

其中方向阀组件的先导阀可以是电磁滑阀，也可以是电磁球阀。为防止换向冲击，可设置缓冲阀；为保证阀口可靠关闭，有时采用可选择压力的梭阀。压力阀组件的先导阀包括压力先导阀、电磁滑阀等，其控制原理与普通溢流阀完全相同。流量阀组件的先导阀除电磁滑阀外，还需在盖板上装阀芯行程调节杆，以限制、调节阀口的开度大小，即改变阀口通流面积［图 8-24（c）］。

3. 插装阀的应用

1）用作方向控制阀

图 8-25 所示为由二通插装阀组成方向控制阀的实例。图 8-25（a）所示为单向阀。当 $p_A > p_B$ 时，阀芯关闭，A、B 口不通；而当 $p_A < p_B$ 时，阀芯开启，油液可以从 B 流向 A。图 8-25（b）所示为二位二通阀。当二位二通阀断电时，阀芯开启，A、B 口接通；当二位二通阀通电时，阀芯关闭，A、B 口不通。图 8-25（c）所示为二位三通阀。当电磁铁断电时，A、O 口接通；当电磁铁通电时，A、P 口接通。图 8-25（d）所示为二位四通阀。当电磁铁断电时，P 口和 B 口接通，A 口和 O 口接通；当电磁铁通电时，P 口和 A 口接通，B 口和 O 口接通。如果用三位四通电磁换向阀作先导阀控制四个方向阀组件，可得到三位四通阀。

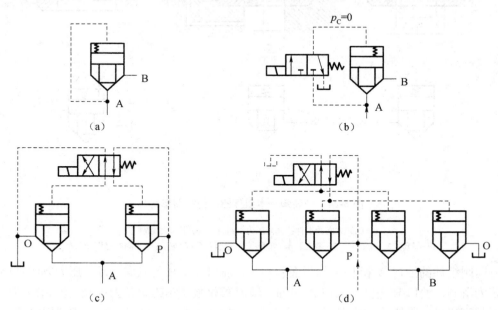

图 8-25 插装阀用作方向控制阀的实例

2）用作压力控制阀

对插装阀的控制口 X 进行压力控制，便可构成压力控制阀。图 8-26 所示为插装阀用作压力控制阀的实例。

图 8-26（a）中，如 B 口接油箱，则插装阀起溢流阀的作用；如 B 口接工作负载，则插装阀起顺序阀的作用。图 8-26（b）中，采用常开式滑阀阀芯，B 为进口，A 为出口。由于控制油取自 A 口，因而能得到恒定的二次压力，所以在这里插装阀用作减压阀。图 8-26（a）的插装阀的控制腔换成如图 8-26（c）所示，再接一个二位二通电磁阀，当电磁阀通电时，插装阀便可用作卸载阀。

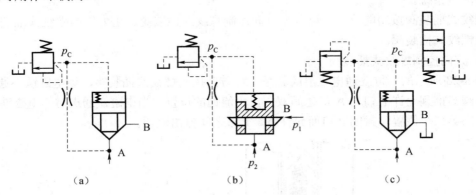

图 8-26　插装阀用作压力控制阀的实例

(a) 溢流阀或顺序阀；(b) 减压阀；(c) 卸载阀

3）用作流量控制阀

图 8-27 所示为插装阀用作流量控制阀的实例。在阀的盖板上有阀芯行程调节杆，调节阀芯行程调节杆，可以调节阀口通流截面的大小，从而调节流量。图 8-27（a）中插装阀用作节流阀，图 8-27（b）中减压阀 1 和节流阀 2 组合的插装阀用作调速阀。

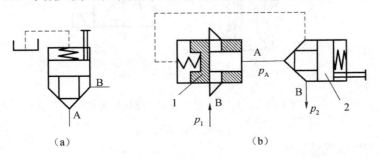

图 8-27　插装阀用作流量控制阀的实例

(a) 节流阀；(b) 调速阀

4.　螺纹式插装阀

螺纹式插装阀通过螺纹与阀块上的标准插孔相连接。在阀块上钻孔，将各种功能的螺纹式插装阀连接成阀系统。

螺纹式插装阀与二通盖板式插装阀比较，具有如下特点：

（1）功能实现。盖板式插装阀一般多依靠先导阀来实现完整的液压阀功能，螺纹式插装阀多依靠自身来提供完整的液压阀功能。

（2）阀芯形式。盖板式插装阀多为锥阀，螺纹式插装阀既有锥阀，也有滑阀。

（3）安装形式。盖板式插装阀的阀芯、阀套等插入阀体，依靠盖板固连在块体上；螺纹式插装阀组件依靠螺纹与块体连接。

（4）标准化与互换性。两者插孔都有相应标准，插件互换性好，便于维修。

（5）适用范围。盖板式插装阀适用于 16 通径及以上高压大流量的系统；螺纹式插装阀适用于小流量系统。

螺纹式插装阀按功能分类，可分为方向控制螺纹式插装阀、压力控制螺纹式插装阀、流量控制螺纹式插装阀。

1）方向控制螺纹式插装阀

图 8-28 所示的二位三通电磁滑阀就是一种方向控制螺纹式插装阀，当电磁铁不通电时，弹簧将阀芯推到允许 P 口与 A 口之间双向自由流通的位置。当电磁铁通电时，电磁铁推动阀芯到它的第二个位置，封闭 P 口而允许 A、T 口之间自由流通。

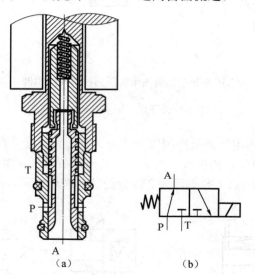

图 8-28　二位三通电磁滑阀（螺纹插装式）

（a）结构；（b）图形符号

2）压力控制螺纹式插装阀

压力控制螺纹式插装阀有溢流阀、减压阀、顺序阀、卸荷阀等，结构上可分为直动型与先导型。图 8-29 所示为螺纹插装直动型溢流阀的典型结构。

3）流量控制螺纹式插装阀

图 8-30 所示为可变节流器型的流量控制螺纹式插装阀。这种阀中没有压力补偿，沿两个方向都能调节流量。

图 8-31 所示为螺纹式插装阀的安装形式示意图。

螺纹式插装阀目前在小型工程机械、农业机械、起重运输机械等领域有广泛应用，具有较好的发展前景。

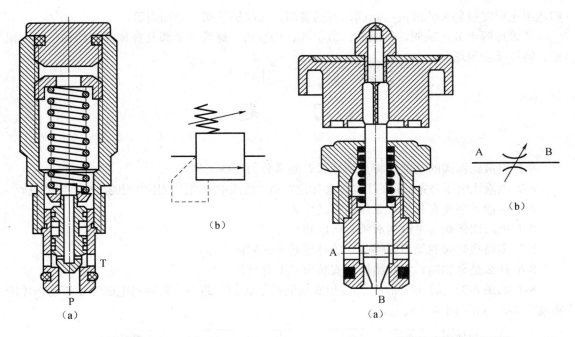

图 8-29　螺纹插装直动型溢流阀　　　　　图 8-30　流量控制螺纹式插装阀

（a）结构；（b）图形符号　　　　　　　　（a）结构；（b）图形符号

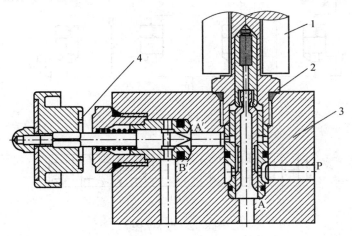

图 8-31　螺纹式插装阀的安装形式

1—插装式换向阀；2—密封件；3—插装阀块体；4—插装式节流阀

本 章 小 结

本章介绍了高性能的新型液压元件，包括电液比例阀、伺服阀、数字阀。为适应高压大流量液压系统、小流量微型液压系统等技术的需要，以及为实现液压系统的集成化、标准化和通用化而发展起来的液压控制阀，有插装阀、螺纹插装阀及叠加阀等。

要求理解电液比例阀、伺服阀、数字阀、插装阀、螺纹插装阀及叠加阀的结构、工作原理、特性及应用场合。

习　　题

8-1　电液比例阀的功能和特点是什么？通常分为哪些类型？

8-2　电液比例压力先导阀的工作原理如何？由它组成的电液比例压力阀的结构有何特点？

8-3　电液数字阀有几类？工作原理是什么？

8-4　电液比例阀与电液伺服阀有何区别？

8-5　多路换向阀的类型有哪些？各种连通方式如何工作？

8-6　什么是叠加阀？它在结构和安装形式上有何特点？

8-7　如图 8-32（a）所示的二通盖板式插装阀组成的回路中，先导阀电磁铁如何动作才能实现图 8-32（b）的换向机能？

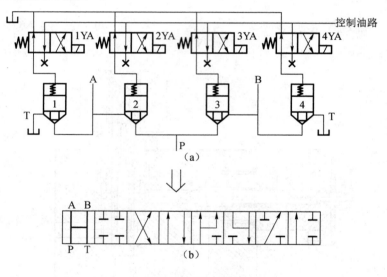

图 8-32　题 8-7 图

第 9 章

液压基本回路

任何液压系统都是由若干液压基本回路组成的。液压基本回路就是由相关液压元件组成，用来实现某种特定控制功能的液压回路。按其在系统中的作用，基本回路可分为压力控制回路（控制整个系统或局部油路的工作压力）、速度控制回路［控制和调节执行元件的运动速度（角速度）］、方向控制回路（控制执行元件的运动方向和锁停）、多执行元件控制回路（控制两个或两个以上执行元件的工作顺序、互不干扰等）。熟悉和掌握液压基本回路的组成、工作原理及其应用，有助于更好地分析、使用和设计液压系统。

9.1 压力控制回路

压力控制回路利用压力控制阀来控制整个液压系统或局部支路的压力，以满足执行元件对力或转矩的要求。常用压力控制回路有调压、减压、卸荷、增压、保压和平衡等多种回路。

9.1.1 调压回路

调压回路的功用是调整和控制系统压力为一定值、多级定值或不超过某个值。对于液压系统，一般由溢流阀来实现这一功能。

（1）单级调压回路。如图 9-1（a）所示，在液压泵的出口处设置并联的溢流阀 1 来控制系统的最高压力为恒值，溢流阀 1 作定压阀用。若此回路无节流阀，或在变量泵后设置并联的溢流阀，用以限制系统压力不超过某值 （一般为系统工作压力的 1.1 倍），此溢流阀作安全阀用。

（2）多级调压回路。如图 9-1（b）所示，先导型溢流阀 2 的遥控口串接二位二通换向阀 3 和远程调压阀 4。在远程调压阀 4 的调压值小于先导型溢流阀 2 调压值的条件下，换向阀在左位或右位，系统压力分别调定为先导型溢流阀 2 或远程调压阀 4 的调压值。如果先导型溢流阀的遥控口通过多位换向阀串接多个远程调压阀，且被串接远程调压阀的调压值均低于先导型溢流阀的调压值，则系统可得到多级压力。

（3）无级调压回路。如图 9-1（c）所示，根据执行元件工作过程各个阶段的不同要求，调节比例溢流阀 5 的输入电流，即可达到调节系统工作压力的目的。

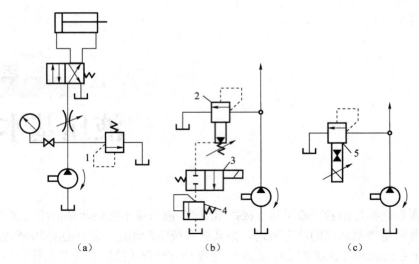

图 9-1 调压回路

（a）单级调压回路；（b）多级调压回路；（c）无级调压回路
1—溢流阀；2—先导型溢流阀；3—二位二通换向阀；4—远程调压阀；5—比例溢流阀

9.1.2 减压回路

减压回路的功用是使系统中某一分支油路具有低于系统压力调定值的稳定工作压力，如机床的夹紧、定位、导轨润滑及液压控制油路等。

如图 9-2（a）所示，在通往液压缸 4 的油路上串接定值减压阀 2。调整减压阀，液压缸 4 便可得到所要求的低压。当主油路压力低于减压阀的调压值时，单向阀 3 关闭，短期保压，使液压缸 4 免受低压影响。

如图 9-2（b）所示，在先导式减压阀 1 的遥控口串接换向阀和远程调压阀，同样可得到不同的减压调定值。用比例减压阀也可实现无级减压。

减压阀要稳定工作，其最低调整压力应不小于 0.5MPa，最高调整压力应至少比系统压力低 0.5MPa。由于减压阀的泄漏油口向油箱泄油，为保证减压回路中执行元件的调速精度，调速元件应装在减压阀的下游。

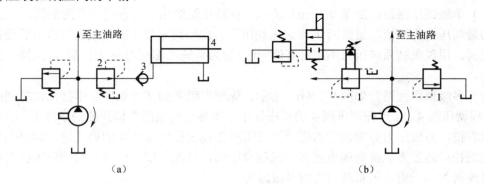

图 9-2 减压回路

（a）单级减压回路；（b）二级减压回蹋
1—先导式减压阀；2—定值减压阀；3—单向阀；4—液压缸

9.1.3　卸荷回路

卸荷回路是在液压系统执行元件短时间不运动时，不频繁启闭驱动泵的原动机，而使泵在很小的输出功率下运转的回路。采用卸荷回路，可以减少功率损失和系统发热，延长液压泵和原动机的使用寿命。卸荷方法有两类：一类是使液压泵的压力为零或接近零，即为压力卸荷；另一类是使液压泵输出流量为零或接近零，即为流量卸荷。

1. 用换向阀的卸荷回路

在图 9-3（a）中，换向阀 2 在右位时，液压泵卸荷。在图 9-3（c）中，如换向阀为 M（或 H、K）型电磁换向阀，则在中位时液压泵可卸荷，但换向冲击大。对于高压大流量系统，采用图中 M（或 H、K ）型电液换向阀卸荷，可减小换向冲击，但必须在换向阀前安装单向阀，以使系统保持 0.2～0.3MPa 的背压，供换向控制油路用。

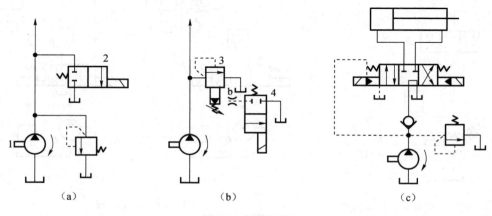

图 9-3　卸荷回路

（a）用换向阀的卸荷回路；（b）用先导型溢流阀的卸荷回路；（c）用换向阀中位机能的卸荷回路
1—液压泵；2—换向阀；3—先导型溢流阀；4—二位二通换向阀

2. 用先导型溢流阀的卸荷回路

如图 9-3（b）所示，先导型溢流阀 3 的遥控口接二位二通换向阀 4。换向阀在下位时，液压泵通过溢流阀卸荷。阻尼孔 b 可防止换向的压力冲击。

3. 限压式变量泵的卸荷回路

限压式变量泵的卸荷回路为流量卸荷，如图 9-4 所示，当液压缸 3 活塞运动到行程终点或换向阀 2 处于中位时，限压式变量泵 1 的压力升高，流量减少，当压力接近限压式变量泵调定的极限值时，泵输出的流量只补充液压缸或换向阀的泄漏量，回路实现保压卸荷。系统中的溢流阀 4 作安全阀用。

9.1.4　平衡回路

平衡回路使立式液压缸的回油路保持一定背压，以防止液压缸及其工作部件在悬空停止期间因自重而自行下落，或在下行运动中因自重而失控超速，造成不稳定运行。

1. 采用液控单向阀的平衡回路

如图 9-5（a）所示，由于液控单向阀是锥面密封，泄漏量小，故闭锁性能好。当换向阀在中位时，液压缸及重物可长时间悬空停留。当液压缸下行时，若下腔油液不经节流阀，直接通过液控单向阀回油箱，则运动部件由于无背压平衡会加速下降，造成上腔压力下降，液控单向阀关闭，待液压缸上腔重新建立压力后，液控单向阀又打开。液控单向阀时开时闭，造成运动件时走时停，即爬行现象。所以，在液压缸下腔油路中一定要串接单向节流阀。如液控单向阀为内泄式，则单向节流阀只能装在其上游；如液控单向阀为外泄式，则装在上、下游均可。

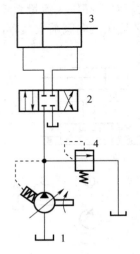

图 9-4　限压式变量泵的卸荷回路

1—限压式变量泵；2—换向阀；
3—液压缸；4—溢流阀

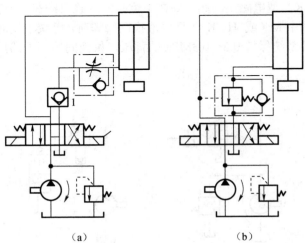

图 9-5　平衡回路

（a）采用液控单向阀的平衡回路；（b）采用远控平衡阀的平衡回路

2. 采用远控平衡阀的平衡回路

如图 9-5（b）所示，远控平衡阀是一特殊结构的外控顺序阀。它的密封性好，使工作部件悬空停留的时间长；它的阀口随负载增大而自动变小，使液压缸的背压自动增大，不会产生下行时的时走时停现象。这种平衡回路比一般由外控顺序阀或内控顺序阀组成的平衡回路性能都好。

9.1.5　保压回路

保压回路是要求执行机构进口或出口油压维持恒定的回路。在此过程中，执行机构维持不动或移动速度几乎为零。保压性能主要是保压时间和压力稳定性两个指标。因此保压回路就是试图保持高压腔油液的压力，一方面可以通过减少高压腔油液的泄漏来实现，另一方面可以通过弥补高压腔油液泄漏来实现。最简单的保压回路是使用密封性能较好的液控单向阀的回路，当要求保压时间长时，可采用补油的办法来保持回路中压力的稳定。常见的保压回路有以下几种。

1. 蓄能器补油的保压回路

如图 9-6（a）所示，当主换向阀在左位时，系统压力油分别进入蓄能器和液压缸。液压缸运动到位后，进油路压力上升到调定值，压力继电器发出信号，使二位阀上位工作，液压泵卸荷，单向阀关闭，蓄能器向进油路补油，保压开始。当泄漏使进油路压力不足时，压力继电器复位，使泵重新向进油路和蓄能器供油。保压值的范围取决于压力继电器的工作区间，保压时间的长短取决于蓄能器容量和充气压力。

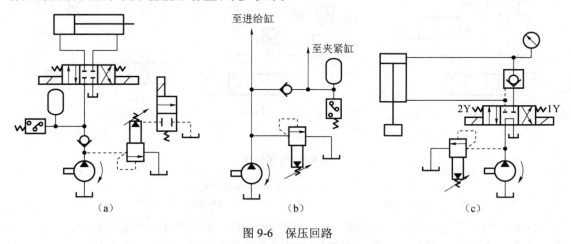

图 9-6　保压回路

（a）蓄能器补油的保压回路；（b）蓄能器给支路补油的保压回路；（c）液压泵自动补油的保压回路

如图 9-6（b）所示，当主油路压力降低时，单向阀关闭，蓄能器给支路补油保压。压力继电器在支路上的动作完成后，压力上升到预定值时发出信号，让主油路开始动作。

2. 液压泵自动补油的保压回路

如图 9-6（c）所示，当换向阀 1Y 得电在右位工作时，液压缸上腔压力升至电接触式压力表上触点调定压力，上触点接通，1Y 失电。换向阀切换至中位，泵卸荷，液控单向阀关闭，为液压缸上腔保压。当液压缸上腔压力由于泄漏而下降至电接触式压力表下触点压力时，压力表又发出信号，使 1Y 得电，液压泵重新给液压缸上腔补油，直至压力上升到上触点调定压力。工作液压泵是通过对液压缸间歇补油来保压的。这里也可用专用的小流量高压泵或变量泵持续补油保压，它们的供油量只要能补偿泄漏即可。这种保压回路保压时间长，压力稳定性较高，适用于保压性能要求较高的液压系统，如液压机液压系统。

9.1.6　释压回路

液压系统在保压过程中，由于油液压缩性和机械部分产生弹性变形，因而储存了相当的能量，若立即换向，则会产生压力冲击。因而对大容量的液压缸和高压系统（大于 7MPa）应在保压与换向之间采取释压措施。

图 9-7（a）所示为采用节流阀的释压回路。当加压（保压）结束后，首先使二位二通电磁阀 2 换向和将三位四通换向阀 1 切换至中位，液压缸上腔高压油经节流阀释压。液压泵短期卸荷后再使三位四通换向阀 1 换接至左位，并使二位二通电磁阀 2 断电，左位接入，活塞

向上快速回程。

图 9-7（b）所示为采用节流阀、液控单向阀和换向阀的释压回路。当三位四通换向阀 1 处于中位、二位三通电磁阀 5 右位接入时，液控单向阀 3 打开，缸左腔高压油经节流阀释压；然后将三位四通换向阀 1 切换到右位，同时使二位三通电磁阀 5 断电复位，活塞便快速退回。

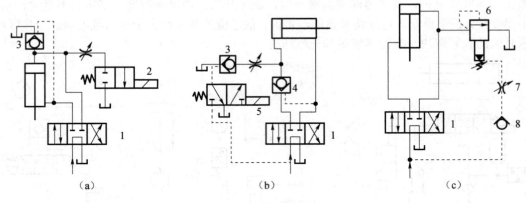

图 9-7　释压回路

（a）用节流阀；（b）采用节流阀、液控单向阀和换向阀；（c）用溢流阀

1—三位四通换向阀；2—二位二通电磁阀；3，4—液控单向阀；5—二位三通电磁阀；6—溢流阀；7—节流阀；8—单向阀

图 9-7（c）为用溢流阀释压的回路。当换向阀处于图示位置时，溢流阀 6 的远程控制口通过节流阀 7 和单向阀 8 回油箱。调节节流阀的开口大小就可以改变溢流阀的开启速度，即调节缸上腔高压油的释压速度。溢流阀的调节压力应大于系统中调压溢流阀（图中未表示）的压力，因此溢流阀 6 也起安全阀的作用。

当液压系统工作循环不频繁时，也可用手动截止阀释压。

9.1.7　增压回路

增压回路用来提高系统中局部油路的压力，它能使局部压力远高于油源的压力。当系统中局部油路需要较高压力而流量较小时，采用低压大流量泵加上增压回路比选用高压大流量泵要经济得多。增压回路中实现压力放大的主要元件是增压器，其增压比为增压器的大、小活塞面积之比。

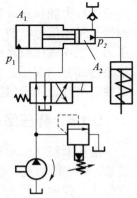

如图 9-8 所示，单作用增压器的小活塞面积 A_2 比大活塞面积 A_1 小得多。换向阀在左位时，增压器左腔的输入压力为 p_1，右腔的输出压力为 p_2，则 $p_2 = p_1(A_1/A_2)$；换向阀在右位时，增压器返回，辅助油箱经单向阀向增压器右腔补油。它适合用在要求单向作用力大、行程短、工作时间短的制动器和离合器等工作部件上。如将单作用增压器做成结构对称的双作用增压器，让其往复运动，则两端小活塞腔便可交替输出高压油，即成为连续增压回路。

9.1.8　制动回路

图 9-8　增压回路

制动回路的功能在于使执行元件平稳地由运动状态转换成静止状态。要求对油路中出现的异常高压和负压做出迅速反应，使制动时间尽可能短，冲击尽可能小。

1. 采用顺序阀的制动回路

采用顺序阀的制动回路如图 9-9 所示。图示为回路应用于液压马达产生负的载荷时的工况。将三位四通换向阀切换到下位，当液压马达为正载荷时，外控顺序阀由于压力油作用而被打开；但当液压马达为负的载荷时，液压马达入口侧的油压降低，内控顺序阀起制动作用。如换向阀处于中位，液压马达停止转动。

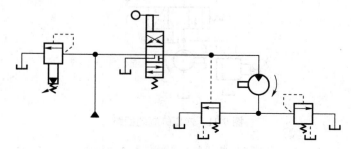

图 9-9　采用顺序阀的制动回路

2. 采用溢流阀的制动回路

图 9-10 所示为采用溢流阀的制动回路。它采用一个电磁阀控制两个溢流阀的遥控口。图示位置为电磁阀断电，溢流阀 2 的遥控口直接通油箱，液压泵卸荷，而溢流阀 1 的遥控口堵塞，此时液压马达被制动。当电磁阀通电，溢流阀 1 遥控口通油箱，溢流阀 2 遥控口堵塞，使液压马达运转。

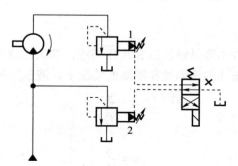

图 9-10　采用溢流阀的制动回路

1，2—溢流阀

3. 液压缸制动回路

图 9-11 所示为采用溢流阀的液压缸制动回路。溢流阀 2 和溢流阀 4 是直动型溢流阀，它们反应灵敏。当换向阀由左或右位换至中位时，液压泵卸荷。液压缸回油腔压力上升，使活塞迅速减速制动。在制动过程中，回油腔压力被限制在溢流阀 4 或溢流阀 2 的调压值以下，一旦超压，溢流阀 4 或溢流阀 2 打开溢流，缓和管路中的液压冲击。单向阀 3 或单向阀 5 在制动过程中给进油腔补油，防止形成负压。溢流阀 2 和 4 的调定压力一般比主溢流阀 1 的调定压力高 5%～10%。

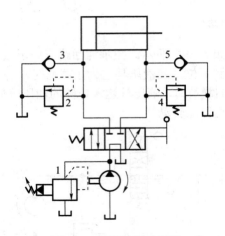

图 9-11　液压缸制动回路

1—主溢流阀；2，4—溢流阀；3，5—单向阀

9.2　速度控制回路

速度控制回路是控制执行元件运动速度和不同速度切换的回路。它包括调节执行元件速度的调速回路、使执行元件快速运动的快速运动回路和变换执行元件速度的速度换接回路。

9.2.1　调速回路

在液压系统中执行元件主要是液压缸和液压马达，其工作速度或转速与输入流量及其几何参数有关。在不考虑液压油的压缩性和泄漏的情况下，液压缸的速度为

$$v = \frac{q}{A} \tag{9-1}$$

液压马达的转速为

$$n = \frac{q}{V_m} \tag{9-2}$$

式中　q ——输入液压执行元件的流量；

　　　A ——液压缸的有效工作面积；

　　　V_m ——液压马达的排量。

由以上两式可知，改变输入液压执行元件的流量 q 或改变液压执行元件的几何参数（液压缸的有效工作面积 A 或液压马达的排量 V_m）均可以改变液压缸或液压马达的工作速度。对于确定的液压缸来说，一般不可以改变其有效工作面积 A，因此，只能用改变输入液压缸的流量的方法来调速。对于变量液压马达来说，既可以通过改变输入流量来调速，也可以通过改变液压马达排量来调速。用定量泵和流量阀调速，称为节流调速；用改变变量泵或变量液压马达的排量调速，称为容积调速；用变量泵和流量阀来达到调速目的，则称为容积节流调速。

1. 节流调速回路

1) 进油、回油节流调速回路

如图 9-12（a）所示，节流阀安装在定量泵与液压缸之间，称为进油节流调速回路。如图 9-12（b）所示，节流阀安装在液压缸的回油路上，称为回油节流调速回路。当回路负载使溢流阀进口压力为其调定值，溢流阀总处于溢流时，两回路能实现节流调速。调大或调小节流阀的通流面积，进入液压缸的流量就能变大或变小，溢流量随之变小或变大，从而使液压缸的速度得到调整。当回路负载小到使溢流阀进口压力小于其调定值，溢流阀关闭时，两回路处于非调速状态。

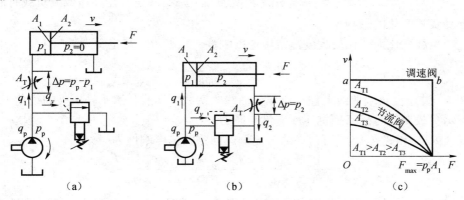

图 9-12　进油、回油节流调速回路

（a）进油节流调速回路；（b）回油节流调速回路；（c）进油节流调速回路的速度-负载特性

（1）速度-负载特性。设 p_1、p_2 分别为液压缸进油腔和回油腔的压力（进油节流调速回路中，$p_1 = F / A_1$，$p_2 = 0$；回油节流调速回路中，$p_1 = p_p$）；F 为液压缸负载；p_p 为溢流阀调定压力；A_T 为节流阀通流面积；A_1、A_2 分别为液压缸两腔有效作用面积。

当进油节流调速回路处于调速工作状态时，经节流阀进入液压缸的流量为

$$q_1 = KA_T \Delta p^m, \quad \Delta p = p_p - \frac{F}{A_1}$$

式中　m——由节流阀口形状决定的指数；

　　　K——节流阀口的形状系数。

则液压缸活塞的运动速度为

$$v = \frac{q_1}{A_1} = \frac{KA_T \left(p_p - \dfrac{F}{A_1} \right)^m}{A_1} \tag{9-3}$$

当回油节流调速回路处于调速工作状态时，液压缸活塞的力平衡方程为

$$p_p A_1 = F + p_2 A_2$$

液压缸有杆腔油液经节流阀排回油箱的流量为

$$q_2 = KA_T \Delta p^m = KA_T \left(\frac{p_p A_1 - F}{A_2} \right)^m$$

$$v = \frac{q_2}{A_2} = \frac{KA_{\text{T}}\left(p_{\text{p}}\dfrac{A_1}{A_2} - \dfrac{F}{A_2}\right)^m}{A_2} \tag{9-4}$$

式（9-3）和式（9-4）所表示的 v 与 F 的函数关系是相似的，称为节流调速回路的速度-负载特性方程。若以 F 为横坐标，以 v 为纵坐标，以不同的节流阀通流面积 A_{T} 作图，则可得到一组速度-负载特性曲线，如图 9-12（c）所示。

从式（9-3）、式（9-4）和图 9-12（c）可以看出，当其他条件不变时，调节节流阀通流面积，液压缸活塞运动速度 v 会连续变化，从而实现无级调速，这种回路的调速范围较大，$v_{\max}/v_{\min} \approx 100$。活塞运动速度 v 随负载 F 增加而下降。液压缸在高速或大负载时曲线陡，说明速度受负载变化的影响大。

速度随负载变化而变化的程度，常用速度刚性 T 来表示，其定义为

$$T = -\frac{\partial F}{\partial v} = -\frac{1}{\tan\theta} \tag{9-5}$$

式中　θ——过速度负载曲线上任一点作该曲线的切线，切线与水平轴所夹的锐角。

它表示负载变化时回路抵抗速度变化的能力。

由式（9-3）和式（9-5）可得进油节流调速回路的速度刚性为

$$T = -\frac{\partial F}{\partial v} = \frac{A_1^{1+m}}{KA_{\text{T}}(p_{\text{p}}A_1 - F)^{m-1}m} = \frac{p_{\text{p}}A_1 - F}{vm} \tag{9-6}$$

由式（9-6）可以看到，当节流阀通流面积 A_{T} 一定时，负载 F 越小，速度刚性 T 越大，说明负载变化对速度变化的影响越小；当负载 F 一定时，活塞运动速度越低，速度刚性 T 越大，说明速度低时回路速度刚性好。

不管节流阀通流面积怎样变化，当负载增大到节流阀前、后压差为零时，液压缸速度为零，液压缸无杆腔压力将推不动负载。因此液压缸最大承载能力始终为 $F_{\max} = p_{\text{p}}A_1$，$F_{\max}$ 在速度为零的点上。

（2）功率特性。进油节流调速回路中液压泵的输出功率为

$$P_{\text{p}} = p_{\text{p}}q_{\text{p}}$$

液压缸的输出功率为

$$P_1 = Fv = F\frac{q_1}{A_1} = p_1q_1$$

因此，该回路的功率损失为

$$\begin{aligned}
\Delta P &= P_{\text{p}} - P_1 = p_{\text{p}}q_{\text{p}} - p_1q_1 \\
&= p_{\text{p}}(q_1 + \Delta q) - (p_{\text{p}} - \Delta p)q_1 \\
&= p_{\text{p}}\Delta q + \Delta p q_1
\end{aligned} \tag{9-7}$$

式中　Δq——溢流阀的溢流量，$\Delta q = q_{\text{p}} - q_1$。

由式（9-7）可知，这种调速回路的功率损失由两部分组成，即溢流功率损失 $\Delta P_1 = p_{\text{p}}\Delta q$ 和节流功率损失 $\Delta P_2 = \Delta p q_1$。

回路的输出功率与回路的输入功率之比为回路效率，因此进油节流调速回路的效率为

$$\eta = \frac{P_1}{P_p} = \frac{Fv}{p_p q_p} = \frac{p_1 q_1}{p_p q_p} \tag{9-8}$$

对于回油节流调速回路，液压缸的输出功率为

$$P_1 = Fv = (p_p A_1 - p_2 A_2)v = p_p q_1 - p_2 q_2$$

式中　q_2——流出液压缸的流量。

因此，由 $\Delta p = p_2$，该回路的功率损失为

$$\begin{aligned} \Delta P = P_p - P_2 &= p_p q_p - p_p q_1 + p_2 q_2 \\ &= p_p(q_p - q_1) + p_2 q_2 = p_p \Delta q + \Delta p q_2 \end{aligned} \tag{9-9}$$

由式（9-9）可知，这种调速回路的功率损失也由两部分组成，即溢流功率损失 $\Delta P_1 = p_p \Delta q$ 和节流功率损失 $\Delta P_2 = \Delta p q_2$ 组成。

回油节流调速的效率为

$$\eta = \frac{P_1}{P_p} = \frac{Fv}{p_p q_p} = \frac{p_p q_1 - p_2 q_2}{p_p q_p} \tag{9-10}$$

进油、回油节流调速回路既有溢流功率损失，又有节流功率损失，回路效率较低。当实际负载偏离最佳设计负载 $\left(p_1 = \dfrac{2}{3} p_p \right)$ 时，效率更低。

可见，进油、回油节流调速回路均适用于低速、小负载、负载变化不大和对速度稳定性要求不高的小功率场合。这两种回路也有不同之处：

① 回油节流调速回路使液压缸的回油腔形成一定的背压，故而液压缸能承受负值负载，运动速度也比较平稳。

② 进油节流调速回路容易实现压力控制。当工作部件运动到碰上死挡铁停止后，液压缸进油腔压力升至溢流阀调定压力值，压力继电器感受到压力升高信号，可控制下一步动作。回油节流调速回路在工作部件碰上死挡铁后，回油腔压力将下降到零，压力继电器感受到零压信号也可控制下一步动作，但可靠性差。压力继电器应安装在流量阀一侧，并靠近液压缸。

③ 在进油节流调速回路中，油液经节流阀发热后进入液压缸，使缸泄漏增加。在回油节流调速回路中，油液经节流阀发热后回油箱冷却，再进入系统工作，泄漏的影响小。

④ 在液压缸直径、速度相同的条件下，进油节流调速回路可选择比回油节流调速回路更大的节流阀的通流面积，这样低速时不易堵塞。

⑤ 回油节流调速回路回油腔压力较高，特别当负载接近零时，压力更高，对回油管腔的安全、使用寿命和密封均有影响。

为了提高回路的综合性能，一般采用进油节流调速回路，并在回油路上加背压阀。

2）旁路节流调速回路

如图 9-13（a）所示，节流阀、溢流阀和液压缸并联在定量泵出口。在正常工作时，溢流阀关闭，起安全阀的作用，其调定压力为最大负载压力的 1.1～1.2 倍。节流阀承担溢流作用，调节节流阀的通流面积，即可间接调节进入液压缸的流量，实现调速。

在工作过程中，由于液压泵工作压力随负载而变化。泵的实际输出流量 q_p 应计入泵的泄漏量 Δq_p，Δq_p 随压力的变化而变化，$\Delta q_p = \lambda_p \left(\dfrac{F}{A_1} \right)$，式中 λ_p 为泵的泄漏系数。进入液压缸

的实际流量为 q_1，液压缸速度为

$$v = \frac{q_1}{A_1} = \frac{q_t - \lambda_p\left(\dfrac{F}{A_1}\right) - KA_T\left(\dfrac{F}{A_1}\right)^m}{A_1} \tag{9-11}$$

选取不同的 A_T 值，按式（9-11）的 $v\text{-}F$ 函数关系作速度-负载特性曲线[图 9-13（b）]。从式（9-11）和图 9-13（b）可看出，速度 v 受负载 F 变化的影响大。在小负载或低速时，曲线陡，回路的速度刚性差，这与前面两回路正好相反。在不同的节流阀通流面积下，回路有不同的最大承载能力。节流阀通流面积越大，液压缸的速度越小，回路的最大承载能力越小，所以回路的调速范围受到限制。

这种回路只有节流功率损失，无溢流功率损失，且液压泵的工作压力随负载同向变化。所以回路效率比前面两回路都高。旁路节流调速回路仅适用于高速、重载，对速度稳定性要求不高的大功率系统，如牛头刨床、输送机械的液压系统。

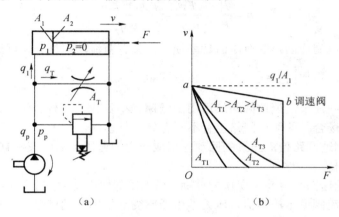

图 9-13　旁路节流调速回路

（a）回路图；（b）速度-负载特性曲线

3）调速阀调速回路

在前面所说的节流调速回路中，当负载变化时，通过节流阀的流量均变化，因而回路的速度-负载特性都比较差。调速阀正常工作时，通过调速阀的流量稳定，不随前后压差变化。所以，若用调速阀代替节流阀，则负载变化引起调速阀前、后压差变化时，回路速度稳定，速度-负载特性如图 9-12（c）和图 9-13（b）所示。旁路调速阀调速回路的最大承载能力也不因活塞速度的降低而减小。由于增加了调速阀中减压阀的压力损失，回路功率损失增大。调速阀要正常工作必须保持至少 0.5MPa 的压差，高压调速阀要保持至少 1MPa 的压差。

2. 容积调速回路

容积调速回路通过改变液压泵和液压马达的排量来调节执行元件的速度或转速的回路。容积调速回路的主要优点是没有节流损失和溢流损失，回路效率高、系统温升小，适于高速、大功率的液压系统中。

根据回路的循环方式，容积调速回路可分为开式和闭式两种。在开式回路中，执行元件的回油直接回油箱，经过冷却、沉淀和过滤后再工作；在闭式回路中，执行元件的回油直接流入泵的吸油腔，空气和脏物不易侵入回路，但油液得不到冷却、沉淀和过滤。闭式回路中需附设一个补油泵和一个很小的补油箱，为主泵的吸油口补油，以补偿泄漏和冷却。补油泵的压力通常为 0.3～1.0MPa，流量为主泵流量的 10%～15%。行走机械上的容积调速回路多为闭式回路。

容积调速回路按所用执行元件的不同分为泵-缸式回路和泵-马达式回路两类。泵-缸式回路用得较少，泵-马达式回路使用得较多，在泵-马达式回路中采用闭式回路的较多。

1）泵-缸式容积调速回路

泵-缸式的开式容积调速回路如图 9-14 所示。这里活塞的运动速度通过改变变量泵 1 的排量来调节，回路中的最大压力则由安全阀 2 限定。

当不考虑液压泵以外的元件和管道的泄漏时，这种回路的活塞运动速度为

$$v = \frac{q_p}{A_1} = \frac{q_T - k_1 \dfrac{F}{A_1}}{A_1} \tag{9-12}$$

式中　k_1——泄漏系数；

　　　q_T——变量泵理论流量。

将式（9-12）按不同的 q_T 值作图，可得一组平行直线，如图 9-15 所示。由图可见，由于变量泵有泄漏，活塞运动速度会随着负载的加大而减小。负载增大至某值时，在低速下会出现活塞停止运动的现象（如图 9-15 中 F_1 点），此时变量泵的理论流量与泄漏量相等。因此，这种回路在低速下的承载能力很差。

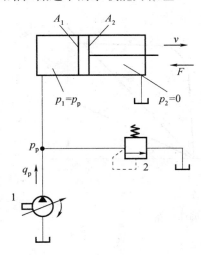

图 9-14　泵-缸式开式容积调速回路

1—变量泵；2—安全阀

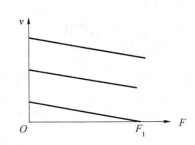

图 9-15　泵-缸式容积调速回路的机械特性

这种调速回路的速度刚性表达式为

$$T = \frac{A_1^2}{k_1} \tag{9-13}$$

这表明，这种回路的 T 不受负载影响，加大液压缸的有效工作面积或减小泵的泄漏都可以提高回路的速度刚度。

这种回路的调速特性可表示为

$$R_c = 1 + \frac{R_p - 1}{1 - \dfrac{k_1 F R_p}{A_1 q_{Tmax}}}$$

（9-14）

式中　R_p ——变量泵变量机构的调节范围；

　　　q_{Tmax} ——变量泵最大理论流量。

从式（9-14）可以看出，这种回路的调速范围除了与泵的变量机构调节范围有关外，还受负载、泵的泄漏系数等因素影响。

泵-缸式容积调速回路适用于负载功率大、运动速度高的场合，如大型机床的主体运动系统或进给运动系统。

2）泵-马达式容积调速回路

这种调速回路有变量泵和定量马达、定量泵和变量马达及变量泵和变量马达三种组合形式。这种回路常用于工程机械、行走机械及静压无级变速装置中。这里只介绍变量泵-定量马达调速回路和变量泵-变量马达调速回路。

（1）变量泵-定量马达调速回路。

如图 9-16（a）所示，辅助泵 1 将冷油送入回路，从溢流阀 6 溢出回路中的热油，实现补油冷却，并改善主泵 3 的吸油条件。安全阀 4 用以防止回路过载。调节变量泵 3 的排量 V_p，改变进入定量液压马达 5 的流量，从而达到调节液压马达转速 n_M 的目的。

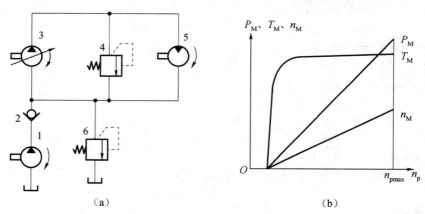

（a）　　　　　　　　　　　　　　　　（b）

图 9-16　变量泵-定量马达调速回路

（a）回路图；（b）回路特性曲线

1—辅助泵；2—单向阀；3—主泵；4—安全阀；5—液压马达；6—溢流阀

在调速过程中，定量马达的排量为恒值，定量马达的输出转矩 T_M 和回路工作压力 Δp 取决于负载转矩，不因调速而变化，故称这种回路为恒转矩调速回路。定量马达的转速 n_M 和输出功率 P_M 随泵的排量 V_p 成正比例变化。由于泵和定量马达有泄漏，当 V_p 未调到零时，实际的 n_M、T_M 和 P_M 均已为零，如图 9-16（b）所示。由于泵和定量马达的泄漏量随负载的增大而增加，在泵的不同排量下，马达的转速均随负载增大而变小。回路的速度刚性差，低速承载能力差。

这种调速回路调速范围很大，最大速度与最小速度之比一般可达 40，当回路中泵和定量马达都能双向作用时，定量马达可以实现平稳的反向，在小型内燃机车、液压起重机、船用绞车等装置中应用广泛。

（2）变量泵-变量马达调速回路。

图 9-17（a）所示是双向变量泵-双向变量马达调速回路。回路中各元件对称布置，变换泵的供油方向、变量马达的转向随之切换。单向阀 4 和 5 使补油泵 3 在两个方向上分别补油。单向阀 6 和 7 使安全阀 8 在两个方向上都能起过载保护作用。改变变量泵和变量马达的排量，均能改变变量马达的转速。

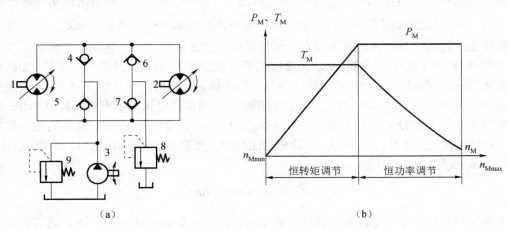

图 9-17　变量泵-变量马达调速回路

（a）回路图；（b）回路特性曲线

1—变量泵；2—变量马达；3—补油泵；4，5，6，7—单向阀；8—安全阀；9—溢流阀

这种调速回路按低速和高速分段调速。在低速段，将变量马达排量调至最大并保持不变，将变量泵排量由小调大，则变量马达转速由小变大，此过程是等转矩调速。由于变量马达排量大，所以变量马达输出转矩大。回路特性如图 9-17（b）左半部分所示。在高速段，保持泵的最大排量不变，将变量马达排量由大调小。由于泵输送给变量马达的流量不变，变量马达转速继续变大，直至允许的最高转速。由于变量马达排量不断被调小，变量马达的输出转矩随之变小。在此过程中，因泵一直输出恒定的最大功率，变量马达即处于最大的恒功率状态，故这一调速过程称为恒功率调速，回路特性如图 9-17（b）右半部分所示。一般生产机械都要求低速时有较大输出转矩，高速时能提供较大功率，这种调速回路正好满足上述要求。

高速段的调速过程，实际上相当于定量泵-变量马达组成的恒功率调速回路。这种回路由于高速时输出转矩太小，调速范围受限。只用变量马达实现平稳换向，调节很不方便，故很少单独使用。

这种回路适用于大功率的液压系统，特别适用于系统中有两个或多个液压马达要求共用一个液压泵又能各自独立进行调速的场合，如港口起重机械、矿山采掘机械等处。

3. 容积节流调速回路

这种调速回路用压力补偿变量泵供油，用流量控制阀调定进入或流出液压缸的流量来调节液压缸的速度；并使变量泵的供油量始终随流量控制阀调定流量做相应的变化。所以本回路无溢流损失，效率高，且速度稳定性比容积调速回路好。

1）限压式变量泵和调速阀的调速回路

如图 9-18（a）所示，限压式变量泵 1 输出的压力油经调速阀 2 进入液压缸的无杆腔，有杆腔的回油经背压阀 3 回油箱。改变调速阀中节流阀的通流面积 A_T 的大小，通过调速阀进入液压缸的流量 q_1 随之改变，从而调节液压缸的运动速度。泵的供油量将跟随调速阀通流面积变化并大约等于调速阀需要的流量。例如，若将调速阀的 A_T 增大到某一值，泵的供油流量还未来得及改变，则出现 $q_p < q_1$，导致调速阀前（即泵的出口）压力下降，反馈作用使变量泵供油流量自动增大，直至 $q_p \approx q_1$；若将调速阀的 A_T 减小到某一值，则将出现 $q_p > q_1$，泵的出口压力上升，反馈作用使泵的供油流量自动减小，直至 $q_p = q_1$。调整结束后，回路进入稳定工作状态。这时，调速阀的流量稳定，泵与调速阀的流量相适应，泵后压力恒定。

如图 9-18（b）所示，曲线 ABC 是限压式变量泵的压力-流量特性曲线，曲线 EDC 是调速阀在某通流面积 q_1 时的压差-流量特性曲线。回路稳定工作时，泵工作在 F 点，调速阀可工作在 D 点以左水平段上的任何点。调速阀正常工作的条件是阀前后至少保持 0.5MPa 的压差。若调速阀工作在 D 点，且 D 和 F 两点对应的压力差Δp=0.5MPa，则调速阀的压力损失最小，D 点是最佳稳定工作点。所以，回路稳定工作时液压缸的工作腔压力（即调速阀后压力）p_1 的正常范围为

$$p_2 \frac{A_2}{A_1} \leqslant p_1 \leqslant (p_p - \Delta p)$$

这种回路在投入工作前，要先调试。调试时，在设计负载（对应 p_1）下，通过调节变量泵的最大排量（即供油曲线 AB 段位置），满足液压缸快进的速度要求；通过调节调速阀的通流面积 A_T，满足液压缸的工进速度要求；通过调节变量泵调压弹簧的预压紧力（即供油曲线的 BC 段位置），尽量满足调速阀前后最佳压差要求。

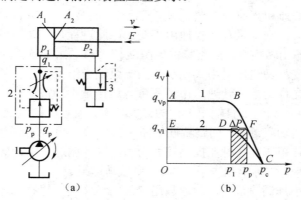

图 9-18　限压式变量泵和调速阀的调速回路

（a）回路；（b）回路特性曲线

1—限压式变量泵；2—调速阀；3—背压阀

这种调速回路的效率为

$$\eta_c = \frac{\left(p_1 - p_2 \dfrac{A_2}{A_1}\right) q_1}{p_p q_p} = \frac{p_1 - p_2 \dfrac{A_2}{A_1}}{p_p}$$

回路调节好后，若实际负载太小，则调速阀的压力损失很大。若回路调节为低速状态，

由于泵后压力大，则泵泄漏损失就大。因而，在负载小、速度小的场合，这种回路的使用效率很低。

　　2）差压式变量泵和节流阀的调速回路

　　如图 9-19 所示，溢流阀 2 为安全阀，阻尼孔 3 用以防止液压泵定子移动过快引起的振荡。节流阀 1 的前后压差取决于差压式变量泵右端活塞腔的弹簧力。在稳定状态下，该弹簧力基本不变，节流阀前后压差基本恒定。改变节流阀 1 的通流面积，通过节流阀的流量变化，液压缸的速度同时也变化。当调定节流阀通流面积后，节流阀的流量稳定。节流阀的前后压差反馈作用在差压式变量泵的两个控制活塞上，当泵供油流量与节流阀流量不适应时，此压差变化，引起变量泵的供油量变化，自动适应节流阀的流量变化。回路恢复稳定状态后，节流阀的前后压差又基本恒定。当负载压力变化时，泵后压力相应变化，泵泄漏量变化，但回路能自动补偿泄漏量变化。所以，回路的速度稳定性好，特别适用于负载变化较大的场合。这种回路无溢流损失，节流阀的压力损失比调速阀小，所以回路的使用效率高。

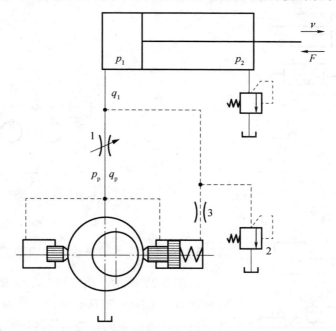

图 9-19　差压式变量泵和节流阀的调速回路

1—节流阀；2—溢流阀；3—阻尼孔

9.2.2　快速运动回路

　　工作机构在一个工作循环过程中，在不同的阶段要求有不同的运动速度和承受不同的负载，如空行程速度要求较高，负载则几乎为零。在液压系统中，经常根据工作要求确定液压泵的流量和额定压力。快速运动回路是在不增加系统功率消耗的情况下，加快执行元件的空载速度，提高系统的工作效率，充分利用功率。

1. 液压缸差动连接快速回路

　　如图 9-20 所示，当换向阀处于右位时，液压缸差动连接，液压泵输出的压力油和缸有杆腔回油合流进入无杆腔，使液压缸快速向有杆腔方向运动。差动连接与非差动连接的速度之比为 $v_1'/v_1 = A_1/(A_1 - A_2)$。式中 A_1、A_2 分别为液压缸无杆腔与有杆腔的面积。合流经过的阀和管路应按合流量选择其规格，否则会导致压力损失过大和泵空载时供油压力过高。

2. 双泵供油快速运动回路

如图 9-21 所示，当系统压力低于顺序阀 3 的调定压力时，两液压泵同时向系统供油，执行元件可获得高速。系统压力升高后，外控顺序阀 3 被打开，泵 1 卸荷，泵 2 向系统供油，执行元件慢速运动。由溢流阀 5 设定慢速时系统的最高压力，由顺序阀 3 设定快速时系统的最高压力，顺序阀调定压力比溢流阀调定压力至少要低 10%～20%。当执行元件快进和工进速度相差较大时适于用这种回路。

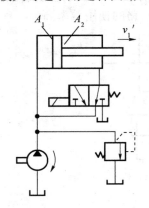

图 9-20　液压缸差动连接快速回路

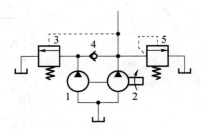

图 9-21　双泵供油快速运动回路

1，2—泵；3—顺序阀；4—单向阀；5—溢流阀

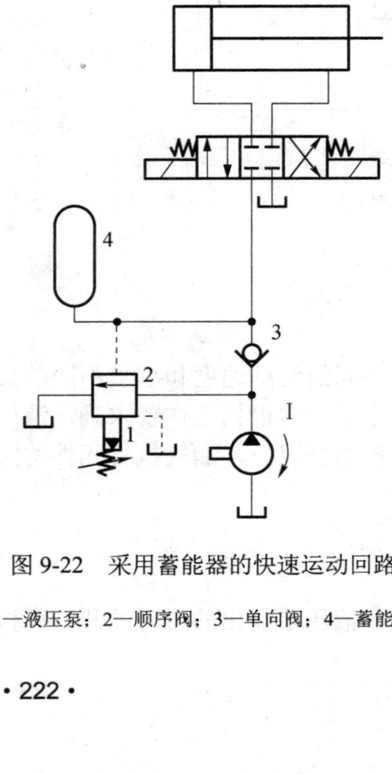

3. 采用蓄能器的快速运动回路

如图 9-22 所示，换向阀在左位或右位时，液压泵 1 和蓄能器 4 同时向液压缸供油，实现快速运动。换向阀在中位时，液压泵向蓄能器充油，蓄能器压力升高到顺序阀 2 的调定压力时，泵卸荷。

4. 充液快速运动回路

垂直缸的活塞由于自重快速下降时，用单向节流阀控制其下降速度。当活塞下降速度超过供油速度时，缸上腔形成负压。若给上腔串接液控单向阀和充液油箱，大气压会将充液油箱中油液经液控单向阀压入上腔补油，使缸快速下行。图 9-23（a）所示为自重充液快速运动回路。

图 9-22　采用蓄能器的快速运动回路

1—液压泵；2—顺序阀；3—单向阀；4—蓄能器

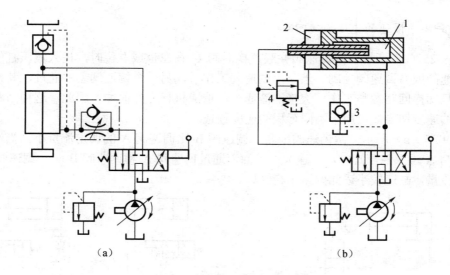

图 9-23 充液快速运动回路

（a）自重充液快速运动回路；（b）采用增速缸的快速运动回路

1—增速缸小腔；2—增速缸大腔；3—充液阀；4—顺序阀

对于水平放置的液压缸，则不能利用运动部件的自重充液做快速运动，图 9-23（b）所示为采用增速缸的快速运动回路。当换向阀左位接入回路时，压力油经柱塞孔进入增速缸小腔 1，推动活塞快速向右移动，增速缸大腔 2 所需油液从油箱吸取，活塞缸右腔的油液经换向阀回油箱。当执行元件的负载增加、压力升高时，顺序阀 4 开启，高压油关闭充液阀 3，并进入增速缸大腔 2，活塞变为慢速运动，且推力增大。当换向阀右位接入回路时，压力油进入活塞缸右腔，同时打开充液阀 3，增速缸大腔 2 的回油便排回油箱，活塞快速向左返回。这种回路功率利用合理，但增速比受增速缸尺寸限制，且结构比较复杂。

9.2.3 速度换接回路

在某些工作循环过程中，由于不同工况的要求，常常需要由一种速度切换为另一种速度，可以是两种工作速度的切换，也可以是快速与慢速的切换。速度换接回路能切换执行元件的速度，换接过程要求平稳，换接精度要求高。

1. 快、慢速换接回路

图 9-24 所示为用行程阀控制的液压缸快、慢速换接回路。换向阀在右位时，活塞快速运动。当活塞运动到活塞杆上的挡块压下行程阀 1 时，液压缸回油经节流阀 2 回流箱，活塞变为慢速运动。当换向阀在左位时，活塞快速返回。由于行程阀位置固定，动作时间准，切换速度慢，所以速度换接过程平稳、可靠，换接精度高。其缺点是行程阀安装位置不灵活，管路连接复杂。若用挡块压行程开关发出信号，用电磁换向阀切换速度，则可简化管路连接，但换接的平稳性、可靠性和换接精度差。

利用液压力的变化也可实现液压传动系统中的快、慢速换接，如图 9-23 所示的充液快速运动回路。

2. 两种不同慢速的速度换接回路

如图 9-25（a）所示，两调速阀并联，换向阀 C 在左位或右位时，进入液压缸的流量分别由左调速阀或右调速阀控制。当一个调速阀工作时，另一个调速阀无油通过，其减压阀口最大，一旦切换回路参与工作，大量油液通过，造成执行元件前冲。因此，这种回路不适于同一行程的速度切换，可用于不同行程的速度预选。

如图 9-25（b）所示，两调速阀串联，调速阀 B 比调速阀 A 的调定流量小。当油液单独通过调速阀 A 进入液压缸时，缸速大；当油液通过调速阀 A 和调速阀 B 时，调速阀 B 控制进入缸的流量，缸速较小。此回路平稳性好。

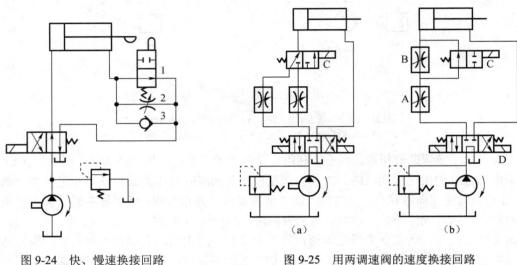

图 9-24　快、慢速换接回路　　　　　图 9-25　用两调速阀的速度换接回路

1—行程阀；2—节流阀；3—单向阀　　　　（a）调整阀并联回路；（b）调速阀串联回路

9.3　方向控制回路

通过控制进入执行元件的液流的通断或换向，来实现液压系统执行元件启动、停止或改变运动方向的回路称为方向控制回路。换向回路、锁紧回路和缓冲回路是常用的方向控制回路。

9.3.1　换向回路

1. 采用换向阀的换向回路

在液压系统中，采用二位换向阀可使执行元件实现正、反向运动，采用三位换向阀还可使执行元件在任意位置停止或浮动。对于单作用缸，采用三通阀即可；而对于双作用缸，必须采用四通或五通换向阀。采用电磁换向阀和电液换向阀可以很方便地实现自动往复运动，但对于换向平稳性和换向精度要求较高的场合，显然不能满足要求。

在液压设备（如各类磨床的工作台）需要频繁连续地自动做往复运动，且对换向性能有较高要求时，需采用复合换向控制的方式，常用机动换向阀作为先导阀，利用工作台上的行程挡块推动拨杆自动换向，来控制液动换向阀，从而实现磨床工作台的连续往复运动。图 9-26 所示为机液换向阀的换向回路。按照工作台制动原理不同，机液换向阀的换向回路分为时间控制制动式和行程控制制动式两种。它们的主要区别在于前者的主油路只受主换向阀 2 的控制，而后者的主油路还要受先导阀 1 的控制。当节流器 J_1、J_2 的开口调定后，不论工作台原来的速度如何，前者工作台制动的时间基本不变，而后者工作台预先制动的行程基本不变。

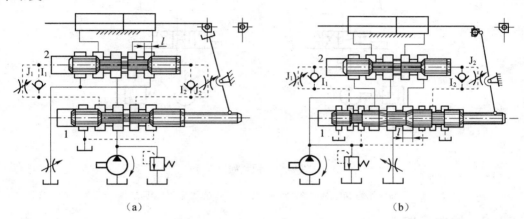

图 9-26　机液换向阀的换向回路

（a）时间控制制动式换向回路；（b）行程控制制动式换向回路

1—先导阀；2—主换向阀

时间控制制动式换向回路主要用于工作部件运动速度大、换向频率高、换向精度要求不高的场合，如平面磨床中的液压系统。行程控制制动式换向回路宜用于工作部件运动速度不大，但换向精度要求较高的场合，如内、外圆磨床中的液压系统。

2. 采用双向变量泵的换向回路

在容积调速回路中，常常利用双向变量泵直接改变供油方向来实现执行元件的换向，如图 9-17 所示。这种换向回路比普通换向阀换向平稳，多用于压力较高、流量较大的场合，如龙门刨床、拉床等液压系统。

9.3.2　锁紧回路

锁紧回路的功能是通过切断执行元件进、出油通道，使液压执行机构能在任意位置停留，且不会因外力作用而移动位置。在液压传动系统中，用三位换向阀的某些中位机能（如 M 型或 O 型）来封闭液压缸两腔，可锁紧活塞。由于滑阀有泄漏，其锁紧精度不高。液控单向阀密封性好，用它可组成图 9-27（a）所示的锁紧回路。此种回路能长期锁紧，其锁紧精度仅受液压缸泄漏和油液压缩性的影响。换向阀中位机能是 H 或 Y 型的，能保证锁紧迅速、准确。

当执行元件是液压马达时，切断其进、出油口后液压马达理应停止转动，但因液压马达还有一泄油口直接通油箱，当液压马达在重力负载力矩下变成泵工况时，其出口油液会经泄油口流回油箱，使液压马达出现滑转。所以，在对液压马达锁紧时，需同时辅加液压制动器，以保证液压马达可靠地停转，如图9-27（b）所示。

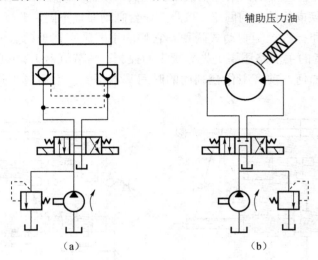

图 9-27　锁紧回路

（a）用液控单向阀的锁紧回路；（b）用制动器的马达锁紧回路

9.3.3　缓冲回路

当运动部件在快速运动中突然停止或换向时，会引起液压冲击和振动，这不仅会影响其定位或换向精度，而且会妨碍机器的正常工作。例如，当机械手手臂的快速运动速度为0.3～1m/s 时，缓冲装置或缓冲回路的设计合理与否将成为整个机械手液压系统的关键。

为了消除运动部件突然停止或换向时的液压冲击，除了在液压元件（液压缸）本身设计缓冲装置外，还可在系统中设置缓冲回路，有时则需要综合采用几种制动缓冲措施。

图9-28 所示为溢流缓冲回路。图9-28（a）和图9-28（b）分别为液压缸和液压马达的双向缓冲回路。缓冲用溢流阀 1 的调节压力应比主溢流阀 2 的调节压力高5%～10%，当出现液压冲击时产生的冲击压力使缓冲用溢流阀 1 打开，实现缓冲，缸的另一腔（低压腔）则通过单向阀从油箱补油，以防止产生气穴现象。

图9-29 所示为节流缓冲回路。图9-29（a）为采用单向行程节流阀的双向缓冲回路。当活塞运动到终点前的预定位置时，挡铁逐渐压下单向行程节流阀 2，运动部件逐渐减速缓冲直到停止。只要适当地改变挡铁的工作面形状，就可改善缓冲效果。图（b）9-29 为二级节流缓冲回路。三位四通换向阀 1、5 左位接入时，活塞快速右行，当活塞到达终点前预定位置时，使三位四通换向阀 5 处于中位，这时回油经节流阀 3 和 4 回油箱，获得一级减速缓冲；当活塞右行接近终点位置时，再使阀 5 右位移入，这时缸的回油只经节流阀 3 回油箱，获得第二级减速缓冲。图9-29（c）为溢流节流联合缓冲回路。当三位四通换向阀 1 左位（或右位）接入时，活塞快速向右（或向左）运动。当二位二通阀 7 右位接入时，实现以溢流阀 6 为主的第一级缓冲；当缸回油压力降到溢流阀 6 的缓冲调节压力时，溢流阀 6 关闭，转为节流阀 8 的节流缓冲，活塞便以第二级缓冲减速到达终点。使三位四通阀处于中位，即可实现活塞定

位。本回路只要适当调整溢流阀 6 和节流阀 8，就能获得良好的缓冲效果。

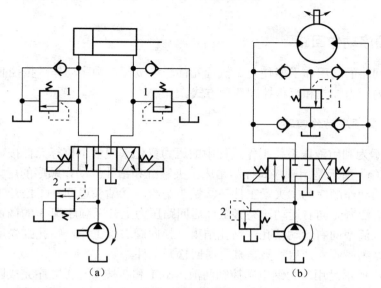

图 9-28　溢流缓冲回路

（a）液压缸；（b）液压马达

1—缓冲用溢流阀；2—主溢流阀

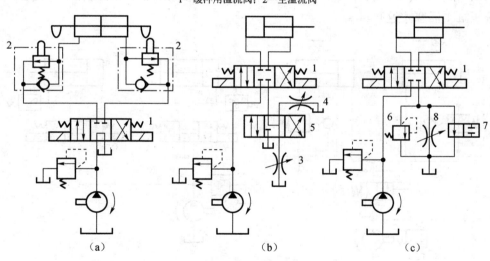

图 9-29　节流缓冲回路

（a）采用单向行程节流阀；（b）二级节流缓冲；（c）溢流节流联合缓冲

1，5—三位四通换向阀；2—单向行程节流阀；3，4，8—节流阀；6—溢流阀；7—二位二通阀

9.4　多执行元件控制回路

如果由一个油源给多个执行元件供油，各执行元件会因回路中压力、流量的相互影响，

而在动作上相互牵制。可以通过对压力、流量、行程进行控制来实现多执行元件按预定要求动作。

9.4.1 顺序动作回路

顺序动作回路的功用在于能使几个执行元件严格按预定顺序动作。按控制方式不同，顺序动作回路分为压力控制和行程控制两种方式。

1. 压力控制顺序动作回路

图9-30所示为利用液压系统工作过程中的压力变化来使多个执行元件按顺序先后动作的回路。图 9-30（a）所示是用顺序阀控制钻床上夹紧缸和钻孔缸动作顺序的压力控制回路。夹紧缸和钻孔缸的动作顺序为①夹紧工件—②钻头进给—③钻头退回—④松开工件。换向阀在左位时，夹紧缸活塞先向右运动，夹紧工件后回路压力上升至顺序阀 3 的调定压力，顺序阀 3 开启，钻孔缸活塞向右运动钻孔。钻孔结束，换向阀右位工作，钻孔缸先退到左端点，回路的压力上升，顺序阀 4 开启，夹紧缸再退回松开工件。

图 9-30（b）所示是用压力继电器控制两液压缸 1 和 2 按①～④顺序完成四个动作的压力控制回路。按下启动按钮，电磁铁 1Y 得电，液压缸 1 活塞向右运动到终点后，回路压力上升，压力继电器 1K 发出信号，使电磁铁 3Y 得电，这时液压缸 2 活塞才向右运动。按下返回按钮，1Y 和 3 Y 失电，4Y 得电，液压缸 2 活塞先退回到原位后，2K 发出信号使 2Y 得电，这时液压缸 1 活塞才返回。

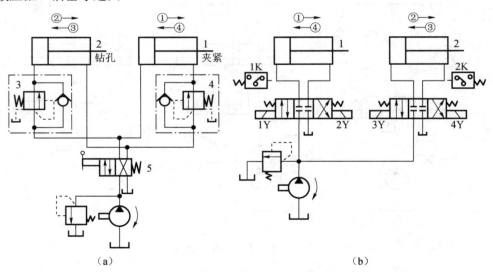

图 9-30　压力控制顺序动作回路

（a）顺序阀控制的顺序动作回路；（b）压力继电器控制的顺序动作回路

1，2—液压缸；3，4—顺序阀

为了防止管路中压力冲击或波动引起误动作，顺序阀和压力继电器的调定压力必须大于前一动作执行元件最高工作压力的 10%～15%。这种回路动作灵敏，安装连接方便，但可靠性不高，位置精度差。这种回路适于执行元件数目不多、负载变化不大的场合。

2. 行程控制顺序动作回路

如图 9-31（a）所示，电磁换向阀 3 左位工作时，液压缸 1 活塞向右运动，当活塞杆的上挡块压下行程阀 4 后，液压缸 2 活塞向右运动。当电磁换向阀 3 换到右位时，液压缸 1 活塞先退回，其挡块放开行程阀后，液压缸 2 退回。这种回路用行程阀控制动作顺序，工作可靠，但动作顺序一经确定，再改变比较困难，同时管路长，布置较麻烦。

图 9-31（b）所示为用行程开关控制的顺序动作回路。按下启动按钮，电磁铁 1Y 得电，液压缸 1 活塞先向右运动。当活塞杆上的挡块压下行程开关 2S 后，电磁铁 2Y 得电，液压缸 2 活塞向右运动，直到压下 3S，使 1Y 失电，液压缸 1 活塞向左退回，直到压下 1S，使 2Y 失电，液压缸 2 活塞再退回。在这种回路中，调整挡块位置可改变液压缸的行程。通过电控系统可任意地改变动作顺序，方便灵活，应用广泛，但可靠性取决于行程开关的质量。

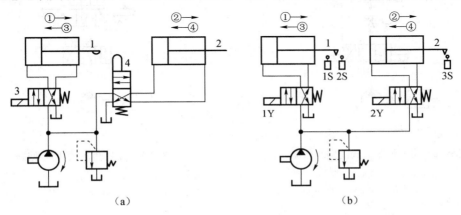

图 9-31　行程控制顺序动作回路

（a）行程阀控制顺序动作回路；（b）行程开关控制顺序动作回路
1，2—液压缸；3—电磁换向阀；4—行程阀

9.4.2　同步动作回路

同步动作回路能保证系统中两个或多个执行元件在运动中以相同的位移或相同的速度运动，分别称为位置同步和速度同步。同步动作回路常采用等流量或等容积控制方式，可克服负载、摩擦阻力、泄漏、制造质量和结构变形上的差异，达到位置同步和速度同步的要求。要求位置同步的回路占多数。

1. 用流量控制阀的同步动作回路

在两个并联液压缸的进油或回油路上分别接两个完全相同的调速阀，仔细调整调速阀的开口大小，可实现两缸在同方向上的速度同步。该回路不易调整，遇到偏载或负载变化大时同步精度不高。在图 9-32 中，用分流集流阀代替调速阀控制进入或流出两液压缸的流量，实现两缸两个方向的速度同步。遇有偏载时，同步作用靠分流集流阀自动调整，使用方便。回路中的单向节流阀 2 用来控制活塞的下降速度，液控单向阀 4 用于防止活塞停止时因两缸负载不同而通过分流集流阀的内节流孔窜油。此回路压力损失大，不宜用于低压系统。

2. 用比例阀或伺服阀的同步动作回路

当液压缸的同步精度要求较高时，必须采用比例阀或伺服阀的同步动作回路。如图 9-33 所示，两个位移传感器不断地将两缸的位置差异反馈给伺服阀，连续地调整阀的开口，调整进入或流出两缸的流量，可实现双向位置同步。

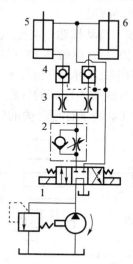 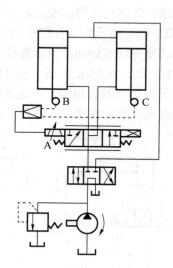

图 9-32　用分流集流阀的同步回路　　　　　图 9-33　用伺服阀的同步回路

1—三位四通换向阀；2—单向节流阀；
3—分流集流阀；4—液控单向阀；5，6—液压缸

3. 用串联液压缸的同步动作回路

如图 9-34 所示，把两个有效工作面积相等的液压缸串联起来实现同步动作。由于两缸的进油流量不由流量阀控制，其偏载仅引起两缸的油液压缩和泄漏的微小差异，所以同步精度较高。但是泵的供油压力至少是两缸工作压力之和。为了消除两缸因制造误差、内泄漏及混入空气等因素造成的位移积累差异，回路设置了位置补偿装置。例如，两缸下行时，若液压缸 5 活塞先到达行程终点，挡块压下行程开关 1S，使电磁铁 3Y 得电，系统通过液控单向阀 4 给液压缸 6 上腔补油，使液压缸 6 活塞继续运动到终点。若液压缸 6 活塞先到达终点，挡块压下行程开关 2S，使电磁铁 4Y 得电，压力油作为控制油打开液控单向阀 4，液压缸 5 下腔的油液通过液控单向阀回油箱，使液压缸 5 活塞继续运动到行程终点。

4. 用同步液压马达或同步缸的同步动作回路

如图 9-35（a）所示，用两个同轴等排量双向液压马达作为配油环节，给两缸输出相同流量的油液，可实现两缸双向同步。当两缸产生位置误差，节流阀 4 在一缸到达行程终点时能自动消除位置误差。

图 9-35（b）所示为用同步缸的同步动作回路。同步缸 5 是两个缸体和活塞的尺寸相同、

且由一活塞杆固连的液压缸。它向左或向右运动时，将接收或输出等体积油液，在回路中起配流作用，使两个有效面积相等的液压缸实现双向同步运动。同步缸两个活塞上的双作用单向阀 6 用以消除两液压缸在行程端点的位置误差。

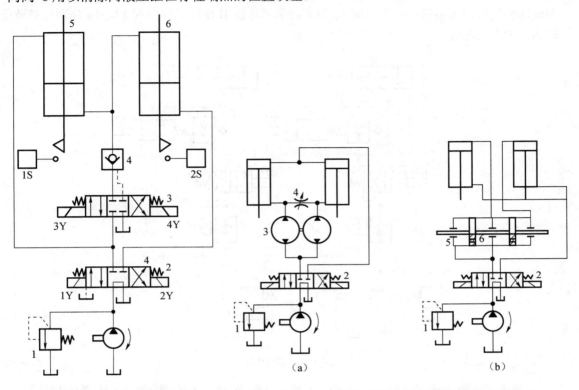

图 9-34　带补偿装置的串联液压缸　　　　图 9-35　用同步液压马达、同步缸的同步回路

（a）用同步液压马达的同步回路；（b）用同步缸的同步回路

1—溢流阀；2，3—换向阀；　　　　　　　　1—溢流阀；2—三位四通换向阀；3—同轴等排量双向液压马达

4—液控单向阀；5，6—液压缸　　　　　　　4—节流阀；5—同步缸；6—双作用单向阀

9.4.3　多执行元件互不干扰回路

多执行元件互不干扰回路的功用是防止液压系统中的几个执行元件因速度快慢不同而在动作上相互干扰。

在图 9-36 所示的回路中，各液压缸分别要完成快进、工作进给和快速退回的自动循环。回路采用双泵供油系统，液压泵 1 为高压小流量泵，供给各缸工作进给所需的压力油；液压泵 2 为低压大流量泵，为各缸快进或快退时输送低压油，它们的压力分别由溢流阀 3 和 4 调定。

当开始工作时，电磁铁 1DT、2DT、3DT 和 4DT 同时通电，液压泵 2 输出的压力油经单向阀 6 和 8 进入液压缸的左腔，此时两泵供油使各活塞快速前进。当电磁铁 3DT、4DT 断电后，两个液压缸由快进转换成工作进给，单向阀 6 和 8 关闭，工进所需压力油由液压泵 1 供给。如果其中某一液压缸（如缸 A）先转换成快速退回，即换向阀 9 失电换向，液压泵 2 输出的油液经单向阀 6、换向阀 9 和单向调速阀 11 的单向元件进入液压缸 A 的右腔，左腔经换向阀回油，使活塞快速退回；而其他液压缸仍由液压泵 1 供油，继续进行工作进给。这时，调速阀 5（或 7）使液压泵 1 仍然保持溢流阀 3 的调整压力，不受快退的影响，避免了相互干扰。在回路中调速阀 5 和 7 的调整流量应适当大于单向调速阀 11 和 13 的调整流量。这样，工作进给的速度由单向调速阀 11 和 13 来决定，这种回路可以用在具有多个工作部件各自分别运动的机床液压系统中。换向阀 10 用来控制液压缸 B 换向，换向阀 12、14 分别控制液压缸 A、B 快速进给。

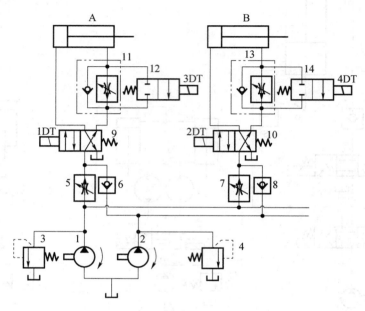

图 9-36　防干扰回路

1，2—液压泵；3，4—溢流阀；5，7—调速阀；6，8—单向阀；9，10，12，14—换向阀；11，13—单向调速阀

9.5　负载敏感技术

负载敏感技术由于具有高效、节能的特点，常用在负载多变的场合和负载变化需要频繁调节的场合。

9.5.1　负载敏感技术的概念

负载敏感技术也称压力流量复合控制技术，是将负载所需的压力、流量与泵源的压力流量匹配起来以最大限度提高系统效率的一种技术。

要提高系统的功率利用效率，一方面要将负载所需的压力与泵源的输出压力匹配，另一方面泵源的输出流量要正好满足负载驱动速度的需要。此外，还需要实现待机状态的低功耗。

负载敏感控制装置由以下元件组成：①一个变量柱塞泵，该泵具有一个压力补偿器，系统不工作时，补偿器使其能够在较低的压力下保持待机状态。当系统转入工作状态时，压力补偿器感受系统的流量需求并在系统工况变化时根据流量需求提供可调的流量。同时，液压泵也要感受并响应液压系统的压力需求。多数液压系统并非在恒定的压力下工作，当外部载荷变化时，液压系统的工作压力是变化的。②一个具有特殊感应油路和阀口的控制阀，以实现负载敏感系统的完整控制特性。当液压系统未工作处于待机状态时，控制阀必须切断作动油缸（或液压马达）与液压泵之间的压力信号，液压泵自动转入低压等待状态。当控制阀工作时，先从作动油缸（或液压马达）得到压力需求，并将压力信号传递给液压泵，使泵开始对系统压力做出响应。系统所需的流量是由滑阀的开度控制的。系统的流量需求通过信号通道、控制阀反馈给液压泵。

图 9-37 所示的负载敏感系统由负载敏感变量柱塞泵 1、速度调节元件（节流阀）2 和力传感元件（梭阀）3 组成。在负载敏感变量柱塞泵 1 上集成有流量阀 4 及压力阀 5。压力阀 5 用于限定泵的最高工作压力 p_c。负载的驱动压力 p_L 则通过梭阀 3 反馈到泵的控制口 X，流量阀 4 用于限定泵出口至液压缸进油口之间的压差 Δp。这样连接的结果是，液压缸运动的速度取决于节流阀 2 的开度。在此系统中，节流阀 2 与流量阀 4 共同构成了一个调速阀。

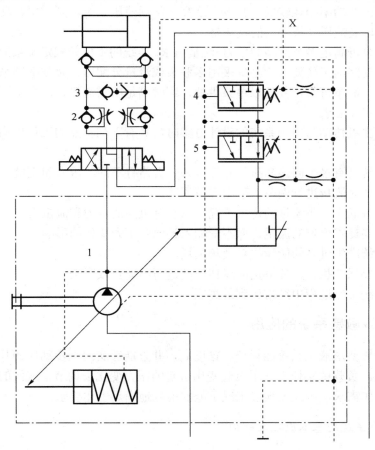

图 9-37　负载敏感控制原理图

1—负载敏感变量柱塞泵；2—节流阀；3—梭阀；4—流量阀；5—压力阀

只要在 $p_L \leqslant p_c - \Delta p$ 的范围内，无论负载如何变化，泵提供的流量始终与负载的要求相适应，而泵的输出压力则为 $p_L + \Delta p$。这样，液压系统的效率（不计泵的效率及液压缸的效率）为 $p_L/(p_L + \Delta p)$。

当液压系统未工作而处于待机状态时，负载压力 $p_L = 0$，系统的待机功率损耗为 $P = \Delta p q_d$，其中，q_d 为泵的外泄漏及控制流量损失。

采用负载敏感技术的好处是，系统的输出压力及流量直接取决于负载的要求，可以大大提高系统的效率。从系统的液压元件来看，负载敏感元件可分为以下两种。

（1）负载敏感阀：将压力、流量和功率变化信号向阀进行反馈来实现控制功能的阀。

（2）负载敏感泵和液压马达：将压力、流量和功率变化信号向泵（液压马达）进行反馈来实现控制功能的泵（液压马达）。

负载敏感系统可降低液压系统能耗，提高机械生产率，改善系统可控性，降低系统油温，延长液压系统使用寿命。

9.5.2　负载敏感系统的特点

负载敏感系统的功率损耗较低，其效率远高于常规液压系统。高效率、功率损失小，意味着燃料的节省以及液压系统较低的发热量。

单一的液压泵可满足多个回路的压力-流量需求。传统的中位开式定量泵液压系统为满足同一系统中不同支路的工作要求，必须采用多联泵或流量分配器。负载敏感系统提供了良好的操作控制方式，简单可靠，并能以单泵供油，同时满足所需流量、压力不同的多个回路、多个执行元件的工作要求。

在确定工作主机传动与控制系统的设计方案时，具有下列特点的工作机构常常采用负载敏感系统。

（1）单泵系统具有多个回路和执行元件，每一支路有不同的压力和流量需求。

（2）系统需要对流量进行调节，采用容积调速。

（3）系统具有低压、小流量的待机工况，以及有更高的压力和流量需求。

（4）系统需要提供恒定的流量，而不受输入转速及压力变化的影响。

（5）避免系统产生过多的能量损耗及热损耗。

（6）系统需要保持执行元件恒定的运转速度，而不受负载影响。

（7）液压系统工作过程中经常达到最高压力。

9.5.3　负载敏感系统的应用

现代工程机械要求液压系统能耗低、精度高，并且能够实现同步动作的几个执行元件在运动时互不干扰。负载敏感技术利用负载变化引起的压力变化去调节泵或阀的压力与流量，以适应系统的工作需求，因此在很多工况下能够很好地满足上述要求。

1. 负载敏感系统的基本原理及结构

采用"闭中心"系统的负载敏感系统由负载感应式变量柱塞泵与负载敏感控制阀组成，如图 9-38 所示。泵的排量可调，无须设置溢流阀，比"开中心"系统节省能源。

当液压系统未工作时，在较低的压力下处于待机状态，多路阀 1 切断执行器与变量柱塞泵之间的压力信号。当多路阀工作时，先从执行器得到压力需求，并将压力信号通过负载感应油路（图中虚线）传递给压差调节阀 3（即负载敏感阀），它和最高压力调节阀 2 共同控制柱塞泵的变量机构，使泵的输出压力对系统压力做出响应。

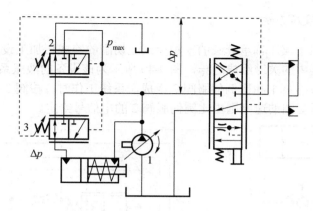

图 9-38 负载敏感液压回路

1—多路阀；2—最高压力调节阀；3—压差调节阀

1）压力

泵的输出压力与负载压力的压差 Δp 是由负载敏感阀的弹簧调定的，通常为泵最高压力的1%～5%（1.5~2.5MPa），因此泵的压力只需要比负载压力略高，这有利于延长泵的使用寿命。

$$\eta = \frac{p_L q}{p_p q} = \frac{p_L}{p_p} = \frac{p_p - \Delta p}{p_p} = 1 - \frac{\Delta p}{p_p}$$

式中　Δp——压差；

　　　p_L——负载压力；

　　　p_p——泵的输出压力。

由上式可知，压差 Δp 小，能源利用率高，但是加大了控制难度；压差大，易于控制，但是能耗相应变大。

当压差 Δp 恒定时，负载压力 p_L 越大，泵的输出压力 p_p 也随之变大，系统效率提高。

2）流量

系统所需的流量是由多路阀节流口的开度控制的，与系统的实际需要流量相等，如图 9-39 所示，无溢流损失，只有压力损失，实现了节能。

液压系统由此实现了根据负载变化提供所需压力-流量的特性。

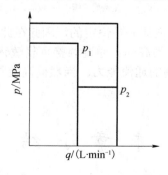

图 9-39 负载敏感系统压力-流量图

2. 精密冷辗机液压系统

精密冷辗机是用于辗压轴承套圆的一种少或无切削的冷成形加工设备。在该设备中，液压速度伺服系统是其中的关键组成之一，图 9-40 所示为该设备的液压系统的一种设计方案。

该方案由负载敏感泵 1 和比例伺服阀 2 组成。系统工作时，梭阀 3 将负载压力反馈到泵的控制口 X，而辗压套圈的速度则由比例伺服阀 2 的电信号给定。

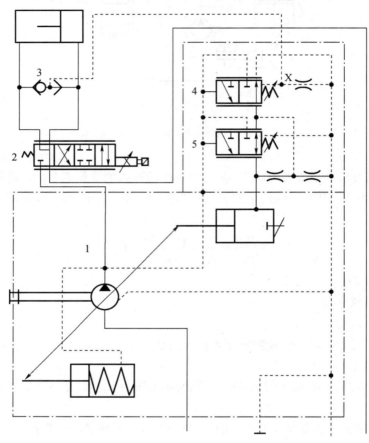

图 9-40　精密冷辗机液压系统

1—负载敏感泵；2—比例伺服阀；3—梭阀；4，5—流量阀

由于比例伺服阀 2 阀口前后的压差是恒定的，因此在此方案中，即使采用开环控制的方式，系统的速度控制精度也是相当高的。通过调整负载敏感泵 1 上的流量阀 4，可以改变比例伺服阀 2 的流量增益，也即阀的通流能力。当然提高流量阀 4 的设定压力也会降低系统的效率。

本 章 小 结

本章介绍了液压基本回路的概念、类型和构成。通过大量的液压回路图例分别详细介绍了调压回路、调速回路、换向回路的组成、类型，各自的性能特点和应用场合。这些回路是复杂液压系统的基本结构单元，为了给液压系统的设计和计算奠定良好的基础，必须掌握这些基本内容。通过本章的学习，要求掌握调压回路、调速回路、换向回路有关的基本概念、特点、应用场合和压力、流量、速度、载荷、转矩、转速、功率、效率等参数的计算，并能根据使用要求计算和设计常用类型的液压回路。

习　题

9-1　什么是液压基本回路？常见的液压基本回路有几类？各起什么作用？

9-2　容积节流调速回路的优点是什么？

9-3　在图 9-41 所示的回路中，若溢流阀的调整压力分别为 $p_{y1}=6\text{MPa}$，$p_{y2}=4.5\text{MPa}$。液压泵出口处的负载阻力为无限大。在不计管道损失和调压偏差时，试问：

（1）换向阀上位接入回路时，泵的工作压力为多少？B 点和 C 点的压力又是多少？

（2）换向阀下位接入回路时，泵的工作压力为多少？B 点和 C 点的压力又是多少？

9-4　如图 9-42 所示，已知两液压缸的活塞面积相同，液压缸无杆腔面积 $A_1=20\times10^{-4}\text{m}^2$，但负载分别为 $F_1=8000\text{N}$，$F_2=4000\text{N}$，若溢流阀的调整压力 $p_y=4.5\text{MPa}$，试分析减压阀的调整压力分别为 1MPa、2MPa、4MPa 时，两液压缸的动作情况。

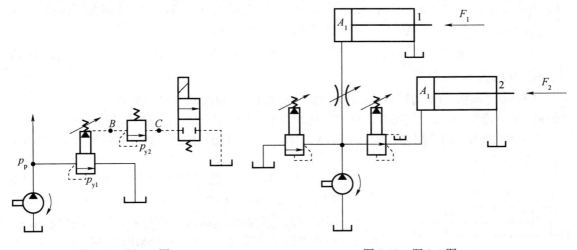

图 9-41　题 9-3 图　　　　　　　　　　　　图 9-42　题 9-4 图

9-5　在图 9-43 所示的平衡回路中，若液压缸无杆腔面积为 $A_1=80\times10^{-4}\text{m}^2$，有杆腔面积 $A_2=40\times10^{-4}\text{m}^2$，活塞与运动部件的自重 $G=6000\text{N}$，运动时活塞上的摩擦阻力为 $F_f=2000\text{N}$，向下运动时要克服的负载阻力为 $F_L=24000\text{N}$。试问顺序阀和溢流阀的最小调整压力应各为多少？

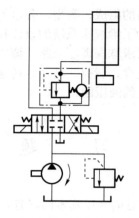

图 9-43　题 9-5 图

9-6　如图 9-12（a）所示，在进油节流调速系统中，已知液压泵的供油流量 $q_p = 6 \text{L} / \text{min}$，溢流阀调定压力 $p_p = 3\text{MPa}$，液压缸无杆腔面积 $A_1 = 20 \times 10^{-4} \text{m}^2$，负载为 $F = 4000\text{N}$，节流阀为薄壁孔口，开口面积 $A_T = 0.01 \times 10^{-4} \text{m}^2$，$C_d = 0.62$，$\rho = 900 \text{kg} / \text{m}^3$，试求：

（1）活塞的运动速度 v。

（2）溢流阀的溢流量和回路的效率。

（3）当节流阀开口面积增大到 $A_{T1} = 0.03 \times 10^{-4} \text{m}^2$ 和 $A_{T2} = 0.05 \times 10^{-4} \text{m}^2$ 时，分别计算液压缸的运动速度和溢流阀的溢流量。

9-7　如图 9-12（b）所示，在出口节流调速系统中，若已知液压缸的两腔面积 $A_1 = 100 \times 10^{-4} \text{m}^2$，$A_2 = 50 \times 10^{-4} \text{m}^2$，负载 $F_{max} = 25000\text{N}$，求：

（1）在最大负载时节流阀前后压差为 0.3MPa，液压泵的工作压力 p_p 为多少？溢流阀的调整压力 p_y 为多少？

（2）溢流阀按（1）调好后，负载从 25000N 降到 15000N 时，液压泵的工作压力是多少？液压缸运动速度与（1）情况相比有何变化？设节流阀过流缝隙为薄壁孔。

（3）如果节流阀改用调速阀，负载从 25000N 降为 15000N 时，调速阀正常工作，液压缸运动速度有何变化？为什么？

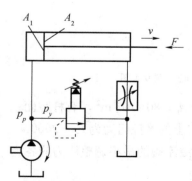

图 9-44　题 9-8 图

9-8　在图 9-44 所示的调速阀节流调速回路中，已知 $q_p = 25\text{L/min}$，$A_1 = 100 \times 10^{-4} \text{m}^2$，$A_2 = 50 \times 10^{-4} \text{m}^2$，$F$ 由零增至 30000N 时活塞向右的运动速度基本无变化，$v = 0.2\text{m/min}$，若调速阀要求的最小压差为 $\Delta p_{min} = 0.5\text{MPa}$，试求：

（1）不计调压偏差时的溢流阀调整压力 p_y 是多少？液压泵的工作压力是多少？

（2）液压缸可能达到的最高工作压力是多少？

（3）回路的最高效率为多少？

9-9　由变量泵和定量马达组成的调速回路中，变量泵的排量可在 0～50cm³/r 的范围内改变。泵转速为 1000 r/min，马达排量为 50cm³/r，安全阀的调定压力为 10MPa。在理想情况下，泵和马达的容积效率和机械效率都是 100%。试求：

（1）液压马达的最高和最低转速。

（2）液压马达的最大输出转矩。

（3）液压马达的最高输出功率。

9-10　如图 9-18（a）所示的限压式变量泵和调速阀的容积节流调速回路，若变量泵的拐点坐标为（2MPa，10L/min），且在 p_p =2.8MPa 时 q_p =0，液压缸无杆腔的面积 $A_1 = 50 \times 10^{-4} \text{m}^2$，有杆腔面积 $A_2 = 25 \times 10^{-4} \text{m}^2$，调速阀最小工作压差为 0.5MPa，背压阀的调整值为 0.4MPa，试求：

（1）在调速阀通过 q_1 =5L/min 的流量时，回路的效率最大为多少？

（2）若 q_1 不变，负载减小 4/5 时，回路效率为多少？

（3）如何才能使负载减小后的回路效率得以提高？能提高到多少？

9-11　如图 9-45 所示，夹紧液压缸Ⅰ的无杆腔面积 $A_1 = 50 \times 10^{-4} \text{m}^2$，要求夹紧力为 6000N；工作台液压缸Ⅱ的无杆腔面积 $A_3 = 50 \times 10^{-4} \text{m}^2$，有杆腔面积 $A_4 = 25 \times 10^{-4} \text{m}^2$。快进时速度 v =5m/min，负载为 10000N（此时无背压）；工进时速度 $v_工$ =0.6m/min，负载为 24000N，此时背压为 1MPa，大泵卸荷压力为 0.2MPa（管路和元件的损失不计），求：

（1）减压阀、溢流阀、液控顺序阀的调整压力各为多少？

（2）两个液压泵的输出流量各为多少（不计泄漏）？

（3）液压泵所需的电动机功率（已知液压泵的效率为 0.8）为多少？

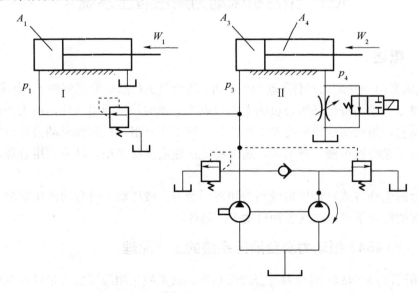

图 9-45　题 9-11 图

第 10 章

典型液压系统

由于液压传动有很多突出的优点，所以被广泛地应用在机械、冶金、轻工、建筑、航空、农业等各个领域。本章选出几种比较有代表性的液压传动系统，对其进行分析。通过对典型液压系统的分析，加深对各种液压元件和系统综合应用的认识，掌握液压系统的分析方法，为液压系统的设计、调试、使用和维护打下基础。

在液压系统图中，所有液压元件及它们之间的连接与控制方式，均按照国家标准规定的图形符号绘制。

10.1 组合机床动力滑台液压系统

10.1.1 概述

组合机床是由一些通用部件（动力头、动力滑台等）和部分专用部件（主轴箱、夹具等）组成的专用机床。动力滑台是组合机床上实现进给运动的一种通用部件，动力滑台上安装着动力头和主轴箱，用来实现各种孔及端面的加工等工序。组合机床要求动力滑台空载时速度快、推力小；工进时速度慢、推力大，速度稳定；速度换接平稳，功率利用合理、效率高，发热少。

动力滑台的驱动方式可使用机械动力和液压动力。液压动力滑台用液压缸驱动，它在电气和机械装置的配合下可以实现各种自动工作循环。

10.1.2 YT4543 型动力滑台液压系统的工作原理

图 10-1 所示为 YT4543 型动力滑台液压系统。该系统采用限压式变量叶片泵供油。用电液换向阀实现进退换向，用液压缸差动连接实现快进，用调速阀串联调节两种工进速度，用行程阀控制快、慢速度的换接，用二位电磁阀实现两种工进速度的换接，用死挡铁保证进给的位置精度。滑台的动作循环如下：快进→一工进→二工进→死挡铁停留→快退→原位停止，见表 10-1。

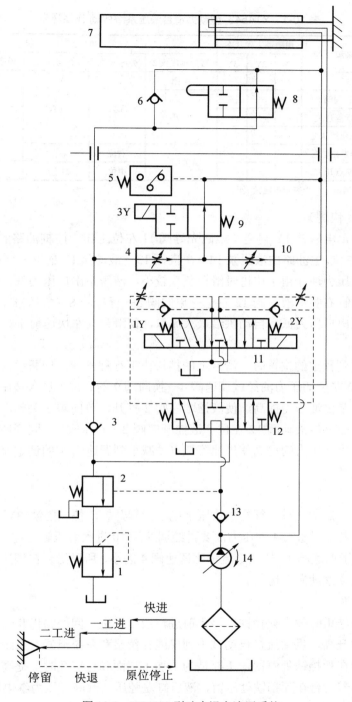

图 10-1　YT4543 型动力滑台液压系统

1—背压阀；2—液控顺序阀；3，6，13—单向阀；4，10—调速阀；5—压力继电器；
7—液压缸；8—行程阀；9—换向阀；11—先导阀；12—液动阀；14—液压泵

表 10-1　YT4543 型动力滑台液压系统的动作循环表

动作名称	信号来源	电磁铁工作状态			液压元件工作状态				
		1Y	2Y	3Y	液控顺序阀 2	先导阀 11	换向阀 12	电磁换向阀 9	行程阀 8
快进	启动按钮	+	−	−	关闭				右位
一工进	挡块压下行程阀 8	+	−	−	打开	左位	左位	右位	左位
二工进	挡块压下行程开关	+	−	+					
停留	滑台靠压在死挡块处	+	−	+				左位	
快退	时间继电器发出信号	−	+	+	关闭	右位	右位	右位	右位
原位停止	挡块压下终点开关	−	−	−		中位	中位		

注："+"表示电磁铁得电，"−"表示电磁铁失电。

1）快速前进（快进）

按下启动按钮，电磁铁 1Y 得电，电磁先导阀 11 左位工作，控制油路的压力油推动液动阀 12 平稳地换至左位。主油路由液压泵 14→单向阀 13→液动阀 12 左位→行程阀 8 的常通位，向液压缸左腔供给压力油。由于快进时滑台负载较小，液压泵出口压力低，液控顺序阀 2 关闭，回油路由液压缸右腔→液动阀 12 左位→单向阀 3→行程阀 8→液压缸左腔，液压缸形成差动连接，变量泵出口压力低，自动供给最大流量，使滑台向左快速前进。

2）一工进

滑台快速前进到预定的位置时，滑台上的挡块压下行程阀 8，切断进入液压缸左腔的油路，来自液动阀 12 左位的压力油经过调速阀 4→换向阀 9 的右位，进入液压缸左腔。由于调速阀的接入，液压泵供油压力提高，使液控顺序阀 2 打开，单向阀 3 关闭，液压缸右腔回油不再进入其左腔，而是经液动阀 12 左位→液控顺序阀 2→背压阀 1，回到油箱，液压缸不再差动连接，液压泵供油压力的提高使供油流量自动减小到调速阀 4 的调定流量，滑台以一工进速度继续向左运动。

3）二工进

当滑台运动到一定位置时，行程挡块压下电气行程开关，使电磁铁 3Y 得电，切断经过换向阀 9 的油路，来自调速阀 4 的压力油要再经调速阀 10 进入液压缸左腔。液压缸回油路与一工进时相同。由于调速阀 10 的调定流量比调速阀 4 的小，所以滑台在调速阀 10 的控制下，以更小的二工进速度继续向左运动。

4）死挡铁停留

滑台在二工进结束时碰上死挡铁，停止前进，液压缸进、回油路仍和二工进时相同。这时，泵的供油压力升高，供油流量自动减小到仅能补偿泵和系统泄漏，系统处于保压的零流量卸载状态。滑台在死挡铁处停留，主要是为了加工端面和台肩孔时，提高其轴向尺寸精度和表面粗糙度。随着滑台在死挡铁处停留，液压缸左腔压力升高，压力继电器 5 发出信号，时间继电器开始记时。

5）滑台快退

当滑台按调定时间在死挡铁处停留后，时间继电器发出信号，使电磁铁 1Y 失电，2Y 得电，先导阀 11 和液动阀 12 右位工作。主油路由液压泵 14→单向阀 13→液动阀 12 右位，向液压缸右腔提供压力油。回油路由液压缸左腔→单向阀 6→液动阀 12 右位，回到油箱。由于此时是空载，泵供油压力小，供油流量大，滑台快速退回。

6）原位停止

当滑台退到原位时，挡块压下行程开关，使电磁铁 1Y、2Y 和 3Y 都失电，先导阀 11 和液动阀 12 处于中位，滑台停止运动，液压泵 14 通过液动阀 12 中位卸载。

10.1.3　YT4543 型动力滑台液压系统的特点

（1）采用限压式变量泵和调速阀组成的容积节流调速回路，保证滑台具有稳定的低速运动、较好的速度刚性和较大的调速范围，并提高了系统效率。进给时回油路上的背压阀增强了滑台速度的稳定性，且能使滑台承受负值负载。

（2）采用差动连接回路配上限压式变量泵供油，使滑台得到足够快的运动速度。采用单向阀和 M 型中位机能的电液换向阀换向回路，使滑台在不工作时液压泵在低压下卸荷。所以，系统能量利用合理、效率高。

（3）采用换向时间可调的电液换向阀切换主油路，使滑台进退换向平稳；行程阀和液控顺序阀组成的速度换接回路使滑台在快进转工进时运动平稳可靠，转换的位置精度比较高。由于两次工进速度均较低，用电磁换向阀的慢速换接回路也可得到足够的转换精度。

10.2　压力机液压系统

10.2.1　概述

压力机是一种可用于加工金属、塑料、木材、皮革、橡胶等各种材料的压力加工机械，它能完成锻压、冲压、冷挤、校直、弯曲、成形、打包等工艺加工。压力机的结构形式有很多种，以四柱式压力机最为典型。图 10-2 所示为四柱式压力机外形。该压力机有上、下两个液压缸。主机要求上液压缸（简称上缸）驱动上滑块以四柱导向，完成快速下行→慢速加压→保压→泄压→快速回程→原位停止的动作循环；要求下液压缸（简称下缸）驱动下滑块完成向上顶出→向下退回→停止的动作循环。在进行薄板拉伸时，要求下液压缸驱动下滑块完成浮动压边下行→停止→顶出的动作循环。压力机液压系统以压力控制为主，压力高，流量大，而且压力、流量变化大。

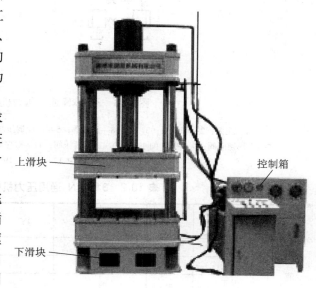

图 10-2　四柱式压力机外形

10.2.2 3150kN 通用压力机液压系统的工作原理

图 10-3 所示为 3150kN 通用压力机液压系统原理图。该液压系统有两个液压泵，主泵 1 是高压、大流量恒功率（压力补偿）变量泵，最高工作压力由溢流阀 4 的远程调压阀 5 调定。辅助泵 2 是低压、小流量定量泵，用以提供控制油，其压力由溢流阀 3 调整。电磁铁的动作顺序见表 10-2。

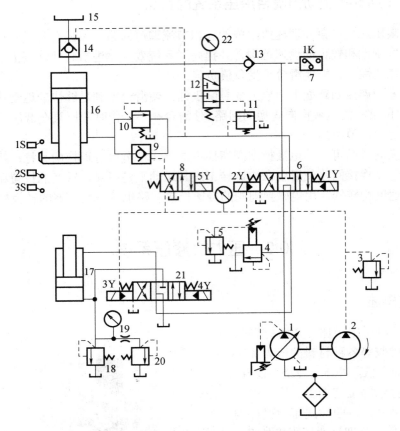

图 10-3　3150kN 通用压力机液压系统原理图

1—主泵；2—辅助泵；3，4，18—溢流阀；5—远程调压阀；6，21—电液换向阀；7—压力继电器；
8—电磁换向阀；9—液控单向阀；10，20—背压阀；11—顺序阀；12—液控滑阀；13—单向阀；14—充液阀；
15—油箱；16—上缸；17—下缸；19—节流器；22—压力表

表 10-2　3150kN 通用压力机电磁铁动作顺序表

动作	元件	1Y	2Y	3Y	4Y	5Y	1S	2S	3S	1K
上液压缸	快速下行	+				+				
	慢速加压	+						+		
	保压	+								+
	泄压回程		+						+	
	停止						+			

动作	元件	1Y	2Y	3Y	4Y	5Y	1S	2S	3S	1K
下液压缸	顶出			+						
	退回				+					
	压边	+								

1）上缸快速下行

按下启动按钮，两个液压泵开始运转，主泵 1 经电液换向阀 6 和 21 的中位卸载，辅助泵 2 输出低压控制油。电磁铁 1Y 和 5Y 也随即得电，控制油使电液换向阀 6 换至右位、同时经电磁换向阀 8 右位打开液控单向阀 9。压力油从主泵 1→电液换向阀 6 右位→单向阀 13，进入上缸 16 上腔。液压缸下腔油经液控单向阀 9→电液换向阀 6 右位→电液换向阀 21 中位→油箱。上缸滑块在自重作用下迅速下降，主泵 1 虽以低压、大流量向上缸供油，但上腔仍因进油不足形成负压，上部油箱 15 的油液经充液阀 14 向上腔补油。

2）上缸慢速接近工件、加压

当上缸滑块快速下行到离工件较近位置时，压下行程开关 2S，使电磁铁 5Y 失电，液控单向阀 9 关闭。上缸下腔油经背压阀 10→电液换向阀 6 右位→电液换向阀 21 中位→油箱。这时上缸下腔油压升高，上腔油压也升高，充液阀 14 关闭，仅靠主泵 1 以较小流量向上缸供油，使滑块能以慢速平稳地接近工件。当上滑块触及工件后，上腔压力很快升高，主泵 1 供油量自动减小。

3）保压

当上缸上腔压力上升到预定值时，压力继电器 7 发出信号，使电磁铁 1Y 失电，阀 6 回到中位，单向阀 13 和充液阀 14 均关闭。由于单向阀 13 和充液阀 14 具有良好的密封性，上缸上腔被封闭保压。保压时间由电气控制系统的时间继电器控制。保压期间，主泵 1 卸载。

4）泄压、上缸回程

保压过程结束，时间继电器发出信号，电磁铁 2Y 得电，电液换向阀 6 换至左位。由于上缸上腔油压较高，液控滑阀 12 上位工作，控制油打开顺序阀 11。主泵 1 输出的压力油经电液换向阀 6 左位→顺序阀 11→油箱，使主泵 1 在低压下工作，仅能打开充液阀 14 的卸载阀芯，使上缸上腔泄压，但不能推动活塞回程。上腔泄压到一定压力，液控滑阀 12 复位，顺序阀 11 关闭。来自变量泵 1 的压力油经电液换向阀 6 左位→液控单向阀 9→上缸下腔，这时泵的供油压力升高，又打开充液阀 14 主阀芯，活塞快速退回。上缸上腔回油经充液阀 14 回油箱。若上缸不经泄压直接向上回程，则缸上腔的高压油与回油相通，会产生液压冲击，造成机器和管路的剧烈振动，发出很大噪声。

5）上缸原位停止

当上缸滑块上升到压下行程开关 1S 后，电磁铁 2Y 失电，电液换向阀 6 回到中位，液控单向阀 9 关闭，上缸下腔油压被封闭，使上缸原位停止不动，主泵 1 卸载。

6）下缸顶出及退回

按顶出按钮，电磁铁 3Y 得电，电磁换向阀 21 换至左位，主泵 1 输出的压力油→电液换向阀 6 中位→电液换向阀 21 左位→下缸 17 下腔，下缸向上顶出工件。下缸上腔油经电液换向阀 21 左位回油箱。3Y 失电，4Y 得电，电液换向阀 21 换至右位，下缸退回。

7）浮动压边

薄板拉伸压边时，要求下缸活塞上升到一定位置后，既保持一定压力，又能随上缸滑块的下压而下行。这时电液换向阀 21 在中位，下缸活塞随上缸滑块下压被迫下行，下缸下腔油液经节流器 19 和背压阀 20 回油箱，下缸下腔油压通过活塞顶着薄板。下缸上腔经电液换向阀 21 中位从油箱补油。调整背压阀 20 的压力，即可改变下缸下腔的压边压力。这时，溢流阀 18 作安全阀用。

10.2.3 通用压力机液压系统的特点

（1）采用高压、大流量恒功率变量泵供油；利用上缸滑块自重加速、充液阀补油；用背压阀 10 及液控单向阀 9 控制上缸下腔回油压力，既满足了主机对力和速度的要求，又节省了能量。

（2）采用单向阀 13 保压，液控滑阀 12、顺序阀 11 和充液阀 14 组成的泄压回路，减少了由保压到回程的液压冲击。上缸和下缸在一般加工时能实现互锁，保证了安全。但在薄板拉伸压边加工时，上、下缸能协调工作。

10.3 汽车起重机液压系统

10.3.1 概述

汽车起重机是将起重机安装在汽车底盘上的一种起重运输设备。其灵活性好，能以较快的速度行走。图 10-4 所示为 Q2-8 型汽车起重机外形简图。它由载重汽车 1，回转机构 2，前、后支腿 3，吊臂变幅缸 4，吊臂伸缩缸 5，起升机构 6 和基本臂 7 组成。它能以较快速度行走，机动性好，又能用于起重。它在起重时，动作顺序如下：放下后支腿→放下前支腿→调整吊臂长度→调整吊臂起落角度→起吊→回转→落下载重→收起前支腿→收起后支腿→起吊作业结束。最大起重力 80kN（幅度 3m），最大起重高度 11.5m。汽车起重机的工作特点是各执行元件动作简单、位置精度不高，但动作互不影响。它用于起重，常工作在有冲击、振动，温度变化大和环境差的条件下，所以要求液压系统工作压力为中、高压，安全性要好。

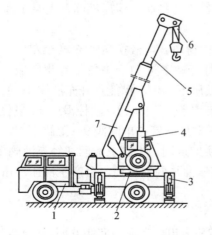

图 10-4 Q2-8 型汽车起重机外形简图

1—载重汽车；2—回转机构；3—支腿；4—吊臂变幅缸；
5—吊臂伸缩缸；6—起升机构；7—基本臂

10.3.2　Q2-8 型汽车起重机液压系统的工作原理

图 10-5 所示为 Q2-8 型汽车起重机液压系统原理图。该液压系统主要由支腿收放、回转机构、吊臂伸缩、吊臂变幅和起升机构五个动作回路组成。液压泵由汽车发动机通过装在汽车底盘变速箱上的取力箱驱动。液压泵、滤油器 11、安全阀 3、开关 10、多路换向阀 1 和支腿液压缸都装在回转机构以下（下车部分）。其他液压元件和油箱都装在回转机构以上（上车部分），兼作配重。上车和下车油路通过中心回转接头 9 连通。手动阀组 1 和 2 都是 M 型中位机能的串联多路换向阀。系统所有执行元件都不工作时，液压泵输出的压力油经各换向阀中位回油箱卸载。系统有一个以上执行元件工作时，液压泵输出的压力油依次流经前支腿、后支腿、回转机构、吊臂伸缩缸、吊臂变幅缸和起升机构回路的执行元件或换向阀中位（该回路不工作时）回油箱。此时，液压泵不卸载，操作者可操作一个换向阀，使单个执行元件动作；也可同时操作几个换向阀，使几个执行元件在不满载的条件下同时动作。

1）支腿收放

汽车起重机的底盘前后各有两条支腿，在起重作业时，必须放下支腿，将汽车轮胎架空，以免受重负载。在汽车行驶时，必须收起支腿。汽车后轮的前、后各备有一对支腿，每个支腿靠一个液压缸驱动收放，并靠一对液控单向阀（也叫双向液压锁）保压维持其收放位置，防止起重作业过程中由于液压缸上腔泄漏而发生"软腿"现象；也防止汽车行走过程中由于液压缸下腔泄漏而造成支腿自行下落。放支腿过程：先将多路换向阀 1 的阀 B 换至左位，压力油进入后支腿的两液压缸上腔，下腔回油，后支腿放下，再将阀 B 换回中位，液压锁锁住后支腿；将阀 A 换至左位，前支腿的两液压缸下行，前支腿放下，再将阀 A 换回中位，液压锁锁住前支腿。收支腿过程：先将阀 A 换到右位，前支腿的两液压缸下腔进压力油，上腔回油，等两前支腿收回后，再将阀 A 换回中位，前支腿被锁住。用同样的办法，将阀 B 先换至右位，等后支腿收回后，再将阀 B 换回中位，后支腿被锁住。

2）回转机构转位

在回转机构中，用一个双向液压马达通过机械传动装置驱动转盘。将换向阀 C 换至左位或右位，液压马达便带动转盘低速向左、右旋转。由于液压马达转速低，转盘转到合适的位置时，将换向阀 C 换回中位，液压马达能制动锁住，不必另外设置马达制动回路。

3）起升机构升降

起升机构由一个大转矩双向液压马达带动卷扬机升降重物。液压马达的转速可通过改变发动机转速来调节。起升液压回路是一个平衡回路，平衡阀 8 由改进设计后的外控顺序阀和单向阀组成。采用平衡阀后重物下降时不会产生时快、时停的"点头"现象。当换向阀 F 换至右位时，压力油经平衡阀的单向阀进入液压马达，吊起重物。当换向阀 F 换至左位时，压力油直接进入液压马达；平衡阀开启，液压马达回油腔经平衡阀回油，重物平稳下落。当换向阀换回中位时，平衡阀关闭，液压马达停转，重物停在空中。由于液压马达泄漏量比液压缸大得多，尽管平衡阀密封性好，重物在空中仍有滑落（常称"溜车"现象）。所以，在这个液压马达上设有制动缸，在换向阀 F 换回中位使液压马达停转时，制动缸的有杆腔油液经节流阀 7 的单向阀回油，液压马达迅速制动，重物迅速停止下降。当换向阀 F 重新换至右位又使重物上升时，压力油经节流阀 7，缓慢流入制动缸的有杆腔，制动缸慢慢松开，避免重物因自重产生滑降。

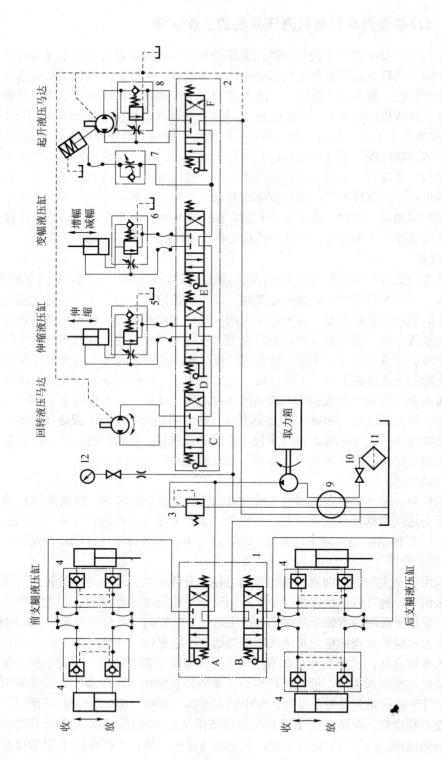

图 10-5　Q2-8 型汽车起重机液压系统原理图

1、2—多路换向阀；3—安全阀；4—双向液压锁；5、6、8—平衡阀；
7—节流阀；9—中心回转接头；10—开关；11—滤油器；12—压力表

4）吊臂伸缩

吊臂由基本臂和伸缩臂组成，伸缩臂套在基本臂内。吊臂的伸缩由一伸缩液压缸实现，液压回路也是采用平衡阀的平衡回路。操作换向阀 D，吊臂可进行伸出、回缩或停止动作。在吊臂停止回缩时，平衡阀可防止吊臂因自重而下降。

5）吊臂变幅

用一液压缸改变起重臂的角度（称为变幅），其液压回路也是平衡阀控制的平衡回路。操作换向阀 E，起重臂可实现增幅、减幅或停止动作。

10.3.3　Q2-8 型汽车起重机液压系统的特点

（1）用安全阀限制系统最高压力。

（2）各液压回路设计简单且相互独立，使各执行元件的动作操作容易。多路换向阀为串联油路，因而各执行元件可单独动作，也可同时动作，操作灵活。

（3）支腿回路中采用了双向液压锁，可防止发生"软腿"和支腿自行下落的现象。

（4）在起升、吊臂伸缩和变幅回路中都设置有平衡阀，可有效地防止重物因自重而下落，工作可靠。

（5）起升液压马达上设置有制动缸，可防止马达由于泄漏严重而产生"溜车"现象，确保安全。

10.4　液压系统常见故障与分析

设备的故障诊断与排除是保证其运行可靠、性能良好的重要途径。液压系统是结构复杂且精密度高的机、电、液综合系统，故障诊断难度较大。在诊断液压系统某种故障时，首先应根据液压系统工作原理，对故障现象进行逻辑分析，找出产生此故障的所有可疑原因。再按照由易到难、由外到内的检测原则，并参考元件故障概率的高低，对所有可疑元件排序，制订出诊断方案。最后，按照排序逐一检测、分析、找出真正的故障元件，并加以维修直到排除故障为止。由于液压系统的故障点比较隐蔽，因果关系复杂，不同的机械设备有不同的液压系统，所以很难有统一的故障解决办法。下面结合以上典型液压系统实例，介绍液压系统的常见故障并对故障产生的原因加以分析。

10.4.1　液压系统常见故障诊断方法

1. 液压系统故障的特点

1）故障的隐蔽性

液压部件的机构和油液封闭在密闭的壳体和管道内，其故障不如机械传动故障那样容易直接观察到，又不像电气传动那样方便测量，所以确定液压系统故障的部位和原因比较困难。

2）故障的多样性和复杂性

液压设备出现的故障可能是多种多样的，而且很多情况下是几个故障同时出现，这就增加了液压系统故障的复杂性。例如，系统的压力不稳定，经常和振动噪声故障同时出现；而系统压力达不到要求经常又和动作故障联系在一起；甚至机械、电气部分的弊病也会与液压系统的故障交织在一起，使得故障变得多样和复杂。

3）故障的难于判断性

影响液压系统正常工作的原因，有些是渐发的，如因零件受损引起配合间隙逐渐增大、密封件的材质逐渐恶化等渐发性故障；有些是突发的，如元件因异物突然卡死造成动作失灵所引起的突发性故障；也有些是由系统中各液压元件综合性因素所致，如元件规格选择、配置不合理等，很难实现设计要求；有时还会因机械、电气及外界因素影响而引起液压系统故障。以上这些因素给确定液压系统故障的部位以及分析故障的原因增加了难度。所以当系统出现故障后，必须综合考虑各种因素，对故障认真地检查、分析、判断，才能找出故障的部位及其产生原因。但是，一旦找出故障原因后，往往处理和排除比较容易，一般只需更换元件，有时甚至只需清洗即可。

4）故障的交错性

液压系统的故障与原因之间存在着各种各样的重叠和交叉。引起液压系统同一故障的原因可能有多个，而且这些原因常常是交织在一起互相影响的。例如，系统压力达不到要求，可能是由液压泵引起的，也可能是由溢流阀引起的，也可能是两者同时作用的结果，还可能是由液压油的黏度不合适或系统的泄漏等造成的。

另外，液压系统中同一原因，但因其程度的不同、系统结构的不同，以及与它配合的机械结构的不同，所引起的故障现象也可以是多种多样的。例如，同样是系统吸入空气，可能出现不同的故障现象，特别严重时能使泵吸不进油；较轻时会引起流量、压力的波动，同时产生轻重不同的噪声；有时还会引起机械部件运动过程中的爬行。

所以，液压系统的故障存在着引起同一故障原因的多样性和同一原因引起故障的多样性的特点，即故障现象与故障原因不是一一对应的。

5）故障产生的随机性与必然性

液压系统在运行过程中，受到各种各样随机因素的影响，因此，其故障有时是偶然发生的，如工作介质中的污染物偶然卡死溢流阀或换向阀的阀芯，使系统偶然失压或不能换向；电网电压的偶然变化，使电磁铁吸合不正常而引起电磁阀不能正常工作等，这些故障不是经常发生的，也没有规律。但是，某些故障却是必然会发生的，故障必然发生的情况是指那些经常发生并由具有一定规律的原因引起的故障，如工作介质黏度低引起的系统泄漏；液压泵内部间隙大，使得内泄漏量增加，导致泵的容积效率下降等。因此，在分析液压系统故障的原因时，既要考虑产生故障的必然规律，又要考虑故障产生的随机性。

6）故障的产生与使用条件的密切相关性

同一系统，往往随着使用条件的不同而产生不同的故障。例如，环境温度低，使油液黏度增大引起液压泵吸油困难；环境温度高又无冷却时，油液黏度下降引起系统泄漏和压力不足等故障；设备在不清洁的环境或室外工作时，往往会引起工作介质的严重污染，并导致系统出现故障。另外，操作维护人员的技术水平也会影响到系统的正常工作。

7）故障的可变性

由于液压系统中各个液压元件的动作是相互影响的，所以排除了一个故障，往往又会出现另一个故障。这就使液压系统的故障表现出了可变性。因此，在检查、分析、排除故障时，必须特别注意液压系统的严密性和整体性。

8）故障的差异性

由于设计、加工工艺、所用材料及应用环境的差异，液压元件的磨损和劣化的速度相差很大，同一厂家生产的同一规格的同一批液压件，其使用寿命也会有很大区别，出现故障的情况也会不同。

2. 液压系统故障排除的步骤

液压系统故障的诊断与排除是对运行中的液压系统采用分析法来确认其产生故障的原因，然后加以排除，使系统正常运行的过程。

1）故障排除前的基础工作

（1）认真阅读设备使用说明书，熟悉与设备使用有关的技术资料，通过阅读和查询掌握以下情况：

① 设备的结构、工作原理及技术性能、特点等；

② 液压系统在设备上的功能、系统的结构、工作原理及设备对液压系统的要求；

③ 液压系统中所采用各种元件的结构、工作原理及性能；

④ 与设备有关的档案资料，如生产厂家、制造日期、液压件状况、运输途中有无损坏、调试及验收时的原始记录、使用期间出现过的故障及处理方法等。

（2）掌握液压传动的基本知识及处理液压故障的初步经验。

2）故障诊断与排除的步骤

在熟悉设备性能和技术资料的基础上，认真研究液压系统原理图，进一步弄清各元件的性能和在系统中的作用及它们之间的联系，熟悉液压系统工作原理和运行要求及一些主要技术参数，然后按以下步骤进行故障的诊断与排除。

（1）调查情况。到现场向操作者调查设备出现故障前后的工作状况及异常现象、产生故障的部位和故障现象，同时还要了解过去对这类故障排除的经过。

（2）现场检查。任何一种故障都会表现为一定的现象。这些现象是对故障进行分析、判断的前提。由于同一故障可能是由多种不同的原因引起的，而这些不同原因所引起的同一故障又有着一定的区别，因此在处理故障时，首先要查清故障现象。现场检查时要认真、仔细地进行观察，充分掌握其特点，了解故障产生前后设备的运转状况，查清故障是在什么条件下产生的，并摸清与故障有关的其他因素。

到现场了解情况时，如果设备还能启动运行，就应当亲自启动一下设备，操纵有关部分，观察故障现象，查找故障部件，听听噪声，看看有无泄漏，并观察系统压力变化和执行元件动作情况。

（3）查阅技术档案。对照本次故障现象，查阅技术档案，判别是否与历史记载的故障现象相似，还是新出现的故障。

（4）归纳分析。在现场检查的基础上，结合操作者提供的情况及历史记载的资料进行综合分析，初步找出可能引起故障的原因，然后认真地分析判断。

分析判断时应注意：首先，充分考虑外界因素对系统的影响，在查明确实不是外界原因引起故障的情况下，再集中注意力在系统内部查找原因；其次，分析判断时，一定要把机械、电气、液压三个方面联系在一起考虑，且不可孤立地单纯对液压系统进行考虑；最后，要分清故障是偶然发生的还是必然发生的。对于必然发生的故障，要认真查出故障原因，并彻底排除；对于偶然发生的故障，只要查出故障原因并做出相应的处理即可。

归纳分析是找出故障原因的基础，分析时特别要注意事物的相互联系，逐步缩小范围，直到准确地判断出故障部位，然后拟定排除故障的方案。

（5）调整试验。调整试验就是对仍能运转的设备经过上述分析判断后所列出的故障原因进行压力、流量和动作循环的试验，以去伪存真，进一步证实并找出哪些是引起故障的可能原因。

调整试验可按照已列出的故障原因，依照先易后难的顺序进行。

（6）拆卸检查。对经过分析判断和调整试验后确认的故障部位进行拆卸检查，以便进一步弄清故障的状态和原因。拆卸检查时，要注意保持该部位的原始状态，仔细检查有关部位，切不可用脏手摸有关部位，以防手上污物粘到该部位上，或将原来该处的污物擦掉，影响拆卸检查的效果。

在拆卸检查中，应认真、仔细，力求准确，避免盲目地拆卸零部件，以免引起新的损坏或降低这些元件的使用寿命。

（7）处理。在摸清情况的基础上，制定出切实可行的排除措施，并组织实施。实施中要严格按照技术规程的要求，对检查出的故障部位进行仔细、认真地处理。切勿进行违反规程的草率处理。这一步也是对分析判断的结论进行验证。

（8）重试与效果测试。在故障处理完毕后，重新进行试验与测试。注意观察其效果，并与原来的故障现象进行对比。如果故障还未消除，就要对其他可疑部位进行同样处理，直至故障消失为止。

（9）总结经验。故障排除后，对这次故障的处理要进行认真的定性、定量总结，以便对故障产生的原因、规律得出正确的结论，从而提高处理故障的能力，也可防止同类故障的再次发生。通过分析，可以总结出成功的经验，不断积累的维修实际经验是故障诊断的一个重要依据。

（10）纳入设备档案。将每次产生故障的现象、部位、故障原因及排除方法作为历史资料纳入设备技术档案，以便以后查阅。

3. 液压系统故障的诊断方法

常用的分析液压故障的基本方法有顺向分析法和逆向分析法。顺向分析法是从引起故障的各种原因出发，逐个分析各种原因对液压故障影响的一种分析方法。这种分析方法对预防液压故障的发生、预测和监视液压故障具有重要的作用。逆向分析法是从液压故障的结果出发，对引起故障的原因进行分析的一种分析方法。这种方法目的明确，查找故障较简便，是常用的液压故障分析方法。

下面介绍液压系统故障诊断方法与步骤。

1）浇注油液法

浇注油液法指对可能出现故障的进气部位浇注油液，寻找进气口的方法。

2）直观检查诊断法

直观检查诊断法是指检修人员凭借触、视、听、嗅、阅和问来判断液压系统故障的方法，适用于具有丰富实践经验的工程技术人员。

（1）触：检修人员运用触觉来判断液压系统油温的高低、系统振动的大小等故障的方法。包括四摸：摸温度、摸振动、摸爬行、摸松紧度。

（2）视：检修人员运用视觉来判断液压系统无力、系统不平稳、油液泄漏、油液变色等故障的方法。包括六看：看速度、看压力、看油液、看泄漏、看振动、看产品。

（3）听：检修人员运用听觉来判断液压系统振动噪声过大等故障的方法。包括三听：听噪声、听冲击、听异常声音（气穴、困油等现象发出的异常声音）。

（4）嗅：检修人员运用嗅觉来判断液压系统油液变质、系统发热等故障的方法。

（5）阅：查阅有关故障的分析、修理记录及日检卡、定检卡、维修保养卡等。

（6）问：询问设备操作人员，了解设备运行情况。包括六问：问液压泵是否异常，问液压油更换时间、过滤器清洗更换时间，问事故发生前压力阀和流量阀是否出现异常或调节过，问事故发生的液压元件是否更换过，问事故发生后系统出现过哪些不正常现象，问过去发生哪些事故且是如何排除的。

3）对比替换法

对比替换法是指用一台与故障设备相同的合格设备或试验台进行对比试验，将可疑元件替换为合格元件。若故障设备能正常工作，则查找出故障；若故障设备继续出现原有故障，则未查找出故障。使用同样方法，逐项循环，直到查找出故障位置为止。

4）逻辑分析法

逻辑分析法是指根据液压系统的基本原理进行逻辑分析，逐步逼近，找出故障发生部位的方法。逻辑分析法步骤说明如下。

（1）液压系统工作不正常可以归纳为压力、流量、方向三大问题。

（2）审核并检查系统各元件与部位，确认其性能正常。

（3）罗列故障元件与部位清单。切记不要漏掉任何一个故障元件与故障部位。

（4）按照由易到难的顺序检查清单所列元件与部位，并列出重点检查元件与部位。

（5）初步检查元件、管道的选用、安装、测试是否有问题。

（6）使用仪器逐项检查。

（7）修理、更换故障元件。

5）仪器专项检测法

仪器专项检测法是指利用检测仪器对压力、流量、温度、噪声等项目进行定量专项检测，为故障判断提供可靠依据的方法。

6）模糊逻辑诊断法

模糊逻辑诊断法是指利用模糊逻辑描述故障原因与现象之间的模糊关系，通过相应的函数和模糊关系方程，解决故障原因与状态识别问题的方法。该方法适用于数学模型未知的非线性系统（一种规则型的专家系统）的诊断。

7）专家诊断法

专家诊断法是指在知识库中存放有各种故障现象、原因和原因与现象之间的关系，若系统发生故障，将故障现象输入计算机，利用计算机判断出故障原因，提出维修或预防措施的方法。

10.4.2　YT4543 型动力滑台液压系统常见故障与分析

动力滑台液压系统在工进行程时，故障种类较多。

1）压力故障

在空行程时，有时系统压力过高，主要原因如下：导轨的镶条或压板过紧、导轨润滑不良、活塞或活塞杆密封阻力大、管道压扁或堵塞、换向阀开口量不够。

2）液压缸不能实现进给

分析原因，可能有以下几个方面：行程挡块有故障，不能压下行程阀；单向阀 6 密封不好或卡在大开度状态；变量泵压力流量不足。

3）工作负载不变，而液压缸工进速度却慢慢减小

原因通常是油脏、调速阀堵塞或油温升高使泄漏增加。

4）工作负载增大，液压缸工进速度显著下降

原因主要有调速阀中减压阀阀芯卡死，使调速阀流量随负载增大而明显下降；液压缸密封存在问题，造成泄漏量过大。

5）滑台进给力量不足或根本无力

原因主要有液控顺序阀 2 的控制腔油液泄漏；单向阀 3 密封不好；调速阀 4 和 10 开口调得太小、堵塞或减压阀卡死在小开度状态，甚至关闭；液压泵 14 的调压弹簧预压紧力过低。

10.4.3　通用压力机液压系统常见故障与分析

1）保压故障

压力机常常出现不保压或保压效果差的故障。其原因有压力继电器 7 不能发出信号，致使保压油路无法形成；单向阀 13、充液阀 14 或上缸密封不良，有泄漏；液控滑阀 12 的控制油腔有泄漏。

2）泄压故障

压力机保压结束后，上缸上腔不能泄压，原因有延时电路没有发信号，致使泄压油路无法形成；有关液压阀泄漏，致使控制油无力打开充液阀 14 的卸载阀芯；卸载阀芯卡死打不开。

3）速度故障

速度的故障有上缸不能快速下行或不能慢速加压下行；下缸顶出速度慢。两缸速度慢的原因有上缸轻度别劲，使充液阀 14 打不开或充液阀本身卡死打不开；有关液压阀卡在小开度状态，使油液流动不畅；有关液压缸、液压阀泄漏；下缸机械别劲。上缸不能慢速加压的原因有行程开关 2S 无信号或背压阀 10 的压力调得过低，造成上缸回油背压小，速度高。

4）动作故障

上缸和下缸都有向上或向下的运动。如动作不能进行，原因有压力阀调整不当或阀有故障，使泵的供油压力、控制压力不足；有关换向阀未接通电源或阀有故障，使油路不能换向；有关液压阀卡断油路；有关液压阀泄漏，使油液旁流；液压缸机械别劲。

10.4.4　汽车起重机液压系统常见故障与分析

1）支腿故障

支腿故障的表现有车轮始终落地，车体支不起来；在吊重时整个车体下落或车体前后倾斜；在回转时车体方向性倾斜。产生支腿故障的原因有液压泵或溢流阀有故障，以及液压缸泄漏等造成的系统压力不足会使支腿承不起车体重量而下落；部分或全部支腿液压缸泄漏、进气，以及部分或全部支腿液压锁密封不良、卡死会引起在吊重时整个车体下落或车体前后倾斜，在回转时车体方向性倾斜。

2）平衡故障

起重机在急剧转为下落、缩臂或减幅动作时，可能会产生"点头"现象；在下行过程中转为悬空停止时，可能会产生"停不准"或"溜车"现象。出现"点头"现象时，应检查平衡阀。出现"停不准"现象时，应检查制动缸、节流阀 7 或平衡阀。出现"溜车"现象时，可能是液压马达、液压缸或平衡阀泄漏量大，还应检查制动缸的制动力大小是否符合要求。

3）动作故障

动作故障有吊臂不能伸缩，不能变幅；起升机构不能升降。产生故障的原因：有关换向阀换向不到位，溢流阀调整不正确或有故障，液压马达和液压缸泄漏量大，平衡阀被卡死、堵塞。

本 章 小 结

本章介绍了液压系统的基本类型和分析方法，具体介绍了 YT4543 型动力滑台液压系统、3150kN 通用压力机液压系统和 Q2-8 型汽车起重机的液压系统三个典型的液压系统的工作原理、组成，通过分析归纳出各系统的特点。通过本章学习，应掌握阅读液压系统原理图的方法，学会分析液压系统的方法和技巧，学会液压系统常见故障的分析和排除方法。

习　　题

10-1 YT4543 型动力滑台液压系统由哪些液压基本回路组成？在该液压系统调试时，怎样调定快进速度、工进速度、变量泵与调速阀的共同工作点和液控顺序阀的开启压力？

10-2 试写出图 10-6 所示液压系统的动作循环表，并说出该液压系统的特点。

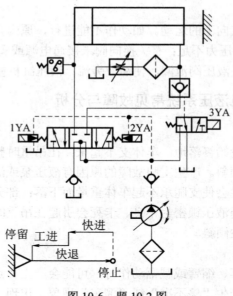

图 10-6 题 10-2 图

10-3 写出图 10-7 所示液压系统快进工况下油液流动的情况，并说出该液压系统的特点。

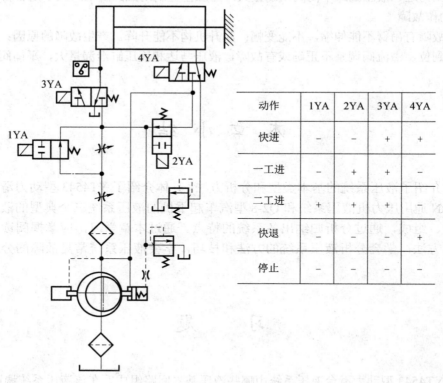

动作	1YA	2YA	3YA	4YA
快进	-	-	+	+
一工进	-	+	+	-
二工进	+	+	+	-
快退	-	-	-	+
停止	-	-	-	-

图 10-7 题 10-3 图

10-4 如图 10-8 所示的双液压缸系统如按所规定的顺序接收电气信号，试列表说明各液压阀和两液压缸的工作状态。

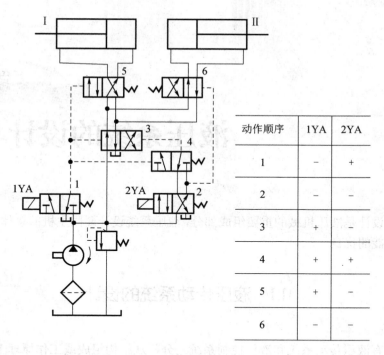

动作顺序	1YA	2YA
1	−	+
2	−	−
3	+	−
4	+	+
5	+	−
6		

图 10-8　题 10-4 图

10-5　如图 10-9 所示为一全自动内圆磨床液压系统中实现工件横向进给那一部分的油路，它按图中排列的动作顺序进行工作。试读懂这部分油路图，并写出相应的完整循环表。

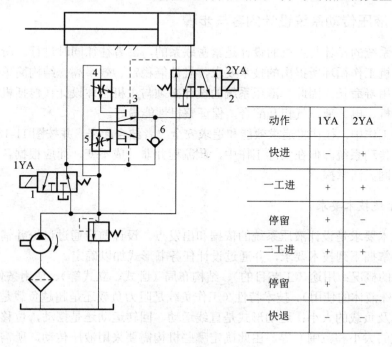

动作	1YA	2YA
快进	−	+
一工进	+	+
停留	+	−
二工进	+	+
停留	+	−
快退	−	−

图 10-9　题 10-5 图

第 11 章

液压系统的设计与计算

液压系统设计是液压机械的重要组成部分，液压系统设计要同主机的总体设计同时进行，以保证整机性能的优良。

11.1 液压传动系统的设计

液压系统有液压传动系统和液压控制系统之分，从结构组成或工作原理上看，液压传动系统和液压控制系统并无本质差别，二者设计内容上的主要区别是前者侧重静态性能设计，而后者除了静态性能外，还包括动态性能设计。通常，液压传动系统的设计内容与方法只要略作调整即可直接用于液压控制系统的设计。

11.1.1 液压传动系统设计内容与步骤

液压传动系统的设计与主机的设计是紧密联系的，二者往往同时进行。所设计的液压系统必须满足主机工作循环所提出的技术要求，且性能稳定、效率高、结构简单、维护方便、安全可靠、使用寿命长。因此，液压系统的设计必须与主机总体设计（包括机械、电气）综合考虑，做到机、电、液、气相互配合，保证整机性能最好。

实际设计工作中，往往将追求效能和追求安全二者结合起来，并按图 11-1 所示内容与流程来设计液压传动系统。但在实际工作中，此流程并非一成不变，而应根据各类主机设备对系统要求的不同灵活掌握。

1. 明确系统技术要求

主机的技术要求是设计液压系统的依据和出发点。设计前应通过讨论并辅以调查研究，以定量了解和掌握下列技术要求，并通过设计任务书形式加以确定。

（1）主机的概况：用途（工艺目的）、结构布局（卧式、立式等）、使用条件（连续运转、间歇运转、特殊液体的使用）、技术特性（工作负载是阻力负载还是超越负载是恒值负载还是变值负载，以及负载的大小；运动形式是直线运动、回转运动还是摆动，位移、速度、加速度等运动参数的大小和范围）等。由此确定哪些机构需要采用液压传动，所需执行器的形式（液压缸、液压马达和摆动液压马达）和数量，执行器的工作范围、尺寸、质量和安装等限制条件。

（2）各执行机构的动作循环与周期及各机构运动之间的连锁和安全要求。

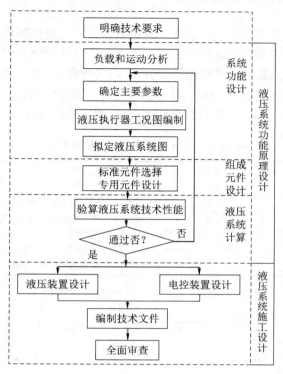

图 11-1　液压传动系统的设计流程

（3）主机对液压系统的工作性能，如运动平稳性、转换精度、传动效率、控制方式及自动化程度等要求。

（4）原动机的类型（电动机还是内燃机）及其功率、转速和转矩特性。

（5）工作环境条件，如室内或室外、温度、湿度、尘埃、冲击振动、易燃、易爆及腐蚀情况等。

（6）限制条件，如压力脉动、冲击、振动、噪声的允许值等。

（7）经济性要求，如投资费用、运行能耗和维护保养费用等。

2．液压系统工况分析

首先，根据技术要求确定液压执行元件的形式、数量和动作顺序等。然后，通过动力分析和运动分析，确定系统主要参数，编制执行元件的工况图，从而拟定和绘制出液压系统原理图。

1）负载分析和运动分析

负载分析和运动分析是确定液压系统主要参数的基本依据，包括每个液压执行器在各自工作循环中的负载和速度随时间或位移的变化规律分析，并用负载循环图和运动循环图表示，以便了解运动过程的本质，查明每个执行器在其工作中的负载、位移及速度的变化规律，并找出最大负载点和最大速度点。对于动作较为简单的设备，这两种循环图均可省略。

（1）负载分析（负载循环图）。液压执行器的负载可由主机规格确定，也可用实验方法或理论分析计算得到。理论分析确定负载时，必须仔细考虑各执行器在一个循环中的工况及相应的负载类型。

液压执行器（液压缸或液压马达）在工作过程中，一般要经历启动、加速、恒速和减速制动等负载工况，各工况的外负载计算公式见表 11-1，其中摩擦负载可根据导轨形式及摩擦表面的材料与性质，在选定静、动摩擦因数 μ_s、μ_d（通常 $\mu_s=0.1\sim0.2$，$\mu_d=0.05\sim0.12$）后算得；惯性负载为运动部件在启动和制动时的惯性力，加速时为正，减速时为负。根据计算出的外负载和循环周期，即可绘制负载循环图（$F\text{-}t$ 图，示例参见图 11-2）。

表 11-1 液压执行器的外负载计算公式

工况	负载力 F/N	负载力矩 $T/(N\cdot m)$	说明
启动	$\pm F_e + F_{fs}$	$\pm T_e + T_{fs}$	F_e、T_e——液压执行器的工作负载，力、力矩，与执行器运动方向相同时取"−"，方向相反时取"+"；
加速	$\pm F_e + F_{fd} + F_i$	$\pm T_e + T_{fd} + T_i$	F_{fs}、T_{fs}——静摩擦负载，力、力矩；
恒速	$\pm F_e + F_{fd}$	$\pm T_e + T_{fd}$	F_{fd}、T_{fd}——动摩擦负载，力、力矩；
减速制动	$\pm F_e + F_{fd} - F_i$	$\pm T_e + T_{fd} - T_i$	F_i、T_i——惯性负载，力、力矩

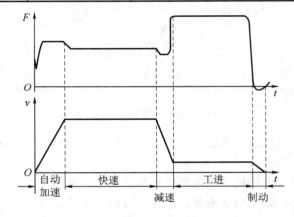

图 11-2 液压缸的速度、负载循环图

（2）运动分析（运动循环图）。运动循环图即速度循环图（$v\text{-}t$ 图，其示例参见图 11-2），反映了执行机构在一个工作循环中的运动规律。绘制速度循环图是为了计算液压执行器的惯性负载及绘制其负载循环图，因而绘制速度循环图通常与绘制负载循环图同时进行。

2）确定主要参数，编制液压执行器工况图

液压系统的主要参数包括压力和流量。通常，首先选择执行器的设计压力，并按最大外负载和选定的设计压力计算执行器的主要结构参数，然后根据对执行器的速度（或转速）要求，确定其输入流量。压力和流量一经确定，即可确定其功率，并作出液压执行器的工况图（一个循环周期内，液压执行器的工作压力、输入流量及输入功率对时间的变化曲线图）。

（1）预选执行器的设计压力。液压执行器设计压力的选取，主要考虑如下因素：执行器及其他液压元件、辅件的尺寸、质量、加工工艺性、成本、货源及系统的可靠性和效率等。设计压力可以根据负载大小来选取（表 11-2），也可采用类比法，根据主机类型来选择（表 11-3）。

表 11-2 根据负载选择液压执行器的设计压力

负载/kN	<5	5～10	10～20	20～30	30～50	50
设计压力/MPa	<0.8～1	1.5～2	2.5～3	3～4	4～5	>5

表 11-3 根据主机类型选择液压执行器的设计压力

主机类型		设计压力/MPa	说明
机床	精加工机床	0.8～2	当压力超过 32MPa 时，称为超高压
	半精加工机床	3～5	
	龙门刨床	2～8	
	拉床	8～10	
农业机械、小型工程机械、工程机械辅助机构		10～16	
液压机、大中型挖掘机、中型机械、起重运输机械		20～32	
地质机械、冶金机械、铁道车辆维护机械、各类液压机具等		25～100	

（2）计算和确定液压执行器的主要结构参数。液压缸的缸筒内径、活塞杆直径及有效面积或液压马达的排量是其主要结构参数。计算方法如下：先由最大负载和选取的设计压力及估取的机械效率算出有效面积或排量，然后再检验是否满足在系统最小稳定流量下的最低运行速度要求。计算和检验公式见表 11-4。当用表 11-4 计算液压缸的结构参数时，还需确定活塞杆直径与液压缸内径的关系，以便在计算出液压缸内径 D 时，利用这一关系获得活塞杆的直径 d。通常是由液压缸的往返速度比 λ 确定这一关系，即 $d = D\sqrt{(\lambda-1)/\lambda}$。

液压缸内径 D 和活塞杆直径 d 的最后确定值，应按 GB/T 2348—1993《液压气动系统及元件 缸内径及活塞杆外径》就近圆整为标准值；液压马达排量 V_m 的最后确定值，应按 GB/T 2347—1980《液压泵及马达公称排量系列》就近圆整为标准值，以便选用标准液压缸和液压马达，或自行设计执行器时采用标准的密封件。

表 11-4 计算和检验液压执行器主要结构参数的公式

项目	液压缸（图 11-3）			液压马达
	单活塞杆液压缸		双活塞杆液压缸	
	无杆腔为工作腔	有杆腔为工作腔	两腔面积相等	
计算公式	$p_1 A_1 - p_2 A_2 = F_{max}/\eta_{cm}$	$p_1 A_2 - p_2 A_1 = F_{max}/\eta_{cm}$	$A_1 = A_2 = A$ $A(p_1 - p_2) = F_{max}/\eta_{cm}$	$V_m = T_{max}/(\Delta p \eta_{mm})$
检验公式	$A \geq q_{min}/v_{min}$ （A 为 A_1 或 A_2）			$V_m \geq q_{min}/n_{min}$
备注	p_1、p_2 为液压缸工作腔、回油腔压力（Pa）；回油腔压力（背压力）按表 11-5 选取；$A_1 = \pi D^2/4$，为液压缸无杆腔的有效面积（m^2），$A_2 = \pi(D^2 - d^2)/4$，为液压缸有杆腔的有效面积（m^2），D、d 为液压缸缸筒内径、活塞杆直径（m）；F_{max} 为液压缸的最大负载力（N）；η_{cm} 为机械效率，一般取 0.9～0.97；v_{min} 为最小速度（m/s）；T_{max} 为液压马达的最大转矩（N·m）；η_{mm} 为机械效率（齿轮马达和柱塞马达取 0.9～0.95，叶片马达取 0.8～0.9）；n_{min} 为最小转速（rad/s）；V_m 为排量（m^3/rad）；Δp 为进出油口压差（Pa）；q_{min} 为系统最小稳定流量（m^3/s），节流调速系统取决于流量控制阀的最小稳定流量，容积调速系统取决于变量泵的最小稳定流量			

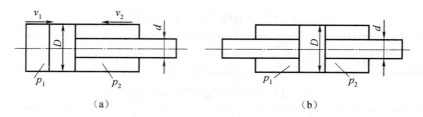

图 11-3　液压缸

（a）单活塞杆液压缸；（b）双活塞杆液压缸

液压执行器的背压力见表 11-5。

表 11-5　液压执行器的背压力

系统类型		背压力/MPa
中低压系统	简单系统和一般轻载节流调速系统	0.2～0.5
	回油带背压阀	调整压力一般为 0.5～1.5
	回油路设流量调节阀的进给系统满载工作时	0.5
	设补油泵的闭式系统	0.8～1.5
高压系统		初算时可忽略不计

（3）计算液压执行器的最大流量。

① 液压缸的最大流量 q_{max} 为

$$q_{max} = Av_{max} \tag{11-1}$$

式中　A——液压缸主工作腔的有效面积（A_1 或 A_2）（m^2）；

　　　v_{max}——液压缸的最大速度（m^2/s），由速度循环图查取。

② 液压马达的最大流量 q_{max} 为

$$q_{max} = Vn_{max} \tag{11-2}$$

式中　V——液压马达的排量（m^3/rad）；

　　　n_{max}——液压马达的最高转速（rad/s），由转速循环图查取。

（4）编制液压执行器的工况图。液压执行器的工况图包括压力循环图（$p\text{-}t$ 图）、流量循环图（$q\text{-}t$ 图）和功率循环图（$P\text{-}t$ 图）。它反映了一个循环周期中，液压系统对压力、流量及功率的需要量、变化情况及峰值所在的位置，是拟定液压系统图、进行方案对比及为均衡功率分布而调整或修改设计参数，以及选择、设计液压元件的基础。

$p\text{-}t$ 图（工作压力 p_1 对时间 t 变化的曲线图）是根据液压执行器的负载循环图和主要结构参数进行计算和编制的。表 11-6 是液压执行器工作压力（入口压力或负载压力）p_1 的计算公式。$q\text{-}t$ 图可利用液压缸速度循环图或液压马达转速循环图和式（11-1）或式（11-2）进行计算和编制。如果系统有多个执行器，则应将各执行器的 $q\text{-}t$ 图进行叠加，绘出系统总的 $q\text{-}t$ 图。$P\text{-}t$ 图可由 $p\text{-}t$ 图和 $q\text{-}t$ 图并根据液压功率公式 $P = pq$ 绘出。图 11-4 为一液压缸的工况图示例。

3）液压系统图的拟定

液压系统图从油路原理上具体体现了设计任务书的各项要求，因此液压系统图的拟定是整个液压系统设计中最重要的一环。在拟定液压系统图的过程中，首先通过分析对比选择出各种合适的液压回路，然后将这些回路组合成完整的液压系统。液压系统图的拟定常采用经验法，也可用逻辑法。

表 11-6　液压执行器负载压力（入口压力或负载压力）p_1 的计算公式

项目	液压缸（图 11-3）			液压马达
	单活塞杆液压缸		双活塞杆液压缸	
	无杆腔为工作腔	有杆腔为工作腔	两腔面积相等	
计算公式	$\dfrac{1}{A_1}\left(\dfrac{F}{\eta_{cm}}+p_2A_2\right)$	$\dfrac{1}{A_2}\left(\dfrac{F}{\eta_{cm}}+p_2A_1\right)$	$\dfrac{F}{A\eta_{cm}}+p_2$	$\dfrac{T}{V_m\eta_{mm}}+p_2$
说明	A_1、A_2 为单活塞杆液压缸无杆腔和有杆腔的有效面积（m^2）；A 为双活塞杆液压缸的有效面积（m^2）；V_m 为液压马达的排量（m^3/rad）；F 为液压执行器的负载力（N）；T 为力矩（N·m）；η_{cm}、η_{mm} 为液压缸和液压马达的机械效率；p_2 为非工作腔压力（Pa）			

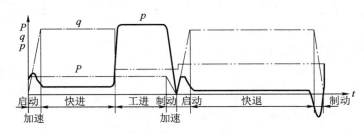

图 11-4　液压缸的工况示例

（1）液压回路的选择。构成液压系统的回路有主回路（直接控制液压执行器的部分）和辅助回路（保持液压系统连续稳定地运行状态的部分）两大类，每一类按照具体功能还可进行详细分类，这些回路的具体结构形式可参阅相关手册。通常根据系统的技术要求及工况图，参考现有成熟的各种回路及同类主机的先进回路进行选择。选择工作先从液压源回路和对主机性能起决定影响的回路开始。例如，对以速度调节和变换为主的主机（如各类切削机床），应从选择调速及速度换接回路开始；对于以力的变换和控制为主的各类主机（如压力机），应从选择调压回路开始；对于以多执行器换向及复合动作为主的各类主机（如工程机械），则应从选择功率调节及多路换向回路开始，然后再考虑其他回路。例如，有间歇及空载运行要求的系统，应考虑卸荷回路；有可能发生工作部件漂移、下滑、超速等现象的系统，应考虑锁紧、平衡、限速等回路；有快速运动部件的系统要考虑制动与缓冲回路；多执行器的系统要考虑顺序动作、同步动作和互不干扰回路；为了防止因操作者误操作或液压元件失灵产生误动作，应考虑误动作防止回路，以确保人身和设备在异常负载、断电、外部环境条件急剧变化时的安全性等。

选择各类液压回路的注意事项如下：

① 调速方式。系统的调速方式因其使用的原动机不同而有油门调速、变频调速和液压调速三种不同方案。

油门调速方案：主要用于以内燃机为原动机的主机（如车辆与工程机械、农业机械等）的液压系统中，通过调节内燃机的油门大小，改变发动机的转速（即液压泵的转速），从而达到改变液压泵输出流量，实现液压执行器的调速要求。此种方案的调速范围因受到发动机最低转速的限制，故常需和液压调速相配合。

变频调速方案：主要用于以变频器控制的交流异步电动机为原动机的机械设备，通过改变电动机也即定量泵的转速从而改变泵的输出流量，实现液压执行器的调速要求。此种调速方案，液压泵的动、静特性良好。随着电子技术的发展，变频调速器价格降低，此种调速方案将日益受到重视并获得广泛应用。

液压调速方案：主要用于以定频电动机作为原动机的机械设备，其液压系统只能采用液压调速。液压调速包括节流调速、容积调速、容积-节流联合调速三种方案（表 11-7），具体选用时应根据工况图中压力、流量和功率的大小以及系统对温升、效率和速度平稳性的要求来选用。

表 11-7　液压调速方案比较

调速方式	节流调速	容积调速	容积-节流联合调速
变速调节方法	手动调节流量控制阀或电动调节电液比例流量阀	手动调节式、压力反馈式、电动伺服、电动比例调节变量泵或变量马达	压力反馈式变量泵和流量控制阀联合调节
结构、成本	简单、成本低	复杂、成本高	较复杂、成本较高
调速范围	小	大	较大
速度刚性	用普通节流阀调速时，速度刚性低	可得到恒功率或恒转矩调速特性，速度刚性较节流调速高	较高
功率损失及发热	大	小	较小
适用工况	小功率（<3kW）负载变化不大、平稳性要求不高的系统	中、大功率（>5kW）、要求温升小、平稳性要求不太高的系统	中等功率（3～5kW）、要求温升小、平稳性要求较高的系统

② 油路循环方式。如前所述，油路循环方式有开式和闭式两种，其比较见表 11-8。油路循环方式主要取决于液压调速方式：节流调速和容积-节流联合调速只能采用开式系统，容积调速多采用闭式系统。

表 11-8　开式系统与闭式系统的比较

循环方式	开式系统	闭式系统
结构特点和造价	结构简单，造价低	结构复杂，造价高
适应工况	一般均能适应，一台泵可向多个执行器供油	限于换向平稳、换向速度要求较高的部分容积调速系统，通常一台泵只能向一个执行器供油
抗污染能力	较差	较好，但油液过滤精度要求较高
散热	较好，但油箱较大	较差，需用辅助泵换油冷却
管路损失及效率	损失较大，节流调速时效率较低	损失较小，容积调速时效率较高

③ 动力源形式。液压源形式与调速方案有关，当采用节流调速时，只能采用定量泵作为动力源；当采用容积调速时，可采用定量泵或变量泵作为动力源；当采用容积-节流联合调速时，必须采用变量泵作为动力源。

动力源中泵的数量视执行器的工况而定，要考虑到系统的温升、效率及可能的干扰等。例如，对于快、慢速交替工作的系统（如组合机床液压系统），其 q-t 图中最大和最小流量相差较大，且最小流量持续时间较长，因此，从降低系统发热和节能角度考虑，可采用差动缸和单泵供油的方案，也可采用高、低压双泵供油或单泵加蓄能器供油的方案。对于有多级速度变换要求的系统（如塑料机械液压系统），可采用由三台以上定量泵组成的数字泵动力源。对于执行机构工作频繁、复合动作较多、流量需求变化大的系统（如挖掘机系统），可采用双泵双回路全功率变量或分功率变量组合供油方案。从防干扰角度考虑，对于多执行器的液压系统，宜采用多泵多回路供油方案。

④ 压力控制方式。定量泵供油的节流调速系统，系统压力采用溢流阀（与泵并联）进行恒压控制。容积调速或容积-节流联合调速系统，系统最高压力由安全阀限定，如果各回路压力要求不同，则可采用减压阀来控制。若在系统不同的工作阶段需要两种以上工作压力，则可通过先导型溢流阀的遥控口，用换向阀接通远程调压溢流阀以获取多级压力；系统等待工作期间，应尽量使液压泵卸荷。如果需要自动控制，则应选用电液比例溢流阀。

⑤ 方向控制方式。可根据系统工作循环、动作变换性能和自动化程度等要求，确定换向阀的形式、位数、通路数、中位机能和操纵方式，并选择合适的换向回路。若液压设备要求自动化程度较高，则应选用电控换向阀，在小流量（<100L/min）时选用电磁换向阀，在大流量时选用电液换向阀或二通插装阀。当需要计算机控制时，选用电液比例换向阀。对于工作环境恶劣的行走式液压机械，如装载机、起重机等，为保证工作可靠性，一般采用手动换向阀（多路换向阀）。对于采用闭式回路的液压机械，如卷扬机、车辆马达等，则采用手动双向变量泵的换向回路。对于简单的往复直线运动机构，采用标准的普通换向阀进行换向即可，但对于换向要求高的磨床、仿形刨床等主机，则需采用专门设计的机液换向阀构成的液压操纵箱进行换向。

⑥ 顺序动作控制方式。动作顺序随机的多执行器系统（如工程机械液压系统），往往采用手动多路换向阀来控制；如果操纵力过大，则可采用手动伺服控制。对于一般功率不大、对动作顺序有严格要求而变化不多的系统，可采用行程控制或压力控制等控制方式。

（2）液压系统的合成。在选定了满足系统主要要求的主液压回路之后，再配上过滤、测压、控温之类的辅助回路，即可将它们组合成一个完整的液压系统。此时，应注意下列事项：

① 力求系统简单可靠，除非系统因可靠性要求有冗余元件和回路，应避免和消除多余液压元件和回路；

② 从实际出发，尽量采用具有互换性的标准液压元件；

③ 管路尽量短，使系统发热少、效率高；

④ 保证工作循环中的每一个动作均安全可靠，且相互间无干扰；

⑤ 组合而成的液压系统应经济合理，不可盲目追求先进，脱离实际。

3. 组成元件的选择与计算

液压系统的组成元件包括标准元件和专用元件。在满足系统性能要求的前提下，应尽量选用现有的标准液压元件，不得已时再自行设计液压元件。标准液压元件可通过液压手册或相关厂商的产品样本选定。

选择液压元件时一般应考虑以下问题：①应用方面的问题，如主机的类型、原动机的特性、环境情况、安装形式、货源情况及维护要求等；②系统要求，如压力和流量的大小、工作介质的种类、循环周期、操纵控制方式、冲击振动情况等；③经济性问题，如使用量、购置及更换成本、货源情况及产品质量和信誉等；④应尽量采用标准化、通用化及货源条件较好的元件，以缩短制造周期，便于互换和维护。

1）液压泵的确定

选择液压泵的主要依据是其最大工作压力和最大流量，同时还要考虑定量或变量、原动机类型、转速、容积效率、总效率、自吸特性、噪声等因素。

（1）确定液压泵的最大工作压力。

$$p_p \geqslant p_1 + \sum \Delta p \tag{11-3}$$

式中　p_1 ——p-t 图中的最高工作压力（Pa）；

$\sum \Delta p$ ——系统进油路上的总压力损失（在元件、管路未确定前，对于初定简单系统，有 $\sum \Delta p = 0.2 \sim 0.5$MPa，对于复杂系统，有 $\sum \Delta p = 0.5 \sim 1.5$MPa）。

（2）确定液压泵的最大流量 q_p。液压泵的最大流量 q_p 应按执行元件工况图中最大工作流量和系统的泄漏量确定。

① 对于多个执行元件同时动作的系统，液压泵的最大流量为

$$q_p \geqslant K(\sum q)_{max} \tag{11-4}$$

式中　K——系统的泄漏系数，一般取 $1.1 \sim 1.3$（大流量取小值，小流量取大值）；

$(\sum q)_{max}$ ——同时动作的液压执行元件的最大流量（m^3/s），对于工作过程始终用流量阀节流调速的系统，还需加上溢流阀的最小溢流量，一般取 $2 \sim 3$L/min。

② 对于采用差动缸回路的系统，液压泵的最大流量为

$$q_p \geqslant K(A_1 - A_2)v_{max} \tag{11-5}$$

式中　A_1、A_2 ——液压缸无杆腔与有杆腔的有效面积（m^2）；

v_{max} ——液压缸的最大移动速度（m/s）。

③ 对于采用蓄能器辅助供油的系统，其液压泵的最大流量 q_p 按系统在一个工作周期中的平均流量确定，即

$$q_p \geqslant \sum_{i=1}^{z} \frac{KV_i}{T_i} \tag{11-6}$$

式中　z——液压执行元件（液压缸或液压马达）的个数；

V_i ——液压执行元件在工作周期中的总耗油量（m^3）；

T_i ——液压设备的工作周期（s）。

（3）选择液压泵的规格。按照液压系统图中拟定的液压泵的形式及上述计算得到的 p_p 和 q_p 值，由产品样本或手册选取相应的液压泵规格。为了保证系统不会因过渡过程中过高的动态压力作用被破坏，系统应有一定的压力储备量，通常推荐液压泵的额定压力可比 p_p 高 $25\% \sim 60\%$（高压系统取小值，中低压系统取大值）；液压泵的额定流量宜与 q_p 相当，不应超过太多。

泵的输出流量 q_{p0} 为

$$q_{p0} = Vn \times 10^{-3} \eta_v \tag{11-7}$$

式中　V——排量（cm^3/r）；

n——转速，（r/min）；

η_v ——容积效率（%）。

压力越高、转速越低，则泵的容积效率越低，变量泵在小排量下工作容积效率较低。转

速恒定时泵的总效率在某个压力下最高,变量泵的总效率在某个排量、某个压力下最高。泵的总效率对整个液压系统的效率有很大影响,所以应尽量选用高效液压泵并尽量使泵在高效区工作。

(4)计算液压泵的驱动功率并选择电动机。

① 若工作循环中,工况图上 p-t 曲线和 q-t 曲线变化较为平稳,则液压泵驱动功率 P_p 的计算式为

$$P_p = \frac{p_p q_p}{\eta_p} \tag{11-8}$$

式中　　p_p——液压泵的最大工作压力(Pa);

$\quad\quad\quad q_p$——最大流量(m³/s);

$\quad\quad\quad \eta_p$——液压泵的总效率。

② 若工作循环中,工况图上 p-t 曲线和 q-t 曲线起伏变化较大,则需分别计算各阶段所需功率,然后按下式计算平均功率 P_p。

$$P_p = \sqrt{\frac{\sum_{i=1}^{n} P_i^2 t_i}{\sum_{i=1}^{n} t_i}} \tag{11-9}$$

式中　　P_i——一个工作循环中第 i 工作阶段所需功率(W);

$\quad\quad\quad t_i$——第 i 工作阶段的持续时间(s)。

③ 对于工程中经常采用的双联泵供油的快、慢速交替循环系统,应分别计算快速和慢速两个工作阶段的驱动功率;对于限压式变量叶片泵的驱动功率,可按泵的流量-压力特性曲线拐点处的压力和流量值进行计算。

④ 选定电动机。根据上述算出的功率和液压泵的转速及其使用环境,从产品样本或手册中选定其型号规格〔额定功率、电源、结构形式(立式、卧式,开式、封闭式等)〕,并对其进行核算,以保证每个工作阶段电动机的峰值超载量都低于 25%。卧式电动机需通过支架与泵一起安装在油箱顶部或单独设置的基座上,占用空间较大,但泵的故障诊断和维护较为方便;立式电动机可通过钟形罩与泵连接,泵伸入油箱内部,结构紧凑,外形整齐,噪声低。

2)液压执行元件的确定

(1)液压缸。应尽量按已确定的液压缸结构性能参数(如液压缸内径、活塞杆直径、速度及速比、工作压力等),从现有液压缸标准系列产品中选用所需的液压缸。选用时应综合考虑如下两方面的问题:一是从占用空间、质量、刚度、成本和密封性等方面,对各种液压缸的缸筒组件、活塞组件、密封组件、排气装置、缓冲装置的结构形式进行比较;二是根据负载特性和运动方式综合考虑液压缸的安装方式,使液压缸只受运动方向的负载而不受径向负载。

如果现有标准液压缸产品不能满足使用要求,则可参照有关资料自行对液压缸进行结构设计。

(2)液压马达。由于液压马达实质上与有类似结构的液压泵相同,所以选择原则也相同。但液压马达与液压泵在工作方面还是有诸多区别的。特别是考虑到液压马达的功用是将液压能转换为机械能而驱动负载旋转,故输出转矩(包括启动转矩)和转速就成为其选择最重要

的考虑因素。此外，选择液压马达的依据或需考虑的问题还包括效率、低速稳定性、使用寿命、速度调节比、噪声、外形、连接尺寸、质量、价格、货源和使用维护的便利性等。低速液压马达为了在极低转速下平稳运转，液压马达的泄漏、负载必须恒定，要有一定的回油背压和适当的油液黏度。当液压马达需带载启动时，要核对其堵转转矩。

（3）摆动液压马达。应根据系统工作压力、可供流量及对摆动液压马达的功能要求选择其类型及转角、转矩及转速。摆动液压马达主要有叶片式和活塞式两大类型，前者应用较多。但当所需转角大于 310° 时，只能选择活塞式；动态品质要求较高的液压系统，可选用叶片式摆动液压马达。使用时应注意摆动液压马达的总效率在高压下会因泄漏量增加而明显降低。

3）液压控制阀的选择

液压控制阀是液压技术中品种与规格最多，应用最广泛、最活跃的元件，常用液压控制阀的类型与性能见表 11-9。选择液压控制阀的注意事项如下：

（1）类型。应根据系统的工作特征选取阀的类型，如对于以动力传动为主的液压传动系统，可选用普通液压阀、叠加阀或插装阀，工程机械液压传动系统则要选用多路阀。对于控制性能要求较高的场合，应选用电液控制阀，可根据执行器的控制性能（稳定性、准确性、快速性）要求等选择阀的类型、规格及其配套的电控制放大装置。

（2）规格型号。各种液压控制阀的规格型号，可以系统的最高压力和通过阀的实际流量（从工况图和系统图中查得）为依据并考虑阀的控制特性、稳定性及油口尺寸、外形尺寸、安装连接方式、操纵方式等，从产品样本或手册中选取。

（3）实际流量、额定压力和额定流量。液压阀的实际流量与油路的串、并联有关：串联油路各处流量相等；同时工作的并联油路的流量等于各条油路流量之和。此外，对于采用单活塞杆液压缸的系统，要注意活塞外伸和内缩时回油流量的不同：内缩时无杆腔回油流量与外伸时有杆腔回油流量之比与两腔面积之比相等。

各液压阀的额定压力和额定流量一般应与其使用压力和流量相接近。对于可靠性要求较高的系统，阀的额定压力应高出其使用压力较多。如果额定压力和额定流量小于使用压力和流量，则易引起液压卡紧和液动力，并对阀的工作品质产生不良影响；对于系统中的顺序阀和减压阀，其通过流量不应远小于额定流量，否则易产生振动或出现其他不稳定现象；对于节流阀和调速阀，应注意其最小稳定流量。

（4）液压阀的安装连接方式。由于阀的安装连接方式对后续设计的液压装置的结构形式有决定性的影响，故选择液压阀时应对液压控制装置的集成方式做到心中有数。例如采用板式连接液压阀，因阀可以装在油路板或油路块上，一方面便于系统集成化和液压装置设计合理化，另一方面更换液压阀时不需拆卸油管，安装维护较为方便。如果采用叠加阀，则需根据压力和流量研究叠加阀的系列型谱进行选型等。

表 11-9　常用液压控制阀的类型与性能

性能＼类型	普通液压阀（压力、方向、流量阀）	特殊液压阀					
		多路阀	叠加阀	插装阀	电液控制阀		
					伺服阀	比例阀	数字阀
压力范围/MPa	2.5～63	2.5～32	20～31.5	31.5～42	2.5～31.5	≤32	≤21

续表

类型 性能	普通液压阀 （压力、方向、 流量阀）	特殊液压阀					
		多路阀	叠加阀	插装阀	电液控制阀		
					伺服阀	比例阀	数字阀
公称通径/mm	6～80	6～32	6～32	16～160	—	6～63	—
额定流量 /（L·min^{-1}）	≤1250	≤400	≤250	≤18000	≤600	≤1800	≤500
控制方式	开关控制				连续控制		
连接方式	管式、板式	管式、板式	叠加式	插装式	多为板式		
抗污染能力	最强				差	较强	强
价格	最低	比普通阀略高			普通阀的 10 倍	普通阀的 3～6 倍	
货源	充足	较充足	较充足	较充足	较充足	较充足	不足
应用场合	一般液压 传动系统	各类设备的中等 流量液压传动系统		高压大流量液 压传动系统	对自动化程度和综合性能 要求较高的液压控制系统		

除液压泵和阀类元件的选择和计算之外，液压系统元件的选择和计算还包括辅助元件、管路的选择，油箱的设计与计算，相关选择方法和设计过程可参见液压设计手册。

4. 液压系统性能验算

液压系统性能验算的目的在于对液压系统的设计质量做出评价和评判，若发生矛盾，则应对液压系统进行修正或改变液压元件规格。性能验算的内容一般包括系统压力损失、系统效率、系统发热与温升、液压冲击等。对于较重要的系统，还应对其动态性能进行验算或计算机仿真。计算时通常只采用一些简化公式求得概略结果。

1）压力损失验算

验算的目的在于了解执行器能否得到所需的压力。系统进油路上的压力损失 $\sum \Delta p$（包括回油路上，即从执行器出口到油箱的损失折算过来的部分）由管道的沿程压力损失 $\sum \Delta p_\lambda$、局部压力损失 $\sum \Delta p_\zeta$ 和阀类元件的局部压力损失 $\sum \Delta p_v$ 三部分组成，即

$$\sum \Delta p = \sum \Delta p_\lambda + \sum \Delta p_\zeta + \sum \Delta p_v \tag{11-10}$$

管道沿程压力损失 Δp_λ 及管道中的局部压力损失 Δp_ζ 可按流体力学公式（3-49）及式（3-50）计算，流经阀类元件的局部压力损失 Δp_v 可从产品样本中查出，再由式（2-51）换算出。液压系统在各工作阶段的流量各异，故压力损失要分开计算。在管道布置尚未确定前，只有 $\sum \Delta p_v$ 可以较好地估算出来，这部分损失在 $\sum \Delta p$ 中所占比例往往较大，故由此基本上可看出系统压力损失的大小。如果计算得到的 $\sum \Delta p$ 和初选系统设计压力时选定的压力损失相差较大，则必须以此时的 $\sum \Delta p$ 代替假设值，重新计算，或者对原设计进行修改，如重新选择管径或者改进管道布置等。否则将对系统效率和某些性能产生不利影响。

2）系统效率 η 的估算

估算液压系统效率 η 时，主要应考虑液压泵的总效率 η_p、液压执行器的总效率 η_A 及液压回路的效率 η_C。η 可由下式计算：

$$\eta = \eta_p \eta_C \eta_A \tag{11-11}$$

其中，液压泵和液压马达的总效率可由产品样本查得，液压缸的总效率一般取 0.9～0.95。

液压回路效率 η_C 可按下式计算：

$$\eta_C = \frac{\sum p_1 q_1}{\sum p_P q_P}$$ （11-12）

式中　$\sum p_1 q_1$——各执行器的负载压力和负载流量（输入流量）乘积的总和；

　　　$\sum p_P q_P$——各个液压泵供油压力和输出流量乘积的总和。

系统在一个完整循环周期内的平均回路效率 $\overline{\eta_C}$ 可按下式计算：

$$\overline{\eta_C} = \frac{\sum \eta_{Ci} t_i}{T}$$ （11-13）

式中　η_{Ci}——各工作阶段的液压回路效率；

　　　t_i——各个工作阶段的持续时间（s）；

　　　T——一个完整循环的时间（s）。

3）发热温升估算及热交换器的选择

（1）发热温升估算。液压系统的压力、容积和机械损失构成总的能量损失，这些能量损失都将转化为热量，使系统油温升高，产生一系列不良影响。为此，必须对系统进行发热与温升计算，以便对系统温升加以控制。液压系统发热的主要原因是液压泵和执行器的功率损失及溢流阀的溢流损失，故系统的总发热量可按下式估算：

$$H = P_{pi} - P_{mo}$$ （11-14）

式中　P_{pi}——液压泵的输入功率（W）；

　　　P_{mo}——执行器的输出功率（W）。

如果已计算出液压系统的总效率 η，也可按下式估算系统的总发热量：

$$H = P_{pi}(1-\eta)$$ （11-15）

液压系统中产生的热量，由系统中各个散热面散发至空气中，其中油箱是主要散热面。因为管道的散热面相对较小，且与其自身的压力损失产生的热量基本平衡，故一般略去不计。当只考虑油箱散热时，其散热量 H_0 可按下式计算：

$$H_0 = KA\Delta t$$ （11-16）

式中　K——散热系数[$W / (m^2 \cdot ℃)$]，计算时可选用推荐值：通风很差（空气不循环）时，$K=8\,W / (m^2 \cdot ℃)$；通风良好（空气流速为 1m/s 左右）时，$K=14\sim20\,W / (m^2 \cdot ℃)$；风扇冷却时，$K=20\sim25\,W / (m^2 \cdot ℃)$；用循环水冷却时，$K=110\sim175\,W / (m^2 \cdot ℃)$。

　　　A——油箱散热面积（m^2）；

　　　Δt——系统温升，即系统达到热平衡时油温与环境温度之差（℃）。对于固定式机械设备，$\Delta t \leqslant 55℃$；对于移动式小型装置，如车辆与工程机械 $\Delta t \leqslant 65℃$；对于数控机床，$\Delta t \leqslant 25℃$。

当系统产生的热量 H 等于其散发出去的热量 H_0 时，系统达到热平衡，此时

$$\Delta t = H / (KA)$$ （11-17）

当六面体油箱长、宽、高比例为 $1:1:1\sim1:2:3$，且液面高度是油箱高度的 0.8 倍时，其散热面积的近似计算式为

$$A = 0.065\sqrt[3]{V^2}$$ （11-18）

由式（11-17）和式（11-18）可导出

$$\Delta t = \frac{H}{0.065K\sqrt[3]{V^2}} \tag{11-19}$$

式中　V ——油箱的有效容量（L）。

计算结果若超出允许值并且适当加大油箱散热面积仍不能满足要求时，应采用风扇强制散热或加设冷却器。

（2）热交换器的选择。

① 冷却器的选择。水冷式冷却器较风冷式应用多些。选择冷却器的主要参数是换热面积 A_{T}。

$$A_{\mathrm{T}} = \frac{H - H_0}{K \Delta t_{\mathrm{m}}} \tag{11-20}$$

式中　H、H_0、K 的意义同上；

Δt_{m} ——平均温差（℃），通常计算对数平均温差，即

$$\Delta t_{\mathrm{m}} = \frac{(T_1 - t_2) - (T_2 - t_1)}{\ln(T_1 - t_2)/(T_2 - t_1)} \tag{11-21}$$

式中　T_1、T_2 ——液压泵的进、出口温度（℃）；

t_1、t_2 ——冷却水的进、出口温度（℃）。

利用冷却器自身热平衡方程（11-22），可求出出口温度 T_2 或冷却水流量 q_{w}：

$$H - H_0 = q_0 \rho_0 C_0 (T_1 - T_2) = q_{\mathrm{w}} \rho_{\mathrm{w}} C_{\mathrm{w}} (t_1 - t_2) \tag{11-22}$$

式中　q_0、q_{w} ——液压油液和冷却水流量（$\mathrm{m^3/s}$）；

ρ_0、ρ_{w} ——液压油液和冷却水密度（$\mathrm{kg/m^3}$）；

C_0、C_{w} ——液压油液和冷却水比定压热容 $[\mathrm{J/(kg \cdot ℃)}]$。

② 加热器的选择。油温过低时，系统需设置加热器，以保证液压泵顺利启动。常用的电加热器的选择依据是其功率 P（单位为 W）：

$$P = \frac{C_0 \rho_0 V \Delta t}{\tau \eta_{\mathrm{h}}} \tag{11-23}$$

式中　V——油箱有效容量（L）；

Δt ——油液温升（℃）；

τ ——加热时间（s）；

η_{h} ——热效率，通常取 $\eta_{\mathrm{h}}=0.6\sim0.8$。

11.1.2　液压系统的施工设计

1. 液压系统施工设计的目的与内容

液压系统的整个设计流程主要分为功能原理设计和施工设计（即结构设计）两个主要部分。功能原理设计的主要结果是一张经过工况分析计算、回路方案论证、元件选型设计和系统性能计算所得到的，反映系统组成、工作原理、功能、工作循环及控制方式的液压原理图；施工设计包括液压装置及电气控制装置的设计，它是在液压系统的功能原理设计完成之后，根据所选择或设计的液压元件和辅助元件及动作顺序图表所应完成的一项重要设计工作。

液压装置设计（泛指液压系统中需自行设计的零部件的结构设计的统称）的目的在于选择确定液压元件及辅助元件的连接装配方案、具体结构，设计和绘制液压系统产品工作图样，并编制技术文件，为制造、组装和调试液压系统提供依据。电气控制装置是实现液压装置工

作控制的重要部分，是液压系统设计中不可缺少的重要环节。电气控制装置设计的目的在于根据液压系统的工作节拍或电磁铁动作顺序表，选择控制硬件并编制相应的软件。

所设计和绘制的液压系统产品工作图样及技术文件包括液压装置及其部件的装配图、非标准零部件的工作图及液压系统原理图、系统外形图、安装图、管路布置图、电路原理图、自制零部件明细表、标准液压元件及标准连接件、外购件明细表、备料清单、设计任务书、设计计算书、使用说明书、安装试车要求等。

液压装置设计是液压系统功能原理设计的延续和结构实现，也可以说是整个液压系统设计过程的归宿。事实上，一个液压系统能否可靠、有效地运行，在很大程度上取决于液压装置设计质量的优劣，因此液压装置设计在整个液压系统设计过程中是相当重要的环节，设计者必须给予足够重视。

2. 液压站的选择及设计

1）液压站的选择

液压技术的一般用户应尽量按主机功能结构、工况类型、条件及相关要求从现有产品中选用所需的液压站，以节省设备投资、缩短制造周期。如果现有液压站产品不能满足使用要求，则可按本书及相关资料自行设计制造。

2）液压站的设计

前已述及，各类液压阀及其辅助连接件的装配体统称为液压控制装置，简称为液压阀站，而液压泵、驱动电机和油箱及其附件的装配体统称为液压动力源装置，简称为液压泵站。这两部分的装配体统称为液压站总成。液压站设计的内容步骤如图 11-5 所示，其中液压控制装置（液压阀站）的集成和液压动力源装置（液压泵站）的设计，也可以合并进行。工程设计实践证明，整个液压装置设计中的大部分工作集中在液压控制装置的集成化设计中。

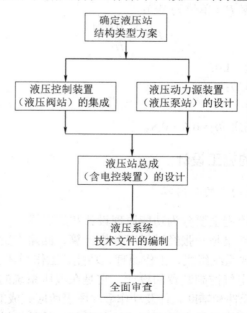

图 11-5　液压站设计的内容步骤框图

液压站设计中应当重视调查研究和技术资料的搜集与应用，同时还应注意采用计算机辅助设计技术所设计的液压站，对于污染、泄漏、液压冲击和振动与噪声应有相应的对策。

3. 液压泵站装置设计

液压泵站是多种元件、附件组合而成的整体，作为液压系统的动力源，它为一个或几个系统存放一定清洁度的工作介质，并输出一定压力、流量的液体动力，兼作整体式液压站安放液压阀组的装置。液压泵站是整个液压系统或液压站的重要部件，其设计质量的优劣和使用维护的合理性，对液压设备性能的影响很大。

1）液压泵站的组成

液压泵站通常由液压泵组、油箱组件、控温组件、过滤器组件和蓄能器组件五个相对独立的部分组成，见表 11-10。尽管这五个部分相对独立，但在液压泵站的设计和使用中，除了根据机器设备的工况特点和使用的具体要求合理进行取舍外，经常需要将它们进行适当的组合，从而构成一个部件。例如，油箱上常需将控温组件中的油温计和过滤器组件作为油箱附件组合在一起构成液压油箱等。

表 11-10 液压泵站的组成

组成部分	包含元器件	作用
液压泵组	液压泵	将原动机的机械能转换为液压能
	原动机（电动机或内燃机）	驱动液压泵
	联轴器	连接原动机和液压泵
	传动底座	安装和固定液压泵及原动机
油箱组件	油箱	储存油液、散发油液热量、逸出空气及消除泡沫、安装元件
	液位计	显示和观测液面高度
	通气过滤器	注油、过滤空气
	放油塞	清洗油箱或更换油液时放油
控温组件	油温计	显示、观测油液温度
	温度传感器	检测并控制油温
	加热器	油液加热
	冷却器	油液冷却
过滤器组件	各类过滤器	分离油液中的固体颗粒，防止堵塞小截面流道，保持油液清洁度等
蓄能器组件	蓄能器	蓄能、吸收液压脉动和冲击
	支撑台架	安装蓄能器

2）液压泵站的类型

液压泵站的类型很多，分类方式及特点各异。其中，按照液压泵组是否置于油箱之上有上置式和非上置式两种。

（1）上置式液压泵站。此类液压泵站中的泵组布置在油箱之上。如图 11-6（a）所示，当电动机 2 采用卧式安装，液压泵 3 置于油箱 1 之上时，称为卧式液压泵站；如图 11-6（b）所示，当电动机 2 立式安装，液压泵 3 置于油箱 1 内时，称为立式液压泵站。

上置式液压泵站的特点是占地面积小，结构紧凑，液压泵置于油箱内的立式安装，噪声低且便于收集漏油。油箱容量可达 1000L，在中、小功率液压站中被广泛采用。其液压泵可以使用定量型或变量型（恒功率式、恒压式、恒流量式、限压式及压力切断式等）。对于卧式液压泵站，由于液压泵置于油箱之上，为了防止液压泵进油口处产生过大的真空度，造成吸空或气穴现象，应注意各类液压泵的吸油高度（自吸能力）不要超出其允许值，各类液压泵的吸油高度见表 11-11。

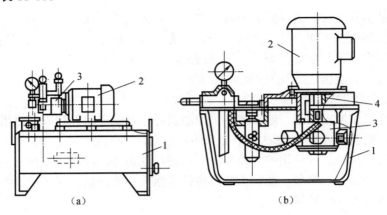

图 11-6　上置式液压泵站

（a）卧式；（b）立式

1—油箱；2—电动机；3—液压泵；4—联轴器

表 11-11　液压泵的吸油高度　　　　　　　　　　　　　　　　单位：mm

液压泵	螺杆泵	齿轮泵	叶片泵	柱塞泵
吸油高度	500～1000	300～400	≤500	≤500

（2）非上置式液压泵站。此类液压泵站是将泵组布置在底座或地基上。如果泵组安装在与油箱一体的公用底座上，则称为整体型液压泵站，它又可分为旁置式、下置式两种［图 11-7（a）和（b）］；如果将泵组单独安装在地基上，则称为分离式液压泵站［图 11-7（c）］。非上置式液压泵站由于液压泵置于油箱液面以下，故能有效改善液压泵的吸入性能，液压泵可以是定量型或变量型（恒功率式、恒压式、恒流量式、限压式及压力切断式等），且具有高度低、便于维护的优点，但占地面积大。因此，适用于泵的吸入允许高度受限制，传动功率较大，而使用空间不受限制以及开机率低，使用时又要求很快投入运行的场合。

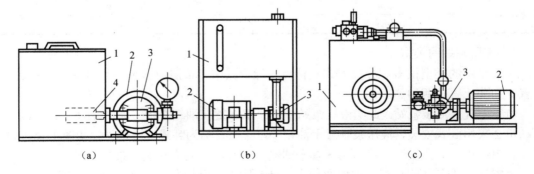

图 11-7　非上置式液压泵站

（a）旁置式；（b）下置式；（c）分离式

1—油箱；2—电动机；3—联轴器；4—液压泵

11.2　液压系统的设计计算举例

11.2.1　技术要求

设计一台用成形铣刀加工的液压专用铣床,要求机床工作台上一次可安装两只工件,并能同时加工。工件的上料、卸料由手工完成,工件的夹紧及工作台进给由液压系统完成。机床的工作循环如下:手工上料→工件自动夹紧→工作台快进→铣削进给(工进)→工作台快退→夹具松开→手工卸料。

对液压系统的具体参数要求:运动部件总重力 $G=25000\text{N}$,切削力 $F_w=18000\text{N}$;快进行程 $l_1=300\text{mm}$,工进行程 $l_2=80\text{mm}$;快进、快退速度 $v_1=v_3=5\text{m/min}$,工进速度 $v_2=100\sim600\text{mm/min}$,启动时间 $\Delta t=0.5\text{s}$;夹紧力 $F_j=30000\text{N}$,行程 $l_j=15\text{mm}$,夹紧时间 $\Delta t_j=1\text{s}$ 。工作台采用平导轨,导轨间静摩擦系数 $f_s=0.2$,动摩擦系数 $f_d=0.1$,要求工作台能在任意位置停留。

11.2.2　分析工况及主机工作要求,拟定液压系统方案

1. 确定执行元件类型

夹紧工件,由夹紧液压缸完成。因要求同时安装、加工两只工件,故设置两个并联的、缸筒固定的单活塞杆液压缸。其动作如下:夹紧→保压→松开。工作台要完成单向进给运动,现采用缸筒固定的单活塞杆液压缸。其动作如下:快进→工进→快退。

2. 确定执行元件的负载、速度变化范围

(1)夹紧缸。惯性力和摩擦力可以忽略不计,夹紧力 $F_j=30000\text{N}$ 。

(2)工作缸。工作负载 $F_w=18000\text{N}$ 。

运动部件惯性负载 $F_a=ma=m\dfrac{\Delta v}{\Delta t}=\dfrac{25000}{9.8}\left(\dfrac{5}{60}-0\right)/0.5\text{N}\approx425.2\text{N}$ 。

导轨静摩擦阻力 $F_s=f_sG=0.2\times25000\text{N}=5000\text{N}$ 。

导轨动摩擦阻力 $F_d=f_dG=0.1\times25000\text{N}=2500\text{N}$ 。

根据已知条件计算出执行元件各工作阶段的负载及速度要求,列入表 11-12 中。

表 11-12　工作循环各阶段的负载及速度要求

工作循环	外负载/N	速度要求/(m·min⁻¹)	工作循环	外负载/N	速度要求/(m·min⁻¹)
夹紧	30000	0.9	工作台工进	20500	0.1~0.6
工作台启动	$F_a+F_s=5425.2$	10	工作台快退	$F_{fd}=2500$	5
工作台快进	$F_{fd}=2500$	5			

3. 确定油源及调速方式

铣床液压系统的功率不大，为使系统结构简单，工作可靠，决定采用定量泵供油。考虑到铣床可能承受负值负载，故采用回油路调速阀节流调速方式。

4. 选择换向回路及速度换接方式

为实现工件夹紧后工作台自动启动，采用夹紧回路上的压力继电器发出信号，由电磁换向阀实现工作台的自动启动和换向。要求工作台能在任意位置停止，泵不卸载，故电磁阀须选择 O 型机能的三位四通阀。

由于要求工作台快进与快退速度相等，故快进时采用差动连接，且液压缸活塞杆直径 $d \approx 0.7D$。快进和工进的速度换接用二位三通电磁阀来实现。

5. 选择夹紧回路

用二位四通电磁阀来控制夹紧换向动作。为了避免工作时突然失电导致工件松开，此处应采用失电夹紧方式，以增加可靠性。为了能够调节夹紧力的大小，保持夹紧力稳定且不受主油路压力的影响，该回路上应装减压阀和单向阀。考虑到泵的供油量会超过夹紧速度的需要，在回路中需串接一个固定节流器（装在换向阀的 P 口）。

最后，将所选择的回路组合起来，即组成图 11-8 所示液压系统原理图。电磁铁动作顺序见表 11-13。

11.2.3 参数设计

1. 初定系统压力

根据机器类型和负载大小，参考表 11-3，初定系统压力 $p_1 = 3\text{MPa}$，计算液压缸的主要尺寸。

1）夹紧缸

按工作要求，夹紧力由两并联的液压缸提供，则

$$D = \sqrt{\frac{4F_j}{2\pi p_1}} = \sqrt{\frac{4 \times 3 \times 10^4}{2\pi \times 3 \times 10^6}} \approx 0.0798(\text{m})$$

根据国家标准，取夹紧缸内径 $D=80\text{mm}$，活塞杆直径 $d=0.6D=50\text{mm}$。

2）工作缸

由经验可知，工作缸的最大负载 $F = 20500\text{N}$，取液压缸的回油背压 $p_2 = 0.5\text{MPa}$，机械效率 $\eta_m = 0.95$，则

$$D = \sqrt{\frac{4F}{\pi[p_1 - (1 - 0.7^2)\, p_2]\eta_{cm}}} \approx 0.100(\text{m})$$

根据国家标准，取工作缸内径 $D=100\text{mm}$，活塞杆直径 d 按杆径比 $d/D=0.7$，得 $d=70\text{mm}$。

3）计算液压缸各工作阶段的工作压力、流量和功率

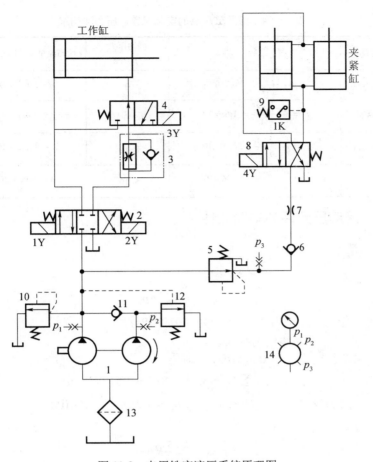

图 11-8　专用铣床液压系统原理图

1—双联叶片泵；2—三位四通换向阀；3—单向调速阀；4—二位三通换向阀；5—减压阀；6，11—单向阀；7—固定节流器；
8—换向阀；9—压力继电器；10—溢流阀；12—外控顺序阀；13—过滤器；14—压力表开关

表 11-13　专用铣床电磁铁动作顺序表

	1Y	2Y	3Y	4Y	1K
夹紧工件					+
工作缸快进	+		+		+
工作缸工进	+				+
工作缸快退		+			+
松开工件				+	−

　　根据液压缸的负载和速度要求及液压缸的有效作用面积，可以算出液压缸工作过程中各阶段的压力、流量和功率。在计算过程中，工进时因回油节流调速，背压取 $p_b = 0.8\text{MPa}$，快退时背压取 $p_b = 0.5\text{MPa}$，差动快进时，液压缸回油口到进油口之间的压力损失取 $\Delta p = 0.5\text{MPa}$，见表 11-14。

表 11-14　液压缸所需的实际流量、压力和功率

工作循环		负载/N	进油压力 p_j / Pa	回油压力 p_b /Pa	所需流量 q /(L·min^{-1})	输入功率 P/kW
夹紧		30000	$p_j = \dfrac{F}{2A} = 29.86 \times 10^5$	0	$q = 2A\dfrac{1}{\Delta t} = 9$	0.448
工作台	快进	2500	$p_j = \dfrac{F + \Delta p A_2}{A_1 - A_2} = 11.68 \times 10^5$	16.68×10^5	$q = (A_1 - A_2)v_1 = 19.2$	0.374
	工进	20500	$p_j = \dfrac{F + p_b A_2}{A_1} = 30.19 \times 10^5$	8×10^5	$q = A_1 v_2 = 4.71$	0.237
	快退	2500	$p_j = \dfrac{F + p_b A_1}{A_2} = 16.06 \times 10^5$	5×10^5	$q = A_2 v_3 = 20$	0.535

11.2.4　选择液压元件和辅助元件

1. 选择液压泵

泵的最大工作压力为

$$p_p = p_1 + \sum \Delta p$$

式中　p_1——液压缸最高工作压力，此处为 3.019MPa；

$\sum \Delta p$——液压缸进油路压力损失。

因系统较简单，取 $\sum \Delta p = 0.5$(MPa)，则

$$p_p = p_1 + \sum \Delta p = 3.019 + 0.5 = 3.519 \text{ (MPa)}$$

为使泵有一定压力储备，取泵的额定压力 $p_s \geqslant 1.25 p_p \approx 4.4\text{MPa}$。

泵的最大流量为

$$q_{pmax} = K(\sum q)_{max}$$

式中　$(\sum q)_{max}$——同时动作的执行元件所需流量之和的最大值；

K——泄漏系数。

这里夹紧缸和工作缸不同时动作，取 $(\sum q)_{max}$ 为工作缸所需最大流量（20L/min），取 K=1.2，则

$$q_{pmax} = K(\sum q)_{max} = 1.2 \times 20\text{L/min} = 24\text{L/min}$$

由表 11-14 可知，工进时所需最小流量是 4.71L/ min，设溢流阀最小溢流量为 2.5L/ min，则需泵的最小供油量 $q_{min} = K(q_工 + q_溢) = 1.2 \times (4.71+2.5) = 8.652$（L/min）。比较工作缸工进和快进、快退工况可看出，液压系统工作循环主要由低压大流量和高压小流量两个阶段组成。显然，采用单个定量泵供油，功率损失大，系统效率低，故选用双泵供油形式比较合理。这样，小泵流量按 $q_{p1} \geqslant 8.652$L/min 选择，大泵流量按 $q_{p2} \geqslant q_{max} - q_1 = 15.35$L/min 选择。

根据上面计算的压力和流量查找产品样本，选用 YB10/16 型双联叶片泵。该泵的额定压力 $p_s = 6.3$MPa，额定转速 n_s =960r/min。

2. 选择液压泵的驱动电机

系统为双泵供油系统，其中小泵的流量 $q_{p_1} = 10 \times \dfrac{10^{-3}}{60} \approx 0.167(\text{m}^3/\text{s})$，大泵的流量

$q_{p_1} = 16 \times \dfrac{10^{-3}}{60} \approx 0.267 (\text{m}^3/\text{s})$。工作缸差动快进、快退时两个泵同时向系统供油，工进时，小泵向系统供油，大泵卸载。下面分别计算三个阶段所需要的电动机功率 P。

（1）差动快进时，大泵的出口压力油经单向阀 11 后与小泵汇合，然后经三位四通换向阀 2 进入工作缸大腔之间的压力损失 $\Delta p_1 = 2 \times 10^5 \text{Pa}$，大泵出口到小泵出口的压力损失 $\Delta p_2 = 1.5 \times 10^5 \text{Pa}$。于是由计算可得小泵出口压力 $p_{p1} = 13.68 \times 10^5 \text{Pa}$（小泵的总效率 $\eta_1 = 0.5$），大泵出口压力 $p_{p2} = 15.18 \times 10^5 \text{Pa}$（大泵的总效率 $\eta_2 = 0.5$）。故电动机功率为

$$P_1 = \frac{p_{p1}q_1}{\eta_1} + p_{p2}\frac{q_2}{\eta_2} = \frac{13.68 \times 10^5 \times 0.167 \times 10^{-3}}{0.5} + \frac{15.18 \times 10^5 \times 0.267 \times 10^{-3}}{0.5} \approx 1267.5 \text{（W）}$$

（2）工进时，小泵的出口压力 $p_{p1} = p_1 + \Delta p_1 = 32.19 \times 10^5 (\text{Pa})$，大泵卸载，卸载压力取 $p_{p2} = 2 \times 10^5 \text{Pa}$（小泵的总效率 $\eta_1 = 0.5$，大泵的总效率 $\eta_2 = 0.3$）。故电动机功率为

$$p_2 = p_{p1}\frac{q_1}{\eta_1} + \frac{p_{p2}q_2}{\eta_2} = 32.19 \times 10^5 \times 0.167 \times \frac{10^{-3}}{0.5} + 2 \times 10^5 \times 0.267 \times \frac{10^{-3}}{0.3} \approx 1253.15 (\text{W})$$

（3）快退时，大、小泵出口油液要经三位四通换向阀 2、单向调速阀 3 的单向阀和二位三通换向阀 4 进入工作缸的小腔，即从泵的出口到缸小腔之间的压力损失 $\Delta p = 5.5 \times 10^5 \text{Pa}$，于是小泵出口压力 $p_{p1} = 21.56 \times 10^5 \text{Pa}$（小泵的总效率 $\eta_1 = 0.5$），大泵出口压力 $p_{p2} = 23.06 \times 10^5 \text{Pa}$（大泵的总效率 $\eta_2 = 0.5$）。故电动机功率为

$$p_2 = p_{p1}\frac{q_1}{\eta_1} + \frac{p_{p2}q_2}{\eta_2} = 21.56 \times 10^5 \times 0.167 \times \frac{10^{-3}}{0.5} + 23.06 \times 10^5 \times 0.267 \times \frac{10^{-5}}{0.5} \approx 1951.5 \text{（W）}$$

综合比较，快退时所需功率最大。据此查找产品样本，选用 Y112M-6 型异步电动机，电动机功率为 2.2kW，额定转速为 940r/min。

3. 选择液压阀

根据液压阀在系统中的最高工作压力与通过该阀的最大流量，可选出这些元件的型号及规格。选定的元件列于表 11-15 中。

表 11-15 液压元件明细表

序号	元件名称	通过的最大流量/（L·min⁻¹）	型号
1	双联叶片泵	26	YB10/16
2	三位四通换向阀	52	34 EF3O-E10B
3	单向调速阀	26	AQ1-D10B-10
4	二位三通换向阀	26	23 EF3O-E6B
5	减压阀	10	JF-B10 G
6	单向阀	10	AF3-Ea10B
7	固定节流器	10	
8	换向阀	10	24 EF3I3-E6B
9	压力继电器		DP1-63B
10	溢流阀	10	YF-B10B

序号	元件名称	通过的最大流量/（L·min⁻¹）	型号
11	单向阀	16	AF3－Ea10B
12	外控顺序阀	16	X4F－B10 E
13	过滤器	52	XU－J63× 100
14	压力表开关		K－6B

说明：

（1）工作缸的三位四通换向阀 2，在快进时通过双泵的供油量之和为 26L/min，在快退时通过工作缸大腔排出的流量为 $\dfrac{A_1}{A_2}(q_1+q_2)\approx 52\ \text{L}/\min$ ，所以选择三位四通换向阀 2 的额定流量为 60L/min。

（2）夹紧缸在动作的过程中，由于固定节流器 7 的阻尼作用，双联叶片泵中大泵卸载，仅由小泵供油，故选择夹紧回路中液压阀的额定流量为 25L/min。

（3）过滤器按液压泵额定流量的两倍选取，吸油用线隙式过滤器。

（4）固定节流器的尺寸计算。取固定节流器的长径比 $l/d=4$。由短孔的流量公式可得

$$A=\frac{q}{C_{\text{d}}\sqrt{\dfrac{2\Delta p}{\rho}}}$$

式中 　q——小泵的额定流量，为 10L/ min；

　　　Δp——夹紧缸启动时节流器前后的压力差，此时应为大泵的卸载压力，初定为 20×10^5 Pa；

　　　C_{d}——短孔流量系数，取 0.82。计算得

$$A=\frac{\pi d^2}{4}=3\times10^{-6}\text{m}^2,\quad d=1.95\times10^{-3}\text{m}$$

4. 选择油管

根据选定的液压阀的连接油口尺寸确定管道尺寸。液压缸的进、出油管流量按输入、排出的最大流量来计算。由于本系统工作缸差动快进和快退时，油管内通油量最大，其实际流量为泵的额定流量的两倍（52L/min），则工作缸进、出油管按设计手册选用内径为 15mm、外径为 19mm 的 10 号冷拔钢管。夹紧缸进、出油管选用内径为 8mm、外径为 10mm 的 10 号冷拔钢管。

5. 确定油箱容积

中压系统的油箱容积一般取液压泵额定流量的 5～7 倍，本例取 6 倍，选用容量为 156 L 的油箱。

11.2.5　液压系统性能验算

已知工作缸进、回油管长度 l 均为 1.8m，油管直径 $d=15\times10^{-3}$ m，选用 L－HL32 型液压油，油的最低工作温度为 15℃，由设计手册查出此时油的运动黏度 $\nu=1.5\times10^{-4}$ m²/s，油的密度 $\rho=900\text{kg}/\text{m}^3$，液压系统元件采用集成块式配置形式。

1. 压力损失的验算

1）工进时的压力损失

工进时管路中的流量较小，流速较低，沿程压力损失和局部压力损失可以忽略不计。小流量泵的压力应按工作缸工进时的工作压力 p_1 调整，$p_{p1} \geqslant 30.19 \times 10^5 \, \text{Pa}$。

2）快退时的压力损失

快退时，缸的无杆腔的回油量是进油量的两倍，其压力损失比快进时要大，因此必须计算快退时的进油路与回油路的压力损失，以便确定大流量泵的卸载压力。

快退时工作缸的进油量为 $q_1 = 26 \text{L/min} = 0.433 \times 10^{-3} \, \text{m}^3/\text{s}$，回油量为 $q_2 = 52 \text{L/min} = 0.867 \times 10^{-3} \, \text{m}^3/\text{s}$。

（1）确定油液的流动状态。

雷诺数：

$$Re = \frac{vd}{\nu} = \frac{4q}{\pi d \nu}$$

式中　v——平均流速（m/s）；

d——油管内径（m）；

ν——油的运动黏度（m^2/s）；

q——通过的流量（m^3/s）。

工作缸回油路中液流的雷诺数为

$$Re_1 = \frac{4 \times 0.867 \times 10^{-3}}{\pi \times 15 \times 10^{-3} \times 1.5 \times 10^{-4}} \approx 491 < 2320$$

工作缸进油路中液流的雷诺数为

$$Re_1 = \frac{4 \times 0.433 \times 10^{-3}}{\pi \times 15 \times 10^{-3} \times 1.5 \times 10^{-4}} \approx 245 < 2320$$

因此，工作缸进、回油路中的流动都是层流。

（2）计算沿程压力损失 $\sum \Delta p_\lambda$。

回油路上流速 $v_1 = \dfrac{4q}{\pi d^2} = \dfrac{4 \times 0.867 \times 10^{-3}}{\pi \times 0.015^2} = 4.91 \, (\text{m/s})$，则

$$\sum \Delta p_{\lambda 2} = \frac{75}{Re_1} \frac{1}{d} \frac{\rho v_1^2}{2} = \frac{75}{491} \times \frac{1.8}{0.015} \times \frac{900 \times 4.91^2}{2} \approx 1.99 \times 10^5 \, (\text{Pa})$$

进油路上流速 $v_2 = 2.45 \text{m/s}$，则

$$\sum \Delta p_{\lambda 1} = \frac{75}{Re_2} \frac{1}{d} \frac{\rho v_2^2}{2} = \frac{75}{245} \times \frac{1.8}{0.015} \times \frac{900 \times 2.45^2}{2} \approx 0.99 \times 10^5 \, (\text{Pa})$$

（3）计算局部压力损失。

由于采用集成块式的液压装置，因此计算局部压力损失时只考虑阀类元件和集成块内油路的压力损失。通过各阀的局部压力损失按 $\Delta p_\xi = \Delta p_s \left(\dfrac{q}{q_s} \right)^2$ 计算，结果列于表 11-16 中。

表 11-16　阀类元件局部压力损失

元件名称	额定流量 （L·min^{-1}）	实际通过流量 / (L·min^{-1})	额定压力损失/Pa	实际压力损失/Pa
三位四通换向阀 2	60	26/52	4×10^5	$0.75\times10^5 / 3\times10^5$
单向调速阀 3	40	26	2×10^5	0.85×10^5
二位三通换向阀 4	40	26	4×10^5	1.69×10^5
单向阀 11	40	16	1.8×10^5	0.3×10^5

若取集成块进油路的压力损失 $\Delta p_{\mathrm{j}} = 0.3\times10^5\mathrm{Pa}$，回油路的压力损失 $\Delta p_{\mathrm{j}} = 0.5\times10^5\mathrm{Pa}$，则进油路和回油路总的压力损失为

$$\sum \Delta p_1 = \sum \Delta p_{\lambda 1} + \sum \Delta p_{\xi 1} + \Delta p_{\mathrm{j}1} = (0.99 + 0.75 + 0.85 + 1.69 + 0.3)\times10^5 = 4.58\times10^5(\mathrm{Pa})$$

$$\sum \Delta p_2 = \sum \Delta p_{\lambda 2} + \sum \Delta p_{\xi 2} + \Delta p_{\mathrm{j}2} = (1.99 + 3 + 0.5)\times10^5 = 5.49\times10^5(\mathrm{Pa})$$

计算工作缸快退时的工作压力为

$$p_1 = \frac{F + \sum \Delta p_2 A_1}{A_2} = \frac{2500 + 5.49\times10^5 \times 7.85\times10^{-3}}{4\times10^{-3}} \approx 17.02\times10^5(\mathrm{Pa})$$

这样，快退时泵的工作压力为

$$p_{\mathrm{p}} = p_1 + \sum \Delta p_1 = (17.02 + 4.58)\times10^5 = 21.6\times10^5(\mathrm{Pa})$$

因此大流量泵卸载阀的卸载压力，应大于 $21.6\times10^5\mathrm{Pa}$（与固定节流器尺寸计算时的初定值基本相符）。

从以上验算结果可以看出，各种工况下的实际压力损失都小于初选的压力损失值，而且比较接近，这说明液压系统的油路结构、元件的参数是合理的，满足要求。

2. 液压系统的发热和温升验算

在整个工作循环中，工作缸工进阶段所占用的时间最长，所以系统的发热主要是工进阶段造成的，故按工进工况验算系统的温升。

工进时液压泵的输入功率如前面计算 $P_1 = 1253.15(\mathrm{W})$。

工进时液压缸输出功率 $P_2 = Fv = 20500 \times \dfrac{0.6}{60} = 205(\mathrm{W})$。

系统总的发热功率 $H = P_1 - P_2 = 1253.15 - 205 = 1048.15(\mathrm{W})$。

已知油箱容积 $V=312\mathrm{L}$，油箱散热面积 $A = 0.065\sqrt[3]{V^2}$（假设油箱三个边长的比例在 $1:1:1$ 到 $1:2:3$ 范围内，且油面高度为油箱高度的 80%），计算得

$$A = 0.065\sqrt[3]{V^2} = 0.065\sqrt[3]{312^2} \approx 2.99(\mathrm{m}^2)$$

假定通风良好，取油箱散热系数 $K = 15\times10^{-3}\mathrm{kW}/(\mathrm{m}^2 \cdot ℃)$，则油液温升

$$\Delta T = \frac{H}{KA} = \frac{1048.15\times10^{-3}}{15\times10^{-3} \times 2.99} \approx 23.37(℃)$$

设环境温度 $T_2 = 25℃$，则热平衡温度为

$$T_1 = T_2 + \Delta T = (25 + 23.37)℃ = 48.37(℃)$$

所以油箱的散热效果达到要求。

11.3 液压系统计算机辅助设计概况及 AMESim 在液压系统仿真中的应用

11.3.1 液压系统计算机辅助设计概况

液压系统计算机辅助设计（CAD）利用计算机对不同的液压系统方案进行大量的计算、分析和比较，以确定最优液压系统方案，并模拟真实液压系统的各种工作状况，确定最好的控制方案和最佳匹配参数。采用计算机进行液压系统辅助设计的方法称为计算机分析法，也称为计算机仿真。

现代液压系统设计不仅要满足静态性能要求，更要满足动态特性要求。随着计算机技术的发展和普及，利用计算机进行数字仿真已成为液压系统动态性能研究的重要手段。而计算机仿真必须具备两个主要条件：一是建立准确描述液压系统动态性能的数学模型；二是利用仿真软件对建立的数学模型进行数字仿真。利用计算机对液压元件和系统进行仿真研究和应用已有 40 多年的历史。随着流体力学、现代控制理论、算法理论和可靠性理论等相关学科的发展，特别是计算机技术的迅猛发展，液压仿真技术也得到快速发展并日益成熟，越来越成为液压系统设计人员的有力工具，仿真软件也相应出现。目前国内外主要有 AMESim、Matlab/Simulink、EASY5、DSHplus、Hopsan 和浙江大学开发的 SIMUL-ZD 等液压仿真软件。

现代液压仿真软件的特点如下：

（1）通用液压元件模型库和支持特定模型的创建。通用元件库是核心，支持用户自定义元件模型的创建功能也是必不可少的。例如，AMESim 中，自定义元件模型就是由软件自带的零件模块组装而成。

（2）图形操作界面。为了使工程技术人员能在小型计算机上方便地进行动力系统仿真，几乎所有的知名液压仿真软件都支持了图形化操作界面，元件模型在软件中一般以图标表示，系统则以原理图的形式直接在屏幕中画出，元件型号和元件参数通过操作液压原理图直接选取，而不需要单独编程输入。软件通过各自的识别技术，根据回路的拓扑信息及组成元件的模型，由计算机自动生成回路的仿真计算模型描述文件或程序。

（3）数据库技术应用和技术文档生成功能。仿真系统最主要的技术文档是系统原理图，此外，还包括元件的微分方程和代数方程的数学模型描述、参数、仿真结果以及其他产品信息。

（4）支持多领域建模仿真。在实际工程应用中，几乎很少有纯粹的液压系统，最常见的包括机械、液压与电子方面的仿真模型，如 AMESim 带有液压、机械、控制、信号、热力学和气动等多种模型库。

（5）支持实时仿真及提供与通用软件的接口。当前的液压仿真软件的积分运算器都包含了可变步长的功能，加上硬件的飞速发展，仿真的速度大大提高，实现实时仿真已经成为可能。使技术员在屏幕上"实时"地看到系统的动作变化过程，使仿真计算更为直观。在软件接口方面，Matlab/Simulink 已经成为所有液压仿真软件的通用接口。

仿真软件的缺点如下：

（1）元件模型需要设置许多参数，其中有些参数不好确定。

（2）仿真元件比较固定，目前还不能应用到更广阔的领域。

（3）仿真过程过于理想化，对实际的泄漏、摩擦、流体特性等还有待于进一步探讨。

液压仿真软件主要有如下几个发展方向：

（1）深入研究液压系统的建模和算法，开发出易于建模的液压系统仿真软件。 模型是仿真的基础，建立正确的模型，能更深入、更真实地反映系统的主要特征。应大力发展建模技术，力求为系统设计和分析提供准确的依据，使系统仿真的精度和可靠性提高，系统工作能更真实地反映实际情况。

（2）进行最优化设计的研究。系统仿真软件的优化设计包括结构设计的最优化、参数的最优化及性价比的最优化。可用现代控制理论和人工智能专家库设计系统结构，并确定系统参数，缩短设计周期，达到最优效果。

（3）完善仿真模型库，增强液压仿真软件的通用性。在液压泵、液压马达、液压阀、液压缸和液压辅助元件五类基本液压仿真元件的基础上，将在实际液压系统中经常用到的大量的液压元件和电气元件加到仿真模型库中；另外要改善液压仿真软件的移植性，开发通用接口，使不同的仿真软件对同一系统编写相同的仿真程序。

（4）吸收多媒体技术，使液压仿真软件更加直观、实用。当前的液压仿真软件虽然已经实现了图形化界面，但对多媒体技术的支持还有待于发展。多媒体技术特别是多媒体动画技术在计算机领域已经比较成熟，如果结合到仿真系统的实时动作和结果分析中，就可以动态直观地表示液压传动的内容，大大克服其抽象、复杂的缺点。

11.3.2 AMESim 在液压系统仿真中的应用

1. AMESim 的液压库概述

AMESim 中共有四个液压应用库，用于仿真等温、单向等不同状态工作油液、元件及其系统。

（1）液压库（HYD）。如图 11-9 所示，它是一个通用的液压库，主要由用于仿真液压系统内置的元件组成（通过它们的液压特性来定义的），也称为标准液压元件库，因为其他三个库都必须用到该库中的一些基本液压元件模块，如流体特性、液压源、传感器等。液压库中的元件会被经常使用到，如节点、节流、容积元件、泵、管道等，其可以大大地提高建模效率。

（2）液压阀库（HSV）。如图 11-10 所示，它是液压库的扩充，提供了完整的各种液压控制阀模型。

（3）液压元件设计库（HCD）。如图 11-11 所示，它引入基本元素理念，采用工程结构单元细分的方法使用户可以通过尽可能少的结构单元模块构建尽可能多的工程系统模型，如喷油器、控制阀、柱塞泵、叶片泵等仿真模型。该库非常适合对非标准液压元件的动态特性进行建模与分析。

（4）液阻库（HR）。如图 11-12 所示，它主要是用于液压管道中各处的压力损失和流量分布计算的应用库。液压管道中可以包含弯管、分叉管、渐缩管、渐扩管、突缩管、突扩管、轴承等特殊元件。

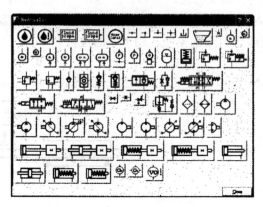

图 11-9　液压库

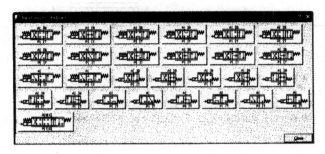

图 11-10　液压阀库

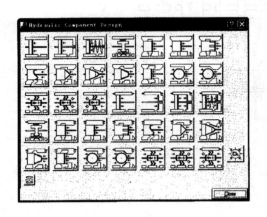

图 11-11　液压元件设计库

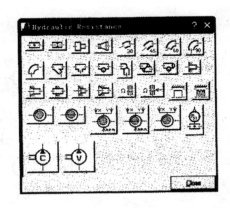

图 11-12　液阻库

2. 位置控制系统 AMESim 仿真

1）基本原理

图 11-13 是一个由伺服阀构成的闭环位置控制系统。伺服缸为双作用对称液压缸，U_i 为

输入的电压信号；U_f 为由位移传感器构成的反馈信号。当 U_i 增加时，U_i 与 U_f 的偏差信号就会增加，伺服放大器就会推动伺服阀使它有一个成比例的换向位移，高压油就会通过伺服阀推动伺服缸移动，液压缸的移动又会带动位移传感器移动，使它的输出电压 U_f 增加，直到 U_i 与 U_f 的偏差信号趋于零为止。U_i 减小时的工作过程与上述过程相反。在稳态情况下，理想的偏差值为零；动态过程即为消除偏差使之趋于零的过程。

2）仿真回路

根据上述原理，在 AMESim 中建立仿真模型，如图 11-14 所示。

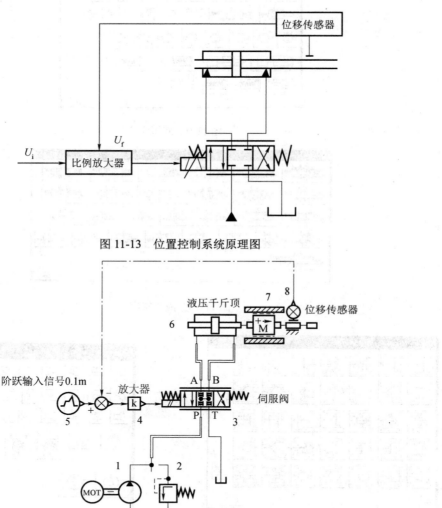

图 11-13 位置控制系统原理图

图 11-14 AMESim 中的仿真模型

3. 仿真分析

运行仿真模型，绘制液压缸的位移输出曲线，如图 11-15 所示。更改元件 3 的参数阻尼比为 0.8，再次运行仿真模型，绘制液压缸的位移输出曲线，如图 11-16 所示。保持上面的参数不变，再次更改元件 3 的参数固有频率为 50Hz，运行仿真模型，绘制液压缸的位移输出曲线，如图 11-17 所示。从图 11-17 中可以看出，当阻尼比为 0.8、固有频率为 50Hz 时，在阶跃信号的作用下，系统将变得不稳定。

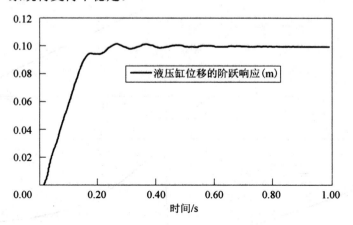

图 11-15　阻尼比为 0.3 的液压缸的位移输出曲线

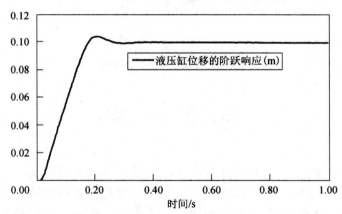

图 11-16　阻尼比为 0.8 的液压缸的位移输出曲线

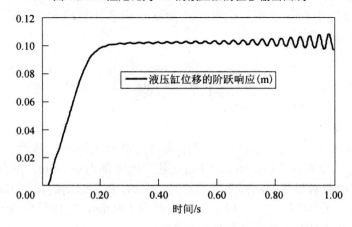

图 11-17　阻尼比为 0.8、固有频率为 50Hz 的液压缸的位移输出曲线

图 11-18 所示为系统的频率响应（Bode）图。

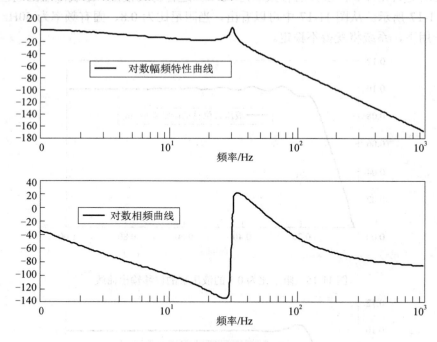

图 11-18　系统的频率响应（Bode）图

本 章 小 结

本章重点介绍了液压系统的设计与计算，其设计步骤主要包括：①明确液压系统使用要求；②进行工况分析；③计算液压系统的主要参数；④拟定液压系统原理图；⑤计算和选择液压元件；⑥验算液压系统的性能；⑦绘制工作图，编写技术文件。上述步骤和过程在设计中通常要穿插或迭代进行。结合一个典型工程实际系统中液压系统设计案例对设计方法和过程进行了说明。此外，还简要介绍了计算机辅助设计技术在液压系统设计中的应用情况。

习 题

11-1 如图 11-19 所示的某立式组合机床的动力滑台采用液压传动。已知切削负载为 28000N，滑台工进速度都为 50mm/min，快进、快退速度都为 6m/min，滑台（包括动力头）的质量为 1500kg，滑台对导轨的法向作用力约为 1500N，往复运动的加速、减速时间为 0.05s，滑台采用平面导轨，$f_s = 0.2$，$f_d = 0.1$，快速行程为 100mm，工作行程为 50mm，取液压缸机械效率 $\eta_m = 0.9$，试对液压系统进行负载分析。

提示：滑台下降时，其自重负载由系统中的平衡回路承受，不须计入负载分析中。

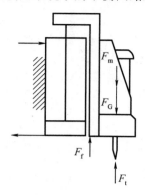

图 11-19　题 11-1 图

11-2　已知某专用卧式铣床的铣头驱动电动机功率为 7.5kW，铣刀直径为 120mm，转速为 350r/min。如工作台、工件和夹具总质量为 520kg，工作台总行程为 400mm，工进行程为 250mm，快进速度为 4.5m/min，工进速度为 60～1000mm/min，往复运动的加速、减速时间不希望大于 0.05s，工作台采用平导轨，$f_s = 0.2$，$f_d = 0.1$。试为该机床设计一液压系统。

11-3　设计一台立式板料折弯机，其滑块及折弯机构的上下运动采用液压传动，要求通过电液控制实现的工作循环如下：快速空程下行→慢速加压（折弯）→快速回程（上升）→停止的工作循环，最大折弯力 $F_{max} = 1000$kN，滑块重力 $G = 15$kN，快速下降速度 $v_1 = 23$mm/s，加压速度 $v_2 = 12$mm/s，快速上升的速度 $v_3 = 53$mm/s；快速下降行程 $L_1 = 180$mm，慢速加压行程 $L_2 = 15$mm，快速上升行程 $L_3 = 200$mm；启动、制动时间 $\Delta t = 0.2$s。滑块及折弯机构重量的平衡要求用液压方式，以防自重下滑；滑块导轨的摩擦力可忽略不计。

11-4　一台卧式单面多轴钻孔组合机床，动力滑台的工作循环是快进→工进→快退→停止。液压系统的主要性能参数要求如下，轴向切削力 $F_t = 24000$N；滑台移动部件总质量为 510kg；加、减速时间为 0.2s；采用平导轨，静摩擦因数 $f_s = 0.2$，动摩擦因数 $f_d = 0.1$；快进行程为 200mm，工进行程为 100mm；快进与快退速度相等，均为 3.5m/min，工进速度为 30～40mm/min。工作时要求运动平稳，且可随时停止运动。试设计动力滑台的液压系统。

第3篇
气压传动

在气压传动系统中，压缩空气中的水分、油污和灰尘会严重影响气动元件的可靠性和使用寿命，因此，气源净化装置是气动系统必不可少的辅助元件。此外，在气动系统中还会遇到气动元件的滑润（对滑阀等）、消声、报警、管路连接和布置等问题。因而，油雾器、消声器、管线等也是气动系统必不可少的辅助元件。

第 12 章

气源装置及气动元件

12.1　气源装置及空气净化装置

气源装置是气压传动系统的重要组成部分。气源装置的作用是产生具有足够压力和流量的压缩空气，同时将其净化、处理及储存，其主体部分是空气压缩机。气源装置还包括气源净化装置，常见的气源净化装置有后冷却器、油水分离器、储气罐、干燥器等。

12.1.1　气源系统的组成

图 12-1 所示为一般压缩空气站的设备布置示意图。其进气口装有简易空气过滤器，它能先过滤空气中的一些灰尘、杂质。后冷却器 2 用以冷却压缩空气，使汽化的水、油凝结出来。油水分离器 3 使水滴、油滴、杂质从压缩空气中分离出来，再从排油水口排出。储气罐 4 和 7 用以储存压缩空气、稳定压缩空气的压力，并除去其中的油和水，储气罐 4 中输出的压缩空气可用于一般要求的气压传动系统。干燥器 5 用以进一步吸收和排除压缩空气中的水分和油分，使之变成干燥空气。空气过滤器 6 用以进一步过滤压缩空气中的灰尘、杂质。从储气罐 7 输出的压缩空气可用于要求较高的气动系统。

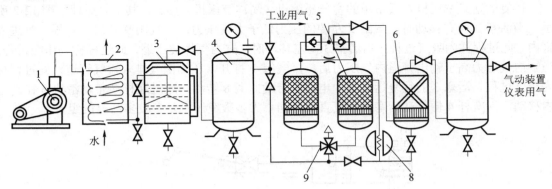

图 12-1　气源系统的设备布置示意图

1—空气压缩机；2—后冷却器；3—油水分离器；4，7—储气罐；5—干燥器；6—空气过滤器；8—加热器；9—四通转换阀

12.1.2 气动系统对压缩空气质量的要求

要想使气动仪器和设备可靠、有效、无故障地工作，压缩空气的质量应满足一定的要求。对压缩空气的质量要求主要涉及以下几个方面：压力、流量、含水量、固体杂质的含量、含油量和含菌量。

为了保证气动元件与装置能够正常工作并延长其使用寿命，气动系统对压缩空气主要有以下几点要求：①压缩空气要具有一定的压力和足够的流量。②要求压缩空气具有一定的净化程度，对于不同的使用条件，压缩空气中所含杂质——油、水和灰尘及颗粒的平均直径，一般应满足如下要求：对于气缸、膜片式气动元件、截止式气动元件，不大于 $50\mu m$；对于气动马达、硬配滑阀，不大于 $25\mu m$；对于射流元件，不大于 $10\mu m$；对于一般气动仪表，不大于 $20\mu m$。③压缩空气的压力波动不能太大，尤其对于一些气动仪表，压力要稳定在一定范围之内。

12.1.3 空气压缩机

空气压缩机是一种气压发生装置，它将原动机输出的机械能转化为气体的压力能，供气动机械使用。

1. 空气压缩机的分类

空气压缩机按压力大小可分成低压型（0.2～1.0MPa）、中压型（1.0～10MPa）、高压型（10～100MPa）和超高压型（>100MPa）；按工作原理可分成容积型和速度型。通过压缩气体的体积来提高气体压力的压缩机称为容积型压缩机，按结构原理可分成往复式（活塞式和膜片式等）和旋转式（滑片式和螺杆式等）。提高气体的速度，让动能转化成压力能以提高气体压力的压缩机称为速度型压缩机，按结构原理可分为轴流式、离心式和转子式三种。

2. 空气压缩机的工作原理

1）往复活塞式空压机

往复活塞式空压机是最常用的空气压缩机（简称空压机）形式，其工作原理如图 12-2 所示。当活塞 3 向右移动时，气缸 2 左腔的压力低于大气压力，吸气阀 9 开启，外界空气进入缸内，此过程称为吸气过程；当活塞 3 向左移动时，缸内气体被压缩，此过程称为压缩过程。当缸内气压力高于输出管道内气压力后，排气阀 1 打开，压缩空气排入输气管道，此过程称为排气过程。活塞 3 的往复运动是由电动机带动曲柄 8 转动，通过连杆 7 带动滑块 5 在滑道内移动，活塞杆 4 便带动活塞做往复直线运动。大多数空压机是多缸多活塞的组合。

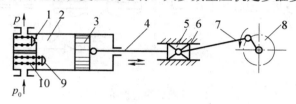

图 12-2　往复活塞式空压机的工作原理

1—排气阀；2—气缸；3—活塞；4—活塞杆；5，6—滑块与滑道；7—连杆；8—曲柄；9—吸气阀；10—弹簧

2）叶片式空压机

叶片式空压机的工作原理如图 12-3 所示。转子偏心地安装在定子内，一组叶片插在转子的放射状槽内。当转子旋转时，各叶片主要靠离心作用紧贴定子内壁。转子回转过程中，左半部（输入口）吸气。在右半部，叶片逐渐被定子内表面压进转子沟槽内，叶片、转子和定子内壁围成的容积逐渐减小，吸入的空气就逐渐地被压缩，最后从输出口排出压缩空气。由于在输入口附近向气流喷油，对叶片及定子内部进行润滑、冷却和密封，故输出的压缩空气中含有大量油分，所以在输出口需设置油雾分离器和冷却器，以便把油分从压缩空气中分离出来，冷却后循环再用。

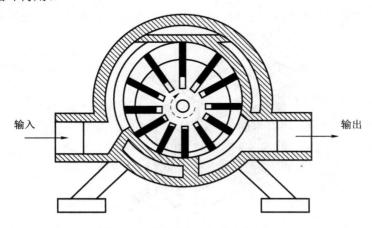

图 12-3　叶片式空压机的工作原理

3）螺杆式空压机

螺杆式空压机的工作原理如图 12-4 所示。两个咬合的螺旋转子以相反方向转动，它们当中的自由空间的容积沿轴向逐渐减小，从而两转子间的空气逐渐被压缩。若转子和机壳之间相互不接触，则不须润滑，这样的空压机便可输出不含油的压缩空气。它可连续输出无脉动的流量大的压缩窄气，出口空气温度为 60℃ 左右。

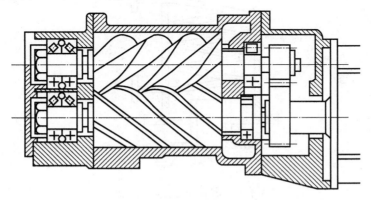

图 12-4　螺杆式空压机的工作原理

12.1.4　压缩空气的净化装置

由空气压缩机排出的压缩空气必须经过净化处理，除去油分、水分等杂质并使之降温、干燥，达到一定的品质要求后才能使用。压缩空气的净化装置一般包括后冷却器、油水分离器、储气罐、干燥器、过滤器。

1. 后冷却器

后冷却器安装在空气压缩机输出管路上，将温度高达 140℃～170℃的压缩空气降温至 40℃～50℃，使其中的大部分水汽、油汽冷凝成水滴、油滴，以便经油水分离器析出。

后冷却器有风冷式和水冷式两种。风冷式只适用于入口空气温度低于 100℃，且处理空气量较小的场合。水冷式适用于入口空气温度低于 200℃，且处理空气量较大且湿度大、尘埃多的场合。风冷式和水冷式后冷却器的结构、工作原理和图形符号分别如图 12-5 和图 12-6 所示。

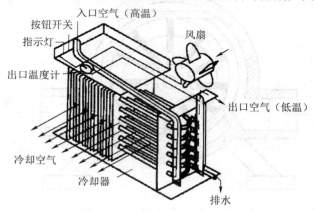

图 12-5　风冷式后冷却器

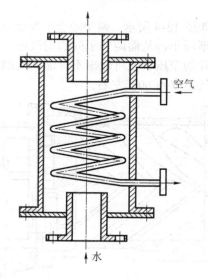

图 12-6　蛇管水冷式后冷却器

2. 油水分离器

油水分离器安装在后冷却器后面的管道上，主要是用离心、撞击、水洗等方法分离压缩空气中所含的水分、油分等杂质，使压缩空气得到初步净化。其结构形式有环形回转式、撞击折回式、离心旋转式、水浴式以及以上形式的组合使用等。撞击折回式油水分离器的结构形式如图 12-7 所示。当气流进入分离器后，首先与隔板撞击，一部分水、油留在隔板上，然后再进行二次环形回转，进一步分离水、油等杂质　（油水分离器的高度 H 一般为其内径 D 的 3.5～4 倍）。

为保证较好的分离效果，必须使气流回转后上升速度缓慢，其速度应小于 0.3~0.5m/s。

3. 储气罐

储气罐的作用是消除压力脉动，保证输出气流的连续性；储存一定数量的压缩空气，调节用气量或在出现故障与停电时维持短时间供气；依靠绝热膨胀及自然冷却降温，进一步分离压缩空气中的水分和油分。储气罐的结构如图 12-8 所示。

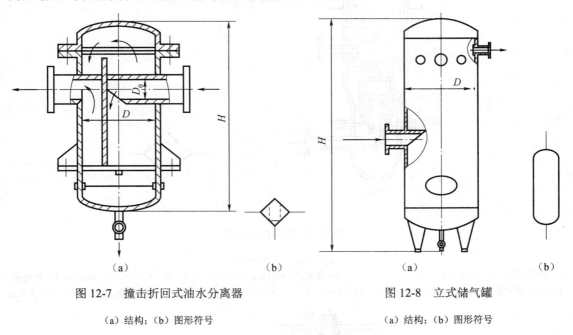

图 12-7　撞击折回式油水分离器

(a) 结构；(b) 图形符号

图 12-8　立式储气罐

(a) 结构；(b) 图形符号

4. 干燥器

干燥器的作用是进一步除去压缩空气中的水分、油分，使之变为干燥空气，用于对气源品质要求较高的气动装置、气动仪表等。

干燥器有冷冻式、吸附式等不同类型。冷冻式是利用制冷设备使空气冷却到一定的露点温度，析出空气中超过饱和水蒸气压部分的水分。吸附式是利用硅胶、铝胶、分子筛、焦炭等吸附剂吸收压缩空气中的水分和油分。吸附式干燥器如图 12-9 所示。

5. 过滤器

空气过滤器的作用是滤除压缩空气中的杂质微粒，除去液态的油污和水滴，使压缩空气进一步净化，达到气动系统所要求的净化程度，但不能除去气态物质。常用的有一次过滤器和二次过滤器（也称分水滤气器），一次过滤器滤灰效率为 50%~70%；二次过滤器滤灰效率为 70%~90%，在要求高的场合，还可使用高效过滤器，其过滤效率达 99%。图 12-10 所示为一次过滤器，气流由切线方向进入筒内，在离心力作用下分离出液滴，然后气体由下而上通过多孔钢板、毛毡、硅胶、焦炭、滤网等过滤吸附材料，干燥清洁的空气从筒顶输出。

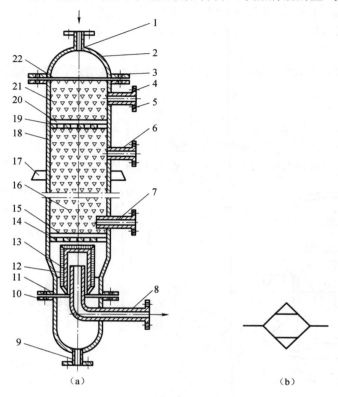

图 12-9　吸附式干燥器

（a）结构；（b）图形符号

1—湿空气进气管；2—顶盖；3，5，10—法兰；4，6—再生空气排气管；7—再生空气进气管；8—干燥空气输出管；9—排气管；11，22—密封垫；12，15，20—钢丝过滤网；13—毛毡；14—下栅板；16，21—吸附剂层；17—支撑板；18—筒体；19—上栅板

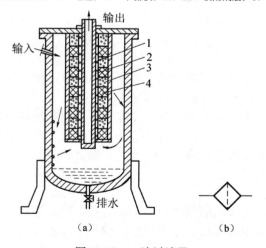

图 12-10　一次过滤器

（a）结构；（b）图形符号

1—密孔网；2—细铜丝网；3—焦炭；4—硅胶

　　分水滤气器滤灰能力较强，属于二次过滤器。它和减压阀、油雾器一起被称为气动三联件，是气功系统不可缺少的辅助元件，当然只有当总气源来的压缩空气的质量不能满足使用要求时才使用它们。压缩空气的处理单元必须与经它处理的压缩空气的消耗量相适应。其排水方式有手动和自动之分，普通分水滤气器如图 12-11 所示。其工作原理如下：压缩空气从输入口进入后，经导流片 1 的切线方向缺口强烈旋转，这样夹杂在气体中的液态油、水及固态杂质受离心作用，被甩到存水杯 3 内壁上发生高速碰撞，而从气体中分离出来，流至杯底。然后除去液态油水和较大杂质的压缩空气，再通过滤芯 2 进一步除去微小固态颗粒而从出口流出。挡水板 4 用来防止水杯底部液态油水被卷回气流中。通过排水阀 5 可将杯底液态油水排出。使用中应注意通过过滤器的流量过小、流速太低、离心力太小，不能有效清除油水和杂质；流量过大、压力损失太大，水分离效率也降低。故应尽可能按实际所需标准状态下流量选择分水滤气器的额定流量。使用时应定期将冷凝水排掉，滤芯应随时清洗或更换。

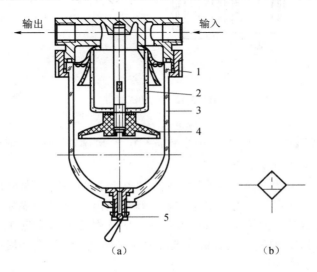

图 12-11　分水滤气器

（a）结构；（b）图形符号

1—导流片；2—滤芯；3—存水杯；4—挡水板；5—排水阀

　　经过分支管道输出的压缩空气仍然含有少量粉尘和水分。除此以外，还含有碳化了的油的细粒子、管子的锈斑以及其他杂质，如管道密封件磨损了的材料、呈胶状的物质等。所有这些物质都会致使气动设备受损，增加气动组件的橡胶密封件和零件的磨损，使密封件产生膨胀和腐蚀，从而使阀被卡住。因此，通常在气动回路的最前端，安装过滤器以去除这些杂质，使空气比较清洁。

　　为了保证气动设备工作稳定及高速运动的需求，压缩空气在进入气动设备前还要安装调压阀与油雾器进行调压与加润滑剂的处理。分水过滤器、减压阀与油雾器（气动三联件），常安装在气动设备的最前端。其安装次序依进气方向为分水过滤器、减压阀、油雾器，如图 12-12 所示。压缩空气经过气动三联件的最后处理，将进入各气动元件及气动系统，因此，气动三联件是压缩空气质量的最后保证。

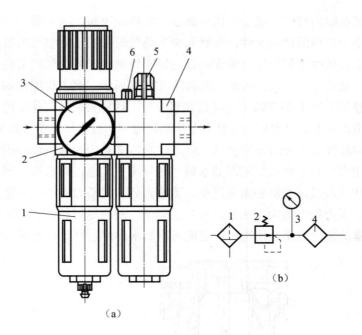

图 12-12　气动三联件

（a）安装形式；（b）图形符号

1—分水过滤器；2—减压阀；3—压力表；4—油雾器；5—滴油量调节螺钉；6—油杯放气螺塞

1）分水滤气器的使用注意事项

（1）安装前要充分吹洗干净配管中的切屑、灰尘等，防止密封圈材料碎片混入。使用密封条时，应按顺时针方向将其缠绕在管螺纹上，端部空出 1.5～2 个螺牙宽度。

（2）使用压力过高时，为防止水杯破裂伤人，应选用带金属罩的过滤器。

（3）水杯材质为 PC，要避免在有机溶剂及含化学药品、毒气的环境中使用。若要在上述雾气环境中使用，应换成金属水杯。

（4）因气动系统的气源压力本身有限，故必须保证气体在通过各个部位的流速不能过高，以减小压力损失。因此分水滤气器的规格应按相关规定选取。即进、出口压力关系应满足式（12-1）：

$$\frac{p_{进} - p_{出}}{p_{进}} = 5\%　　　　　　　　　　　　　　　　　　　（12-1）$$

2）主要性能指标

（1）过滤精度：指通过滤芯的最大颗粒直径。常用的规格有 5～10μm、10～20μm、25～40μm、50～75μm 四种，需要精过滤的还有 0.01～0.1μm、0.1～0.3μm、0.3～3μm、3～5μm 四种规格，以及其他规格（如气味过滤等）。

（2）分水效率：指分离出来的水分与输入空气中所含水分之比。一般要求分水滤气器的分水效率大于 80%。

（3）流量特性：指在一定进口压力下，通过元件的标准额定流量与元件两端压力降之间的关系。使用时，最好在压力损失不大于 0.02MPa 的范围内选定通过的流量。在额定流量下，输入压力与输出压力之差不超过输入压力的 5%。

12.2 气动辅助元件

12.2.1 油雾器

油雾器是一种特殊的注油装置。它将润滑油进行雾化并注入空气流中，随压缩空气流入需要润滑的部位，达到润滑的目的。

1. 工作原理

图 12-13 所示为普通型油雾器的结构原理和图形符号，压缩空气从进口输入，推开舌状活门，从出口输出。同时，经舌状活门前方小孔 a，经截止阀 10 进入储油杯 5 的上腔，使杯内油面受压，在油杯液面与孔 b 处产生压力差。借助此压力差，润滑油经吸油管 11 将单向阀 6 的钢球顶起，再经节流阀 7 滴落到视油窗 8 内，滴下的油被高速气流引射雾化后，随气流从出口流出。节流阀 7 用来调节滴油量。拧开注油塞 9 便可在不停气的情况下补油。

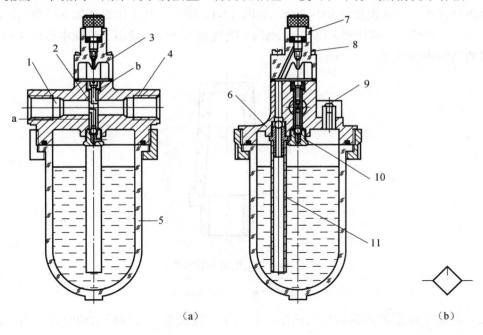

（a） （b）

图 12-13 普通型油雾器

（a）结构；（b）图形符号

1—气流进口；2，3—小孔；4—气流出口；5—储油杯；6—单向阀；7—节流阀；8—视油窗；9—注油塞；10—截止阀；11—吸油管

2. 主要性能指标

（1）压降流量特性：在入口压力一定的条件下，通过油雾器的流量与进出口压降之间的关系。

（2）最小起雾流量：通过油雾器的空气流量只有达到一定值之后，油滴才能被雾化。通常油杯中的油液处于正常工作位置，在规定工作压力下，使油滴起雾（滴油量约为 5 滴/min）的最小空气流量称为最小起雾流量。

（3）最低不停气加油压力：指在不停气情况下补油时，要求输入压力的最低值（一般不应低于 0.1MPa）。

12.2.2 消声器

气动系统一般不设排气回路，压缩空气使用后直接排入大气。当余压较高时，最大排气速度在声速附近，空气急剧膨胀及形成的涡流现象将产生强烈的噪声。消声器的作用就是排除噪声污染。

1. 消声器的类型

常用的消声器有吸收型、膨胀干涉型和膨胀干涉吸收型。

（1）吸收型消声器主要利用吸声材料来降低噪声，在气体流动的管道内固定吸声材料，或将吸声材料按一定方式在管道中排列，如图 12-14 所示。其工作原理如下：当气流通过消声罩 1 时，气流受阻，可使噪声降低约 20dB。吸收型消声器主要用于消除中高频噪声，特别对刺耳的高频声波显著。

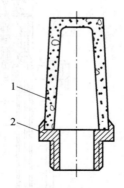

图 12-14　吸收型消声器的结构

1—消声罩；2—连接螺纹

（2）膨胀干涉型消声器结构很简单，相当于一段比排气孔口径大的管件。当气流通过时，让气流在管道内膨胀、扩散、反射、相互干涉而消声。这种消声器主要用于消除中、低频噪声。

（3）膨胀干涉吸收型消声器是综合上述两种消声器的特点而构成的，其结构如图 12-15 所示。其工作原理如下：气流由端盖上的斜孔引入，在 A 室扩散、减速、碰壁撞击后反射到 B 室，气流束互相冲撞、干涉，进一步减速，并通过消声器内壁的吸声材料排向大气。这种消声器消声效果好，低频可消声 20dB，高频可消声 45dB 左右。

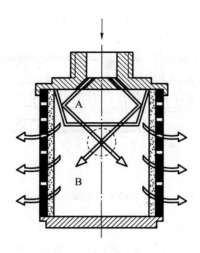

图 12-15 膨胀干涉吸收型消声器

2. 使用注意事项

当换向阀上装的消声器太脏或被堵塞时，也会影响换向阀的灵敏度和换向时间，故要经常清洗消声器。

阻尼小的消声器在高频下使用可能效果不理想，这时可采用集中排气的方法，即在排气口装上消声器，并将排气管引向较远处。

12.3 气动执行元件

气动执行元件是将气体的压力能转换成机械能并将其输出的装置。它驱动机构做直线往复运动或回转运动，其输出为力或转矩。与液压执行元件类似，气动执行元件也可以分成气缸和气动马达两大类。

12.3.1 气缸

气缸有多种形式，按照其结构特点的不同可分为活塞式气缸和薄膜式气缸两种；按运动形式分为直线运动气缸和摆动气缸两类；按气缸的安装形式可分为固定式气缸、轴销式气缸、回转式气缸、嵌入式气缸四种。

1. 普通气缸

普通气缸是最常用的气缸，这种缸在缸筒内只有一个活塞和一根活塞杆，有单作用和双作用两种形式。这种气缸常用于无特殊要求的场合。

1）单活塞杆单作用气缸

单活塞杆单作用气缸只在活塞一侧可以通入压缩空气使其伸出或缩回，另一侧是通过呼吸孔开放在大气中的，其剖面结构与原理如图 12-16 所示。与单作用液压缸一样，这种气缸只能在一个方向上做功，活塞的反方向动作是靠施加外力来实现的，所以称为单作用气缸。

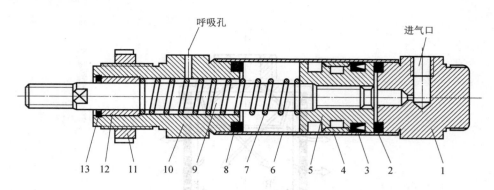

图 12-16　普通型单活塞杆单作用气缸

1—后缸盖；2，8—橡胶缓冲垫；3—活塞密封圈；4—导向环；5—活塞；6—缸筒；

7—弹簧；9—活塞杆；10—前缸盖；11—螺母；12—导向套；13—卡环

2）单活塞杆双作用气缸

单活塞杆双作用气缸由缸筒、活塞、活塞杆等零件组成，其结构和图形符号如图 12-17 所示。有活塞杆侧的缸盖为前缸盖，缸底侧为后缸盖。缸筒在前后缸盖之间固定连接。一般在缸盖上开有进、排气口，有的还设有气缓冲机构。前缸盖上设有密封圈、防尘圈，同时设有提高气缸导向精度的导向套。活塞杆与活塞紧固相连。活塞上除有密封圈防止活塞左右两腔相互串气外，还有耐磨环以提高气缸的导向性。带磁性开关的气缸，活塞上装有磁环。活塞两侧常装有胶垫作为缓冲垫，如果是气缓冲，则活塞两侧沿轴线方向设有缓冲柱塞，同时缸盖上有缓冲节流阀和缓冲套。当气缸运动到端头时，缓冲柱塞进入缓冲套，气缸排气需经缓冲节流阀，排气阻力增加，产生排气背压，形成缓冲气垫，起到缓冲作用。

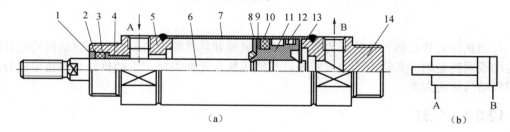

图 12-17　单活塞杆双作用气缸

（a）结构；（b）图形符号

1，13—弹簧挡圈；2—防尘圈压板；3—防尘圈；4—导向套；5—有杆侧端盖；6—活塞杆；

7—缸筒；8—缓冲垫；9—活塞；10—活塞密封圈；11—密封圈；12—耐磨环；14—无杆侧端盖

单活塞杆双作用气缸的往返运动均通过压缩空气来实现，由于没有弹簧复位部分，双作用气缸可以获得更长的有效行程和稳定的输出力。但双作用气缸是利用压缩空气直接作用于活塞上实现伸缩运动的，由于其回缩时压缩空气的有效作用面积较小，所以产生的收缩力要小于伸出时产生的推力。

2. 特殊气缸

在普通气缸的基础上，通过改变或增加气缸的部分结构，可以设计开发出多种形式的特殊气缸。

1）气-液阻尼缸

气-液阻尼缸以压缩空气为动力，利用油液的不可压缩性和控制油液流量大小来获得活塞的平稳运动和调节活塞的运动速度。由于气体具有压缩性，当外部载荷变化较大时，普通气缸工作时会出现"爬行"或"自走"现象，工作状态不稳定。为了使气缸运动平稳，通常采用气-液阻尼缸。气-液阻尼缸工作原理如图 12-18 所示，它由气缸和液压缸组合而成，液压缸和气缸串联成一个整体，两个活塞固定在一根活塞杆上。当气缸右端供气时，气缸克服外负载并带动液压缸同时向左运动，此时液压缸左腔排油、单向阀关闭。油液只能经节流阀缓慢流入液压缸右腔，对整个活塞的运动起阻尼作用，调节节流阀的阀口大小就能达到调节活塞运动速度的目的。当压缩空气经换向阀从气缸左腔进入时，液压缸右腔排油，此时因单向阀开启，液压缸无阻尼作用，活塞能快速向右运动。

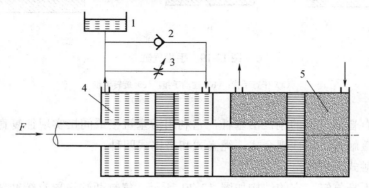

图 12-18　气-液阻尼缸的工作原理

1—油箱；2—单向阀；3—节流阀；4—液压油；5—空气

这种气-液阻尼缸，一般是将双活塞杆缸作为液压缸。因为这样可使液压缸两腔的排油量相等，此时油箱内的油液只用来补充因液压缸泄漏而减少的油量，一般用油杯就足够了。

2）手指气缸

这种执行元件是一种变形气缸。它可以用来抓取物体，实现机械手的动作。其特点是所有结构都是双作用的，能实现双向抓取，抓取力矩恒定，气缸两侧可安装非接触式检测开关，有多种安装、连接方式。在自动化系统中，手指气缸常应用在搬运、传送工件机构中来抓取、拾放物体。

图 12-19（a）所示为平行手指气缸，平行手指通过两个活塞工作。每个活塞由一个滚轮和一个双曲柄与气动手指相连，形成一个特殊的驱动单元。这样，气缸手指总是径向移动，每个手指是不能单独移动的。

如果手指反向移动，则先前受压的活塞处于排气状态，而另一个活塞处于受压状态。

图 12-19（b）所示为摆动手指气缸，活塞杆上有一个环形槽，由于手指耳轴与环形槽相连，因而手指可同时移动且自动对中，并确保抓取力矩始终恒定。

图 12-19（c）所示为旋转手指气缸，其动作和齿轮齿条的啮合原理相似。活塞与一根可

上下移动的轴固定在一起。轴的末端有三个环形槽，这些槽与两个驱动轮的齿啮合。因而，两个手指可同时移动并自动对中，其齿轮齿条啮合原理确保了抓取力矩始终恒定。

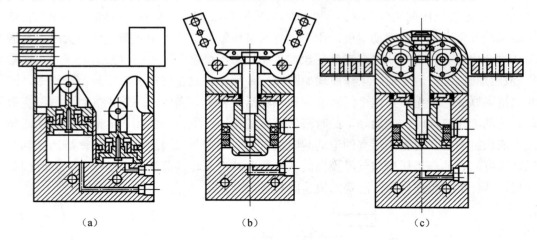

（a）　　　　　　　　　（b）　　　　　　　　（c）

图 12-19　手指气缸

（a）平行手指；（b）摆动手指；（c）旋转手指

3）无杆气缸

无杆气缸没有普通气缸的刚性活塞杆，它利用活塞直接或间接实现往复直线运动。无杆气缸主要有机械接触式、磁性耦合式、绳索式和带钢式四种。

（1）机械接触式无杆气缸。

它常简称为无杆气缸，它的结构如图 12-20 所示。气缸两端设置有缓冲装置，在气缸筒轴向开有一条槽，活塞带动与负载相连的滑块一起移动，且借助缸体上的一个管状沟槽防止转动。为防泄漏和防尘，在内外两侧分别装有密封带。

（2）磁性耦合式无杆气缸。

磁性耦合式无杆气缸的结构如图 12-21 所示。其活塞上安装了一组高磁性的稀土永久内磁环 4，磁力线穿过薄壁缸筒（非导磁材料）与套在缸筒外面的另一组外磁环 2 作用，由于两组磁环极性相反，因此它们之间有很强的吸力。

当活塞在气压作用下移动时，通过磁场带动缸筒外面的磁环与负载一起移动。在气缸行程两端设有空气缓冲装置。

4）薄膜式气缸

薄膜式气缸是利用压缩空气通过膜片推动活塞杆做往复直线运动的气缸。其功能形式类似于活塞式气缸，它分单作用式和双作用式两种，由缸体 1、膜片 2、膜盘 3 和活塞杆 4 等零件组成，其结构简图如图 12-22 所示。

薄膜式气缸的膜片可以做成盘形膜片和平膜片两种形式。膜片材料为夹织物橡胶、钢片或磷青铜片。常用的膜片材料是夹织物橡胶，厚度为 5～6mm，有时也可用 1～3mm 的。金属式膜片只用于行程较小的薄膜式气缸中。

薄膜式气缸和活塞式气缸相比较，具有结构简单、紧凑、制造容易、成本低、维修方便、寿命长、泄漏小、效率高等优点。但是膜片的变形量有限，故其行程短（一般不超过 40～50mm），且气缸活塞杆上的输出力随着行程的加大而减小。

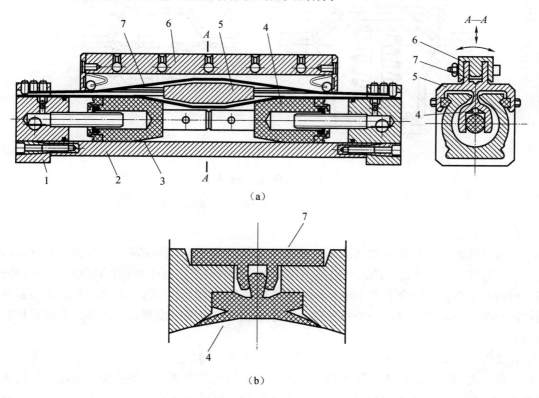

图 12-20 无杆气缸

（a）无杆气缸结构；（b）缸筒槽密封布置

1—左、右缸盖；2—缸筒；3—无杆活塞；4—内部抗压密封件；5—活动舌片；6—导架；7—外部防尘密封件

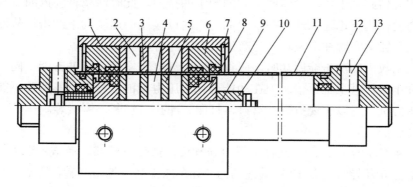

图 12-21 磁性耦合式无杆气缸

1—套筒；2—外磁环；3—外导磁板；4—内磁环；5—内导磁板；6—压盖；7—卡环；
8—活塞；9—活塞轴；10—缓冲柱塞；11—气缸筒；12—端盖；13—进、排气口

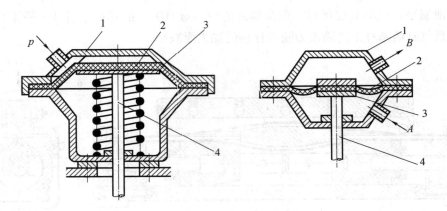

图 12-22　薄膜式气缸结构

1—缸体；2—膜片；3—膜盘；4—活塞杆

5）冲击气缸

冲击气缸是一种将压缩空气的压力能转换为活塞高速运动的动能，产生相当大冲击的特殊气缸。与普通气缸相比，冲击气缸具有体积小、结构简单、易于制造、耗气功率小等特点。其结构特点是增加了一个具有一定容积的蓄能腔和具有排气小孔的中盖 2，中盖 2 与缸体 1 固接在一起，中盖中心开有一个喷气口，活塞 6 把气缸分隔成蓄能腔、活塞腔与活塞杆腔三部分。

其工作原理如图 12-23 所示。压缩空气由孔 A 进入蓄能腔时，其压力只能通过喷气口的小面积作用在活塞上，还不能克服活塞杆腔排气压力所产生的向上的推力以及活塞与缸体间的摩擦力，喷气口处于关闭状态，从而使蓄能腔的充气压力逐渐升高。当充气压力升高到能使活塞向下移动时，活塞的下移使喷气口开启，聚集在蓄能腔中的压缩空气通过喷气口突然作用于活塞的全面积上。高速气流进入活塞腔进一步膨胀并产生冲击波，波的阵面压力可高达气源压力的几倍到几十倍，给活塞很大的向下的推力。此时活塞杆腔内的压力很低，活塞在很大的压力差作用下迅速加速，在很短的时间内以极高的速度向下冲击，从而获得很大的动能。利用这个能量实现冲击做功，可产生很大的冲击力。

当需要利用较大的冲击能做功时，应选用冲击气缸来实现。其冲击能（同规格尺寸）比普通气缸大几十倍，甚至上百倍。但在动能转化成压力能的过程中，其位移不能太长。应用范围：气动压力机，可以实现折弯、落料、打印、冲孔、切断、铆接等。

6）回转气缸

如图 12-24（a）所示，回转气缸主要由导气头、缸体、活塞、活塞杆组成。这种气缸的缸体 3 连同缸盖 6 及导气头芯 10 被其他动力（如车床主轴）携带回转，活塞 4 及活塞杆 1 只能做往复直线运动，导气头体 9 外接管路，固定不动。回转气缸的结构如图 12-24（b）所示。为增大其输出力，采用两个活塞串联在一根活塞杆上，这样其输出力比单活塞增大约一倍，且可减小气缸尺寸，导气头体与导气头芯因需相对转动，装有滚动轴承，应设油杯润滑以减少摩擦，避免烧损或卡死。回转气缸主要用于机床夹具和线材卷曲等装置上。

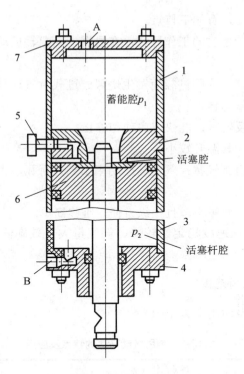

图 12-23　冲击气缸

1，3—缸体；2—中盖；4—端盖；5—排气塞；6—活塞；7—端盖

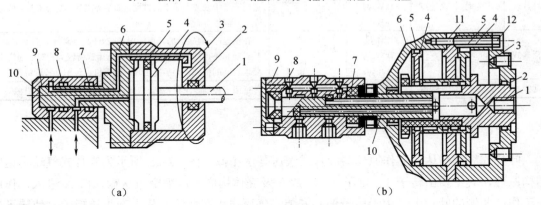

（a）　　　　　　　　　　　　　（b）

图 12-24　回转气缸

（a）原理；（b）结构

1—活塞杆；2，5—密封装置；3—缸体；4—活塞；6—缸盖；7，8—轴承；9—导气头体；10—导气头芯；11—中盖；12—螺栓

12.3.2　气动马达

气动马达是将压缩空气的能量转换为旋转或摆动运动的执行元件。

1. 气动马达的特点

常用的气动马达有叶片式、活塞式、薄膜式、齿轮式等类型。

气动马达和电动机相比，有如下特点。

（1）工作安全，适用于恶劣的工作环境，在易燃、高温、振动、潮湿、粉尘等不利条件下都能正常工作。

（2）有过载保护作用，不会因过载而发生烧毁。过载时气动马达只会降低速度或停车，当负载减小时即能重新正常运转。

（3）能够顺利实现正反转时，能快速启动和停止。

（4）满载连续运转时，其温升较小。

（5）功率范围及转速范围较宽：气动马达功率小到几百瓦，大到几万瓦；转速可以从零到 25000r/min 或更高。

（6）单位功率尺寸小，质量小，且操纵方便，维修简单。

但气动马达目前还存在速度稳定性较差、耗气量大、效率低、噪声大和易产生振动等不足。

2. 常用气动马达及应用范围

常用气动马达的特点及应用见表 12-1。

表 12-1　常用气动马达的特点及应用

类型	转矩	速度	功率	每千瓦耗气量 /(m³·min⁻¹)	特点及应用范围
叶片式	低转矩	高速度	由不足 1kW 到 13kW	小型：1.8~2.3 大型：1~1.4	制造简单、结构紧凑、低速启动转矩小，但低速性能不好。适用于要求低或中功率的机械，如手提工具、复合工具、传送带、升降机等
活塞式	中、高转矩	低速和中速	由不足 1kW 到 17kW	小型：1.9~2.3 大型：1~1.4	在低速时，有较大的功率输出和较好的转矩特性。启动准确，且启动和停止特性均较叶片式好。适用载荷较大和对低速转矩要求较高的机械，如手提工具、起重机、绞车、拉管机等
薄膜式	高转矩	低速度	小于 1kW	1.2~1.4	适用于控制要求很精确、启动转矩极高和速度低的机械

3. 叶片式气动马达

叶片式气动马达的工作原理与叶片式液压马达相似。图 12-25 所示为叶片式气动马达的结构原理，其主要由转子 1、定子 2、叶片 3 及壳体构成。压缩空气从输入口 A 进入，作用在工作腔两侧的叶片上。由于转子偏心安装，气压作用在两侧叶片上产生转矩差，使转子按逆时针方向旋转。做功后的气体从输出口 B 排出。若改变压缩空气输入方向，即可改变转子的转向。

图 12-26 所示为叶片式气动马达的基本特性曲线。该曲线表明，在一定的工作压力下，气动马达的转速及功率都随外负载转矩的变化而变化。

由特性曲线可知，叶片式气动马达的特性较软。当外负载转矩为零（即空转）时，转速达最大值 n_{max}，气动马达的输出功率为零。当外负载转矩等于气动马达最大转矩 T_{max} 时，气动马达停转，转速为零。此时输出功率也为零。当外负载转矩约等于气动马达最大转矩的一半时，其转速为最大转速的一半，此时气动马达输出功率达最大值。气动马达的转速、转矩

与工作压力的关系为

$$n = n_0 \sqrt{\frac{p}{p_0}}$$ （12-2）

$$T = T_0 \frac{p}{p_0}$$ （12-3）

式中　n、T——实际工作压力下的转速、转矩；

　　　n_0、T_0——设计工作压力下的转速、转矩；

　　　p——实际工作压力；

　　　p_0——设计工作压力。

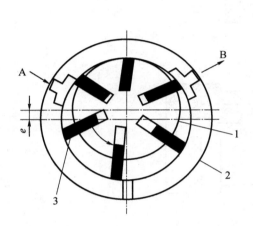

图 12-25　叶片式气动马达

1—转子；2—定子；3—叶片

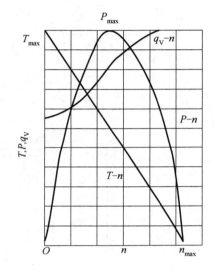

图 12-26　叶片式气动马达的基本特性曲线

$T-n$ —转矩曲线 ； $P-n$ —功率曲线； $q_V - n$ —流量曲线

12.4　气动控制元件

在气动控制系统中，气动控制元件是用来控制和调节压缩空气的压力、流量和方向的阀类，使气动执行元件获得要求的力、动作速度和改变运动方向，并按规定的程序工作。

气动控制阀按其作用和功能的不同可分为方向控制阀、压力控制阀、流量控制阀三大类。另外，还有与方向控制阀基本相同，能实现一定逻辑功能的逻辑元件。

12.4.1　方向控制阀

方向控制阀是用来控制管道内压缩空气的流动方向和气流通断的元件。其工作原理是利用阀芯和阀体之间的相对位置的改变来实现通道的接通或断开，以满足系统对通道的不同要求。在方向控制阀中，只允许气流沿一个方向流动的方向控制阀称为单向型方向控制阀，如单向阀、梭阀、双压阀、快速排气阀等；可以改变气流流动方向的方向控制阀称为换向型方向控制阀，简称换向阀。

1. 单向型方向控制阀

1）单向阀

单向阀是控制流体只能正向流动，不允许反向流动的阀，又称为逆止阀或止回阀。单向阀主要由阀芯、阀体和弹簧三部分组成（图 12-27）。图 12-27（a）所示是单向阀进气口 P 没有压缩空气时的状态。此时活塞在弹簧力的作用下处于关闭状态，从 A 向 P 方向气体不通。图 12-27（b）所示为进气口 P 有压缩空气进入，气体压力克服弹簧力和摩擦力，单向阀处于开启状态，气流从 P 向 A 方向流动。图 12-27（c）为单向阀的图形符号。

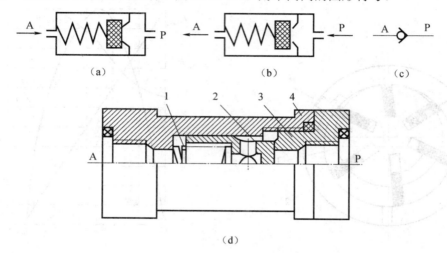

图 12-27　单向阀

(a) 关闭状态；(b) 开启状态；(c) 图形符号；(d) 单向阀结构
1—弹簧；2—阀芯；3—阀座；4—阀体

2）梭阀

梭阀相当于两个单向阀组合的阀，其作用相当于"或"门逻辑功能。梭阀的结构和工作原理如图 12-28 所示，它有两个进气口 P_1 和 P_2，一个出口 A，其中 P_1 和 P_2 都可与 A 相通，但 P_1 和 P_2 不相通。无论 P_1 或 P_2 哪一个进气口有信号，A 口都有输出。当 P_1 和 P_2 都有信号输入时，A 口将和较大的压力信号接通；若两边压力相等，A 口一般将和先加入信号的输入口接通。

3）双压阀

图 12-29 所示为双压阀的结构及图形符号。双压阀也是由两个单向阀组合而成，其作用相当于"与"门逻辑功能，故又称为与门梭阀。同样有两个输入口 P_1、P_2 和一个输出口 A。当 P_1 口进气、P_2 口通大气时，阀芯右移，使 P_1、A 口间通路关闭，A 口无输出。反之，阀芯左移，A 口也无输出。只有当 P_1、P_2 口均有输入时，A 口才有输出，当 P_1 口与 P_2 口输入的气压不等时，气压低的通过 A 口输出。双压阀常应用在安全互锁回路中。

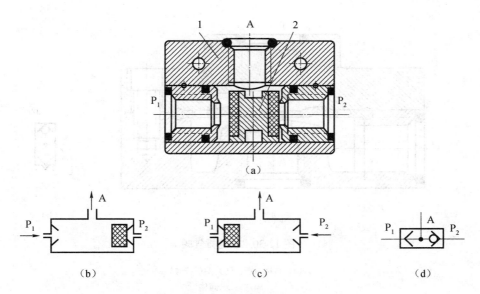

图 12-28　梭阀的结构及图形符号

（a）结构原理；（b）P_1 进气状态；（c）P_2 进气状态；（d）图形符号
1—阀体；2—阀芯

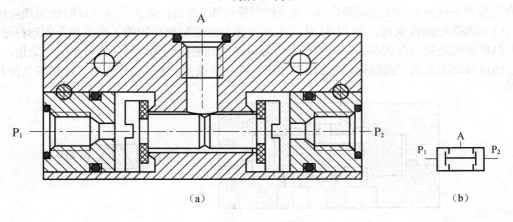

图 12-29　双压阀

（a）结构原理；（b）图形符号

4）快速排气阀

图 12-30 所示为快速排气阀的工作原理。当 P 口进气后，阀芯关闭排气口 O，P 口与 A 口相接通，A 口有输出；当 P 口无气体输入时，A 口的气体使阀芯将 P 口封住，A 口与 O 口相通，气体快速排出。快速排气阀用于气缸或其他元件需要快速排气的场合，此时气缸的排气不通过较长的管路和换向阀，而直接由快速排气阀排出，通口流通面积大，排气阻力小。

2. 换向阀

换向阀按控制方式分类，主要有气压控制换向阀、电磁控制换向阀、人力控制换向阀和机械控制换向阀等类型。

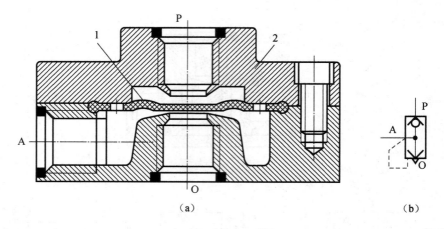

图 12-30　快速排气阀

（a）结构原理；（b）图形符号

1—膜片；2—阀体

1）气压控制换向阀

气压控制换向阀以外加的气压信号为动力切换主阀，使控制回路换向或开闭。气压控制换向阀适用于易燃、易爆、潮湿和粉尘多的场合，操作安全可靠。气压控制换向阀按照施加压力的方式不同分为加压控制换向阀、泄压控制换向阀、差压控制换向阀和延时控制换向阀等。

（1）加压控制换向阀。图 12-31 所示为双气控加压控制换向阀的工作原理及图形符号。加压控制换向阀是指加在阀芯控制端的压力信号值是渐升的控制阀，当压力升至某一定值时，使阀芯迅速移动而实现气流换向，阀芯沿着加压方向移动换向。这种阀分为单气控和双气控两种。

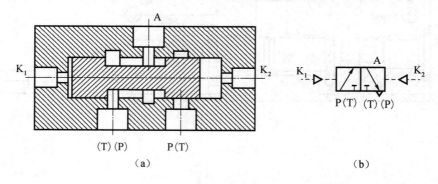

图 12-31　双气控加压控制换向阀的工作原理及图形符号

（a）结构原理；（b）图形符号

（2）泄压控制换向阀。图 12-32 所示为双气控泄压控制换向阀的工作原理及图形符号。泄压控制换向阀是指加在阀芯控制端的压力信号值是渐降的控制阀，当压力降至某一定值时，使阀芯迅速移动而实现气流换向，阀芯沿着降（泄）压方向移动换向。这种阀也有单气控和双气控之分。

（3）差压控制换向阀。如图 12-33 所示，差压控制换向阀是利用阀芯两端受气压作用的有效面积不等，在气压作用下产生的作用力差而使阀芯换向的。这种阀也有单气控和双气控两种。

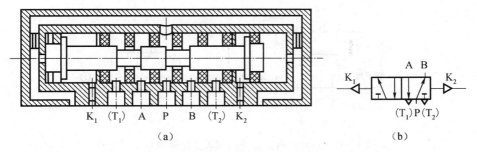

图 12-32 双气控泄压控制换向阀的工作原理及图形符号

（a）工作原理；（b）图形符号

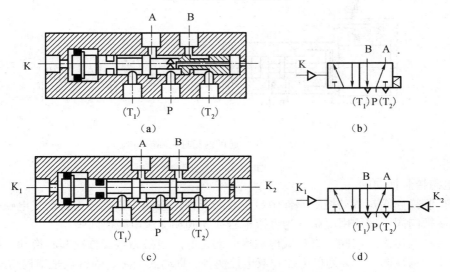

图 12-33 差压控制的原理及图形符号

（a）单气控原理；（b）单气控图形符号；（c）双气控原理；（d）双气控图形符号

（4）延时控制换向阀。延时控制换向阀的作用是使输出信号的状态变化与输入信号形成一定的时间差。它是利用气流通过小孔或缝隙后再向气容充气，经过一定的延时，当气容内压力升至一定值后推动阀芯换向而达到信号延时的目的，延时控制分为固定延时和可调延时两种。

图 12-34 所示为固定延时控制换向阀的工作原理及图形符号。开始时，P 口与 A 口相通，当 P 口输入气流时，A 口便有气流输出，同时，输入气流经阀芯上的阻尼小孔（固定气阻）不断向右端的气容腔充气而延时，当气容内压力达到一定值后，推动阀芯左移，使 P 口与 A 口断开、A 口与 T 口接通。

图 12-35 所示为二位三通可调延时控制换向阀，它由延时和换向两部分组成。当 K 口无控制信号输入时，阀芯处于左端，P 口与 A 口断开，A 口与 O 口相通排气，A 口无输出。当 K 口输入控制信号后，气流从 K 口输入后经可调节流阀节流后充入气容 C 腔，使气容不断充气升压而延时，当 C 腔内压力升至某一定值时，推动阀芯向右移动，使 A 口与 O 口断开、P 口与 A 口接通，A 口有输出。当 K 口的气控信号消失后，气容内的气体经单向阀迅速排空。调节节流阀（气阻）可改变延时时间，这种阀的延时时间可在 1～20s 内调节。这种阀有常通延时型和常断延时型两种，图示为常断延时型，若将 P、O 口换接即为常通延时型。

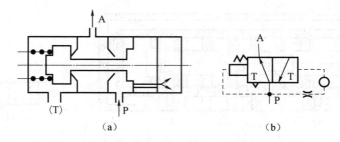

图 12-34　固定延时控制换向阀的工作原理及图形符号

（a）工作原理；（b）图形符号

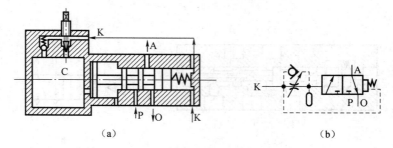

图 12-35　二位三通可调延时控制换向阀

（a）工作结构；（b）图形符号

2）电磁控制换向阀

电磁控制换向阀是气动控制元件中最主要的元件，按动作方式分为直动式电磁换向阀和先导式电磁换向阀，按所用电源分为直流电磁换向阀和交流电磁换向阀。

（1）直动式电磁换向阀。直动式电磁换向阀是利用电磁力直接推动阀芯换向，根据线圈是单线圈还是双线圈，可分为单电控和双电控两种。直动式电磁阀的特点是结构简单、紧凑、换向频率高，但只适用于小型阀。

图 12-36 所示为单电控直动式电磁换向阀的工作原理及图形符号。电磁线圈未通电时，P口、A口断开，A口、T口相通；电磁线圈通电时，电磁力通过阀杆推动阀芯向下移动，使P口、A口接通，T口与A口断开。

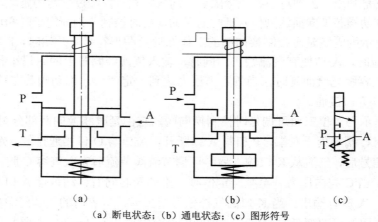

（a）断电状态；（b）通电状态；（c）图形符号

图 12-36　单电控直动式电磁换向阀的工作原理及图形符号

　　图 12-37 所示为双电控直动式电磁阀的工作原理及图形符号。电磁铁 1 通电、电磁铁 3 断电时，阀芯 2 被推至右侧，A 口有输出，B 口排气。若电磁铁 1 断电，阀芯位置不变，仍为 A 口有输出，B 口排气，即阀具有记忆功能，直到电磁铁 3 通电，则阀芯被推至左侧，阀被切换，此时 B 口有输出，A 口排气。同样，电磁铁 3 断电时，阀的输出状态保持不变。使用时两电磁铁不允许同时得电。

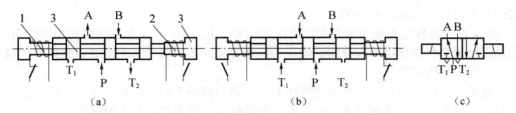

图 12-37　双电控直动式电磁阀的工作原理及图形符号

（a）电磁铁 1 通电；（b）电磁铁 3 通电；（c）图形符号
1, 3—电磁铁；2—阀芯

　　（2）先导式电磁换向阀。先导式电磁换向阀由电磁先导阀和主阀组成，它利用先导阀输出的先导气信号去控制主阀芯换向。先导式电磁换向阀按控制方式可分为外控式和内控式两种。

　　图 12-38（a）所示为二位三通先导式电磁换向阀，图示位置 P 口截止，A 口、O 口排气。当通电时衔铁被吸合，先导压力作用在主阀芯 3 的右端面上，推动阀芯向左移动，使主阀换向，此时，P 口、A 口接通，O 口截止，如图 12-38（b）所示。

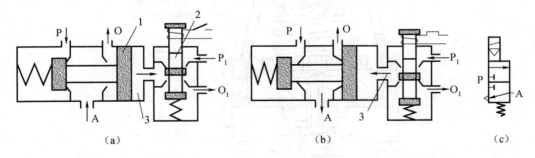

图 12-38　二位三通先导式电磁换向阀的工作原理及图形符号

1—主阀；2—电磁先导阀；3—主阀芯

12.4.2　压力控制阀

　　压力控制阀主要用来控制气动系统中气体的压力，满足各种压力要求或用以减少损失等。气压传动系统与液压传动系统的一个不同点是，由于液压油不适于远距离输送，故液压油是由安装在每台设备上的液压源直接提供；而气体流动损失小，适于远距离输送，所以气压传动常常将比使用压力高的压缩空气储于储气罐中，输送较远距离，然后减压到系统适用的压力。因此每台气动装置的供气压力大多需要用调压阀（减压阀）来实现压力调节和控制，并保持供气压力值的稳定。而液压传动中习惯用于调压的溢流阀，在气压传动中称为安全阀，常用于安全保护。

对于低压气动系统（如气动测量系统），除用普通调压阀降低压力外，还需要用精密调压阀（或定值器）以获得更稳定的供气压力。这类压力控制阀当输入压力在一定范围内改变时，能保持输出压力不变；当管路中压力超过允许压力时，为了保证系统的工作安全，往往用安全阀实现自动排气，以使系统的压力不超限。

对于一些气动回路，需要靠气压来控制两个以上的气动执行机构的顺序动作，能实现这种功能的压力控制阀称为顺序阀。

因此，在气压传动系统中常用的压力控制阀可分为三类：一是起降压稳压作用的调压阀；二是起限压安全保护作用的安全阀、限压切断阀等；三是根据气路压力不同进行某种顺序控制的顺序阀、平衡阀等。

所有的压力控制阀，都是利用空气压力和弹簧力相平衡的原理来工作的。由于安全阀、顺序阀的工作原理与液压阀基本相同，而气动系统压力调节和控制主要用的是调压阀，因而本节只讨论调压阀的工作原理和主要性能。

1. 气动调压阀的工作原理和作用

图 12-39 所示为直动式调压阀的结构及图形符号。

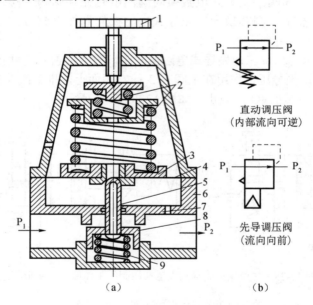

图 12-39　直动式调压阀的结构及图形符号

（a）结构；（b）图形符号

1—调整手柄；2—调压弹簧；3—弹簧座；4—膜片；

5—阀芯；6—阀体；7—阻尼孔；8—减压口；9—复位弹簧

1）气动调压阀的工作原理

P_1 为输入口，P_2 为输出口。当按下调整手柄 1 时，调压弹簧 2（实际上有两组弹簧）推动下面弹簧座 3、膜片 4 和阀芯 5 一起向下移动，使减压口 8 开启，压力为 p_1 的气流从 P_1 口通过减压口到 P_2 侧，压力降低，从右侧输出降低后的压力 p_2，减压原理与液压传动相同。

同时，有一部分压力为 p_2 的输出口气流由图右侧阻尼孔 7 进入膜片室，在膜片下产生一个向上的推力与弹簧力达到动态平衡，调压阀便有稳定的低压输出。如果输入压力 p_1 突然增大，则输出压力 p_2 也马上随之增高，使膜片下的压力也增高，将膜片及以上整体向上推，阀芯 5 在复位弹簧 9 的作用下也会上移，从而使减压口 8 的开度减小，节流作用增强，使输出压力降低到调定值为止；反之，若输入压力有下降趋势，则输出侧压力也马上随之下降，膜片就会下移，减压口开度增大，节流作用降低，使输出压力回升到调定压力，以维持动态稳定。

如果忽略由于弹簧微小行程产生的对输出压力的影响所产生的压差，那么，就可以看作输出压力的大小由调整手柄 1 调节，并能保证出口压力 p_2 恒定。

2）气动调压阀的作用

调压阀用于降低和调节气源所供的较高气体压力，为气动系统某一支路提供所需合理的低压气体；也可满足系统多个不同低压支路的供气需要，使之具有两个或两个以上的低压分支。

因此可以看出，调压阀属于出口压力控制，在阀的压力调好之后，减压口也是常开的。但结构通常与液压的减压阀存在区别。目前常用调压阀的种类和规格较多，其输出压力最大为 1MPa 左右，其输出流量能力也不同。

2. 气动调压阀的基本性能

1）调压范围

调压范围指调压阀的输出压力 p_2 的许用可调范围。在许用调压范围内，要求 p_2 达到规定的精度。调压范围主要与调压膜片弹力、弹簧的刚度及调整范围等有关。为使输出压力在高低调定值下都能得到较好的流量特性，常采用两个并联或串联的调压弹簧。一般调压阀最大输出压力是 0.6MPa，调压许用范围是 0.1～0.6MPa。

2）压力特性

调压阀的压力特性曲线如图 12-40（a）所示。调压阀的压力特性是指流量 q 一定时，输入压力 p_1 波动而引起输出压力 p_2 波动的特性。当然，输出压力波动越小，减压阀的特性越好。输出压力 p_2 必须低于输入压力 p_1 一定值，才基本上不再随输入压力变化而变化。

3）流量特性

流量特性指调压阀的输入压力 p_1 一定时，输出压力 p_2 随输出流量而变化的特性。显然，当流量 q 发生变化时，输出压力 p_2 的变化越小越好。

图 12-40（b）所示为调压阀的流量特性，由图可见，输出压力越低，输出流量的变化波动就越小。应用时对不同型号的调压阀性能应加以注意。

减压阀的压力特性和流量特性表示了阀的稳压性能，是选用阀的重要依据。阀的输出压力只有低于输入压力一定值时，才能保证输出压力的稳定，输入压力至少要高于输出压力 0.1MPa。阀的输出压力越低，受流量的影响越小，但在小流量时，输出压力波动较大；当使用流量超出规定的流量范围时，输出压力将急剧下降。

4）溢流特性

溢流特性是指阀的输出压力超过调定值时，溢流阀口打开，空气从溢流口流出的性能。减压阀的溢流特性表示通过溢流口的溢流流量 q_1 与输出口超压压力 Δp 之间的关系，如图 12-40（c）所示。图上 a 点为减压阀的输出压力调定值 p_2，b 点为溢流口即将打开时的输出压力 p_2'。

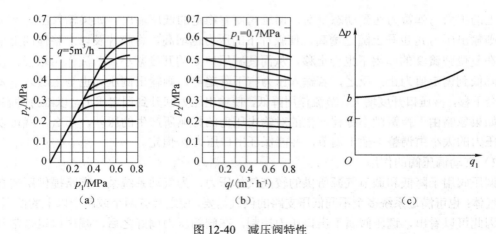

图 12-40　减压阀特性

（a）压力特性；（b）流量特性；（c）溢流特性

12.4.3　流量控制阀

　　流量控制阀是靠控制和调节进入执行元件气流的流量，实现对气动执行元件的运动速度（或转速）控制和调节的基本元件。流量控制阀主要是通过改变阀的通流截面面积来实现流量控制调节的。流量控制阀包括普通节流阀、单向节流阀、排气节流阀和柔性节流阀等。

　　本节仅对具有气动特点的排气节流阀和柔性节流阀等进行简要介绍。

　　1．排气节流阀（带消声器）

　　排气节流阀的节流原理和其他节流阀一样，也是靠调节通流截面面积来调节阀的流量的。二者的主要区别是，普通节流阀通常安装在系统回路中，而排气节流阀只能安装在排气口处，调节排入大气的气体流量，以此来调节执行机构的运动速度。

　　图 12-41 所示为带消声器的排气节流阀的工作原理及图形符号。从 A 口进入的气流经可调节流口 1 节流后，经消声器 2 排出，起单向节流阀的作用，既能调节气体流量，又能起到降低噪声的作用。

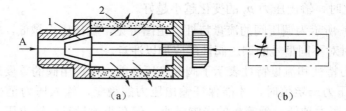

图 12-41　排气节流阀的工作原理及图形符号

（a）工作原理；（b）图形符号
1—节流口；2—消声器

　　排气节流阀通常安装在换向阀的排气口处与换向阀联用，这是由气动自身特点决定的，气体直接排入大气。不需要消声器时，可将其卸掉。它实际上只不过是节流阀的一种特殊形式。由于其结构简单、安装方便，能简化回路，故应用广泛。

2．其他节流阀

气动节流阀还有普通节流阀、单向节流阀和柔性节流阀等，它们的工作原理基本相同。而提到的柔性节流阀，其主要节流结构通常由受压能够变形，从而改变通流面积的橡胶管等组成。其速度准确性、稳定性都不高，但结构简单，动作可靠性高，对污染不敏感，通常工作压力范围为 0.3～0.63MPa。

应该指出，用流量控制阀控制气动执行元件的运动速度，其精度远不如液压控制高。特别是在超低速控制中，只用气动是很难实现的，故气缸的运动速度一般不得低于 30mm/s。在外部负载变化较大时，仅用气动流量阀控制速度精度会更低。对速度平稳性、精度要求高的运动，建议采用气-液联动的方式来实现。

12.4.4　气动逻辑元件

气动逻辑元件是靠气体，通过改变气流方向和通断实现各种逻辑功能的气动控制元件。实际上前面介绍过的各种气动方向控制阀，就具有逻辑元件的功能。只不过气动逻辑元件的尺寸较小，对气体过滤要求更严格，所以反应也更准确。因此，在气动控制系统中广泛采用各种形式的气动逻辑元件（逻辑阀）实现复杂的动作控制。

1．气动逻辑元件的分类

气动逻辑元件的种类很多，通常按下列方式来分类。

（1）按工作压力分为高压元件（工作压力为 0.2～0.8MPa）、低压元件（工作压力 0.02～0.2MPa）及微压元件（工作压力 0.02MPa 以下）三种。

（2）按逻辑功能分为"与门""或门""非门""是门"和双稳元件等。

（3）按结构形式分为截止式、膜片式和滑阀式逻辑元件等。

2．高压截止式逻辑元件

高压截止式逻辑元件主要是依靠控制气压信号直接推动阀芯或通过膜片的变形间接推动阀芯动作，改变气流的流动方向，以实现一定逻辑功能的逻辑元件。这类元件的特点是行程小、流量大、工作压力高、对气源净化要求低，便于实现集成安装和集中控制，其拆装也很方便。

1）"与门"逻辑元件（简称"与"门元件）

图 12-42（a）、（b）所示为"与"门元件的工作原理及逻辑符号。在 A 口无输入信号时，阀芯 2 在弹簧及已有信号 B（P、B 看作一个信号）作用下处于图示位置，封住 P 口、S 口间的通道，使输出孔 S 与排气孔 3 相通（3 通大气），S 无输出信号。反之，当 A 有输入信号时，膜片 1 在输入信号作用下，推动阀芯 2 下移，封住输出口与排气孔 3 之间通道，B 与 S 相通，S 有输出信号。

可见，如果 A、B 中有任何一个无信号，则 S 无输出信号。也就是只有当 A、B 同时有输入信号时，S 才有输出，即 $S=AB$。

2）"是"门元件

如图 12-42（a）所示，P 口接压力，不看作信号；A 为控制信号，S 为输出信号。分析后可知：如果 A 口无信号，则 S 口无输出；只有当 A 口有信号时，S 口才有输出。元件的输入和输出信号之间始终保持相同的状态，即 $S=A$。图 12-42（c）所示为"是"门逻辑符号。

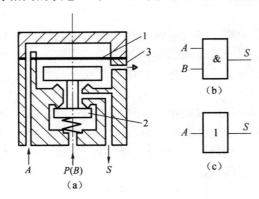

图 12-42　"与"门和"是"门工作原理及逻辑符号

1—膜片；2—阀芯；3—排气孔

3）"或"门元件

"或"门元件，大多由硬芯膜片及阀体所构成。图 12-43 所示为"或"门元件的工作原理及逻辑符号。图中 A、B 为输入信号，S 为输出信号。当 A 口有信号输入时，阀芯 a 在信号压力作用下向下移动，封住信号 B，但 $S=A$，此时信号 S 有输出；同理，当 B 口有输入信号时，阀芯 a 上移，$S=B$；当 A、B 口均有输入信号时，S 口输出压力大的一个，$A=B$ 时上下间隙存在，S 口均会有输出。

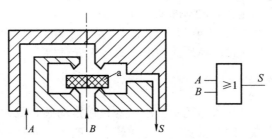

图 12-43　"或"门工作原理及逻辑符号

也就是说，只要 A、B 口任意一个或两个有信号，S 口均有输出。除非 $A=B=0$，$S=0$。因其输出符合表达式 $S=A+B$，故称"或"门。

4）"非"门元件

图 12-44 所示为"非"门元件的工作原理及逻辑符号。P 口一直提供压力，不是信号。当 A 没有信号输入时，阀芯 3 在 P 口压力作用下紧压在上阀座上，输出端 S 有信号输出；反之，当 A 有输入信号时，作用在膜片 2 上的气压力经阀杆使阀芯 3 向下移动，关闭 P 通路，$S=0$。也就是说，当 $A=1$ 时，$S=0$；而 $A=0$ 时，$S=1$，即 $S=\overline{A}$。

5）"禁"门元件

图 12-44 所示为"禁"门元件的工作原理及逻辑符号。若 B（P）看作一个信号，即为"禁"门元件。也就是说，当 A、B 口均有输入信号时，阀杆及阀芯 3 在 A 输入信号作用下封住 B 口，S 口无输出；若 $A=0$，$B=1$ 时，$S=1$，信号 A 对 B 的输入信号起"禁止"作用，即 $S=\overline{A}B$。

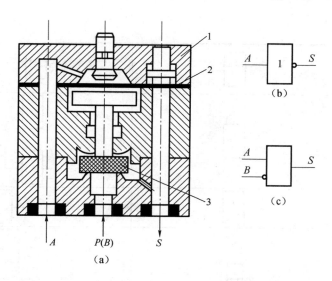

图 12-44　"非"门和"禁"门工作原理及逻辑符号

1—活塞；　2—膜片；3—阀芯

6）"或非"元件

图 12-45 所示为"或非"元件的工作原理及逻辑符号。P 为气源，始终存在。有三个输入信号 A、B、C，很明显，当 $A=B=C=0$ 时，$S=1$；只要三个信号中有一个有输入信号，元件就没有输出，即 $S=0$。符合 $S = \overline{A+B+C}$。

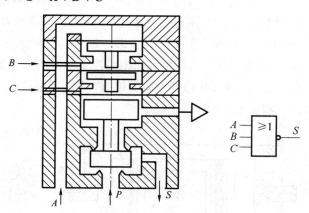

图 12-45　"或非"门工作原理及逻辑符号

"或非"元件是一种多功能逻辑元件，用这种元件可以实现"是"门、"或"门、"与"门、"非"门及记忆等各种逻辑功能，见表 12-2。

表 12-2　"或非"元件实现的逻辑功能

"是"门	A ―|1|o― S	A ―|≥1|o―|≥1|o― $S=A$

续表

"或"门	A — ≥ 1 — S ，B	A，B — ≥ 1 ∘ — ≥ 1 — $S=A+B$
"与"门	A — $\&$ — S ，B	A — ≥ 1 ∘ ，B — ≥ 1 ∘ — ≥ 1 — $S=AB$
"非"门	A — 1 ∘ — S	A — ≥ 1 ∘ — $S=\bar{A}$
双稳	$\dfrac{A}{B}$ $\boxed{\dfrac{1}{0}}$ $\dfrac{S_1}{S_2}$	A — ≥ 1 ∘ — S_1 ；B — ≥ 1 ∘ — S_2

7）双稳元件

图 12-46 所示为双稳元件的工作原理及逻辑符号。双稳元件属"记忆"元件，在逻辑回路中起着重要的作用，应用较多。

在图 12-46 中，气源 P 一直供气。当信号 $A = 1$ 时，阀芯 a 被推向右端，P 通至 S_1 口，S_1 口输出；而 S_2 口与排气口相通，此时"双稳"处于"1"状态；在信号 B 输入之前，A 信号虽然消失，但阀芯 a 仍保持在右端位置，S_1 口总有输出。到 B 口有输入时，阀芯被推向左端，此时压缩空气由 P 至 S_2 口输出；而 S_1 口与排气孔相通，于是"双稳"处于"0"状态；在信号 B 消失后，信号 A 输入之前，阀芯 a 仍处于左端位置，S_2 口总有输出。所以该元件具有记忆功能。A、B 同时输入，状态不定。

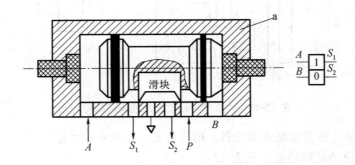

图 12-46　双稳元件工作原理及逻辑符号

即 $S_1 = K_B^A$，$S_2 = K_A^B$。可见，"双稳"元件能"记住"原信号输出，新信号进入才改变状态。

3. 逻辑元件的选用

1）气动逻辑控制系统对气源的要求

（1）对供气压力和流量的大小、稳定性、过滤精度，都有严格要求。

（2）大部分不允许气流中存在油液。尤其对于复杂或精密的逻辑元件，其通气结构复杂、结构口或缝隙小，油液存在会影响其功能。应用时可根据元件要求和系统要求参照有关资料选取。

2）元件安装注意事项

（1）尽量将元件集中布置，以便于集中管理。

（2）不能相距太远。由于信号的传输有一定的延时，因此信号的发出点（如行程阀、开关等）与接收点（元件）之间，最好不要超过几十米。

（3）当元件串联时，一定要有足够的流量，否则可能无力推动下一级元件。

另外，尽管高压逻辑元件对气源过滤要求不高，但最好使用过滤后的气源，一定不要让油雾进入逻辑元件，应用时加以注意，以保证元件性能。

12.5 阀 岛

12.5.1 阀岛概述

"阀岛"一词来自德语，英文为"Valve Terminal"，由德国 FESTO 公司发明并最先应用。阀岛由多个电控阀构成，它集成了信号输入/输出及信号的控制，犹如一个控制岛屿。

阀岛是新一代气电一体化控制元器件，已从最初带多针接口的阀岛发展为带现场总线的阀岛，继而出现可编程阀岛及模块式阀岛。阀岛技术和现场总线技术相结合，不仅方便电控阀的布线，而且大大简化了复杂系统的调试、性能的检测和诊断及维护工作。借助现场总线高水平一体化的信息系统，两者的优势得到充分发挥，具有广泛的应用前景。图 12-51 所示为阀岛系统的结构。

阀岛有多种类型，简述如下。

1. 带多针接口的阀岛

带多针接口的阀岛输入信号均通过一根带多针插头的多股电缆与阀岛连接，而由传感器输出的信号则通过电缆连接到阀岛的电信号输入口上，参见图 12-47。因此控制器、气动阀、传感器输入电信号之间的接口简化为只有一个带多针插头的多股电缆。与常规方式实现的控制系统比较可知，采用多针接口的阀岛后，系统不再需要接线盒。同时，所有电信号的处理、保护功能（如电信号的极性保护、光电隔离、防水等）都已在阀岛上实现。显然，通过用多针接口的阀岛，可使系统的设计、制造和维护过程大为简化。

阀岛结构尺寸小，最多可以安装 8 片阀。所有的阀都采用先导式控制。电磁多针阀岛由左右端板（带大面积消声器）、多针插头接口、阀片、隔板、标牌安装架、连接电缆组成。

当电磁线圈通电后，阀岛上相应的指示灯显示当前的工作状态。当电磁线圈或其通信线路出现故障时，单片阀可以手动控制。

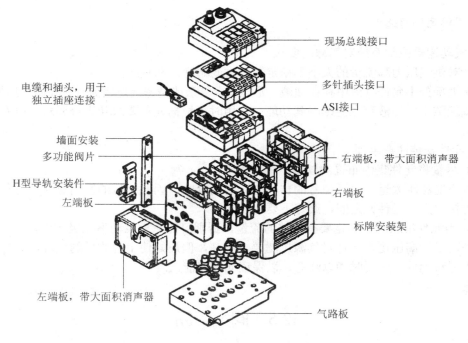

图 12-47　阀岛系统的结构

图中标注：
- 现场总线接口
- 多针插头接口
- ASI接口
- 电缆和插头，用于独立插座连接
- 墙面安装
- 多功能阀片
- H型导轨安装件
- 左端板
- 左端板，带大面积消声器
- 右端板，带大面积消声器
- 右端板
- 标牌安装架
- 气路板

2. 带现场总线的阀岛

使用带多针接口的阀岛可使设备的接口大为简化，但用户还必须根据设计要求自行将可编程控制器的输入/输出口与来自阀岛的电缆进行连接，而且该电缆随着控制回路的复杂化而加粗，随着阀岛与可编程控制器间的距离增大而加长。为克服这一缺点，出现了新一代阀岛——带现场总线的阀岛。

现场总线（field bus）的实质是通过电信号传输方式，并以一定的数据格式实现控制系统中信号的双向传输。两个采用现场总线进行信息交换的对象之间只需一根两股或四股的电缆连接。其特点是以一对电缆之间的电位差方式传输。

在由带现场总线的阀岛组成的系统中，每个阀岛都带有一个总线输入口和总线输出口。这样当系统中有多个带现场总线阀岛或其他带现场总线设备时可以由近至远串联连接。现提供的现场总线阀岛装备了目前市场上所有开放式数据格式约定及主要可编程控制器厂家自定的数据格式约定。这样，带现场总线的阀岛就能与各种型号的可编程控制器直接相连接，或者过总线转换器进行连接。

带现场总线的阀岛的出现标志着气电一体化技术的发展进入一个新的阶段，为气动自动化系统的网络化、模块化提供了有效的技术手段，因此近年来发展迅速。

3. 可编程阀岛

鉴于模块式生产成为目前发展趋势，同时注意到单个模块及许多简单的自动装置往往有十个以下的执行机构，于是出现了一种集电控阀、可编程控制器及现场总线为一体的可编程阀岛，即将可编程控制器集成在阀岛上。

模块式生产是将整台设备分为几个基本的功能模块，每一基本模块与前、后模块间按一定的规律有机地结合。模块化设备的优点是可以根据加工对象的特点，选用相应的基本模块组成整机。这不仅缩短了设备制造周期，而且可以实现一种模块多次使用，节省了设备投资。可编程阀岛在这类设备中广泛应用，每一个基本模块装用一套可编程阀岛。这样，使用时可以离线同时对多台模块进行可编程控制器用户程序的设计和调试。不仅缩短了整机调试时间，而且当设备出现故障时可以通过调试找到故障的模块，使停机维修时间最短。

4. 模块式阀岛

在阀岛设计中引入了模块化的设计思想，这类阀岛的基本结构如下。

（1）控制模块位于阀岛中央。控制模块有三种基本方式：多针接口型、现场总线型和可编程型。

（2）各种尺寸、功能的电磁阀位于阀岛右侧，每 2 个或 1 个阀装在带有统一气路、电路接口的阀座上。阀座的次序可以自由确定，其个数也可以增减。

（3）各种电信号的输入/输出模块位于阀岛左侧，提供完整的电信号输入/输出模块产品。有带独立插座、带多针插头、带 ASI 接口及带现场总线接口的阀岛。

带独立插座的阀岛通用性强，对控制器无特殊要求，配有电缆（有极性容错功能），插座上带有 LED 和保护电路，分别用以显示阀的工作状态和防止过压。

带多针插头的阀岛通过多根电缆将控制信号从控制器传输到阀岛，顶盖上不仅有电气多针插头，而且带有 LED 显示器和保护电路。

带 ASI 接口的阀岛，其显著特点是数据信号和电源电压由同一根两芯电缆同时传输。电缆的形状使用户使用时排除了极性错误。对于 ASI 接口系统，每个模块通常提供 4 个地址。因此一个 ASI 阀岛可安装 4 个二位五通单控阀或 2 个二位五通双控阀。

带现场总线接口的阀岛可与现场总线节点或控制器相连。这些设备将分散的输入/输出单元串接起来，最多可连接 4 个分支。每个分支可包括 16 个输入和 16 个输出。也就是说，它适合控制分散元件，使阀尽可能安装在气缸附近，这样做的目的是缩短气管长度，减少进排气时间，并减少流量损失。

5. 紧凑型阀岛

与模块式自动生产线发展相呼应的技术是分散控制。它在复杂、大型的自动化设备上得到了越来越广泛的应用。鉴于分散控制系统的要求，出现了由 CPV 型紧凑阀组成的紧凑型阀岛。紧凑阀的外形很小，但输出流量非常大，如厚度 18mm 的 CPV 阀可提供 1600L/min 的流量。CPA 阀岛与 CPV 阀岛一样，均属于紧凑型阀岛。两者的功能和优越性都相差无几。区别在于：CPV 阀岛的阀片是整体式的；CPA 阀岛的阀片是模块式的，由底座、阀体、电桥等组成。CPX 阀岛是 Festo 开发出的产品。随着它的推出，Festo 在现场总线接口型阀岛领域的领导地位显得更加突出，同时，CPX 阀岛也是模块化设计思想的完美体现。该系列阀岛在系统组态灵活性上有较大的优势，并且便于将来阀岛功能的进一步扩展。其主要新功能如下：

（1）防护等级可根据实际需要选择 IP20 或 IP65；

（2）可组合 10 个输入/输出模块；

（3）支持 CPA 型阀岛和 03 型阀岛的电磁阀模块；

（4）用户有 5 种不同的电气连接方式，直接整机集成或安装在控制盒内；

（5）支持多种现场总线协议。

由于其组件的模块化、连接方式的可选择性及作为总线节点具有自我检测和维护功能，CPX 阀岛在工业自动化领域被广泛应用，另外也涉足工程控制等领域。

12.5.2　阀岛应用

1. 汽车车身生产线

汽车车身焊装生产线是汽车制造工艺中非常重要的一个环节，在焊装生产线上需要用到的设备有焊接及抓取机器人、车身部件上下件单元、工装夹具等，这些设备通过现场总线或者工业以太网进行通信，采用可编程控制器（Programmable Logic Controller，PLC）控制系统控制，以实现设备自动柔性的运行。

宝马使用 Profinet 作为其自动化生产线上的工业以太网标准，在宝马汽车车身生产线上采用了费斯托 CPX-M+VTSA 阀岛技术。该项目使用西门子 S7-400 系列 PLC 作为主站系统，通过菲尼克斯的交换机采用线型拓扑结构，借助 Profinet 这个统一的网络，实现了各种 IO 数据类型、过程诊断及可视化操作的高度集成和灵活组合（图 12-48 和图 12-49）。

图 12-48　汽车车身生产线

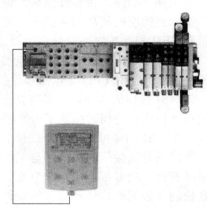

图 12-49　带 VTSA 的 CPX 阀岛

CPX-M+VTSA 阀岛不需要任何过渡转接板就可以在一个阀岛上集成安装四种不同规格的阀片，符合 ISO 15407-2 和 ISO 5599-2 国际化标准，具有坚固的金属外壳，即使在高温、重油污等恶劣的工业应用场合依然运行可靠。作为 Profinet I/O 主站系统的从站设备，CPX-M+VTSA 阀岛可根据现场实际需要，灵活地将数字量及模拟量输入/输出模块、电磁阀、传感器和比例气动元件配置组合在一起，实现了电气-气动性能及网络通信的优化组合。

2. 卷烟机械

卷烟机械是机械行业中比较特殊的一种设备。它由滤嘴、卷接、包装、装盘、大流量输出等设备组合起来，涉及机、电、气、液、光、核等专业，结构复杂，系统环节多，要求协调性比较强。

卷烟机械最近几年发展很快，设备趋向高速化、自动化、一体化。一是卷接、包装速度越来越快，已经达到每分钟 1 万支以上；二是对卷烟的品质要求越来越高，这就要求卷烟设备要用新技术不断改进完善。某公司在引进英国、德国先进卷接机组的同时，也采用新技术不断改进完善现有机组。其中气动系统在卷烟机械中使用较多，它控制吸附烟丝、传递烟支、剔除残烟等动作。气动系统由各种功能阀、气压表、传感器、管线等组成,工作点分散,结构杂乱,安装、维修很不方便,影响了机组性能的正常发挥。为此,利用阀岛技术对引进德国的 PROTOS70 卷接机组气动系统进行了改进设计。

图 12-50、图 12-51 所示为利用阀岛技术改进的 PROTOS70 卷接机组主要气动系统结构。系统共使用了四组阀岛,集成安装了多个单一功能的气动阀,优化了安装结构,使检测、维修更加方便。公司各类卷接机组应用了阀岛技术,效果良好。

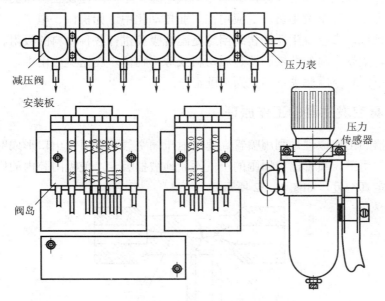

图 12-50 卷烟机气动系统

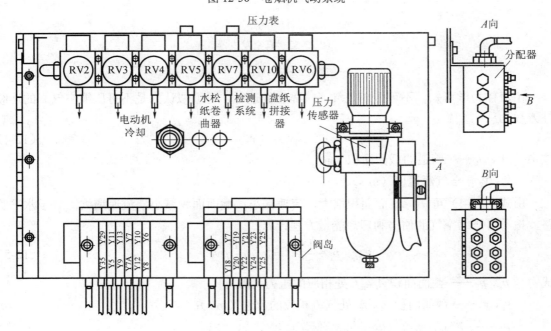

图 12-51 接装机气动系统

12.6　真空发生器

真空发生器就是利用正压气源产生负压的一种新型、高效、清洁、经济、小型的真空元器件，这使得在有压缩空气的地方，或在一个气动系统中同时需要正负压的地方获得负压变得十分容易和方便。真空发生器广泛应用在工业自动化中，如机械、电子、包装、印刷、塑料及机器人等领域。真空发生器的传统用途是配合吸盘进行各种物料的吸附、搬运，尤其适合于吸附易碎、柔软、薄的非铁、非金属材料或球形物体。在这类应用中，一个共同特点是所需的抽气量小，真空度要求不高且为间歇工作。

12.6.1　真空发生器的工作原理

真空发生器的工作原理是利用喷管高速喷射压缩空气，在喷管出口形成射流，产生卷吸流动。在卷吸作用下，喷管出口周围的空气不断地被抽吸走，使吸附腔内的压力降至大气压以下，形成一定真空度，如图 12-52 所示。

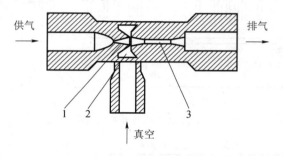

图 12-52　真空发生器

1—喷管；2—吸附腔；3—扩散腔

由流体力学可知，不可压缩空气（气体在低速时，可近似认为是不可压缩空气）的连续性方程为

$$A_1 v_1 = A_2 v_2 \tag{12-4}$$

式中　A_1、A_2——管道的截面面积（m^2）；

　　　v_1、v_2——气流速度（m/s）。

由式（12-4）可知，截面面积增大，流速减小；截面面积减小，流速增大。对于水平管路，按不可压缩空气的伯努利理想能量方程计算：

$$p_1 + \frac{1}{2}\rho v_1^2 = p_2 + \frac{1}{2}\rho v_2^2 \tag{12-5}$$

式中　p_1、p_2——截面面积 A_1、A_2 处相应的压力（Pa）；

　　　v_1、v_2——截面面积 A_1、A_2 处气流相应的流速（m/s）；

　　　ρ——空气的密度（kg/m^3）。

由式（12-5）可知，流速增大，压力降低，当 $v_2 \gg v_1$ 时，$p_1 \gg p_2$。当 v_2 增加到一定值时，

p_2 将小于一个大气压力，即产生负压。故可用增大流速的方法来获得负压，产生吸力。

按喷管出口马赫数 Ma（出口流速与声速之比）分类，真空发生器可分为亚声速喷管型（$Ma<1$）、声速喷管型（$Ma = 1$）和超声速喷管型（$Ma>1$）。亚声速喷管和声速喷管都是收缩喷管，而超声速喷管必须是先收缩后扩张型喷管。为了得到最大吸入流量或最高吸入口处压力，真空发生器都设计成超声速喷管型的。

12.6.2　真空发生器的抽吸性能分析

1. 真空发生器的主要性能参数

（1）空气消耗量：指从喷管流出的流量 q_{v1}。

（2）吸入流量：指从吸口吸入的空气流量 q_{v2}。当吸入口向大气敞开时，其吸入流量最大，称为最大吸入流量 q_{v2max}。

（3）吸入口处压力：记为 p_v。当吸入口被完全封闭（如吸盘吸着工件），即吸入流量为零时，吸入口内的压力最低，记作 p_{vmin}。

（4）吸着响应时间：表明真空发生器工作性能的一个重要参数，它是指从换向阀打开到系统回路中达到必要的真空度的时间。

2. 影响真空发生器性能的主要因素

真空发生器的性能与喷管的最小直径、收缩和扩散管的形状、通径及其相应位置和气源压力大小等诸多因素有关。

（1）最大吸入流量 q_{v2max} 的特性分析：较为理想的真空发生器的 q_{v2max} 特性，要求在常用供给压力范围内（p_{01}=0.4～0.5MPa），q_{v2max} 处于最大值，且随着 p_{01} 的变化平缓。

（2）吸入口处压力 p_v 的特性分析：较为理想的真空发生器的 p_v 特性，要求在常用供给压力范围内（p_{01}=0.4～0.5MPa），p_v 处于最小值，且随着 p_{01} 的变化平缓。

（3）在吸入口处完全封闭的条件下，为获得较为理想的吸入口处压力与吸入流量的匹配关系，可将多级真空发生器串联组合在一起。

（4）扩散管的长度应使扩散管道出口截面上能获得近似的均匀流动。但管道过长，管壁摩擦损失增大。一般管长为管径的 6～10 倍较为合理。为了减少能量损失，可在扩散管直管道的出口加一个扩张角为 6°～8° 的扩张段。

（5）吸着响应时间与吸附腔的容积（包括扩散腔、吸附管道及吸盘或密闭舱容积等）有关，吸附表面的泄漏量与所需吸入口处压力的大小有关。对于一定吸入口处的压力要求来说，若吸附腔的容积越小，响应时间就越短；若吸入口处压力越高，吸附容积越小，表面泄漏量就越小，则吸着响应时间也越短；若吸附容积大，且吸着速度要快，则真空发生器的喷嘴直径应越大。

（6）真空发生器在满足使用要求的前提下应减小其耗气量。耗气量与压缩空气的供给压力有关，压力越大，则真空发生器的耗气量越大。因此，在确定吸入口处压力值的大小时要注意系统的供给压力与耗气量的关系，一般真空发生器所产生的吸入口处压力在 20～10 kPa。此时供气压力再增加，吸入口处压力也不会再降低，而耗气量却增加。因此，降低吸入口处压力应从控制流速方面考虑。

（7）有时由于工件的形状或材料的影响，很难获得较低的吸入口处压力，而从吸盘边缘或通过工件吸入空气，会造成吸入口处压力升高。在这种情况下，就需要正确选择真空发生器的尺寸，使其能够补偿泄漏造成的吸入口处压力升高带来的损失。虽然很难知道泄漏时的有效截面积，但可以通过一个简单的试验来确定泄漏造成的吸入口处压力升高及泄漏量。试验回路由工件、真空发生器、吸盘和真空表组成，由真空表的显示读数，再查真空发生器的性能曲线，即可很容易得到泄漏量的大小。当考虑泄漏时，真空发生器的特性曲线对选择真空发生器非常重要。当有泄漏时确定真空发生器大小的方法如下：把名义吸入流量与泄漏流量相加，可查出真空发生器的大小。

本 章 小 结

本章主要介绍了气压传动系统的基本组成及各组成元件的结构、作用、工作原理等。

气压传动是利用压缩空气作为工作介质，并利用气体压力来传递动力的。气压传动系统由气源装置、执行元件、控制元件、辅助元件和工作介质五部分组成。由于气压传动动作迅速、反应快，且工作介质成本低、来源广泛，所以应用价值很高。气源装置是向气动系统提供压缩空气的装置，它包括压缩空气的发生装置、净化装置和输送压缩空气的管道系统。气动执行元件是指将压缩空气的压力能转变为机械能的能量转换元件，它包括气缸和气动马达。而气动控制元件是指在气压传动系统中，控制、调节压缩空气的压力、流量和方向等的控制阀，包括压力控制阀、流量控制阀、方向控制阀以及能实现一定逻辑功能的气动逻辑元件等。通过本章的学习，要能在气压系统设计中正确选用各元件。

习　　题

12-1 简述空压机的作用、主要分类及选用原则。

12-2 气源调节装置都指什么元件？

12-3 简述油雾器的工作原理。

12-4 气动执行元件主要有哪几种类型？

12-5 气液阻尼缸有何作用？它的工作原理是什么？

12-6 气压传动的方向控制阀主要有哪几种类型？

12-7 列举你所知道的几种逻辑元件，画出它们的图形符号，写出逻辑函数式并说明其功能与用途。

第 13 章

气动回路及系统设计

与液压系统一样，气动系统也是由一些基本回路组成的。而基本回路是为了实现某种特定功能而把一些元件和管件按一定方式组合起来的通路结构。气动回路及系统的设计是对已学气动知识的综合运用，只有通过实践不断积累经验，才能较好地完成设计任务。

13.1　气动基本回路

按回路控制的不同功能，气动回路分为方向控制回路、压力控制回路、速度控制回路、位置控制回路和其他控制回路。了解回路的功能、熟悉回路的结构和性能，有助于设计出经济、实用和可靠的气动回路。

13.1.1　方向控制回路

1. 单作用气缸的换向回路

图 13-1（a）所示为由二位三通电磁阀控制的单作用气缸换向回路，通电时，活塞杆伸出；断电时，在弹簧力作用下活塞杆缩回。图 13-1（b）所示为由三位五通阀电-气控制的单作用气缸换向回路，该阀具有自动对中功能，可使气缸停在任意位置，但定位精度不高、定位时间不长。

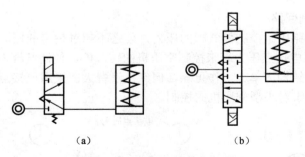

（a）　　　　　　　　　　　　（b）

图 13-1　单作用气缸换向回路

（a）二位运动控制；（b）三位运动控制

2. 双作用气缸的换向回路

在图 13-2（a）中，小通径的手动换向阀控制二位五通主阀操纵气缸换向；在图 13-2（b）

中，二位五通双电控阀控制气缸换向；在图 13-2（c）中，两个小通径的手动阀控制二位五通主阀操纵气缸换向；在图 13-2（d）中，三位五通阀控制气缸换向，该回路有中停功能，但定位精度不高。

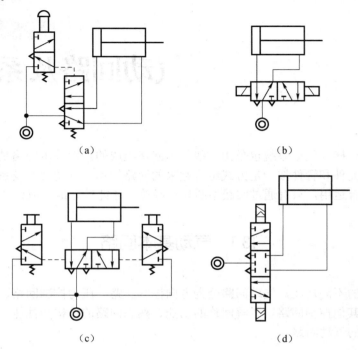

（a）   （b）

（c）   （d）

图 13-2　双作用气缸换向回路

13.1.2　压力与力控制回路

压力控制回路用于调节和控制系统压力，使之保持在某一规定的范围之内。常用的有一次压力控制回路和二次压力控制回路及高、低压力控制回路。

1. 压力控制回路

1）一次压力控制回路

一次压力控制回路用于控制储气罐的压力，使之不超过规定的压力值。常采用外控溢流阀（图 13-3）或采用电接点压力表来控制空压机的转、停，使储气罐内压力保持在规定的范围内。采用溢流阀，结构简单、工作可靠，但气量浪费大；采用电接点压力表，对电动机及控制要求较高，常用于对小型空压机的控制。

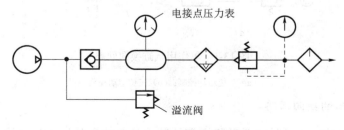

图 13-3　一次压力控制回路

2）二次压力控制回路

二次压力控制回路主要用于气源压力控制，是由气动三联件——分水滤气器、减压阀与油雾器组成的压力控制回路，如图 13-4 所示，是气动设备中必不可少的常用回路。

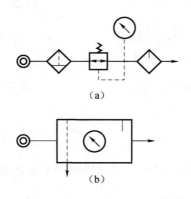

（a）

（b）

图 13-4　二次压力控制回路

3）高、低压力控制回路

图 13-5 所示是由减压阀控制输出高、低压力 p_1、p_2，分别控制不同的执行元件。图 13-6 所示是由换向阀控制输出高、低压力 p_1、p_2，用于向设备提供两种压力以备选择。

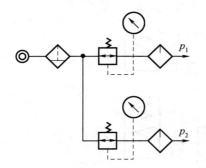

图 13-5　由减压阀控制输出高、低压力

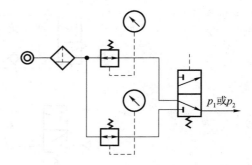

图 13-6　由换向阀控制输出高、低压力

2．力控制回路

气动系统工作压力一般较低，通过改变执行元件的作用面积或利用气液增压器来增加输出力的回路称为力控制回路。

1）串联气缸增力回路

图 13-7 所示为采用三段式活塞缸串联的增力回路。它通过控制电磁阀的通电个数，实现对活塞杆推力的控制。活塞缸串联段数越多，输出的推力越大。

2）气液增压器增力回路

如图 13-8 所示，利用气液增压器 1 把较低的气体压力转变为较高的液体压力，提高了气液缸 2 的输出力。

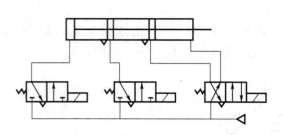

图 13-7　串联气缸增力回路

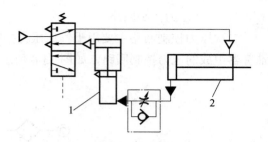

图 13-8　气液增压器增力回路

1—气液增压器；2—气液缸

13.1.3　速度控制回路

因气动系统所用功率都不大，故常用的调速回路主要是节流调速回路。

1. 单作用气缸的速度控制回路

如图 13-9（a）所示，两个反接的单向节流阀，可分别控制活塞杆伸出和缩回的速度。图 13-9（b）中，气缸活塞上升时节流调速，下降时则通过快速排气阀排气，使活塞杆快速返回。

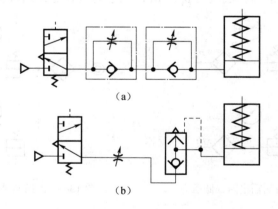

（a）

（b）

图 13-9　单作用气缸的速度控制回路

2. 双作用气缸的速度控制回路

1）调速回路

图 13-10（a）所示为采用单向节流阀的双向调速回路，取消图中任意一只单向节流阀，便得到单向调速回路。图 13-10（b）所示为采用排气节流阀的双向调速回路。它们都是采用排气节流调速方式实现控制的。当外负载变化不大时，采用排气节流调速方式，进气阻力小，负载变化对速度影响小，比进气节流调速效果要好。

2）缓冲回路

气缸在行程长、速度快、惯性大的情况下，往往需要采用缓冲回路来消除冲击。图 13-11所示的回路可实现快进→慢进缓冲→停止→快退的循环，行程阀可根据需要调整缓冲行程，常用于惯性大的场合。图 13-11 所示回路只用来实现单向缓冲，若气缸两侧均安装此回路，则可实现双向缓冲。

3. 气液联动的速度控制回路

1）使用气液转换器的速度控制回路

图 13-12 所示是用气液转换器将气压变成液压，再利用液压油去驱动液压缸的速度控制回路，调节节流阀，可以改变液压缸运行的速度。它要求气液转换器的储油量大于液压缸的容积，同时要注意气、液间的密封，避免气、油相混。

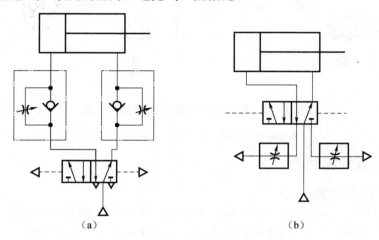

（a）　　　　　　　　　　　（b）

图 13-10　双作用气缸的速度控制回路

（a）采用单向节流阀的双向调速回路；（b）采用排气节流阀的双向调速回路

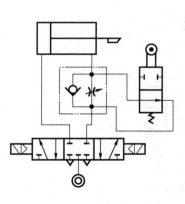

图 13-11　缓冲回路

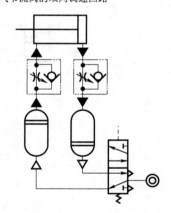

图 13-12　使用气液转换器的速度控制回路

2）使用气液阻尼缸的速度控制回路

如图 13-13 所示，在图 13-13（a）中通过节流阀 1 和 2 可以实现双向无级调速，油杯 3 用以补充漏油。图 13-13（b）所示为液压结构变速回路，可实现快进→工进→快退工况。当活塞快速右行过 a 孔后，液压缸右腔油液只能由 b 孔经节流阀流回左腔，活塞由快进变为慢进，直至行程终点；换向阀切换后，活塞左行，左腔油液经单向阀从 c 孔流回右腔，实现快退动作。此回路变速位置不能改变。

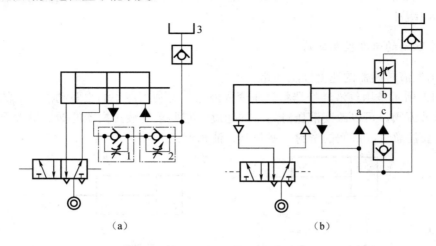

（a）　　　　　　　　　　　　　（b）

图 13-13　使用气液阻尼缸的速度控制回路

（a）双向速度控制回路；（b）快进→工进→快退变速回路

13.1.4　位置控制回路

1）用缓冲挡铁的位置控制回路

如图 13-14 所示，气动马达 3 带动小车 4 运动，当小车碰到缓冲器 1 时，小车缓冲减速行进一小段距离，只有当小车轮碰到挡铁 2 时，挡铁才强迫小车停止运动。该回路较简单，采用活塞式气动马达，速度变化缓慢，调速方便，但小车与挡铁频繁碰撞、磨损，会使定位精度下降。

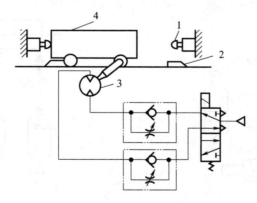

图 13-14　用缓冲挡铁的位置控制回路

1—缓冲器；2—挡铁；3—气动马达；4—小车

2）用间歇转动机构的位置控制回路

如图 13-15 所示，气缸活塞杆前端连齿轮齿条机构。齿条 1 往复运动时，推动齿轮 3 往复摆动，齿轮上的棘爪摆动推动棘轮做单向间歇转动，从而使与棘轮同轴的工作台间歇转动。工作台下装有凹槽缺口，当水平气缸活塞向右运动时，垂直缸活塞杆插入凹槽，让工作台准确定位。限位开关 2 用以控制阀 4 换向。

3）多位缸的位置控制回路

图 13-16 所示是用手动阀 1、2、3 经梭阀 6 和 7 控制换向阀 4 和 5，使气缸两个活塞杆收回的状态。当手动阀 2 切换时，两活塞杆一伸一缩；当手动阀 3 切换时，两活塞杆全部伸出。

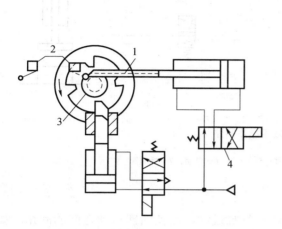

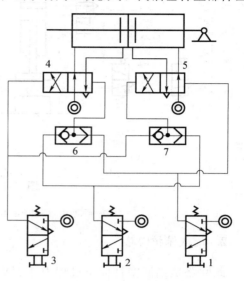

图 13-15　用间歇转动机构的位置控制回路

1—齿条；2—限位开关；3—齿轮；4—阀

图 13-16　多位缸的位置控制回路

1，2，3—手动阀；4，5—换向阀；6，7—梭阀

13.2　其他常用回路

其他常用回路是指生产或实践中经常用到的一些典型回路，主要有安全保护回路、同步动作回路、往复动作回路等。

13.2.1　安全保护回路

1. 双手操作回路

锻压、冲压设备中必须设置安全保护回路，以保证操作者双手的安全。

图 13-17（a）所示只有两手同时操作手动阀 1、2 切换主阀 3 时，气缸活塞才能下落锻冲工件 4。实际给主阀 3 的控制信号是手动阀 1、2 相"与"的信号。此回路如因手动阀 1 或手动阀 2 的弹簧折断不能复位，单独按下一个手动阀，气缸活塞也可下落，所以此回路并不十分安全。

图 13-17（b）回路需要两手同时按下手动阀 1、2 时，气容 5 中预先充满的压缩空气经手动阀 2 及气阻 6 节流延迟一定时间后切换换向阀 7，活塞才能下落。如果两手不同时按下手动阀，或因其中任一个手动阀弹簧折断不能复位，气容 5 内的压缩空气都将通过手动阀 1 的排气口排空，不能建立控制压力，换向阀 7 不能被切换，活塞也不能下落。所以，此回路比

图 13-17（a）所示回路更为安全。

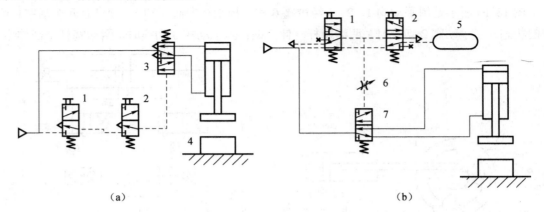

（a） （b）

图 13-17 双手操作回路

1，2—手动阀；3—主阀；4—工件；5—气容；6—气阻；7—换向阀

2. 过载保护回路

此回路是当活塞杆伸出过程中遇到故障造成气缸过载，而使活塞自动返回的回路。如图 13-18 所示，当活塞前进、气缸左腔压力升高超过预定值时，顺序阀 1 打开，控制气体可经梭阀 2 将主控阀 3 切换至右位（图示位置），使活塞缩回，气缸左腔的气体经主阀 3 排出，防止系统过载。

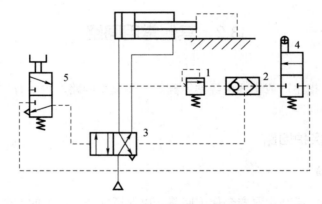

图 13-18 过载保护回路

1—顺序阀；2—梭阀；3—主控阀；4—换向阀；5—手动阀

3. 互锁回路

如图 13-19 所示回路，当一个气缸活塞杆伸出时，不允许其他气缸活塞杆伸出。回路主要利用梭阀 1、2、3 和换向阀 4、5、6 进行互锁。如换向阀 7 被切换，则换向阀 4 也换向，使 A 缸活塞杆伸出，把换向阀 5、6 锁住。所以此时即使有换向阀 8、9 的信号，B、C 缸也不会动作。如要改变缸的动作，必须把前面动作缸的气动阀复位才行。

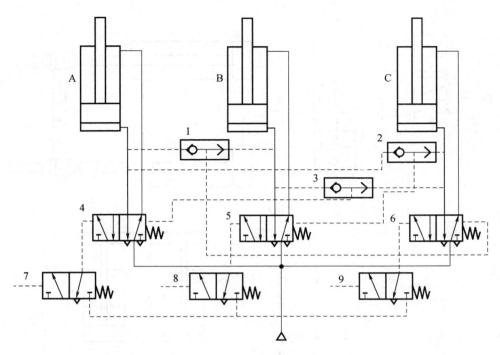

图 13-19　互锁回路

1，2，3—梭阀；4~9—换向阀

13.2.2　同步动作回路

1. 机械连接的同步回路

把两个气缸的活塞杆通过机械结构连在一起，如用齿轮齿条连接起来可使其同步，并使两缸的有效面积相同，如图 13-20（a）所示。调整节流阀 1、2 的开度可调节活塞升、降速度。此回路中当负载作用的位置偏心过大时，两活塞易产生别劲现象。

2. 气液联动缸同步回路

图 13-20（b）所示是使 A 缸的有效面积 S_A 与 B 缸的有效面积 S_B 相等，保证两缸的上升（或下降）速度同步的回路。回路中 1 接放气装置，用以放掉混入油中的空气。该回路可得到较高的同步精度。

3. 气液阻尼缸的同步回路

图 13-20（c）所示为能承受不等负载 F_1、F_2 的气液阻尼缸的同步回路。它可用于工作台水平升降装置中，当三位五通主控阀处于中位时，补油器自动通过补给回路对液压缸补充漏油，如该阀处于其余两个位置，则弹簧蓄能器的补给油路将被切断，此时靠液压缸内部交叉循环，保证两缸同步动作。回路中气塞头接放气装置，用以放掉混入油中的空气。

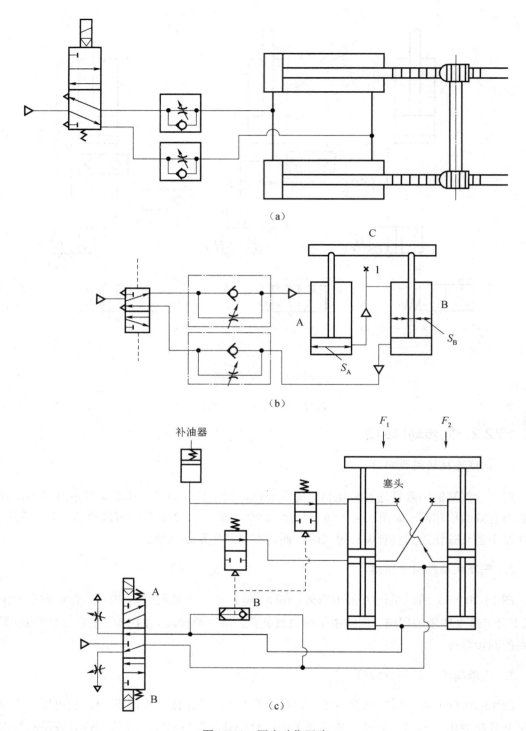

（a）

（b）

（c）

图 13-20　同步动作回路

（a）机械连接的同步回路；（b）气液联动同步回路；（c）气液阻尼缸的同步回路

13.2.3 往复动作回路

1. 单往复动作回路

图 13-21 所示回路是由右端机控阀和左端手动阀控制活塞往复动作的。每按一次手动阀，其缸活塞往复动作一次。

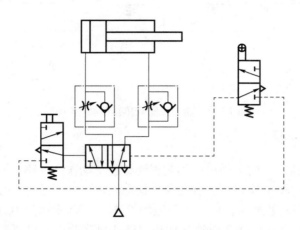

图 13-21 位置控制式单往复动作回路

图 13-22 为时间控制式单往复动作回路，图中手动阀动作后，主控阀换向，气缸活塞杆伸出，碰到行程阀使其换向控制信号接通，但延时阀需经一定时间间隔后才发出气控信号，使主控阀换向，气缸活塞杆返回。通过调解延时阀可以改变延时时间。

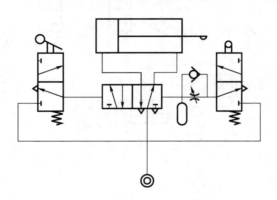

图 13-22 时间控制式单往复动作回路

图 13-23 为压力控制式单往复动作回路，按下手动阀，气缸活塞杆伸出，当气缸左腔压力未达到顺序阀调定的开启压力时，顺序阀不动作，气缸活塞杆不会返回。通常气缸活塞杆前进到末端时，气缸左腔压力最高，开启顺序阀，主控阀换向、气缸活塞杆返回。但当图 13-23（a）所示回路遇到大负载时，可能出现中途返回现象，可以实现过载保护。图 13-23（b）所示回路通过行程阀来确定气缸前端是否到达行程终点。

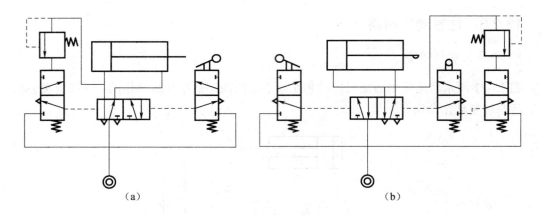

图 13-23　压力控制式单往复动作回路

2. 连续往复动作回路

图 13-24 所示为较简单的采用机控阀实现连续往复动作的回路，属于位置控制式连续往复动作回路。拉动手动阀 1 使其处于右端供气状态，则二位五通阀 2 被切换，活塞前进。活塞达到行程终点时压下行程阀 4，使二位五通阀 2 复位，活塞则后退。当活塞达到行程终点时压下行程阀 3，使二位五通阀 2 再次被切换，活塞再次前进。只要手动阀 1 不改变启动状态，气缸将连续不断运动，直至该阀复位，活塞才停于后退位置。

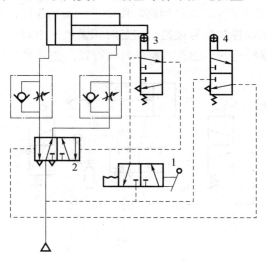

图 13-24　位置控制式连续往复动作回路

1—手动阀；2—二位五通阀；3、4—行程阀

图 13-25 所示为压力控制式连续往复动作回路。图中主控阀 2 为差压阀，推动手动阀 3，切断主控阀 2 大端控制信号，主控阀 2 换向活塞杆伸出，当活塞杆伸出到前端时，气缸左腔压力最高，推动手动阀 4 换向输出气控信号，控制主控阀 2 换向活塞杆返回并进入下一个循环，只有手动阀 3 复位，气缸才恢复原位。

图 13-26 所示为时间控制式连续往复动作回路。其工作原理如下：当手动控制换向阀 1

动作时，气源通过二位三通阀 2 发出气控信号，使主控阀 4 换向，气缸前进，延时阀 6 延时并建立一定的压力时，控制二位三通阀 3 换向并接通气源信号，控制主控阀 4 换向，气缸返回。在气缸前进的过程中由于延时阀 5 排空，二位三通阀 2 在弹簧的作用下复位，切断气源信号。在气缸返回过程中，延时阀 6 排空，延时阀 5 延时并建立一定的压力，控制二位三通阀 2 再次换向，气缸前进，实现连续往复动作。手动控制换向阀 1 复位，气缸恢复原位。该控制回路适用于不便安装行程阀或者需要调节工艺时间的场合，但需要在行程两端采用机械方式定位。通过调节延时阀可以改变延时时间。

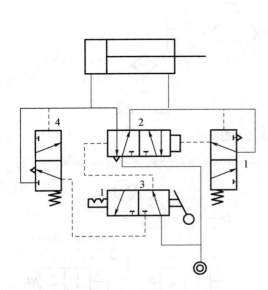

图 13-25　压力控制式连续往复动作回路

1，4—单气控阀；2—主控阀；3—手动阀

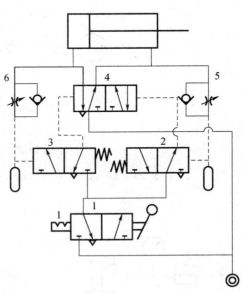

图 13-26　时间控制式连续往复动作回路

1—换向阀；2，3—二位三通阀；4—主控阀；5，6—延时阀

13.2.4　真空吸附回路

真空吸附回路是由真空泵或真空发生器产生真空并用真空吸盘吸附物体，以达到吊运物体的目的的回路。

1. 真空泵真空吸附回路

图 13-27 所示为由真空泵组成的真空吸附回路。真空泵 1 产生真空，当电磁阀 7 通电后，产生的真空度达到规定值时，吸盘 8 将工件吸起，真空开关 5 发信号，进行后面工作。当电磁阀 7 断电时，真空消失，工件依靠自重与吸盘脱离。回路中，单向阀 3 用于保持真空罐中的真空度。

2. 真空发生器真空吸附回路

图 13-28 所示为采用三位三通换向阀控制真空吸附和真空破坏的回路。当三位三通换向阀 4 的 A 端电磁铁通电处于上位时，真空发生器 1 与吸盘 7 接通，吸盘 7 将工件吸起，真空开关 6 检测真空度发出信号，进行后面工作。当换向阀 4 不通电时，真空吸附状态能够被保

持。当换向阀 4 的 B 端电磁铁通电处于下位时，压缩空气进入吸盘 7，真空被破坏，吹力使吸盘与工件脱离，吹力的大小由减压阀 2 设定，流量由节流阀 3 设定。回路中，过滤器 5 的作用是防止在抽吸过程中将异物和粉尘吸入发生器。图 13-29 所示为采用真空发生器组件的回路。当电磁阀 1 通电后，压缩空气通过真空发生器 3，由于气流的高速运动产生真空，吸盘 7 将工件吸起，真空开关 5 检测真空度发出信号。当电磁阀 1 断电、电磁阀 2 通电时，真空发生器 3 停止工作，真空消失，压缩空气进入吸盘 7，将工件与吸盘吹开。

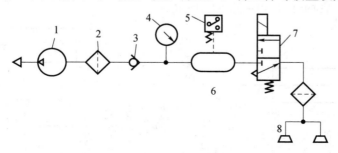

图 13-27　真空泵真空吸附回路

1—真空泵；2—过滤器；3—单向阀；4—压力表；5—真空开关；6—真空罐；7—电磁阀；8—吸盘

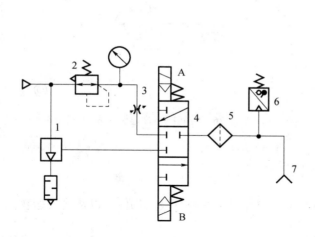

图 13-28　采用三位三通阀的真空回路

1—真空发生器；2—减压阀；3—节流阀；
4—换向阀；5—过滤器；6—真空开关；7—吸盘

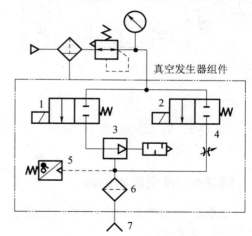

图 13-29　采用真空发生器组件的回路

1，2—电磁阀；3—真空发生器；4—节流阀；
5—真空开关；6—过滤器；7—吸盘

13.2.5　延时回路

图 13-30（a）所示为延时接通回路。当有信号 K 输入时，阀 A 换向，此时气源经节流阀缓慢向气容 C 充气，经一段时间 t 延时后，气容内压力升高到预定值，使主阀 B 换向，气缸活塞开始右行。当信号 K 消失后，气容 C 中的气体可经单向阀迅速排出，主阀 B 立即复位，气缸活塞返回。改变节流口开度，可调节延时换向时间 t 的长短。将单向节流阀反接，得到延时断开回路 [图 13-30（b）]，其功用正好与上述相反。

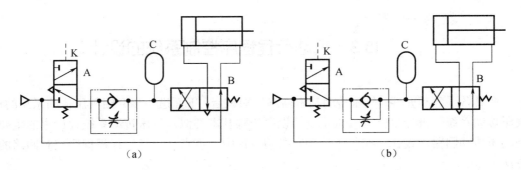

图 13-30 延时回路

（a）延时接通回路；（b）延时断开回路

13.2.6 计数回路

图 13-31 所示为二进制计数回路。在图 13-31（a）中，阀 4 的换向位置取决于阀 2 的位置，而阀 2 的换向位置又取决于阀 3 和阀 5。若按下阀 1，气信号经阀 2 至阀 4 的左端使阀 4 换至左位，同时使阀 5 切断气路，此时气缸活塞杆伸出；当阀 1 复位后，原通入阀 4 左控制端的气信号经阀 1 排空，阀 5 复位，于是气缸无杆腔的气体经阀 5 至阀 2 左端，使阀 2 换至左位等待阀 1 的下一次信号输入。当阀 1 第二次按下后，气信号经阀 2 的左位至阀 4 右端使阀 4 换至右位，气缸活塞杆退回，同时阀 3 将气路切断。待阀 1 复位后，阀 4 右端信号经阀 2、阀 1 排空，阀 3 复位并将气流导至阀 2 左端使其换至右位，又等待阀 1 下一次信号输入。这样，第 1，3，5，…次（奇数）按下阀 1，则气缸活塞杆伸出；第 2，4，6，…次（偶数）按下阀 1，则气缸活塞杆退回。

图 13-31（b）所示回路的计数原理与图 13-31（a）的相同。所不同的是：按下阀 1 的时间不能过长，只要使阀 4 切换后就放开；否则，气信号将经阀 5 或阀 3 通至阀 2 的左端或右端，使阀 2 换位，气缸反行，从而使气缸来回振荡。

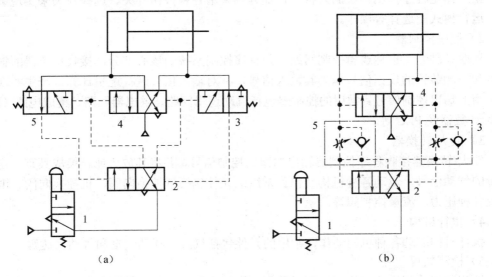

图 13-31 二进制计数回路

13.3 气动行程程序控制系统的设计

在具备了气动元件、气压传动基本回路等知识后，下面进一步介绍气压传动系统的设计。气压传动系统的设计步骤与液压系统的设计步骤基本类似，气压传动系统设计中的重要内容是气压传动回路的设计。在气压传动回路的设计中，重点介绍气动行程程序控制回路的设计方法。

程序控制系统是根据生产过程中的物理量，如位移、时间、压力、温度和液位等的变化，使控制对象的各个执行元件按照预定的顺序协调工作的一种自动控制系统，是工业生产领域，尤其是气动装置中广泛应用的一种自动控制系统。

1. 气动程序控制系统的构成

一个典型的气动程序控制系统如图 13-32 所示，主要由以下六部分组成。

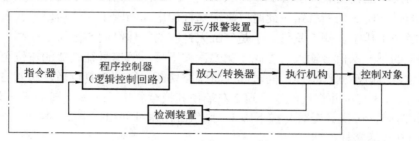

图 13-32 气动程序控制系统框图

1）指令器

指令器是程序控制系统的人机接口部分，采用各种按钮开关、选择开关来实现装置的启动、运行模式的选择等操作。

2）程序控制器

程序控制器，也称逻辑控制回路，是程序控制系统的核心部分，接收指令器的输出控制信号和检测装置的反馈信号作为其输入信号，并对输入信号进行逻辑计算，产生实现各种控制作用的输出控制信号。常用的控制器包括气动逻辑回路、继电器回路、集成电路（IC）、定时器/计数器及 PLC 等。

3）放大/转换器

放大/转换器接收程序控制器输出的微弱控制信号，并将其放大或转换成具有一定压力和流量的气动信号，驱动各种机构动作。常用的元件包括气控换向阀、机控换向阀、电磁换向阀及各种压力、流量控制阀等。

4）执行机构

执行机构驱动各种机构动作，常用的元件包括气缸、摆动气缸和气动马达等。

5）检测装置

检测装置检测执行机构和控制对象的实际工作情况，并将检测信号反馈给程序控制器，从而实现闭环控制。常用的元件包括位置传感器，如行程开关、接近开关等，以及压力、流量、温度、液位等传感器。

6）显示/报警装置

显示/报警装置监视系统的运行情况，当出现故障时发出报警信号。常用的元件包括压力表、显示面板及指示灯等。

2. 气动程序控制系统的分类

在工业生产领域应用的气动程序控制系统中，程序控制器可分为如图 13-33 所示的几种控制方式。根据控制器的类型，气动系统可以分为全气动控制系统和电气程序控制系统。其中，全气动控制是一种从控制到操作全部采用气动元件来实现的控制方式。使用的气动元件主要有中继阀、梭阀、延时阀、主换向阀等。由于系统的构成较复杂，目前该系统仅限于在要求防爆等特殊场合使用。目前，常用的控制器都为电气控制方式，其中继电器控制回路和可编程控制器应用最为普及。

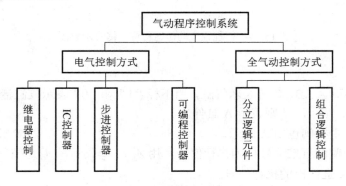

图 13-33　程序控制器分类

根据控制信号的类型，气动系统可以分为时间程序控制、行程程序控制和时间-行程混合程序控制系统。在许多工业过程控制场合，只要采用适当的发信形式，也可以把压力、温度和液位等信号当成行程信号看待。因此，本书主要讨论行程程序控制的设计。

行程程序控制设计的任务是，设计出由气动元件组成、满足工艺流程需求的气动控制回路，其中还应包括行程发讯、速度控制、手动-自动转换、安全连锁等功能。

3. 行程程序控制系统的设计方法

由图 13-33 可知，气动系统的核心是程序控制器的设计，以解决信号与执行元件动作间的协调和连接问题。程序控制设计方法是以逻辑代数作为其数学基础的，常用的设计方法主要有信号-动作状态法（简称 X-D 线图法）、卡诺图法、程序控制线图法及分组供气法等。限于篇幅，这里仅介绍如何应用 X-D 线图法来设计气动程序控制回路。

X-D 线图法是根据给定的工作程序，将各行程信号和各执行元件（气缸或气动马达）在整个循环过程的动作状态，用相应的图线表示在 X-D 线图中。利用 X-D 线图，不仅可以直观地找出障碍信号（或干扰信号），而且可以方便地找到排除障碍信号的各种可能方案，从而写出各被控程序的控制逻辑函数表达式，绘制逻辑原理框图和气控回路图。同时，根据 X-D 线图，还可以看出各个程序在同一时间执行元件所处的状态；检查回路的正确性、可靠性以及管路的连接是否正确。此外，气动系统还能够准确地显示气动回路处于静止状态时，每个元件和气缸所处的状态。X-D 线图法不仅适用于气动程序控制回路的设计，而且适用于类似要求的液压、电气线路的设计。

为了准确描述气动程序动作、信号及相位间的关系，必须用规定的符号、数字来表示，如图 13-34 所示。

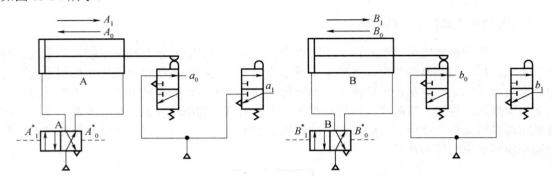

图 13-34　行程程序动作、相位、信号示意图

4.　符号规定

（1）用大写字母 A、B、C 等表示气缸，用下标"1"和"0"表示气缸活塞杆的两种状态。例如，A_0 表示 A 缸缩回，A_1 则表示 A 缸伸出。

（2）A 气缸的主控阀也用 A 表示。

（3）主控阀两侧的气控信号称为执行信号，用 A_0^*、A_1^* 表示，A_0^* 是控制 A 缸缩回的执行信号，A_1^* 是控制 A 缸伸出的执行信号。

（4）行程阀及其输出信号称为原始信号，如行程阀 a_0 及其输出 a_0。当 A 缸缩回，行程阀 a_0 被压住，有气信号输出，记为 a_0；当 A 缸伸出，行程阀 a_0 复位，无输出，记为 $\bar{a}_0$。行程阀的输出信号为长信号，即行程阀 a_0 在 A 缸缩回时一直保持输出，当 A 缸伸出后才停止输出。

5.　行程程序的相位与状态

可以用程序式来表示行程程序气缸的动作顺序。例如，气缸的动作顺序为 A 缸伸出→B缸伸出→B 缸退回→A 缸退回，用程序式表示，如图 13-35 所示。

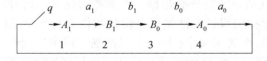

图 13-35　工作程序图

其中 q 为启动信号，a_1、b_1、b_0、a_0 分别为气缸到位后由行程阀发出的原始信号。程序式还可以简写为 $[A_1B_1B_0A_0]$。

程序式 $[A_1B_1B_0A_0]$ 中四个动作将整个程序分为四段，每段为一个相位。A_1 动作占程序的相位 1，B_1 动作占程序的相位 2，B_0 动作占程序的相位 3，A_0 动作占程序的相位 4。A_1 动作之前，A、B 两缸均处于 A_0、B_0 状态。两缸压下行程阀 a_0、b_0，如图 13-35 所示，有 a_0、b_0 信号，称行程程序处于 $a_0 b_0$ 状态；A_1 动作之后，压下行程阀 a_1，有 a_1、b_0 信号，行程程序处于 $a_1 b_0$ 状态；B_1 动作之后，压下行程阀 b_1，有 a_1、b_1 信号，行程程序处于 $a_1 b_1$ 状态；B_0 动作之后，压下行程阀 b_0，有 a_1、b_0 信号，行程程序处于 $a_1 b_0$ 状态；A_0 动作之后，压下行程阀 a_0，有 a_0、b_0 信号，行程程序又回到 $a_0 b_0$ 状态。

6. 基本单元及障碍信号

气动程序控制回路主要是根据回路的控制程序要求、动作和信号之间的顺序关系绘制而成的（图 13-36），故任何一个程序回路均主要由气动执行元件、气动控制元件与行程发讯装置等基本单元组成。

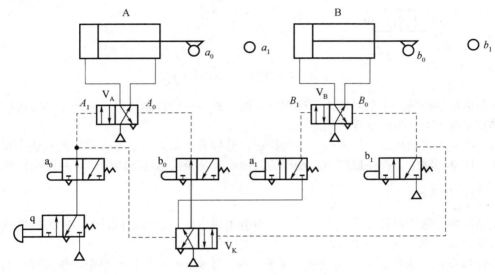

图 13-36　$A_1 B_1 B_0 A_0$ 行程程序控制原理

行程发信装置发出的信号，称为原始信号。这些信号通常存在着各种形式的干扰，如一个信号妨碍另一个信号的输出、两个信号同时控制一个动作等。也就是说，这些信号之间会形成障碍，使动作不能正常进行，由此构成的程序回路称为有障回路，图 13-37 表示的即是一个含有障碍信号的气动控制回路原理图。

如图 13-37 所示，一旦供气，由于行程阀（又称信号阀）b_0 一直受压，信号 b_0 就一直供气给 V_A 的右侧（A_0 位），这样，即使操作启动阀 q 向 V_A 左侧（A_1 位）供气，V_A 也难以切换。这里，信号 b_0 对 q 而言即为障碍信号。

若没有 b_0 信号，则按 q 后，气流经阀 q 通过阀 a_0 进入 V_A 的左侧，使 A_1 位工作，活塞 A 伸出，发出信号 a_1 给 V_B 的左侧（B_1 位），使 V_B 切换，活塞 B 伸出，再发出信号 b_1 给 V_B 的右侧（B_0 位）。此时，由于活塞 A 仍在发出信号 a_1 给 V_B 的左侧 B_1 位，使 b_1 向 V_B 的 B_0 位信号输送不进去，也就是说，信号 a_1 妨碍了信号 b_1 的送入，成为 b_1 的障碍信号。

由以上分析可知，在这个回路中，由于信号 b_0、a_1 妨碍其他信号的输入，致使回路不能正常工作，因而必须设法排除。

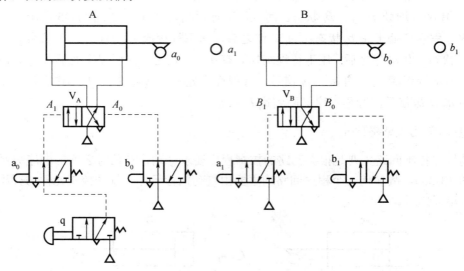

图 13-37　有障碍信号的 $A_1B_1B_0A_0$ 回路

一个信号妨碍另一个信号输入，使程序不能正常进行的控制信号，称为 I 型障碍信号，它经常发生在多气缸单往复程序回路中。

由于信号多次出现而产生障碍，这种控制信号称为 II 型障碍信号，这种现象通常发生在多气缸多往复回路中。程序控制回路设计的关键，就是要找出这些障碍信号并设法排除。

7. 障碍信号的判别

程序控制回路的设计方法很多，常用的有分组供气法（也称级联法）、X-D 线图法、扩展卡诺图图解法和步进回路法等。

X-D 线图法是根据已知工作程序，将各行程信号及各执行元件在整个动作过程中的工作状态全部用图线的方法表示出来。此图可直接展示各种障碍信号以及排除障碍信号的各种可能，设计人员据此可确定执行信号，画出气动控制回路。此法不仅能较快地找出设计方案，解决控制回路的逻辑设计问题，同时也便于检查回路的正确性及合理性。为了阐明障碍信号的判别方法，这里以 $A_1B_1B_0A_0$ 气动程序控制回路的 X-D 线图法为例进行具体说明。

1）画方格图

如图 13-38 所示，根据给定的动作顺序，由左至右画方格，并在方格图上方从左至右填入程序号 1、2、3、4 等。在其下面填上相应的动作状态 A_1、B_1、B_0、A_0，最右边留一栏作为"执行信号表示式"栏。在方格图最左边纵栏里，自上至下进行分格，填上控制信号及控制动作状态组（简称 X-D 组）的序号 1、2、3、4 等。每个 X-D 组，根据该节拍执行机构动作的数目 m 分成 $2m$ 个小格，若只有一个执行机构动作，则分成两小格，其中上一小格表示行程信号（称为信号格），括号内的符号表示它所要控制的动作；下面一小格表示该信号控制的动作状态（称为动作格）。例如，$a_0(A_1)$ 表示控制 A_1 动作的信号是 a_0，$a_1(B_1)$ 表示控制 B_1 动作的信号是 a_1 等。下面的备用格可根据具体情况填入中间记忆元件（辅助阀）的输出信号、消障信号和联锁信号等。

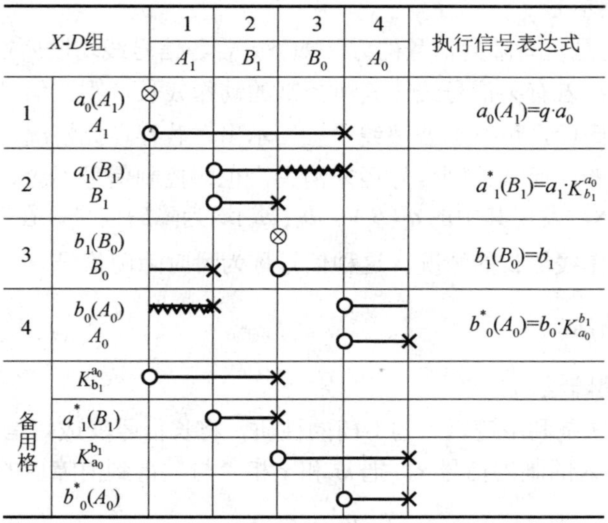

X-D组		1	2	3	4	执行信号表达式
		A_1	B_1	B_0	A_0	
1	$a_0(A_1)$ A_1	⊗ ○——————			×————	$a_0(A_1)=q \cdot a_0$
2	$a_1(B_1)$ B_1		○———～～～ ○—————	×———— ×———		$a^*_1(B_1)=a_1 \cdot K_{b_1}^{a_0}$
3	$b_1(B_0)$ B_0		×————	⊗ ○—————		$b_1(B_0)=b_1$
4	$b_0(A_0)$ A_0	～～～～～			○————— ○———×	$b^*_0(A_0)=b_0 \cdot K_{a_0}^{b_1}$
备用格	$K_{b_1}^{a_0}$	○———————×				
	$a^*_1(B_1)$		○————×			
	$K_{a_0}^{b_1}$			○—————	——————×	
	$b^*_0(A_0)$			○—————	——————×	

图 13-38　A_1、B_1、B_0、A_0 的 X-D 线图

2）画动作线（D 线）

方格图画出后，用横向粗实线画出各执行元件的动作状态线。作图方法如下：以纵横动作状态字母相同，下角标"1"或"0"也相同的方格左端纵线为起点（用小圆圈"○"表示）；以纵横动作状态字母相同，但下角标"1"或"0"相异的方格左端纵线为终点（用符号"×"表示）；由起点至终点用粗实线连接起来。按此方法可画出所有动作的状态线（如图 13-38 中 A_1，从第 1 节拍开始，到第 4 节拍前结束）。

3）画信号线（X 线）

用细实线在信号格画信号线。作图方法如下：信号线起点与组内动作状态线起点相同，也用小圆圈"○"表示，其终点和上一组中产生该信号的动作状态线终点相同，用符号"×"画出（如第二组中信号线 a_1 的起点与同组动作线 B_1 相同，其终点决定于前一组产生该信号的动作线 A_1 的终点）。

这里要说明以下几点。

（1）方格图中右面最后一个节拍与左面第一个节拍应看成是闭合的。

（2）若考虑阀的切换及气缸启动等的传递时间，信号线的起点应超前于它所控制动作的起点，而信号线的终点应滞后于产生该信号动作线的终点。当在 X-D 线图上反映这种情况时，则要求信号线的起点与终点都应伸出分界线，但因为这个值很小，通常画图时可以简化，但在分析动态切换过程中，碰到某些脉冲信号或信号速度很快的情况时，应予以注意。

（3）若信号起点与终点在同一条纵向分界线上，表示该信号为脉冲信号，用符号"⊗"表示。在气动回路中，该脉冲的宽度相当于行程阀发信、主控阀换向、气缸起动及信号在相应元件、管道中传输等所需时间的总和。

（4）若前一组有几条动作线，则这一组的信号线的终点取决于产生该信号线的动作线。所以，如有几个执行机构同时动作，画方格线终点应视具体情况而定。

4）判别有无障碍信号

用 X-D 线图判别是否有障碍信号的方法如下：若各信号线均比所控制的动作线短，则各信号均为无障碍信号；若有某信号线比其所控制的动作线长，则该信号为障碍信号，所长出的那部分线段即为障碍段，可下加波浪线"‿"示出。若存在此情况，说明信号与动作不协调，即动作状态要改变，而其控制信号还未消失，也即控制信号不允许动作状态改变。根据上述方法分析图 13-38，发现其中的 $a_1(B_1)$、$b_0(A_0)$ 均为障碍信号。在有并列动作的程序里，有时会出现信号与动作线等长的情况，这种信号称为瞬时障碍信号。

8. 障碍信号的消除

1）逻辑"与"消障法

逻辑"与"消障法是利用逻辑"与"门的性质，将长信号变成短信号，如图 13-39 所示。设 m 为障碍信号，引入的制约信号 x，把 m 和 x 相"与"得到消障后的执行信号 m^*，即

$$m^* = m \cdot x \tag{13-1}$$

制约信号 x 的起点应该位于障碍信号 m 开始之前，且制约信号 x 的终点应选在障碍信号 m 的无障碍段中。

制约信号 x 的选择原则：尽量选用系统中的其他原始信号作为制约信号 x，这样可以避免增加气动元件；选择其他原始信号的"非"信号；选择其他主控阀的输出信号；用中间记忆元件（辅助阀）输出信号。

实现逻辑"与"关系既可以用一个单独的逻辑"与"元件来实现，也可以用一个行程阀的两个信号或两个行程阀相串联来实现，如图 13-39 所示。

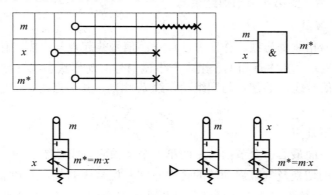

图 13-39　逻辑"与"消障法

2）辅助阀消障法

如果在 X-D 线图中无法找到符合条件的制约信号，可以采用增加一个辅助阀，即中间记忆元件的方法来消障。这里的中间记忆元件，即双稳元件或单记忆元件。其方法是利用中间记忆元件的输出信号作为制约信号，和障碍信号 m 相"与"来消除障碍信号 m 中的障碍段。

用辅助阀（中间记忆元件）法消障时，其消障后执行信号的逻辑函数表达式为

$$m^* = mK_d^t \tag{13-2}$$

式中　m——有障碍的信号；

　　　m^*——消障后的执行信号；

　　　K_d^t——中间记忆元件（辅助阀）输出信号；

　　　t、d——辅助阀 K 的两个"通"和"断"控制信号。

图 13-40（a）为辅助阀消障的逻辑原理，图 13-40（b）为其回路原理。图 13-40 中，辅助阀 K 为二位三通双气控阀，当 t 有气时使 K 阀有输出，而当 d 有气时 K 阀无输出。t 和 d 不能重叠，应满足逻辑关系：$t \cdot d = 0$

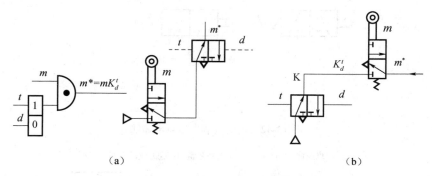

（a）　　　　　　　　　　　　　　　　　（b）

图 13-40　辅助阀消障法

（a）逻辑原理；（b）回路原理

t 和 d 的选择原则是"通"信号 t 的起点应该位于障碍信号 m 之前或同时，终点位于 m 的无障碍段中；"断"信号 d 的起点应该位于障碍信号 m 的无障碍段中，终点应位于 t 的起点之前。图 13-41 所示为辅助阀控制信号选择示意图。

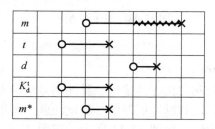

图 13-41　辅助阀控制信号选择示意图

3）逻辑"非"运算消障法

用原始信号经逻辑"非"运算得到反相信号消除障碍，原始信号做逻辑"非"的条件是，起点在被制约信号 m 的执行段之后、m 的障碍段之前，终点在 m 的障碍段之后、m 的执行段之前，如图 13-42 所示。其数学表达式为

$$m^* = m\bar{x} \tag{13-3}$$

4）差压阀消障法

把主控阀的气控信号作用面积做成大小不等的两个控制面，含有障碍的控制信号 m 和小头连接，换向信号 x 控制大头，当信号 x 一出现时，控制信号 m 的障碍即被消除。其原理如图 13-43 所示。

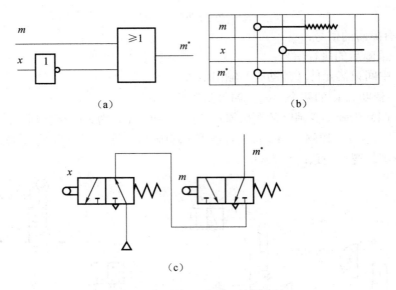

（c）

图 13-42　逻辑"非"运算消障法

（a）逻辑原理；（b）控制信号选择示意图；（c）气动逻辑线路图

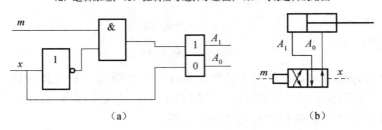

图 13-43　差压阀消障法

（a）逻辑原理；（b）气动逻辑线路图

5）将控制信号变成脉冲信号

（1）利用机械挡块使行程阀发出脉冲信号。脉冲信号法的实质是将所有的障碍信号变为脉冲信号，常用的方法有机械法和脉冲回路法。机械法就是利用机械式活络挡块或可通过式行程阀发出脉冲信号的消障方法，如图 13-44 所示。在图 13-44（a）中，当活塞杆伸出时，活络挡块使行程阀发出脉冲信号；而当活塞杆缩回时，行程阀则不发信号。在图 13-44（b）中，当活塞杆伸出时，压下单向滚轮式行程阀发出脉冲信号；而当活塞杆缩回时，由于行程阀头部具有可折性，因而不压下行程阀，行程阀不发出信号。

上述方法排除障碍简单易行，可节省气动元件及管路。但安装行程阀时必须注意：不可把行程阀装在行程的末端，而应留一段距离，以便挡块或凸轮能通过。显然，这种消障方法仅适用于定位精度要求不高、活塞运动速度不太大的场合。

（2）脉冲回路法排障。脉冲回路法排障，就是利用脉冲回路或脉冲阀的方法将有障信号变为脉冲信号。图 13-45 所示为脉冲回路法排障原理图。当有障信号 a 发出后，阀 K 立即有信号输出。同时，a 信号经气阻进入气容 C 与 K 阀控制端，当气容内的压力经延时上升到 K 阀的切换压力后，输出信号 a 即被切断，从而使信号 a 变为脉冲信号。此法用于定位精度要求较高或不便于安装机械式脉冲行程开关的场合。但需注意，对于安装在初始位置的脉冲阀，每当接通一次气源都将产生假脉冲信号，若这一信号又与另一主控阀的置"1"控制端连接，则在回路启动时将会产生误动作。对安装在这种位置上的脉冲阀必须采取启动保护措施。

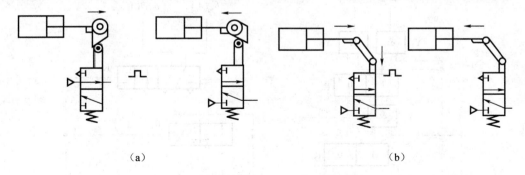

（a）　　　　　　　　　　　　　　　　　　　　　（b）

图 13-44　将控制信号变成脉冲信号消障

（a）利用机械式活络挡块消障；（b）利用可通过式进程阀消障

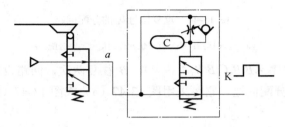

图 13-45　脉冲回路法排障原理

6）采用信号分配法排除 II 型障碍

II 型障碍是指多气缸多往复系统中由于多次信号所产生的障碍，其实质是重复出现的信号在不同节拍内控制不同操作。消除 II 型障碍的根本方法是采用中间记忆元件（双稳计数触发单元）及双"与"门对重复信号进行正确分配，再将每个"与"门的输出信号送往不同的控制端。

例如，已知工作程序 $A_1B_1B_0B_1B_0A_0$，其中 B 连续往复两次，第一个 b_0 信号是动作 B_1 控制信号，而第二个 b_0 信号是动作 A_0 的控制信号。为了正确分配重复信号 b_0，需要在两个 b_0 信号之前确定两个辅助信号作为制约信号。这里可选取 a_0、b_1 信号，因为，a_0 信号是出现在第一个 b_0 信号前的独立信号，而 b_1 虽然是非独立信号，但它是两重复信号间的唯一信号。

借助这些信号组成的分配回路如图 13-46（a）所示。图中"与"门 Y_3 和单输出记忆元件 R_1 是为提取第二个 b_1 信号作为制约信号而设置的元件。

信号的分配原理是，a_0 信号首先输入，使双输出记忆元件 R_1 置零，为第一个 b_0 信号提供制约信号，同时也使单输出记忆元件 R_1 置零，使它无输出。当第一个 b_1 输入后，因"与"门 Y_3 无输出（R_1 置零），这样第一个 b_0 输入后，只有"与"门 Y_2 有输出，其执行信号 $b_0^*(B_1)$ 控制 B_1 动作，同时使 R_1 置1，为第二个 b_1 提供制约信号。在第二个 b_1 到来时，"与"门 Y_3 有输出使 R_2 置1，为第二个 b_0 提供制约信号，这样第二个 b_0 输入后，"与"门 Y_1 即可输出执行信号 $b_0^*(A_0)$

去控制 A_0 动作。至此完成了重复信号 b_0 的分配。

图 13-46（b）是有记忆元件的信号两路分配回路图。

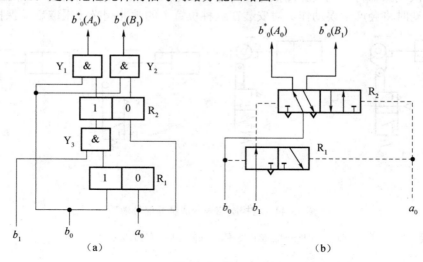

图 13-46　重复信号 b_0 的分配回路

（a）逻辑框图；（b）有记忆元件的信号两路分配回路

又如，已知工作程序 $A_1B_1B_0C_1B_1B_0A_0$，其中 B 往复两次，回路设计要解决 b_0 信号先后两次分别控制 C_1 及 C_0 的分配问题。它可采用图 13-47（a）或图 13-47（b）所示的方法解决。

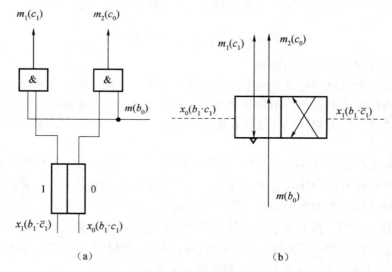

图 13-47　信号二路分配图

（a）逻辑框图；（b）用二位四通阀分配

按上述原理可组成多次重复信号分配原理图，但气动回路将变得复杂。此时，可采用辅助机构如辅助行程阀或定时发信装置完成多气缸多次重复信号的分配，它们的特点是在多往复气缸行程终点设置多个行程阀或定时发信装置，使每个行程阀只指挥一个动作或根据程序定时给出信号，这样就排除了 Ⅱ 型障碍。

13.4 气动技术应用举例

13.4.1 气控机械手

在某些高温、粉尘及噪声等环境恶劣的场合，用气控机械手替代手工操作是工业自动化发展的一个方向。本节介绍的气控机械手模拟人手的部分动作，按预先给定的程序、轨迹和工艺要求实现自动抓取、搬运，完成工件的上料和卸料。为完成这些动作，系统共有四个气缸，可在三个坐标内工作，其结构示意图如图 13-48 所示。其中，A 缸为抓取机构的松紧缸，A 缸活塞后退时抓紧工件，A 缸活塞前进时松开工件。B 缸为长臂伸缩缸。C 缸为机械手升降缸。D 缸为立柱回转缸，该气缸为齿轮齿条缸，把活塞的直线运动变为立柱的旋转运动，从而实现立柱的回转。气控机械手的动作程序如图 13-49 所示。

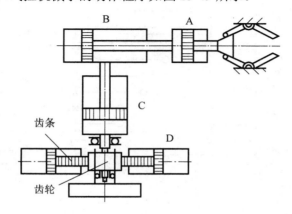

图 13-48 气控机械手结构示意图

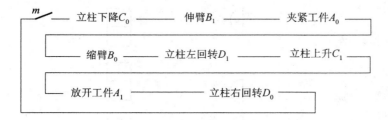

图 13-49 气控机械手的动作程序

对气控机械手的控制要求如下：手动阀启动后，程序控制从第一个节拍连续运转到最后一个节拍。把机械手右下方的工件搬运到左上方的位置上去，可以简写为图 13-50 所示的程序。

下面用 X-D 线图法设计机械手气控回路。

（1）经校核，该气动程序为标准程序。

（2）按程序绘制多缸单往复系统 X-D 线图，绘制结果如图 13-51（a）所示。

（3）排除障碍，找出执行信号。从图 13-51（a）得知有两个障碍信号 $c_0(B_1)$ 和 $b_0(D_1)$。根据逻辑"与"消障法，其消障后的执行信号为 $B_1^* = c_0 \cdot d_0$，$D_1^* = b_0 \cdot a_0$。

（4）根据 X-D 线图上的执行信号可画出逻辑原理图，如图 13-51（b）所示。

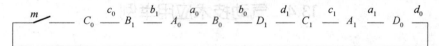

图 13-50　气控机械手的简化动作程序

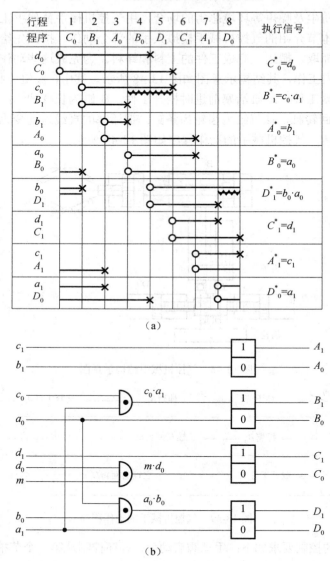

（a）

（b）

图 13-51　气控机械手的 X-D 线图法设计

（a）X-D 线图；（b）逻辑原理图

（5）由逻辑原理图可画出气动回路原理图，如图 13-52 所示。

画气动原理图时应注意哪个行程阀为有源元件，哪个行程阀为无源元件。一般采用逻辑"与"消障的信号，其两个发讯元件只有一个有源，而另一个为无源元件，其中有障碍信号的原始信号为无源元件，所以图 13-52 中的 c_0 和 b_0 两行程阀为无源元件。

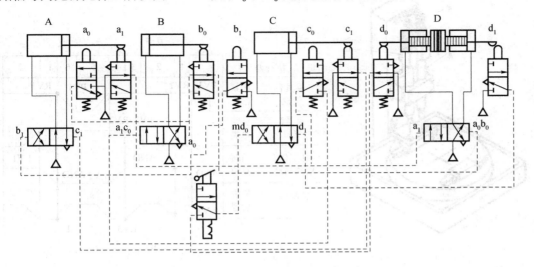

图 13-52　气控机械手回路原理图

13.4.2　钻孔机气动系统

1. 钻孔机的特点

图 13-53（a）所示是一种采用气动钻削头的钻孔专用机，其结构包括回转工作台、两套夹具、两个气动钻削头、两个液体阻尼器。该钻孔机具有如下特点。

（1）通过回转工作台和两套夹具，实现在一套夹具的工件正在加工时，另一套夹具可以装卸工件，从而提高工作效率；而且为了保证安全，每次操作夹具时均必须按下按钮 PV1。

（2）利用液体阻尼器，实现气动钻削头的快进和工进两级速度。

（3）系统开始工作前，按下手动阀 PV4，可以以将双稳态气控阀 J-1～J-6 和 MV1～MV4 正确复位到启动状态，以保证工作程序的正确性。

2. 钻孔机的工作过程

图 13-53（b）、（c）所示分别为钻孔机的动作循环表和气动控制回路，其工作过程如下：

（1）将"断-通"选择阀扳到"通"位置，此时阀 SV1 和阀 SV2 同时换向到上位；按下手动阀 PV4，使 J-1～J-6 和 MV1～MV4 置于启动状态。

（2）按下手动阀 PV2，使得双稳态气按钮阀 MV0 换向至左位，此时运转指示器指示系统处于"运转状态"，压缩空气进入系统的控制回路。

（3）按下手动阀 PV1，使得夹紧缸主控阀 MV1 和 MV2 同时换向至左位，两夹紧缸活塞杆伸出，将工件夹紧。接着，由于 RV1 和 RV2 泄压，气控阀 J-8 和 J-9 复位至右位，同时，气控阀 J-2 换向至左位。

（4）气控阀 MV3 换向至左位，工作台回转 180°；然后，将行程阀 LVI 压下，从而使主控阀 MV4 和气控阀 J-3 换向至左位。此时，两个钻削头同时快进，行程阀 LV3A 和 LV3B 复位，气控阀 J-7 复位，J-4 换向到左位；接着，由于液压阻尼器的作用，钻削头以工进速度前进，到达程末端以后，钻削头自动后退并停止，将行程阀 LV3A 和 LV3B 压下，J-5 换向至左位。

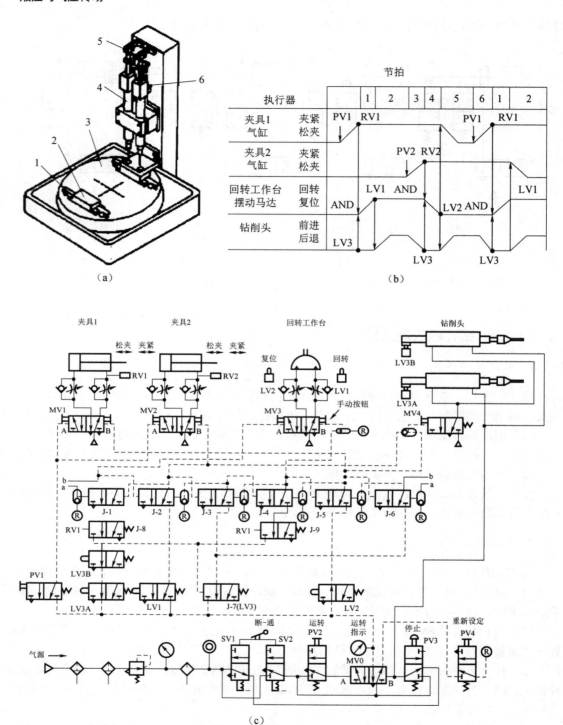

图 13-53　钻孔机及其气动控制系统

（a）钻孔机；（b）动作循环表；（c）气动控制回路

1—夹具；2—工件；3—回转工作台；4—气动钻削头；5—后退极限行程阀 LV3；6—减速用液压阻尼器

（5）主控阀 MV3 换向至右位，工作台复位，并压下行程阀 LV2，主控 MV1 换向至右位，夹具 1 松开；J-6 换向至左位，MV4 换向至右位，钻削头再次开始工作。

（6）工作过程中，按下手动阀 PV1，可以用夹具装卸工件。

（7）一旦按下停止按钮 PV3，则 MV0 换向至左位，夹具 1 和工件 2 及工作台停止在其当前行程终点，而钻削头则立即后退并停止。

本 章 小 结

本章介绍了气动基本回路和常用回路的概念、类型和构成。通过图例，详细介绍了压力控制回路、速度控制回路、换向回路的组成、类型、各自的性能特点和应用场合。这些回路是复杂气动系统的基本结构单元，是系统设计和计算的基础。必须掌握这些基本内容，要求能根据使用要求计算和设计常用类型的气压回路。

此外，简要地讲述了气动系统的概况、气动行程程序控制系统设计的主要内容和步骤。常规的气压传动系统的设计与液压传动系统的设计一样，包括回路设计、元件选择、管道设计等一系列内容。其中，重点内容是气动行程程序控制系统设计的内容和步骤。

习 题

13-1 试绘制 $A_1B_1C_1B_0A_0C_0$ 的 X–D 状态图，标出障碍信号的障碍段，说明是什么障碍。

13-2 什么是行程控制回路？行程控制回路中包括哪些检测信号？

液压与气压传动常用图形符号

（摘自 GB/T 786.1—2009）

附表 1 基本符号、管路及连接

名称	符号	名称	符号
工作管路		组合元件框线	
控制管路		管口在液面以上的油箱	
连接管路		管口在液面以下的油箱	
交叉管路		管端连接于油箱底部	
柔性管路		密闭式油箱	
直接排气		不带单向阀快换接头	
带连接排气		单通路旋转接头	
带单向阀快换接头		三通路旋转接头	

附表 2 控制机构和控制方法

名称	符号	名称	符号
按钮式人力控制		电动机旋转控制	
手柄式人力控制		加压或卸压控制	
踏板式人力控制（单向）		内部压力控制	
顶杆式机械控制		外部压力控制	
弹簧控制式机械控制		气压先导控制	
滚轮式机械控制		液压先导控制	
单向滚轮式机械控制		液压二级先导控制	
单作用电磁控制		气-液先导控制	

名称	符号	名称	符号
双作用电磁控制		电-液先导控制	
电-气先导控制		外部电反馈控制	
液压先导卸压控制		差动控制	

附表3　　液压泵、液压（气）马达和液压（气）缸

名称	符号	名称	符号
液压泵、空气压缩机一般符号	液压泵　空气压缩机	双作用双活塞杆液压（气）缸	
单向定量液压泵		单向缓冲液压（气）缸	（不可调）　（可调）
双向定量液压泵		双向缓冲液压（气）缸	（不可调）　（可调）
单向变量液压泵		定量液压泵-马达	
双向变量液压泵		摆动马达	
液压马达、气马达一般符号	液压马达　气马达	单程作用增压器，$p_2 < p_1$	
单向定量马达		单作用弹簧复位缸	
双向定量马达		单作用伸缩缸	
单向变量马达		双作用伸缩缸	
双向变量马达		柱塞缸	
双作用单活塞杆液压（气）缸		连续作用增压器，$p_2 > p_1$	
单作用单活塞杆缸			

附表 4　控制元件

名称	符号	名称	符号
直动式溢流阀		定差减压阀	
先导式溢流阀		直动式顺序阀	
先导型比例电磁溢流阀		先导式顺序阀	
卸荷溢流阀		单向顺序阀（平衡阀）	
直动式双向溢流阀		直动式卸荷阀	
直动式减压阀		制动阀	
先导型减压阀		不可调节流阀	
溢流减压阀		可调节流阀	
先导型比例电磁式溢流减压阀		可调单向节流阀	
定比减压阀	（减压比为1/3）	减速阀	
带消声器的节流阀		或门型梭阀	（简化符号）
调速阀	详细符号　简化符号	与门型梭阀	（简化符号）
温度补偿调速阀		快速排气阀	（简化符号）

续表

名称	符号	名称	符号
旁通型调速阀		二位二通换向阀	
单向调速阀		二位三通换向阀	
分流阀		二位四通换向阀	
集流阀		二位五通换向阀	
分流集流阀		三位四通换向阀	
单向阀		三位五通换向阀	
液控单向阀		四通电液伺服阀，两级	
液压锁		截止阀	
二位三通电磁球阀		三位四通比例阀，节流型，中位正遮盖	
三位四通比例阀，节流型，中位负遮盖		二位四通比例阀	
四通电液伺服阀，带电反馈三级		三位六通手动阀	
二位四通机动阀			

附表5　辅助元件

名称	符号	名称	符号
过滤器		除油器	（人工排出）（自动排出）
磁芯过滤器		空气干燥器	
污染指示过滤器		油雾器	
分水排水器	（人工排出）　（自动排出）	气源调节装置	
空气过滤器		冷却器	
加热器		压力继电器	（一般符号）
蓄能器		消声器	
气罐		液压源	
压力计		气压源	
液位计		电动机	
温度计		原动机（电动机除外）	
流量计		气液转换器	单程作用　连续作用
转速仪		转矩仪	
压力传感器		温度传感器	
行程开关	详细符号　一般符号	囊式蓄能器	
活塞式蓄能器		重锤式蓄能器	
弹簧式蓄能器		压力指示器	
电接点压力表		检流计	

附录 B

液压专业词汇中英文对照表

A

安全保护回路 safety circuit

安全阀 pressure relief valve

B

拔销 pin

摆动缸 oscillating cylinder

摆动式液压缸 rotary cylinder

薄壁孔口出流 discharge in sharp-edged orifice

保压回路 pressure holding(retaining) circuit

比例电磁铁 proportional solenoid

比例阀 proportional valve

比例调节器 proportional regulator

比热容 specific heat capacity

变量泵 variable capacity pump，variable displacement pump

变量泵节流调速回路 speed-regulating circuit by variable displacement pump

变量活塞 adjusting piston

变量机构壳体 housing of variable displacement mechanism

标准程序 standard program

标准大气压 reference atmosphere

伯努利方程 equation of Bernoulli

不完全液压冲击 incomplete hydraulic pulsing

C

层流 laminar flow

插装阀 cartridge valve

差动缸 differential cylinder

齿轮泵 gear pump

齿轮模数 gear modulus
齿轮式气动马达 gear pneumatic motor
齿条活塞液压缸 rack-piston cylinder
冲击气缸 impact cylinder
传动轴 transmission shaft
唇型密封 lip seal
唇型密封圈 lip style sealing

D

单向阀 single direction valve,   cheek valve
单作用缸 single-acting cylinder
挡圈 pad
导向环 guide ring
得电 energized
电磁阀 solenoid valve
电磁控制阀 solenoid operated valve
电接触式压力表 electric touch pressure
电液比例阀 electro-hydraulic proportional valve
电液比例方向阀 electro-hydraulic proportional directional valve
电液比例流量阀 electro-hydraulic proportional flow valve
电液比例压力阀 electro-hydraulic proportional pressure valve
电液换向阀 electro-hydraulic operated
电液伺服阀 electro-hydraulic servo valve
叠加阀 stacked valve
定量/变量 fixed/variable delivery
定量泵 constant(fixed) delivery displacement pump
定量泵节流调速回路 throttle speed-regulating circuit by fixed displacement pump
定子 stator
动力黏度 dynamic viscosity
动量方程 equation of momentum
动作线 motion line
短管出流 discharge in shot-pipe outlet
对称度 symmetry
多功能组合阀 multiple function valve
多路换向阀控制回路 multi-way control circuit
多执行元件控制回路 circuits for multi actuator control
绝对大气压 absolute atmosphere

E

额定压力 rated pressure

F

阀块　valve block

阀芯　valve piston

方向控制回路　directional control circuit

防尘圈　scraper seal

放气阀　vent valve

放油塞　oil escape valve

非标准程序　nonstandard program

非稳定流　unsteady flow

分水滤气器　gas filter for de-water

缝隙流动　flow in slot

辅助元件　assistant element

负载图　load chart

G

干燥器　dryer

缸筒　cylinder tube

高速流　high velocity stream

高压气体　compressed air

高压气源　gas source

格来圈　Glyd-ring

工进　working going onward

工况图　working situation

工作压力　working pressure

功率　power

固体　solid

管件　pipe fitting

管路　pipe line

过滤器　gas filter

过载保护回路　overloading protection circuit

H

含湿量　moisture content

恒功率变量　constant power variable displacement

后冷却器　after cooler

互不干扰回路　hands-off multi actuator control

滑阀　sliding spool valve

缓冲节流阀　buffer throttle valve

缓冲能力 the capability of buffering
缓冲气缸 pneumatic cushioning cylinder
缓冲套 cushion collar
缓冲装置 cushioning device
换向阀 reversal valve，directional valve
换向回路 directional circuit
活塞 piston
活塞/柱塞式蓄能器 piston type
活塞杆 rod
活塞缸 piston-type cylinder
活塞式气马达 piston type pneumatic motor

J

机械效率 mechanical efficiency
积分调节器 integral regulator
记忆元件 memory element
迹线 stream locus
加热器 heater
加速启动 start-up with acceleration
减速回路 deceleration circuit
减压阀 pressure reducing valve
减压回路 pressure reducing circuit
剪切力 sheering force
胶管 rubber pipe
接头 joint
节流阀 throttle restrictive valve
径向柱塞泵 radial piston pump
局部阻力损失 local resistance loss
聚氨酯密封件 polyurethane seal
绝对湿度 absolute humidity
绝对压力 absolute pressure

K

卡环 retaining ring
卡套 clip
卡套式管接头 bite type fitting
开口销 split pin
可压缩性 compressibility
空气过滤器 air filter

空气压缩机　air compressor
孔口出流　discharge in orifice
控制活塞　controlling piston
控制元件　control element
快进　fast moving onward
快速回路　fast speed circuit
快速接头　quick disconnect
快退　fast return
困油现象　phenomenon of surrounded oil

L

拉力　stretching force，　tensile force
雷诺数　Reynolds number
冷却器　coolers
理论/实际流量　theoretical/practical flow
理论效率　theoretic power
理想流体伯努利方程　Bernoulli theorem for ideal fluid
连杆　connecting rod
临界载荷　critical load
灵敏度　threshold
零偏　null bias
零漂　null shift
零位　null
流量　flow
流量传感器　flow sensor
流量阀　flow valve
流量计　flow meter
流量连续性方程　equation of continuity
流量脉动　flow pulsation
流体　fluid
流体动力学　fluid dynamics
流体静力学　fluid statics
流体力学　fluid mechanics
流线　streamline
螺杆泵　screw pump
滤油器　oil filter

M

马赫数　Mach number

密闭容积 tight chamber
密度 mass density
密封装置 sealing device
膜片式 diaphragm type
膜片式气缸 diaphragm cylinder

N

耐油橡胶 rubber with proof against oil
内半环连接 inner semi-ring joint
能量守恒定律 conservation of energy
黏度 the measurement of viscosity， viscosity
黏度计 viscometer
黏性 viscosity

O

O 形密封圈 O-ring seal

P

爬行 creep
帕斯卡原理 Pascal principle
排量 displacement
排气 air-discharging
排气阀 air exhausting valve， quick exhaust valve，rapid escape valve
排气节流式 air-discharging restricting type
排气孔 discharge port
排气塞 venting plug
排气装置 exhaust device
排水阀 drainage valve
配流机构 flow-deploying
配流盘 distributing plate，port plate，valve plate
配油机构 oil distribution organization
配油轴 valve spindle
皮囊式蓄能器 bag type
偏心距 offset
偏心轮 eccentric wheel
平衡回路 balancing circuit， counterbalance circuit
平衡回路 pressure counter-balance circuit
普通气缸 pneumatic cylinder

Q

气动 pneumatic
气动传感器 pneumatic sensor
气动附件 pneumatic component
气动逻辑元件 pneumatic logical element
气动三联件 three principal component
气动系统 pneumatic system
气动执行机构 pneumatic actuator
气缸 air cylinder，pneumatic cylinder
气罐 gas tank
气路 compressed air circuit
气动马达 pneumatic motor
气蚀 cavitation
气体 gas，air
气压 air pressure
气源系统 air supply system
气源装置 air supply device
驱动室 driving chamber
曲轴 crank shaft

R

热交换器 heat exchanger
容积 volume
容积/机械/总效率 volumetric/ mechanical/ overall efficiency
容积含湿量 bulk moisture content
容积损失 volume loss

S

三位四通电磁换向阀 three-position valve
射流管式电液伺服阀 electro-hydraulic servo valve of jet pipe type
射流元件 jet element
伸缩缸 telescope cylinder
声速 sound velocity
失电 de-energized
湿空气 humid air
湿周 wetted perimeter
手轮 hand wheel
输出功率 outlet power

数字缸 digital cylinder
双气控阀 double pneumatic control valve
双作用缸 double-acting cylinder
顺序动作回路 sequence circuit
顺序阀 sequence valve
斯特封 step seal
伺服变量 servo variable displacement
伺服阀 servo valve
速度刚性 speed rigidity
速度控制回路 speed control circuit
锁紧回路 locking circuit

T

弹簧座 spring plate
弹性挡圈 circlip
体积弹性模量 bulk modulus of elasticity
调速阀 flow control valve，speed regulating valve
调速回路 speed control circuit，speed-regulating circuit
调压回路 pressure-regulating circuit
调压溢流阀 pressure adjustment relief valve
同步回路 synchronizing circuit，synchronous circuit

V

V 形密封圈 V-style lip seal

W

外负载 outside load
完全液压冲击 complete hydraulic pulsing
微分调节器 derivative regulator
位置传感器 position sensor
温度 temperature
温度膨胀性 temperature expansion
紊流 turbulence flow
稳定流 steady flow
无杆气缸 rodless cylinder

X

行程 stroke
行程程序 stroke program

吸油/压油　suction/ discharge
吸油窗口　inlet port
先导阀　pilot valve
限压式变量　pressure-limiting variable displacement
线性度　linearity
相对湿度　relative humidity
相对压力　relative pressure
相对黏度　relative viscosity
相位　phase
橡塑组合密封　plastic composite type seal
消声器　muffler
斜盘　swash plate
泄漏　leakage
泄压回路　discharging circuits
泄油通道　oil leakage path
卸荷槽　decompression gap
卸载回路　pressure-venting circuit
信号-动作线图　signal-motion line chart
信号线　signal line
蓄能器　accumulator
循环图　cycle view

Y

Y 形密封圈　Y-style lip seal
压力　pressure
压力表　pressure gauges
压力表开关　gauge switch
压力传感器　pressure sensor
压力继电器　pressure relay(switch)
压力控制回路　pressure-controlling circuit
压力增益　pressure gam
压缩机　air compressor
压缩空气　compressed air
压油窗口　outlet port
沿程阻力损失　on-way resistance loss
叶片泵　vane pump
叶片式气动马达　vane type pneumatic motor
液控单向阀　pilot operated check valve
液控阀　hydraulic operated valve

液体 liquid

液压泵 hydraulic pump

液压冲击 hydraulic shock

液压阀 hydraulic valve

液压辅件 hydraulic accessory

液压缸 hydraulic cylinder

液压管接头 hydraulic fitting

液压胶管总成 hose assemblies

液压静力学 hydrostatics

液压块 hydraulic manifold

液压马达 hydraulic motor

液压密封件 hydraulic seal

液压千斤顶 hydraulic jack

溢流阀 overflow valve

油水分离器 oil water separator

油温油位计 oil level indicators with thermometer

油雾分离器 oil-gas separating valve

油雾器 oil mist lubricator

油箱 oil tank， reservoir

原始信号 original signal

原位 restoration

圆管层流的沿程损失 loss of head of laminar flow in round pipeline

圆管紊流的沿程损失 loss of head of turbulent flow in round pipeline

运动黏度 kinematic viscosity

Z

增压缸 boost-up cylinder

增压回路 boost-up circuit

增压室 pressure-increasing chamber

障碍信号 obstacle signal

真空 vacuum

蒸气压 vapor pressure

执行机构 actuator

执行信号 executive signal

制动 brake

制动回路 braking circuits

质量 mass

质量含湿量 mass moisture content

质量守恒定律 conservation of mass

滞后　lap
中位机能　valve connection in off position
轴向柱塞泵　axial piston pump
轴销　dowel
储气罐　receiver
柱塞泵　piston pump
柱塞缸　plunger-type cylinder, ram cylinder
转阀　rotary directional valve
转矩　torque
转子　rotor
状态　state
自吸能力　self-priming suction
自由流动　free flow
总效率　total efficiency
组合垫圈　combine seal
组合密封圈　compound seals

附录 C

部分习题参考答案

第 2 章

2-3 $\Delta t = 217.95℃$

2-4 $\rho = 1.185 \text{kg} / \text{m}^3$

2-5 0.62MPa，248L

第 3 章

3-1 $\Delta p = 1.4\text{MPa}$

3-2 $°E = 3$，动力黏度 $\mu = 0.0168\text{Pa} \cdot \text{s}$，运动黏度 $\nu = 19.83 \times 10^{-6} \text{m}^2 / \text{s}$

3-3 $p_A = 0.238\text{MPa}$

3-4 4.9kPa

3-5 $x = \dfrac{4(F+G)}{\rho g \pi d^2} - h$

3-6 16.93kPa

3-7 （1）从 2 流向 1；（2）从 1 流向 2

3-8 （1）28m/s，$0.055 \, \text{m}^3 / \text{s}$；（2）73500Pa，7m/s；（3）可以，最大喷嘴直径 140.6mm

3-9 788N

3-10 146L/min

第 4 章

4-3 2.85kW，3.2kW

4-4 解：液压泵空载时可认为无泄漏，空载时输出流量即为理论流量，$Q_T = 56\text{L} / \text{min}$。

实际流量 $Q = 53\text{L/min}$ 。容积效率 $\eta_v = \dfrac{Q}{Q_T} = \dfrac{53}{56} \approx 0.946$ ，液压泵的输出功率

$$P_p = \frac{p_p Q}{60} = \frac{7 \times 53}{60 \times 7.4} \approx 0.836$$

4-7 63.1L/min, 59.95L/min, 11.68kW

第 5 章

5-8 （1）370N·m；（2）80.96r/min；（3）3.1kW；（4）3.48kW

5-9 12.89mL/r, 17.78MPa, 1.04kW

5-10 （a）50L/min；（b）200L/min

5-11 （1）D 取 105mm，d 取 75mm；（2）计算得 2mm，取 2.5mm

5-12 （1）$F_1 = 5000\text{N}$ ，$v_1 = 1.2\text{m/min}$ ，$v_2 = 0.96\text{m/min}$ ；（2）$F_1 = 5400\text{N}$ ，$F_2 = 4500\text{N}$ ；

（3）11250N

5-13 （1）2；（2）1.5

第 6 章

6-6 何谓换向阀的"位"和"通"？

答：①换向阀的"位"：为了改变液流方向，阀芯相对于阀体应有不同的工作位置，这个工作位置称为"位"。换向阀有几个工作位置就相应的有几个格数，即位数。图形符号中方格表示工作位置，三个格为三位，两个格为二位。

②换向阀的"通"：当阀芯相对于阀体运动时，可改变各油口之间的连通情况，从而改变液体的流动方向。通常把换向阀与液压系统油路相连的油口数（主油口）称为"通"。

6-9 （a）3MPa；（b）8MPa；（c）3MPa；（d）7MPa

6-10 （1）6MPa；（2）1MPa；（c）4MPa

第 7 章

7-6 设 $p_A = 0.9 p_2$ ，$V_A = 8.7\text{L}$

7-7 6.16cm

第 9 章

9-3 （1）$p_p = 4.5\text{MPa}$ ，$p_B = 4.5\text{MPa}$ ，$p_C = 0$ ；

（2）　$p_p = 6\text{MPa}$，$p_B = 6\text{MPa}$，$p_C = 1.5 \sim 6\text{MPa}$，视换向阀泄漏情况而定。

9-4

（1）　$p_j = 1\text{MPa}$ 时，缸 2 不动，缸 1 动作；

（2）　$p_j = 2\text{MPa}$ 时，缸 2 动作，缸 1 也动作，相互不干扰；

（3）　$p_j = 4\text{MPa}$ 时，缸 2 先动作，直至缸 2 向右运动结束后，缸 1 再动作

9-5　顺序阀最小调整压力为 1.5MPa，溢流阀最小调整压力为 3.25MPa

9-6　（1）$v = 14.6 \times 10^{-3} \text{m/s}$；（2）$q_Y = 0.708 \times 10^{-4} \text{m}^3 / \text{s}$，$\eta_c = 19.5\%$；

（3）　$A_{T1} = 0.03 \times 10^{-4} \text{m}^2$ 时，$v = 43.8 \times 10^{-3} \text{m/s}$，$q_Y = 0.124 \times 10^{-4} \text{m}^3 / \text{s}$；

$A_{T2} = 0.05 \times 10^{-4} \text{m}^2$ 时，$v = 50 \times 10^{-3} \text{m/s}$，$q_Y = 0$

9-7（1）$p_p = p_y = 2.65\text{MPa}$；（2）$p_p = 2.65\text{MPa}$，液压缸的运动速度增加；

（3）当 F 从 25000N 降到 24000N 时，调速阀两端压差从 0.3MPa 增加到 0.5MPa，调速阀相当于节流阀，液压缸运动速度增加，F 从 24000N 减小到 15000N 时，液压缸运动速度保持不变。

9-8　（1）$p_p = 3.25\text{MPa}$，$p_p = p_y$；（2）$p_{\text{缸max}} = 6.5\text{MPa}$；（3）$\eta_{\text{cmax}} = 7.4\%$

9-9　（1）$n_{\max} = 1000\text{r/min}$，$n_{\min} = 0$；（2）$T_{\max} = 79.6\text{N·m}$；（3）$P_{\max} = 8.33\text{kW}$

9-10　（1）$\eta_c = 70.8\%$；（2）$\eta_c = 14.2\%$；（3）采用差压式变量泵和节流阀组成的容积节流调速回路，适用于负载变化大、速度较低的场合。

9-11　（1）$p_1 = 1.2\text{MPa}$，$p_2 = 5.3\text{MPa}$，$p_3 = 2\text{MPa}$；（2）$Q_1 = 22\text{L/min}$，$Q_2 = 3\text{L/min}$；（3）$P = 1.02\text{kW}$

第 10 章

10-2

习答表 1　系统动作循环

动作名称	信号来源		
	1YA	2YA	3YA
快进	+	－	+
工进	+	－	－
停留	+	－	－
快退	－	+	－
停止	－	－	－

系统的主要特点：用液控单向阀实现液压缸差动连接；回油节流调速；液压泵空运转时在低压下卸荷。

10-3

（1）泵→2YA 电磁阀→3YA 电磁阀→液压缸左腔；液压缸右腔→4YA 电磁阀→2YA 电磁阀→3YA 电磁阀→液压缸左腔。

（2）系统主要特点：用电磁阀实现液压缸差动连接；采用变压式进油容积节流调速；工作中制动稳速；液压缸停止运动时液压泵自动停止输出且保压。

10-4

习答表 2　液压阀与液压缸工作状态

动作顺序	电磁铁状态		液压阀状态						液压缸状态	
	1YA	2YA	阀1	阀2	阀3	阀4	阀5	阀6	缸Ⅰ	缸Ⅱ
1	−	+	右	左	右	右	右	左	右行	右行
2	−	−	右	右	右	右	右	右	右行	左行
3	+	−	左	右	左	左	左	右	左行	左行
4	+	+	左	左	左	左	右	左	右行	左行
5	+	−	左	右	左	左	右	右	右行	右行
6	−	−	右	右	右	右	右	右	左行	右行

10-5

习答表 3　系统动作循环表

动作顺序	信号来源		液压阀状态			说明
	1YA	2YA	阀1	阀2	阀3	
快进	−	+	右	右	下	液压缸差动连接
一工进	+	+	左	右	下	进口节流
停留	+	−	左	左	上	
二工进	+	+	左	右	上	进口节流
停留	+	−	左	左	上	
快退	−	−	右	左	上	

第11章

11-1

习答表 4　液压缸在各工作阶段的负载 F（$\eta_m = 0.9$）

工况	负载组成	负载值 F/N
启动	$F = F_n f_s$	333
加速	$F = F_n f_d + m\Delta v / \Delta t$	3500
快进	$F = F_n f_d$	167
工进	$F = F_n f_d + F_t$	31278
反向	$F = F_{fs} + F_G$	16679
加速	$F = F_m + F_G - F_{fs}$	19346
快退	$F = F_{fd} + F_G$	16512
制动	$F = F_{fd} + F_G - F_m$	13179
停止	$F = F_G$	16346

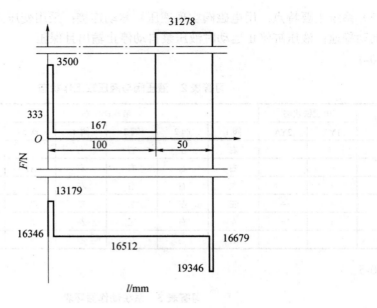

习答图 1　题 11-1 解图

11-2

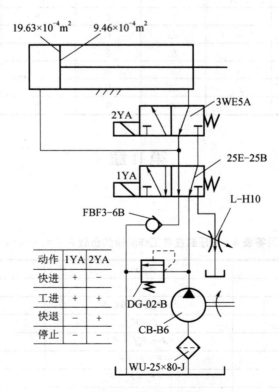

习答图 2　题 11-2 解图

11-3

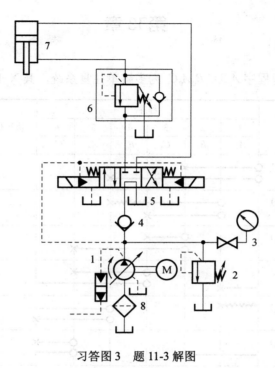

习答图 3 题 11-3 解图

第13章

13-1 解：气动行程程序 $A_1B_1C_1B_0A_0C_0$ 为多缸单往复系统，其 X-D 线图如习答图4所示。

习答图4　气动行程程序 $A_1B_1C_1B_0A_0C_0$ 的 X-D 线图

由于气动行程程序为单往复系统，故所有障碍都是Ⅰ型障碍。障碍信号的障碍段在信号线上加锯齿线"〰"表示。

参 考 文 献

[1] 雷天觉. 新编液压工程手册[M]. 北京：北京理工大学出版社，1999.

[2] 路甬祥. 液压气动技术手册[M]. 北京：机械工业出版社，2002.

[3] 李壮云. 液压、气动与液力工程手册[M]. 北京：电子工业出版社，2008.

[4] 王积伟，章宏甲，黄谊. 液压与气压传动[M]. 2版. 北京：机械工业出版社，2005

[5] 张世亮. 液压与气压传动[M]. 北京：机械工业出版社，2006.

[6] 杨文生. 液压与气压传动[M]. 北京：电子工业出版社，2007.

[7] 李壮云. 液压元件与系统[M]. 2版. 北京：机械工业出版社，2005.

[8] 章宏甲，黄谊. 液压传动[M]. 北京：机械工业出版社，2000.

[9] 许福玲，陈尧明. 液压与气压传动[M]. 3版. 北京：机械工业出版社，2008.

[10] 左建民. 液压与气压传动[M]. 4版. 北京：机械工业出版社，2008.

[11] 明仁雄，万会雄. 液压与气压传动[M]. 北京：国防工业出版社，2003.

[12] 何存兴，张铁华. 液压传动与气压传动[M]. 2版. 武汉：华中科技大学出版社，2000.

[13] 吴振顺. 气压传动与控制[M]. 哈尔滨：哈尔滨工业大学出版社，2009.

[14] 周连山，庄显义. 液压系统的计算机仿真[M]. 北京：国防工业出版社，1986.

[15] 刘延俊. 液压与气压传动[M]. 2版. 北京：机械工业出版社，2007.

[16] 付永领，祁晓野. LMS Imagine. Lab AMESim 系统建模和仿真参考手册[M]. 北京：北京航空航天大学出版社，2011

[17] 陈淑梅. 液压与气压传动（英汉双语）[M]. 北京：机械工业出版社，2008.

[18] 许益民. 电液比例控制系统分析与设计[M]. 北京：机械工业出版社，2005.

[19] 袁子荣，吴张永，袁锐波，等. 新型液压元件及系统集成技术[M]. 北京：机械工业出版社，2012.

[20] 刘军营. 液压与气压传动[M]. 西安：西安电子科技大学出版社，2008.

[21] 沈兴全. 液压传动与控制[M]. 3版. 北京：国防工业出版社，2010.

[22] 周忆，于今. 流体传动与控制[M]. 北京：科学出版社，2008.

[23] 曾亿山. 液压与气压传动[M]. 合肥：合肥工业大学出版社，2008.

[24] 陈奎生. 液压与气压传动[M]. 武汉：武汉理工大学出版社，2001.

[25] 张利平. 液压气动速查手册[M]. 北京：化学工业出版社，2008.

[26] 王占林. 飞机高压液压能源系统[M]. 北京：北京航空航天大学出版社，2004.

[27] 马雅丽，黄志坚. 蓄能器实用技术[M]. 北京：化学工业出版社，2007.